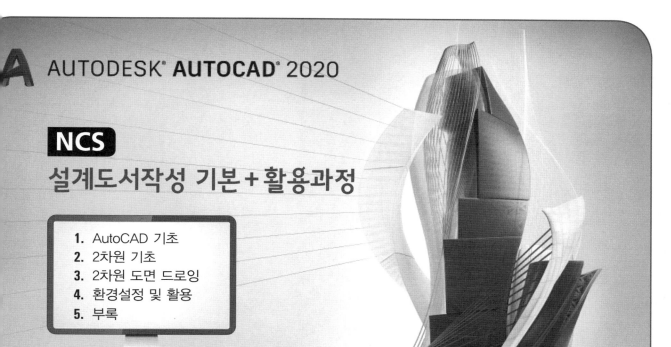

AUTODESK® AUTOCAD® 2020

NCS
설계도서작성 기본+활용과정

1. AutoCAD 기초
2. 2차원 기초
3. 2차원 도면 드로잉
4. 환경설정 및 활용
5. 부록

A AUTODESK.

[건축 · 실내건축 전문가를 위한]

오토캐드 2020

장월상 · 조희라 · 문영식 · 양승룡 공저

도서출판 건기원 2020

AutoCAD를 익힌 후 강단에서 수년간 지도를 하였으나, 늘 완성되지 않은 무언가를 느끼곤 하였습니다. 이에 지난 2000년도에 '건축·인테리어 라인에서 모델링까지 AutoCAD2000'이라는 교재를 편찬하고, 2004년도에 '단계별 예제로 익혀가는 AutoCAD2004'를 엮었습니다. 그 후 꾸준한 데이터의 보완을 통해 '필수 예제를 통한 단계별 학습 AutoCAD2006', '예제를 통한 자기주도적 학습 AutoCAD2008', '예제를 통한 창조적 학습 AutoCAD2010', '기본에서 응용까지 AutoCAD2012', '기초에서 실무까지 AutoCAD2016'을 출판하습니다. 소프트웨어는 계속 업그레이드 되어 금번에 새로운 버전 'AutoCAD2020'으로 교재를 편찬하게 되었습니다.

이 책은 건축 인테리어 분야에서 꼭 필요한 다수의 예제를 수록하여 학습자 스스로가 단계적으로 실력을 연마할 수 있도록 구성되어 있습니다.

이 책의 구성을 살펴보면 다음과 같습니다.

Part 1은 AutoCAD에 대한 기초 사항을 설명하였습니다.

Part 2는 AutoCAD에서 구현할 수 있는 다양한 건축·인테리어 분야의 2차원 도면들을 작성하는 방법과 이에 필요한 명령어들을 체계적으로 학습할 수 있도록 구성되어 있습니다.

Part 3는 간단한 주택의 평면도와 입면도, 천장도의 제작과정을 단계별로 상세하게 설명하고 있습니다.

Part 4는 AutoCAD를 운영할 수 있는 기본 환경설정과 AutoCAD를 사용하면서 발생되는 문제점, 포토샵과의 연계방법 등을 수록하고 있습니다.

Part 5는 간단한 도형 예제를 포함하여 실무에서 사용되는 건물 각 부위의 다양한 기초 도면들과 실무에서 각 용도별로 실제로 이루어진 다양한 프로젝트들을 수록하여 학습자들의 건축·인테리어 분야에 대한 실력을 향상할 수 있도록 하고 있습니다.

책을 쓰면서 늘 제 자신을 되돌아 볼 수 있는 좋은 시간이 되었음을 인정합니다. 해결되지 않은 부분에 대한 미련과 더 많은 데이터를 수록하지 못한 아쉬움이 남아 있지만, 그럼에도 불구하고 집필을 마치고 보니 뿌듯한 마음과 더불어 더 큰 욕심이 생겨납니다.

아울러 부족한 부분을 지속적으로 보완해서 더 나은 증보판을 만들어 갈 것을 약속드립니다.

끝으로 책을 출간할 수 있도록 오랫동안 좋은 의견을 아낌없이 주신 도서출판 건기원의 모든 분들께 깊은 감사의 말씀을 드립니다.

2020년 01월
저자 일동

◎ ▸▸ 차 례

Part 1 ● AutoCAD 기초

제1장 AutoCAD 기초

1. CAD의 정의 및 이용효과 ·································· 14
   1-1 CAD의 정의 ·································· 14
   1-2 CAD의 장점 및 이용효과 ·································· 15
2. AutoCAD 2020의 운영체제 및 시스템 요구사항 ·································· 16
   2-1 운영체제(OS) ·································· 16
   2-2 시스템 요구사항 ·································· 16
3. AutoCAD 2020 화면구성과 도구막대 ·································· 17
   3-1 AutoCAD 2020 화면구성 ·································· 17
   3-2 AutoCAD 2020의 기능키 ·································· 20
4. 파일 열기와 저장 ·································· 23
   4-1 New(새 도면 시작) ·································· 23
   4-2 Open(기존 도면 열기) ·································· 25
   4-3 Save(저장하기) ·································· 26

Part 2 ● 2차원 기초

제1장 기본 도형 그리기

1. 화면 조정 명령어 ·································· 28
   1-1 Limits(도면 한계 설정) ·································· 28
   1-2 Zoom(화면제어) ·································· 29
   1-3 Pan(화면 이동) ·································· 32
   1-4 Redraw/Regen(화면정리) ·································· 32
   1-5 Purge(도면정보 정리) ·································· 33
   1-6 Overkill(중복된 선, 호 정리) ·································· 33
2. 드로잉 명령어 (1) ·································· 35
   2-1 Line(선) ·································· 35

2-2 Osnap(점의 지정) ··· 37

2-3 Erase(지우기) ··· 40

2-4 물체 선택/취소 방법 ··· 41

2-5 Undo(명령 취소) ·· 42

2-6 Redo(명령 회복) ·· 42

2-7 Oops(명령 재생) ·· 42

2-8 Circle(원) ··· 43

2-9 Arc(호) ·· 44

2-10 Ellipse(타원) ·· 45

2-11 Rectangle(사각형) ·· 46

3. 기본 도형 예제 ·· 47

3-1 직선 도형 예제 ··· 47

3-2 곡선 도형 예제 ··· 52

제2장 가구 그리기

1. 편집 명령어(1) ·· 58

1-1 Offset(수평 간격 복사) ······································ 58

1-2 Move(이동) ··· 60

1-3 Copy(복사) ·· 61

1-4 Mirror(대칭 복사) ·· 62

1-5 Array(배열) ·· 63

1-6 Rotate(회전) ··· 67

1-7 Stretch(신축 : 객체 늘리고 줄이기) ····················· 68

1-8 Scale(크기 변형) ··· 69

2. 편집 명령어(2) ·· 70

2-1 Trim(자르기) ··· 70

2-2 Extend(연장하기) ··· 71

2-3 Fillet(모깎기) ·· 73

2-4 Chamfer(모따기) ·· 74

2-5 Break(절단) ·· 76

2-6 Change(속성 변경) ··· 77

2-7 Properties(속성 변경 대화상자) ··························· 78

2-8 Grip(맞물림) ··· 80

2-9 Divide(등분할) ·· 81

◎ ▶▶ 차 례

2-10 Measure(길이분할) ·· 81

2-11 Lengthen(길이 조정) ·· 82

2-12 Linetype(선 종류 변경) ·· 83

3. 가구 그리기 ··· 85

3-1 사각 테이블 예제 ·· 85

3-2 타원형 테이블 예제 ··· 89

3-3 침대 예제 ··· 96

3-4 식탁 예제(1) ·· 100

3-5 식탁 예제(2) ·· 104

3-6 소파 예제 ··· 109

제3장 문자 쓰기 및 도면 양식 그리기

1. 드로잉 명령어(2) ·· 116

1-1 Xline(구성선, 무한선) ·· 116

1-2 Pline(폴리라인) ·· 117

1-3 Pedit(Edit Pline 편집) ·· 119

1-4 Explode(Pline 분해) ··· 120

1-5 Join(결합) ··· 120

1-6 Donut(도넛 형태) ··· 121

1-7 Point(점) & DDPTYPE(포인트 스타일) ····················· 122

1-8 Polygon(다각형) ··· 123

1-9 Revision Cloud(구름형 수정기호) ··························· 124

1-10 Boundary(경계선) ·· 125

1-11 Group(그룹으로 묶기) ·· 126

2. 문자 쓰기 ··· 127

2-1 Style(문자 스타일 지정) ·· 127

2-2 Dtext(동적 문자 쓰기) ·· 128

2-3 Mtext(문장 쓰기) ··· 131

2-4 Qtext(문자 감추기) ·· 132

2-5 문자 편집 ·· 133

3. 도면 양식 그리기 ·· 135

3-1 A3 도면 양식 예제 ·· 135

제4장 창호 그리기

1. 문 그리기 ·· 141
  1-1 문 평면 예제 ·· 141
  1-2 문 크기의 변형 ····································· 144
  1-3 문 입면 예제 ·· 148
2. 창문 그리기 ·· 158
  2-1 창문 평면 예제 ····································· 158
  2-2 창문 입면 예제 ····································· 168

제5장 위생기구 & 주방기구 그리기

1. 위생기구 그리기 ··· 172
  1-1 욕조 예제 ·· 172
  1-2 세면기 예제 ··· 181
  1-3 양변기 예제 ··· 191
  1-4 화장실 설계 ··· 198
2. 주방기구 그리기 ··· 203
  2-1 냉장고 예제 ··· 203
  2-2 싱크대 예제 ··· 206
  2-3 주방 공간 설계 ···································· 213

제6장 도면 기호 및 계단 그리기

1. 해치(HATCH) ·· 217
  1-1 Hatch(해치) ··· 217
  1-2 Gradient(그래디언트) ··························· 222
  1-3 Hatchedit(해치 편집) ·························· 224
  1-4 Solid(다각형 속 채우기) ······················ 224
2. 도면 기호 및 계단 그리기 ··························· 225
  2-1 절단표시 기호 예제 ····························· 225
  2-2 계단 예제 ·· 233

제7장 기타 주요 기능

1. DIMENSION(치수) ······································· 249
  1-1 Dimension Style(치수 스타일) ·············· 249
  1-2 DIM(치수 기입하기) ···························· 260

차 례

1-3 DIM 편집하기 ·· 266
1-4 신속치수 ··· 268
2. BLOCK(블록) ··· 269
2-1 Block ··· 269
2-2 Wblock ··· 270
2-3 Insert(블록 삽입) ·································· 271
3. LAYER(레이어) ··· 273
3-1 Layer(레이어 설정 대화상자) ···················· 273
3-2 Layer Panels(레이어 패널) ······················ 277
3-3 Properties Panels(특성 패널) ··················· 278
4. 정보 조회 명령어 ··· 279
4-1 Distance(거리 측정) ····························· 279
4-2 Area(면적 계산) ································· 280
4-3 List(정보 조회) ·································· 280
4-4 ID Point(좌표점) ································· 281
4-5 Time(시간) ····································· 281
4-6 Status(현재 상태) ······························· 282
4-7 Multiple(다중 반복명령) ························· 283

제8장 도면 출력하기

1. Plot(도면 출력하기) ····································· 284
1-1 Plot 옵션 ··· 285

Part 3 · 2차원 도면 드로잉

제1장 평면도 드로잉

1. 작업 준비 ·· 293
1-1 도면 양식 삽입 ··································· 293
1-2 레이어 설정 ····································· 296
1-3 DIMSCALE, LTSCALE 조정 ························ 297
1-4 파일 저장 ·· 298
2. 중심선 그리기 및 정리하기 ······························· 298

2-1 레이어 지정 ································ 298

2-2 중심선 그리기 ···························· 299

2-3 중심선 정리하기 ························· 301

3. 벽선 그리기 및 정리하기 ···················· 303

3-1 벽선 그리기 ···························· 303

3-2 레이어 변경 ···························· 303

3-3 MLINE을 이용한 벽선 그리기 ········ 304

3-4 Offset을 이용한 벽선 그리기 ········ 311

4. 창호 그리기 ··································· 315

4-1 레이어 지정 ···························· 315

4-2 창호가 삽입 될 위치의 벽체 정리 ···· 315

4-3 Block으로 설정한 창호 선택 및 삽입 ···· 316

4-4 삽입한 창호 수정 ···················· 317

5. 마감선 그리기 ································ 321

5-1 벽선 Offset ··························· 321

5-2 레이어 변경 ···························· 321

5-3 마감선 모서리 정리하기 ·············· 322

6. 가구 그리기 ··································· 322

6-1 레이어 지정 ···························· 322

6-2 블록으로 설정한 가구, 위생기구, 주방기구 선택 및 삽입 ·········· 323

6-3 삽입한 블록 수정 ···················· 323

7. 재료 표시하기 ································ 325

7-1 레이어 지정 ···························· 325

7-2 해치 그리기 ···························· 325

7-3 레이어 켜기 ···························· 328

8. 치수 기입하기 ································ 330

8-1 레이어 지정 ···························· 330

8-2 DIMSTYLE 설정 ······················ 330

8-3 OSNAP 설정 ·························· 333

8-4 치수 기입하기 ························· 333

9. 문자 쓰기 및 도면 부호 그리기 ·············· 336

9-1 레이어 지정 ···························· 336

9-2 Style 지정 ···························· 336

9-3 문자 쓰기 ······························ 337

차 례

9-4 실명 상자 그리기 ······················· 338

9-5 문자 수정하기 ························· 338

9-6 재료명, 도면명, 표제란 기입 ················ 339

10. 도면 출력 및 저장하기 ······················ 341

10-1 선 굵기 지정 ························· 342

10-2 화면상으로 출력 검토 ···················· 343

10-3 도면 정리 및 저장 ····················· 344

제2장 입면도 드로잉

1. 작업 준비 ··························· 346

1-1 도면 양식 삽입 ························ 349

1-2 DIMSCALE, LTSCALE 조정 ················ 350

1-3 파일 저장 ·························· 350

2. 평면도 파일 삽입 ························ 351

3. 입면도 그리기 ························· 353

3-1 지반선(GL) 및 기준선 그리기 ················ 353

3-2 지붕 및 외벽 그리기 ····················· 354

3-3 계단 및 테라스 그리기 ···················· 355

3-4 창호 그리기 ························· 357

3-5 천창 및 캐노피(Canopy) 그리기 ·············· 358

3-6 해치하기 ·························· 359

3-7 도면명 쓰기 ························· 359

3-8 저장하기 ·························· 360

제3장 천장도 드로잉

1. 작업 준비 ··························· 367

2. 천장도 그리기 ························· 372

2-1 벽체 및 개구부 정리하기 ··················· 372

2-2 커튼박스, 몰딩 그리기 ···················· 373

2-3 천장면 요철 표현하기 ···················· 373

2-4 조명 배치하기 ························ 373

2-5 기타 설비 표현하기 ····················· 374

2-6 천장 레벨표시, 재료표시하기 ················· 374

2-7 치수 기입하기 ························ 374

2-8 범례표 만들기 ·· 375

2-9 도면명, SCALE 기입하기 ································· 375

Part
4 • 환경설정 및 활용

제1장 AutoCAD 환경설정

1. Options(환경설정) ·· 378

  1-1 Files(파일) ·· 378

  1-2 Display(화면설정) ·· 380

  1-3 Open and Save(파일 열기와 저장) ··················· 384

  1-4 User Preferences(사용자 선택사항) ················· 387

  1-5 Drafting(제도에 관한 설정) ······························ 390

  1-6 Selection(객체 선택에 관한 설정) ···················· 392

2. AutoCAD상의 Cursor 크기 조절법 ····················· 395

  2-1 Crosshair Size(십자 커서 크기) ····················· 395

  2-2 Pickbox Size(선택 박스 크기) ························ 397

  2-3 Aperture Size(조준창 크기) ··························· 397

  2-4 Osnap Maker(오스냅 마커 크기) ···················· 398

3. Tool Palettes의 사용법 ·································· 398

  3-1 Tool Palettes ·· 398

4. DesignCenter 사용법 ··· 404

  4-1 DesignCenter ·· 404

5. Layout 사용법 ··· 407

  5-1 Layout 사용법 ··· 407

제2장 도면의 크기와 선의 축척

1. 도면의 크기 ··· 416

2. 선의 용도 ··· 417

3. 선의 스케일 조정 ·· 418

제3장 AutoCAD 단축키 만들기

1. 단축키 위치 및 생성 ·· 419

2. 단축키(Shortcut Key) ··· 421

차 례

2-1 알파벳순 단축키 ··· 421

2-2 기능별 단축키 ··· 426

제4장 이렇게 해결해요

1. 자동저장 방법 ··· 430

2. Trim에서 선이 이상하게 잘릴 경우 ························· 432

3. 해치에서 에러가 발생하는 경우와 대처방법 ················· 433

4. 글꼴과 특수문자 입력 ··· 435

5. 글꼴이 깨져 나올 경우 ··· 437

제5장 AutoCAD에서 포토샵으로 파일변환

1. AutoCAD 파일을 EPS 파일로 저장하기 ··················· 439

1-1 간단한 변환방법 ··· 439

1-2 정교한 변환방법 ··· 441

2. Photoshop에서 EPS 파일 불러오기 ······················· 450

2-1 Open 명령으로 불러오기 ································· 450

Part 5 부록

제1장 각종 예제별 도면

1. 기본 도형 예제 ··· 454

2. 각종 예제 도면 ··· 463

3. 상세 도면 ··· 525

4. 주방 도면 ··· 544

제2장 건물 용도별 도면

1. 주거공간 ··· 562

2. 상업공간 ··· 634

3. 업무공간 ··· 655

4. 식음공간 ··· 664

5. 의료공간 ··· 675

6. 교육공간 ··· 686

7. 문화공간 ··· 690

Part 1

AutoCAD 기초

제1장 AutoCAD 기초

AutoCAD 기초

제1장

건축 및 인테리어디자인과 관련된 많은 소프트웨어 중 가장 대표적인 드로잉 도구는 CAD 라고 하는 도면 작성용 프로그램이며, Arris CAD, Uni-CAD, IntelliCAD, Pointline CAD, ZWCAD, GstarCAD 등 수많은 CAD 프로그램 종류가 있다. 이렇게 많은 CAD프 로그램 중에서도 현재 실무에서 가장 높은 점유율을 확보하고 있는 AutoCAD를 좀 더 비 중 있게 공부할 필요가 있다. AutoCAD는 그동안 비약적인 발전을 거듭하고 있으며, 많은 Vertical Program(CADPower, Archioffice 등)과 Third Party Program(AutoCAD Architecture, AutoCAD Plant 3D, AutoCAD Mechanical, AutoCAD Civil 3D, AutoCAD MAP 3D 등)이 각 분야의 현장에서 널리 사용되고 있는 실정이다. 따라서 이 책에서는 AutoCAD를 위주로 공부하기로 한다.

 1 ## CAD의 정의 및 이용효과

1-1　CAD의 정의

CAD는 Computer Aided Design의 약자로서 건축분야에서는 CAAD(Computer Aided Architectural Design)라고 통칭되며, 컴퓨터를 이용한 또는 컴퓨터의 도움 을 받는 건축설계라고 정의할 수 있다.

CAD의 역사는 1960년대 초 모스크바의 프라우다지에 실린 "기계도 설계를 할 수 있는가?"로부터 출발하였다. 1963년 Steven Coons에 의하여 CAD의 기능이 발표 되었고, MIT에서 Sketchpad system을 제작하여 설계자가 광펜을 이용하여 상호작 용으로 Graphic을 조작하는 가능성을 제시하였다.

이 같은 이론적 배경으로 같은 해 Cambridge대학의 William Newman은 건축가가

공업화된 건설자재 시스템으로부터 부재를 선택하여 조립하는 시스템을 개발했으며, Timothy Johnson은 같은 해 Sketchpad를 3차원으로 발전시켰다.

1-2 CAD의 장점 및 이용효과

(1) CAD와 기존 수작업 방식의 차이점

CAD는 전통적인 건축설계 드로잉 방식에 근본적인 변화를 가져왔다. Design 도구로서의 CAD는 기존의 수작업 방식으로는 구현이 힘들었던 많은 기능들을 설계자에게 제공함으로써 설계자의 능력 확대를 가능하게 하고 있다. 제도용구를 이용한 기존의 수작업 방식과 CAD의 차이점은 다음과 같다.

① 도형 요소의 집합체를 기본으로 하는 작도 방식
② 수정의 용이성 및 설계의 지속성
③ 3차원 공간 지향적 설계방식
④ 도형 인식의 차이로 인한 작업 방식의 차이 등

(2) CAD의 장점

CAD 시스템의 장점은 한번 작업한 자료를 수시로 이용할 수 있으며, 단순 반복 작업을 피하고 더 나아가서 작업한 설계업무를 DATA BASE로 구축할 수 있다는 점이다. 특히 CAD 시스템의 활용은 건축, 건축 산업에 있어서 3D를 이용한 프레젠테이션을 다양하게 활용하는 경향으로 급속하게 변화를 보이고 있다.

CAD 시스템은 자체의 기능도 중요하지만, 보다 효율적인 활용을 위해서는 운용방법, 운용기술 등의 문제에 대해서도 충분한 검토가 필요하다. CAD를 건축설계과정에 도입함으로써 얻을 수 있는 효과는 다음과 같다.

생산성 향상	• Data의 보관 및 관리용이 • 복사, 편집, 수정이 용이 • 우수한 품질의 도면을 작성 • Database구축으로 방대한 양의 정보를 활용
표현적 효과	• 표현방법의 다양화 • 3차원적 표현 • 동영상 제작과 활용의 극대화
표 준 화	• Block 및 부분 상세도의 Library구축 • 자료를 공유하여 작업의 효율 극대화

2 AutoCAD 2020의 운영체제 및 시스템 요구사항

AutoCAD는 2004 버전 이후로 Windows XP 이상의 OS에 최적화된 인터페이스로 각종 아이콘이 모두 새롭게 바뀌었다. AutoCAD 2020은 원활한 작동을 위하여 아래 사항들이 필요하다.

2-1 운영체제(OS)

Microsoft Windows 7 SP1 이상.

2-2 시스템 요구사항

① CPU - 2.5GHz 이상(3GHz 이상 권장)
② RAM - 8GB 이상(16GB 권장)
③ HDD - 6GB 이상의 설치 공간
④ 디스플레이 해상도 - 1920×1080 트루컬러 이상
⑤ MS 마우스 규격, 트랙볼 또는 호환 좌표입력장치

3 AutoCAD 2020 화면구성과 도구막대

3-1 AutoCAD 2020 화면구성

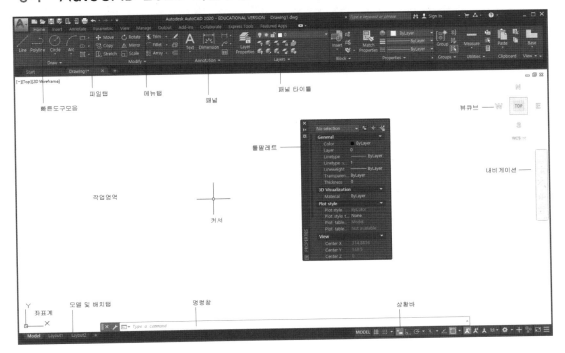

(1) 메뉴 탭(Tabs)

화면의 상단 부분에 위치하며, AutoCAD의 명령어를 특성별로 분류하여 모아놓은 영역이다.

| Home | Insert | Annotate | Parametric | View | Manage | Output | Add-ins | Collaborate | Express Tools | Featured Apps |

메뉴 탭의 가장 오른쪽에 있는 █▾ 버튼을 이용하여 탭과 패널의 노출정도를 4단계로 제어할 수 있다.

- Minimize to Tabs : 메뉴 탭만 보이게 최소화
- Minimize to Panel Titles : 패널 타이틀만 보이게 최소화
- Minimize to Panel Buttons : 패널 버튼만 보이게 최소화
- Cycle through All : 기본형을 비롯해서 4가지 형태로 번갈아 가면서 보이게 설정

(2) 패널(Panels)

AutoCAD 명령어를 아이콘으로 만들어 종류별로 모아놓은 영역이다.

패널 하단에 위치하는 패널 타이틀에서 ▼ 표시가 있는 것은 Sub 메뉴가 있다는 것을 의미하며, ↘ 표시는 대화상자가 실행됨을 의미한다.

(3) 작업영역(Drawing Area)

중앙부에 위치하여 실제 도면이 그려지는 공간으로 도면 용지와 같다고 할 수 있다.

(4) 좌표계(Coordinate System)

도면의 X축, Y축, Z축 좌표를 나타낸다. UCS 명령으로 사용자가 임의로 변환할 수 있다.

(5) 커서(Cursor)

도면을 그릴 때 마우스나 디지타이저의 움직임을 나타내주는 표시이다. 십자모양과 사각박스 모양의 크기를 사용자 임의로 변환할 수 있다.

(6) 명령창(Command Prompt Area)

명령어를 입력하거나 실행 과정 메시지가 나오는 영역이다. 커맨드 영역 대화상자는 일반적으로 화면의 하단에 위치하나 필요에 따라서 다른 위치로 이동시킬 수 있다.

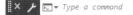

(7) 상태선/상태막대(Status Line/Bar)

현재의 작업 상태(좌표값, Snap, Grid, Ortho, Osnap 등의 ON/OFF, Workspace switching 등)를 표시하고, 좌표 위치를 표시한다.

MODEL

- ▦(Grip Display) : 화면상에 일정한 간격으로 보조점을 표시한다. F7
- ▥(Snap Mode) : 주어진 스냅간격으로 그리드를 지정한다. F9
- ▣(Infer Constraints) : 작성 또는 편집 중인 객체와 객체 스냅에 연관된 객체 또는 점 사이에 구속조건이 자동으로 적용된다. Shift + Ctrl + I
- ▣(Dynamic Input) : 명령어 수행설명이 화면의 커서 주위에 보이게 한다. F12
- ▣(Ortho Mode) : 커서를 수직과 수평으로만 움직이게 한다. F8
- ◉(Polar Tracking) : 커서가 정해진 각도에 따라서만 이동하게 한다. F10
- ✕(Isometric Drafting) : 세 좌표축을 따라서 객체를 정렬하여 3D 객체의 아이소메트릭을 시뮬레이션 한다.
- ◪(Object Snap Tracking) : 객체의 한 점을 찾은 후 그 점을 기준으로 다음 점을 찾아가는 기능이다. F11
- ▣(Object Snap) : 객체에서 끝점, 중심점, 교차점 등의 정확한 점을 지정하게 해 주는 기능이다. F3
- ▤(Show/Hide Lineweight) : 화면상에서 지정된 선의 두께로 표시하게 한다.
- ▨(Transparency) : 객체 및 도면층의 투명도 표시하게 한다.
- ▦(Selection Cycling) : 면, 모서리 및 정점을 필터링하고 선택한다. Ctrl + W
- ▣(3D Object Snap) : 3D객체에서 면, 모서리, 정점을 선택한다. F4
- ▣(Dynamic UCS) : 동적 UCS를 제어한다. F6
- ✕(Annotation Objects) : 객체의 기능에 대한 정보를 제공한다.
- ⚙(Workspace Switching) : 작업화면을 전환한다.
- ✛(Annotation Monitor) : 주석모니터 켜기/끄기를 한다.
- ▤(Quick Properties) : 객체의 특성값(Properties) 중에서 기본특성값(General)만 보여주게 한다.
- ▣(Isolate Objects) : 객체를 일시적으로 보이게 또는 보이지 않게 한다.
- ▣(Clean Screen) : 화면을 전문가모드로 전환한다.
- ▤(Customization) : 사용자정의 옵션을 선택한다.

3-2 AutoCAD 2020의 기능키

상태선/상태막대에 나타나는 작업 상태 설정 기능(Drafting settings)을 사용하면 작업을 편리하고 신속하게 할 수 있다.

대화상자 실행방법은 "DS", "OS" 명령어를 입력하거나, Status Line/Bar의 SNAP 기능키(▦) 우측의 버튼(▼)을 클릭하거나, SNAP 기능키 위에서 마우스 오른쪽 버튼을 누르고, "Snap Settings"를 클릭하면 된다.

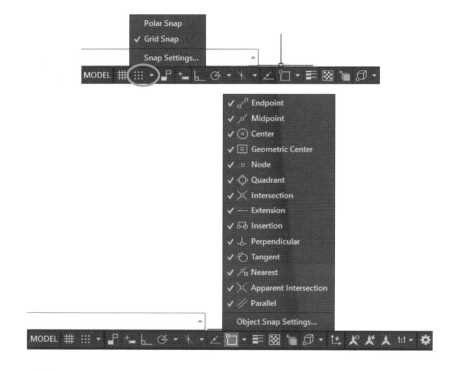

(1) Snap [F9]

마우스나 디지타이저의 커서를 스냅 위치에서만 움직이게 한다.([F9] 버튼으로 ON/OFF 변환)

- Snap On : 스냅 기능 사용/사용해제
- Snap X or Y spacing : X, Y 축의 스냅 간격 설정
- Equal X and Y spacing : X, Y 축의 스냅간격을 통일
- Polar spacing : 극좌표 스냅간격
- Grid snap : 격자형의 스냅유형

- Rectangular snap : 직사각형 스냅-XY 좌표 평면에 90도 각도로 스냅을 설정
- Isometric snap : 등각투영 스냅-XY 좌표 평면과 달리 등각 투상도 간격으로 스냅을 설정
- Polar snap : 극좌표 스냅

(2) Grid F7

화면에 그리드(격자)를 표시한다.(F7 버튼으로 ON/OFF 변환)

- Grid On : 도면 영역에 격자 표시/표시해제
- 2D model space : 2D모형공간에 대해 그리드 스타일을 점 그리드로 설정
- Block editor : 블록편집기에 대해 그리드 스타일을 점 그리드로 설정
- Sheet/layout : 시트 및 배치에 대해 그리드 스타일을 점 그리드로 설정
- Grids X or Y spacing : 격자의 X, Y 축 간격설정
- Major line every : 굵은 선 사이의 거리 설정
- Adaptive grid : 가변 그리드는 줌이 축소되면 그리드의 밀도를 제한
- Allow subdivision below grid spacing : 그리드 간격 아래에 재분할 허용
- Display grid beyond Limits : Limits에 의한 도면영역 외에도 격자 표시
- Follow Dynamic UCS : 동적 UCS의 XY평면을 따르도록 그리드평면을 변경

(3) Ortho F8

커서를 중심으로 수직방향과 수평방향으로만 이동하게 설정한다.(F8 버튼으로 ON/OFF 변환)

(4) Polar F10

그리기와 수정명령어를 실행할 때 정해진 각도만큼 자동으로 커서를 이동시킨다. (F10 버튼으로 ON/OFF 변환)

- Polar Tracking On : Polar 기능 사용/사용해제
- Increment angle : 각도의 증가값 지정
- Additional angle : 2개 이상의 증가값을 설정 시 체크
- Tracking orthogonally only : 직교로만 추적
- Tracking using all polar angle settings : 전체 극좌표 각도설정을 사용하여 추적
- Polar angle measurement : 각도값의 절대값 또는 상대값을 지정
- Absolute : 절대값을 지정
- Relative to last segment : 마지막 세그먼트에 대한 상대값을 지정

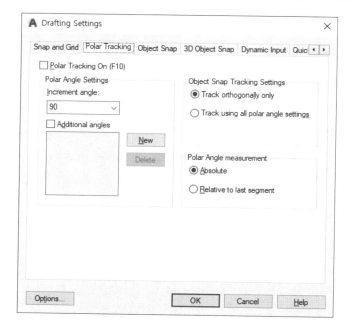

파일 열기와 저장

4-1 New(새 도면 시작)

Command: NEW ↵	단축키 Ctrl+N, N

새로운 작업창을 여는 방법은 4가지가 있다.

- 첫 화면의 Start Drawing에서 Templates를 선택하거나, No Template-Metric 을 클릭한다.

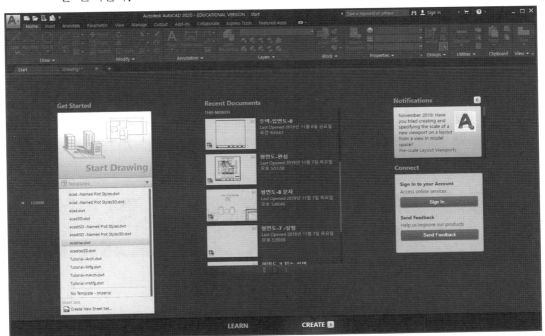

- Quick Acess Toolbar의 New버튼()을 클릭한다.

- 버튼을 선택하여 New명령(New)을 이용하여 No Template-Metric을 클릭한다.

- 명령창에 New 명령을 실행하거나, 단축키 Ctrl+N 또는 단축키 N을 이용한다.

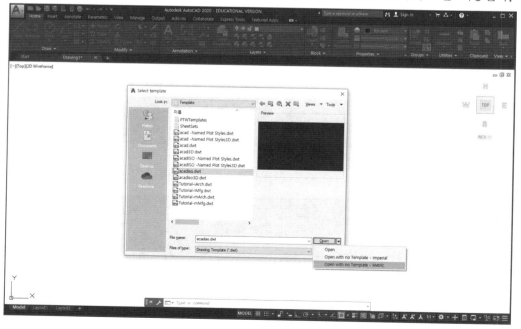

OPTION

- **Select Template** : 작업영역의 Layer, Dimension 스타일 등이 여러 가지 규격에 맞게 설정된 템플릿 도면으로 미리 만들어져 있어서 원하는 규격의 도면을 불러서 간편하게 사용할 수 있다. 기본으로 설정되어 있는 템플릿 파일은 'acadiso.dwt'로 mm를 기본 단위로 하고 있으며, 전체 작업영역은 [420mm×297mm]이다.

- Open 아이콘의 오른편 스피너(▼)를 클릭하면 하위 메뉴들이 보인다.

  ▶ **Open with no Template - Imperial**

  : 영국식 단위로 기본 세팅이 된 도면 [12inch(feet)×9inch(feet)]을 만든다.

  ▶ **Open with no Template - Metric**

  : 미터법을 기본 단위로 된 도면 [420mm×297mm]을 만든다.

4-2 Open(기존 도면 열기)

Command: OPEN ⏎	단축키 Ctrl+O

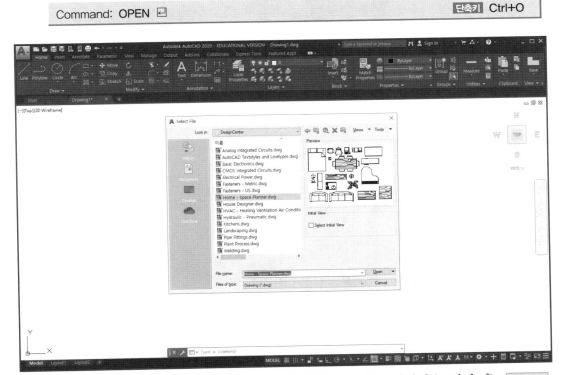

원하는 파일을 찾아서 클릭하거나, [File] 상자에 원하는 파일명을 입력 후, Open 버튼을 클릭한다. 우측의 Preview 상자에 해당도면의 미리보기가 실행된다.

4-3 Save(저장하기)

Command: SAVE ↵   단축키 Ctrl+S

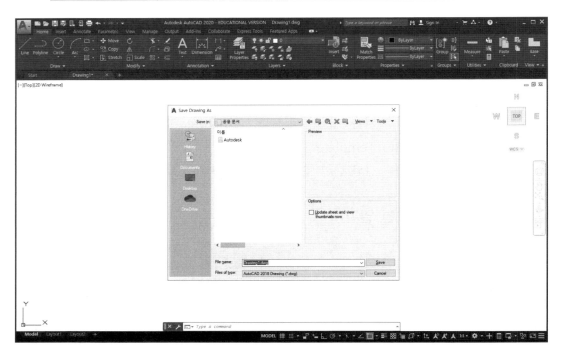

위와 같이 대화상자가 나타나면 마우스로 아래쪽에 있는 [File] 상자를 클릭한 다음, 파일이름을 입력하고 Save 버튼을 클릭한다.

만약 작업한 도면을 저장하지 않고 프로그램을 종료시키면 다음과 같은 대화상자가 나타난다. 저장하고 싶으면 예(Y)를, 그렇지 않으면 아니오(N)를 클릭한다.

Part 2

2차원 기초

제1장 기본 도형 그리기
제2장 가구 그리기
제3장 문자 쓰기 및 도면 양식 그리기
제4장 창호 그리기
제5장 위생기구 & 주방기구 그리기
제6장 도면 기호 및 계단 그리기
제7장 기타 주요 기능
제8장 도면 출력하기

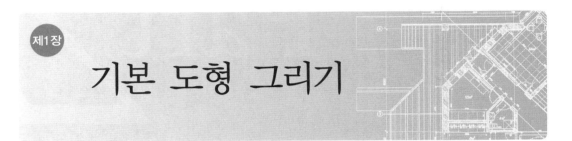

제1장 기본 도형 그리기

1 화면 조정 명령어

1-1 Limits(도면 한계 설정)

Limits 명령은 도면을 그리기 위한 한계 영역을 정해주는 명령어이다. 도면양식을 사용하지 않을 경우에 도면 한계 영역 바깥쪽은 Zoom 기능이 작동하지 않는다.

Command: LIMITS ⏎   단축키 LIM
Reset Model space limits:
Specify lower left corner or [ON/OFF] 〈0.0000,0.0000〉: ⏎(좌측하단의 좌표)
Specify upper right corner 〈420.0000,297.0000〉: ⏎(우측상단의 좌표)

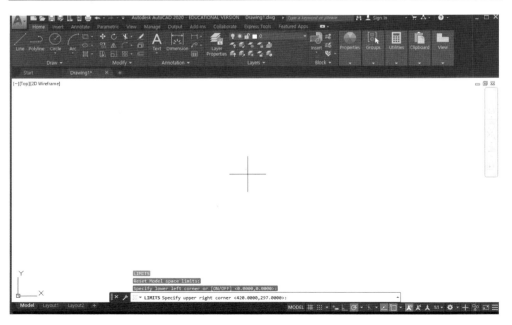

OPTION

Limits 명령에서 ON/OFF 옵션은 Limits 밖의 포인팅을 불가능/가능하게 하는 옵션이다.

- **ON** : 설정한 도면 크기 밖의 영역에서 도면을 그릴 수 없게 제한한다.
- **OFF** : 제한을 해제한다.
- **Lower left corner** : 설정할 도면의 왼쪽 아래 좌표값을 지정한다.(일반적으로 0, 0으로 설정한다.)
- **Upper right corner** : 설정할 도면의 오른쪽 위 좌표값을 지정한다.(그리고자 하는 도형보다 2~3배 큰 Limits값을 입력하고, 가로 : 세로의 비가 출력용지 비율 4 : 3 정도가 되도록 설정한다.)

1-2 Zoom(화면제어)

Zoom 명령은 물체나 도면의 크기를 변화시키는 것이 아니라, 단지 카메라의 줌 (Zoom) 렌즈처럼 화면을 확대하거나 축소하여 물체를 자세히 보거나 전체적인 화면을 보는 명령어이다.

(1) Z-A(Zoom-All)

전체 화면을 보는 명령이며, 화면에 물체가 없을 때는 Limits에 맞게 보여주고 화면에 물체가 있을 때는 물체를 포함한 화면을 보여준다.

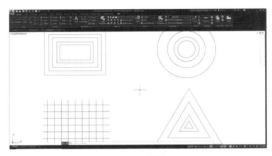

ZOOM All 실행 전   ZOOM All 실행 후

(2) Z-E(Zoom-Extents)

물체를 화면에 가득 채워 보기 위한 명령이다.

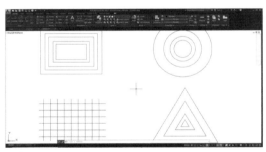 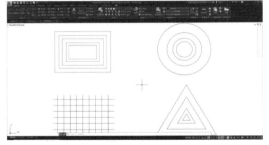

ZOOM Extents 실행 전   ZOOM Extents 실행 후

(3) Z-W(Zoom-Window)

확대하고자 하는 영역을 사각박스에 포함시켜서 확대하는 명령이다.

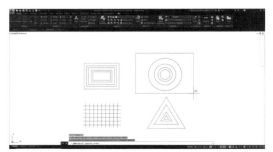 

ZOOM Window 실행 전   ZOOM Window 실행 후

(4) Z-P(Zoom-Previous)

바로 이전 화면으로 돌아간다.

(5) Z-S(Zoom-Scale)

현재 화면에 대한 상대적 비율을 나타내는 명령어로서 0.5X는 화면을 0.5배로 축소하는 것을 의미한다. 1이하의 숫자는 화면을 축소하며 1이상의 숫자는 화면을 확대하여 보여준다.

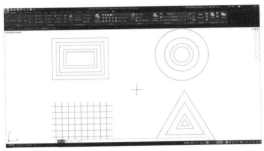

ZOOM-S(0.5X) 실행 전   **ZOOM-S(0.5X) 실행 후**

OPTION

- **Scale Factor** : 입력한 숫자만큼의 절대적 비율(Zoom↵ A↵에 대한 비율)
- **nX** : 입력한 숫자만큼의 상대적 비율(현재 화면에 대한 비율)
- **nXP** : 입력한 숫자만큼의 종이 영역 스케일 조정

ZOOM 명령의 기타 OPTION

- **D(Dynamic)** : 도면 전체 중 지정하는 임의의 부분을 본다. 동적 뷰로 도면이 복잡할 때 유리하나 최근에는 Pan이나 Aerial View를 주로 사용하는 추세이다.
- **C(Center)** : 화면의 중심과 폭을 입력하여 현재 화면을 설정한다.
- **Zoom in** : 화면확대(실시간 Zoom, 2X)
- **Zoom out** : 화면축소(실시간 Zoom, 0.5X)

  ✐ 일반적으로 ZOOM 기능에서 가장 많이 쓰이는 옵션은 ZOOM-All, ZOOM-Window, ZOOM-Extents, ZOOM-Previous 등이다.

  ✐ ZOOM-Real time은 ZOOM 옵션의 기본 값으로 ↵하면 마우스를 상하로 드래그(Drag)하여 화면을 연속적으로 ZOOM-In, ZOOM-Out할 수 있다.

✎ Wheel Mouse를 사용하면, 마우스 커서를 중심으로 Wheel을 이용해 쉽게 ZOOM-In, ZOOM-Out할 수 있다.

1-3 Pan(화면 이동)

Pan은 실시간 화면 이동 기능이다. Pan은 객체의 데이터 변화 없이 화면을 이동하는 것으로 손으로 종이를 움직이는 것과 같은 원리로서 화면을 자유자재로 움직일 수 있다. 마지막에 ⏎ 대신 마우스 오른쪽 버튼을 클릭하면 다른 옵션을 사용 할 수 있다.

```
Command: PAN ⏎                                                    단축키 P
Press Esc or Enter to exit, or right-click to activate pop-up menu.
손모양의 아이콘이 생긴다. 임의의 점을 클릭 후 드래그하면 화면이 움직이며 원하는 화면을
설정한 후 마우스를 떼고 ⏎한다.
```

✎ Pan 명령을 더 간단하게 실행하는 방법으로, 마우스 휠(Wheel)버튼을 길게 누르고 있으면, Pan 기능을 바로 수행할 수 있도록 마우스 커서가 변경된다.

1-4 Redraw / Regen(화면정리)

(1) Redraw

Redraw는 도면 작성 시 불필요한 잔상 또는 Erase할 때 Blip(십자모양 표시) 등으로 지저분해진 도면을 깨끗이 정리해주며, 편집 등으로 인해 화면상에 일시적으로 보이지 않는 도면요소를 다시 보여준다.

```
Command: REDRAW ⏎                                                 단축키 R
```

(2) Regen

Regen은 Redraw와 같은 기능이나 Redraw와 다르게 모든 객체의 화면 좌표와 뷰(View) 해상도를 다시 계산하고, 도면의 데이터베이스를 다시 색인하기 때문에 속도가 떨어진다.

```
Command: REGEN ⏎                                                  단축키 RE
```

1-5 Purge(도면정보 정리)

사용하지 않는 도면의 정보를 지워 도면 데이터를 줄이는 명령어이다.

Command: PURGE ⏎　　　　　　　　　　　　　　단축키 PU

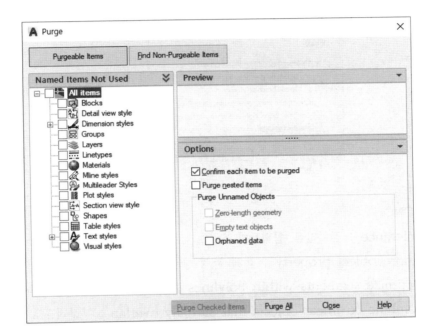

 OPTION

- Confirm each item to be purged : 각 항목별로 소거를 확인한다.
- Purge nested items : 내장된 항목도 소거한다.

1-6 Overkill(중복된 선, 호 정리)

중복되거나 겹치는 선, 호, 폴리라인을 제거하고, 부분적으로 겹치거나 연속된 선을 결합시키는 명령어이다.

Command: OVERKILL ⏎　　　　　　　　　　　　　단축키 OV

OPTION

- Tolerance : 공차값을 입력한다.
- Ignore object property : 객체 특성 중 무시할 항목을 선택한다.
- Optimize segments within polylines : 폴리선 내의 세그먼트를 최적화한다.
- Combine co-linear objects that partially overlap : 부분적으로 중첩되는 일직선상의 객체를 결합한다.
- Combine co-linear objects when aligned end to end : 끝과 끝이 정렬된 경우 일직선상의 객체를 결합한다.
- Maintain associative objects : 연관된 객체를 유지한다.

2 드로잉 명령어 (1)

2-1 Line(선)

Line 명령은 제도의 가장 기본이 되는 명령어로 좌표와 각도에 따라 다양한 방법에 의해 작도할 수 있다.

```
Command: LINE ⏎                                          단축키 L
Specify first point: 화면에서 임의의 시작점을 클릭
Specify next point or [eXit/Undo]: @150⟨0 ⏎
Specify next point or [eXit/Undo]: @100⟨90 ⏎
Specify next point or [Close/eXit/Undo]: @150⟨180 ⏎
Specify next point or [Close/eXit/Undo]: C ⏎
```

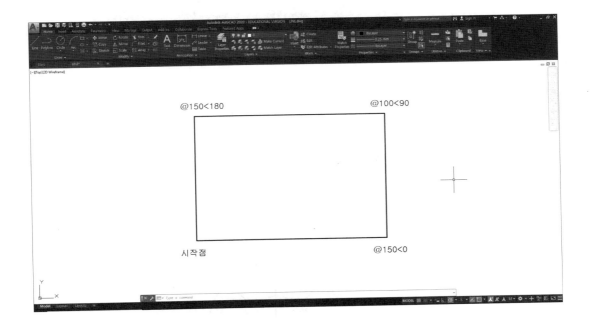

OPTION

- **@** : 마지막에 입력한 좌표값(상대좌표값)을 기준점으로 명령을 수행한다.
- **X(eXit)** : Specify next point or [eXit/Undo]에서 "X"를 입력하면, 현재의 작업 단계에서 멈추고 나간다.

- U(Undo) : Specify next point or [eXit/Undo]에서 "U"를 입력하면, 마지막에 수행한 작업이 취소된다.
- C(Close) : Specify next point or [Close/eXit/Undo]에서 "C"를 입력하면 처음 시작점으로 연결되는 선이 만들어진다.

(1) 좌표의 이해

좌표의 종류	입력 형태	설 명
절 대 좌 표	X, Y	원점(0, 0)을 기준으로 정확한 좌표 지정 (현재 좌표계를 기준으로 한 절대적인 점)
절대 극좌표	거리〈각도	원점(0, 0)을 기준으로 거리와 각도 지정
상 대 좌 표	@ X, Y	최종점에서의 상대적인 좌표
상대 극좌표	@ 거리〈각도	최종점으로부터의 거리와 각도 지정
거 리 좌 표	거리, 방향	마우스로 방향을 지정하고, 키보드로 거리를 입력

- @ : 가장 최근의 점을 기준점으로 인식하며, Shift + 2 키를 누르면 된다. Dynamic Input( )이 ON 상태에서는 @ 표시를 하지 않아도 자동으로 상대좌표 값으로 인식한다.
- 〈 : 각도값을 입력할 때 사용하는 표시로서, Shift + ; 키를 누르면 된다.

(2) 각도의 이해

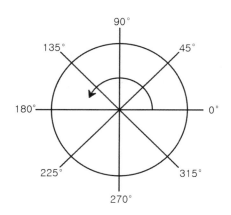

- AutoCAD에서 각도는 동쪽(3시 방향)이 0°이고, 반시계 방향으로 각도가 증가한다.
- 단위계, 각도의 기준점과 증가방향, 소수점 이하의 자릿수 등은 "UNITS(DDUNITS)" 명령으로 조절할 수 있다.

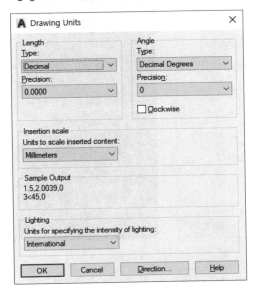

2-2 Osnap(점의 지정)

Osnap 명령은 물체의 특정 지점을 정확하게 찾아가게 하는 명령어이며, 명령을 실행 중일 때에만 작동한다.

> Command: **OSNAP** ↵   **단축키** OS 또는 DS
>
> 아래의 왼쪽 그림과 같은 OSNAP 대화상자가 나타난다.

※ Shift 또는 Ctrl 키를 누른 상태에서 마우스 오른쪽 버튼을 누르면, 아래 오른쪽 그림과 같은 메뉴가 나온다. 또 화면 우측하단의 상황바에서 Object snap 버튼(■)을 선택하면 OSNAP 기능을 ON/OFF 할 수 있다.

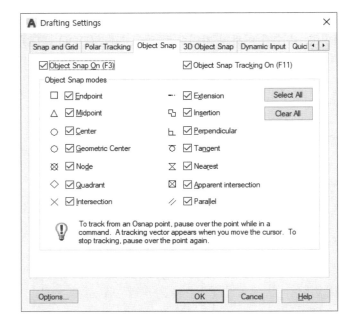
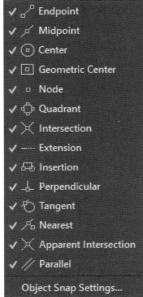

※ 상황바의 Osnap 버튼(▣) 바로 오른쪽의 버튼(▼)을 누른 후, 맨 아래쪽의 Object Snap Settings를 선택하면 Drafting Settings 대화상자가 나타난다.

※ Drafting Settings 대화상자 좌측하단의 `Options...` 버튼을 클릭하거나, Options 명령을 바로 실행하면 아래 대화상자가 나타난다.(또는 바탕화면에서 마우스 오른쪽 버튼을 클릭한 후, 맨 아래쪽의 Options를 선택한다.) Options의 Drafting 탭에서 Osnap의 Marker 크기와 색, Auto Tracking에 관한 사항들을 설정할 수 있다. Options의 활용법은 Part4의 AutoCAD 환경설정에 수록되어 있다.

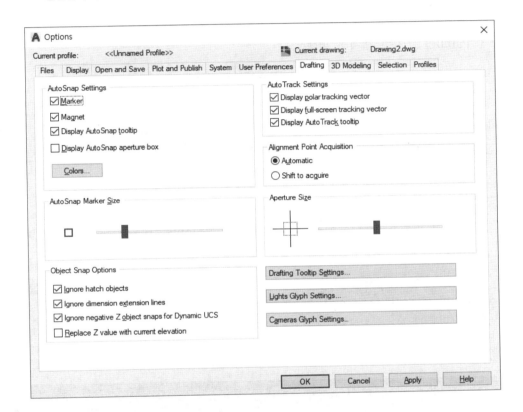

OPTION

- **Endpoint** : 객체의 끝점
- **Midpoint** : 객체의 중간점
- **Center** : 원, 호의 중심점
- **Geometric Center** : 기하학적 도형의 중심점
- **Node** : Point의 절점
- **Quadrant** : 원, 호의 4분점(0°, 90°, 180°, 270°)
- **Intersection** : 두 객체의 교차점
- **Extension** : 선이나 호의 연장점

- Insertion : 블록, 문자 등의 삽입점
- Perpendicular : 객체의 수직점
- Tangent : 접점
- Nearest : 가장 가까운 근접점
- APParent intersection : 두 물체를 연장한 가상의 교차점
- Parallel : 기존 객체의 평행선

※ Osnap mode값을 직접 입력하여 실행하는 방법은 아래와 같다.

```
Command: LINE ↵
Specify first point: MID ↵ 선의 중간부분 클릭(선의 중간점을 잡는다)
Specify next point or [Undo]: END ↵ 반대측 꼭지점 클릭(선의 끝점을 잡는다)
```

2-3 Erase(지우기)

도면에서 불필요한 객체를 지울 때 사용하는 명령어이다. 선택된 객체는 흐린 회색으로 변환된다.

```
Command: ERASE ↵                                            단축키  E
Select objects: 지울 객체 선택
Select objects: ↵

Command: REDRAW ↵(화면 정리)
```

2-4 물체 선택/취소 방법

(1) 물체의 선택

수정명령어(Modify) 실행 시 물체 선택 옵션은 명령어를 실행할 때 "Select Objects"라는 말 다음에 사용한다. Object를 선택하는 방법은 아래와 같이 다양하다. 따라서 도면의 상황에 맞게 가장 효율적인 방법으로 선택하는 것이 중요하다.

- Object pointing : 물체를 Pick Box로 하나씩 선택하는 방법이다.
- Multiple : 물체를 선택할 때 하나씩 선택하는 것이 아니라 원하는 만큼 여러 물체를 선택할 수 있어서 시간을 단축할 수 있다.
- **Window** : 선택영역에 완전히 포함된 물체만 선택된다.(왼쪽에서 오른쪽으로 선택 – '연한 하늘색'으로 영역표시)
- **Crossing** : 선택영역에 완전히 포함되거나 일부만 걸쳐도 물체가 선택된다.(오른쪽에서 왼쪽으로 선택 – '연한 녹색'으로 영역표시)

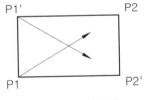
Window로 객체 선택

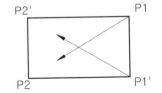
Crossing으로 객체 선택

- Box : Window와 Crossing을 합친 기능이다. 옵션 없이 왼쪽에서 오른쪽으로 박스를 만들면 W옵션이고, 오른쪽에서 왼쪽으로 박스를 만들면 C옵션이다.
- **All** : 화면에 그려진 모든 요소를 선택한다.
- Undo : 선택된 물체를 역순으로 취소한다.
- Remove : 선택되었던 물체를 선택에서 제외한다.
- Add : 물체를 추가하여 선택할 때 사용한다.
- Previous : 이전에 선택되었던 것을 다시 선택한다.
- Last : 가장 마지막에 그려진 요소를 선택한다.
- **Fence** : 울타리에 걸쳐 있는 모든 도면 요소를 선택한다.
- AUto : 기본 선택 사항이며 BOX의 기능을 이용할 수 있다.
- SIngle : 어떤 물체를 한 번만 선택하고 명령이 실행 또는 종료된다.

- WPolygon : 다각형에 완전히 포함된 요소만 선택하나 다각형이 서로 교차해서는 안 된다.
- CPolygon : 다각형에 걸쳐지거나 포함된 요소를 선택하나 서로 교차해서는 안 된다.
- Group : 그룹별로 선택할 수 있다.

(2) 물체의 선택 취소

선택된 Object를 선택취소 하는 방법은 두 가지가 있다.

① 선택된 전체 Object를 한꺼번에 선택 취소할 때 : Esc 버튼을 클릭
② 선택된 Object 중에서 한 개의 Object를 선택 취소할 때 : Shift 버튼을 누른 상태에서 해당 Object를 클릭

2-5 Undo(명령 취소)

Undo는 가장 최근에 수행한 명령을 취소시키는 명령이며, 이때 취소되는 명령의 이름은 화면에 나타난다. Undo 명령은 반복수행하여 도면이 처음 상태가 될 때까지 한 단계씩 취소시켜 준다.

Command: UNDO ↵   단축키 U

2-6 Redo(명령 회복)

Redo는 Undo로 취소된 명령어를 다시 회복시켜주는 명령어이다.

Command: REDO ↵

2-7 Oops(명령 재생)

Erase나 다른 명령에 의하여 삭제된 요소를 다시 회복하는 명령어로서 단 한 번의 재생만이 가능하다. 이 명령이 Undo와 다른 점은 명령을 취소하는 것이 아니라, 지워진 요소만을 다시 재생시킨다는 것이다.

Command: OOPS ↵

2-8 Circle(원)

반지름, 지름, 2점, 3점 또는 접선을 이용하여 원을 그릴 때 사용하는 명령어이다.

Command: CIRCLE ↵   단축키 C
Specify center point for circle or [3P/2P/Ttr(tan tan radius)]: **임의의 점 클릭(중심점 입력)**
Specify radius of circle or [Diameter]: **50** ↵(반지름 입력)

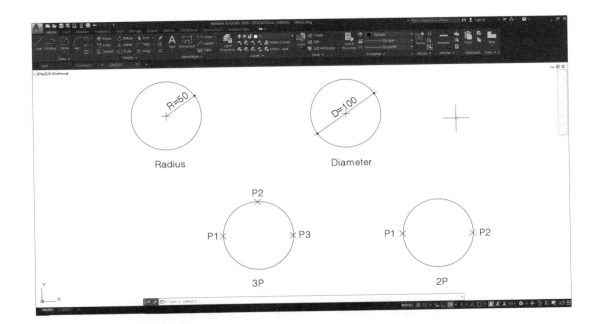

OPTION

- **3P** : 세 점을 지나는 원을 그린다.
- **2P** : 두 점을 지름으로 하는 원을 그린다.
- **Ttr** : 두 직선에 접하고 반지름이 r인 원을 그린다.
- **Center point** : 원의 중심점을 설정한다.
- **Radius** : 원의 반지름을 지정한다.
- **Diameter** : 원의 지름을 지정한다.

※ 세 개의 선분에 접하는 원을 그릴 때는 [Circle] → [Tan Tan Tan] 옵션을 쓰면 편리하게 작도할 수 있다.

2-9 Arc(호)

Command: **ARC** ↵   단축키 A

Specify start point of arc or [Center]: **P1점 클릭(시작점 입력)**

Specify second point of arc or [Center/End]: **P2점 클릭(중간점 입력)**

Specify end point of arc: **P3점 클릭(끝점 입력)**

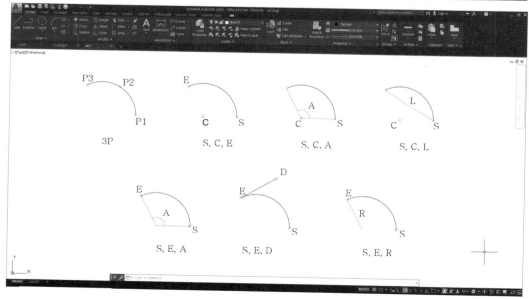

OPTION

- **Start point** : 호의 시작점을 지정한다.
- **End** : 호의 끝점을 지정한다.
- **Center** : 호의 중심점을 지정한다.
- **Angle** : 호의 내부각을 지정한다.
- **chord Length** : 현의 길이를 지정한다.
- **Direction** : 호 접선의 방향을 설정한다.
- **Radius** : 호의 반지름을 설정한다.

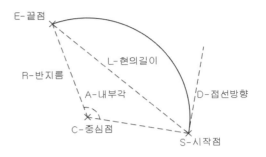

2-10 Ellipse(타원)

중심점이나 축을 지정하여 타원을 그릴 때 사용하는 명령어이다.

Command: ELLIPSE ↵   단축키 **EL**
Specify axis endpoint of ellipse or [Arc/Center]: **시작점(P1) 클릭**
Specify other endpoint of axis: **@100<0** ↵(축이 될 다른 점 P2)
Specify distance to other axis or [Rotation]: **@50<90**↵(중심에서 다른 축까지의 점 P3)

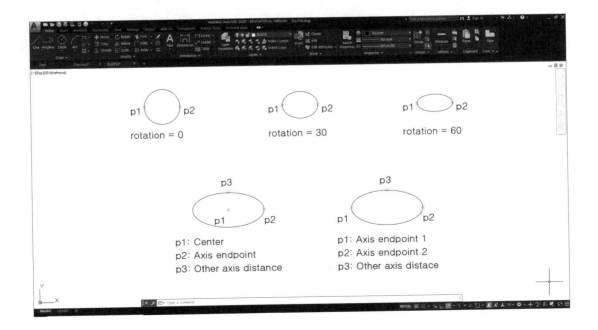

OPTION

- Axis Endpoint 1 : 타원의 지름이 될 첫 번째 점을 지정한다.
- Center : 타원의 중심점을 지정한다.
- Axis Endpoint 2 : 타원의 지름이 될 두 번째 점을 지정한다.
- Other Axis Distance : 타원의 중심점에서의 거리를 설정한다.

2-11 Rectangle(사각형)

Rectangle 명령은 직사각형 또는 정사각형을 그릴 때 아주 편리한 명령어이다. 그린 선은 폴리라인으로 인식되므로 선을 일부분만 지우고 싶을 때는 Explode 명령을 이용해서 분해한 후에 편집해야 한다.

```
Command: RECTANGLE ↵                                      단축키 REC
Specify first corner point or [Chamfer/Elevation/Fillet/Thickness/Width]: 임의의 점 클릭
Specify other corner point or [Area/Dimensions/Rotation]: @150,100 ↵
```

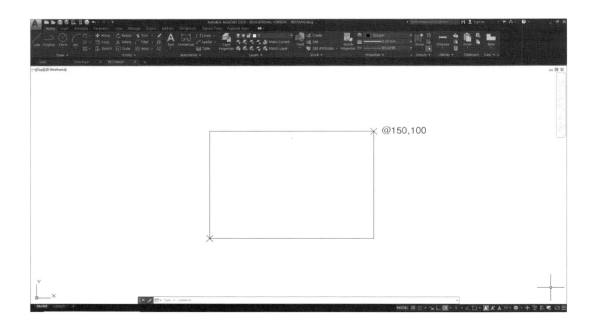

 OPTION

- Chamfer : 사각형의 모서리를 직선으로 모따기 한다.

- **Elevation** : 사각형을 Z축 방향으로 주어진 값만큼 높여서 그린다.
- **Fillet** : 사각형 모서리를 부드럽게 라운딩 한다.
- **Thickness** : 사각형 선의 높이값을 설정한다.
- **Width** : 사각형 선의 두께값을 설정한다.

3 기본 도형 예제

3-1 직선 도형 예제

(1) 새로운 도면을 시작한다.

```
Command: NEW ↵                                          단축키 Ctrl+N
```

(2) 작업 범위를 설정한다.

```
Command: LIMITS ↵
Specify lower left corner or [ON/OFF] 〈0.0000,0.0000〉: ↵(좌측 하단의 좌표)
Specify upper right corner 〈420.0000,297.0000〉: ↵(우측 상단의 좌표)

Command: ZOOM ↵
[All/Center/Dynamic/Extents/Previous/Scale/Window/Object] 〈real time〉: A ↵
```

(3) 선 그리기(상대좌표값 이용)

```
Command: LINE ↵
Specify first point: 임의의 시작점(P1) 클릭
Specify next point or [Undo]: @25,0 ↵
Specify next point or [Undo]: @0,−25 ↵
Specify next point or [Undo]: @50,0 ↵
Specify next point or [Undo]: @0,−50 ↵
Specify next point or [Undo]: @25,0 ↵
```

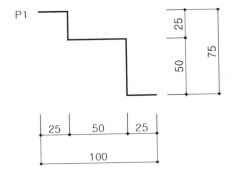

(4) 직사각형 그리기(상대극좌표값 이용)

```
Command: LINE ↵
Specify first point: 임의의 시작점(P1) 클릭
Specify next point or [Undo]: @150<0 ↵
Specify next point or [Undo]: @100<90 ↵
Specify next point or [Undo]: @150<180 ↵
Specify next point or [Undo]: C ↵
```

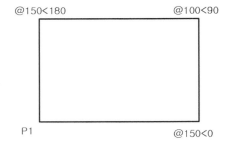

(5) 마름모 그리기(상대극좌표값 이용)

```
Command: LINE ↵
Specify first point: 임의의 시작점(P1) 클릭
Specify next point or [Undo]: @100<45 ↵
Specify next point or [Undo]: @100<135 ↵
Specify next point or [Undo]: @100<225 ↵
Specify next point or [Undo]: C ↵
```

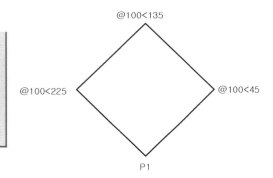

(6) 삼각형 그리기(상대극좌표값 이용)

```
Command: LINE ↵
Specify first point: 임의의 시작점(P1) 클릭
Specify next point or [Undo]: @100<0 ↵
Specify next point or [Undo]: @100<120 ↵
Specify next point or [Undo]: C ↵
```

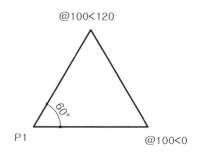

(7) ㄷ자 도형 그리기(상대좌표값 이용)

```
Command: LINE ↵
Specify first point: 임의의 시작점(P1) 클릭
Specify next point or [Undo]: @100,0 ↵
Specify next point or [Undo]: @0,25 ↵
Specify next point or [Undo]: @-75,0 ↵
Specify next point or [Undo]: @0,70 ↵
Specify next point or [Undo]: @75,0 ↵
Specify next point or [Undo]: @0,25 ↵
Specify next point or [Undo]: @-100,0 ↵
Specify next point or [Undo]: C ↵
```

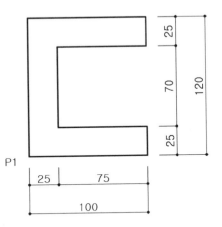

(8) E자 도형 그리기(상대좌표값&상대극좌표값 이용)

```
Command: LINE ↵
Specify first point: 임의의 시작점(P1) 클릭
Specify next point or [Undo]: @100,0 ↵
Specify next point or [Undo]: @0,25 ↵
Specify next point or [Undo]: @-70,0 ↵
Specify next point or [Undo]: @0,25 ↵
Specify next point or [Undo]: @70,0 ↵
Specify next point or [Undo]: @0,25 ↵
Specify next point or [Undo]: @70<180 ↵
Specify next point or [Undo]: @25<90 ↵
Specify next point or [Undo]: @70<0 ↵
Specify next point or [Undo]: @25<90 ↵
Specify next point or [Undo]: @100<180 ↵
Specify next point or [Undo]: C ↵
```

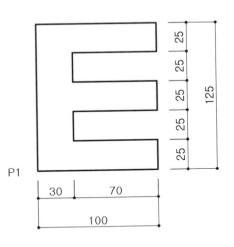

(9) +자 도형 그리기(상대좌표값&상대극좌표값 이용)

```
Command: LINE ↵
Specify first point: 임의의 시작점(P1) 클릭
Specify next point or [Undo]: @45,0 ↵
Specify next point or [Undo]: @0,-45 ↵
Specify next point or [Undo]: @30,0 ↵
Specify next point or [Undo]: @0,45 ↵
Specify next point or [Undo]: @45,0 ↵
Specify next point or [Undo]: @0,30 ↵
Specify next point or [Undo]: @45<180 ↵
Specify next point or [Undo]: @45<90 ↵
Specify next point or [Undo]: @30<180 ↵
Specify next point or [Undo]: @45<-90 ↵
Specify next point or [Undo]: @45<180 ↵
Specify next point or [Undo]: C ↵
```

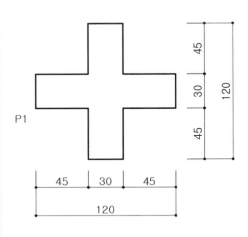

(10) SAVE명령으로 저장한다.

```
Command: SAVE ↵
[파일 이름(N)]: 직선도형.dwg
[저장]
```

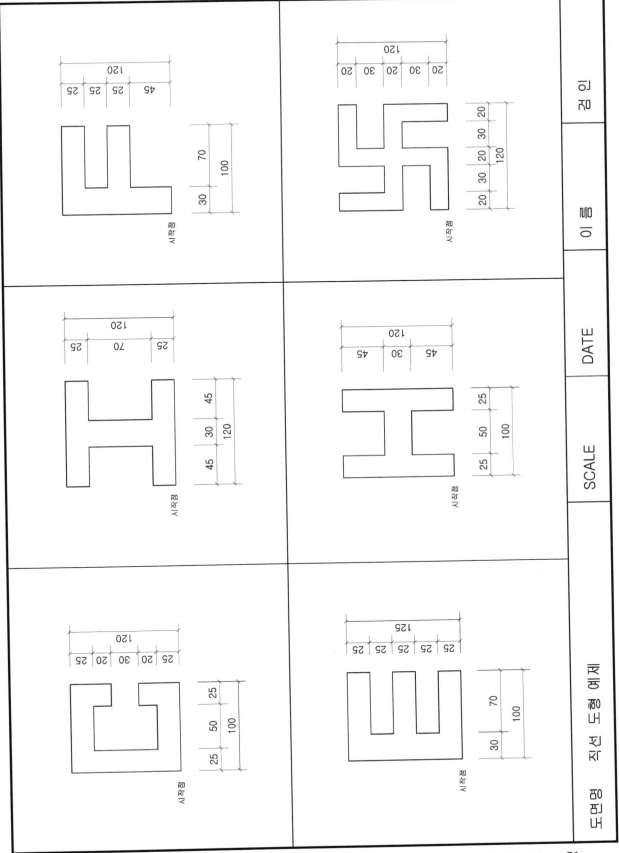

3-2 곡선 도형 예제

(1) 새로운 도면을 시작한다.

```
Command: NEW ↵                                              단축키 Ctrl+N
```

(2) 작업 범위를 설정한다.

```
Command: LIMITS ↵                                           단축키 LIM
Specify lower left corner or [ON/OFF] ⟨0.0000,0.0000⟩: ↵(좌측 하단의 좌표)
Specify upper right corner ⟨420.0000,297.0000⟩: ↵(우측 상단의 좌표)

Command: ZOOM ↵                                             단축키 Z
[All/Center/Dynamic/Extents/Previous/Scale/Window/Object] ⟨real time⟩: A↵
```

(3) 원 그리기

```
Command: CIRCLE ↵
Specify center point for circle or [3P/2P/Ttr(tan tan radius)]: 임의의 시작점 클릭
Specify radius of circle or [Diameter]: 70 ↵(반지름 R이 70인 원)
```

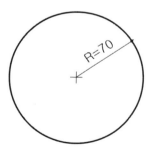

```
Command: CIRCLE ↵
Specify center point for circle or [3P/2P/Ttr(tan tan radius)]: 임의의 시작점 클릭
Specify radius of circle or [Diameter]: D ↵
Specify diameter of circle: 140 ↵ (지름이 140인 원, 즉 반지름은 70인 원)
```

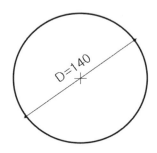

(4) 타원 그리기

```
Command: ELLIPSE ↵
Specify axis endpoint of ellipse or [Arc/Center]: 임의의 시작점(P1) 클릭
Specify other endpoint of axis: @200〈0 ↵
Specify distance to other axis or [Rotation]: @50〈90 ↵
```

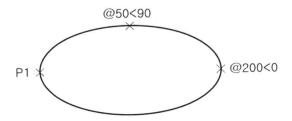

OPTION

- **Axis endpoint of ellipse** : 타원 주축의 시작점
- **Arc** : 타원모양의 호를 그릴 수 있는 옵션
- **Center** : 타원의 중심점
- **Other endpoint of axis** : 타원 주축의 끝점
- **Distance to other axis** : 타원 부축의 끝점(시작점은 주축의 중심점)

(5) 세 점을 지나는 호 그리기

Command: ARC ↵
Specify start point of arc or [Center]: **P1점 클릭**
Specify second point of arc or [Center/End]: **P2점 클릭**
Specify end point of arc: **P3점 클릭**

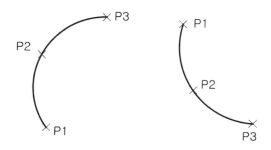

(6) 시작점, 끝점, 내부각을 이용한 호 그리기

Command: ARC ↵
Specify start point of arc or [Center]: **임의의 시작점(P1) 클릭**
Specify second point of arc or [Center/ENd]: **E ↵**
Specify end point of arc: **@200<0 ↵**
Specify center point of arc or [Angle/Direction/Radius]: **A ↵**
Specify included angle: **-180 ↵**

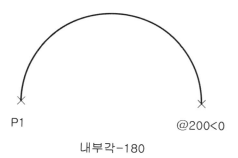

내부각-180

```
Command: ARC ↵
Specify start point of arc or [Center]: P4(시작점) 클릭
Specify second point of arc or [Center/ENd]: E ↵
Specify end point of arc: P5(끝점) 클릭
Specify center point of arc or [Angle/Direction/Radius]: A ↵
Specify included angle: 90 ↵
```

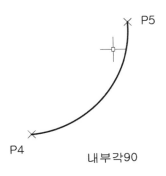

P5

P4   내부각90

(7) 중심점, 시작점, 끝점을 이용한 호 그리기

```
Command: ARC ↵
Center/〈Start point〉: C ↵
Center: P6점(중심점) 클릭
Start point: P7점(시작점) 클릭
Angle/Length of chord/〈End point〉: P8점(끝점) 클릭
```

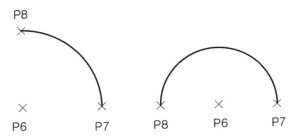

P8

P6   P7   P8   P6   P7

(8) SAVE명령으로 저장한다.

```
Command: SAVE ↵
[파일 이름(N)]: 곡선도형.dwg
[저장]
```

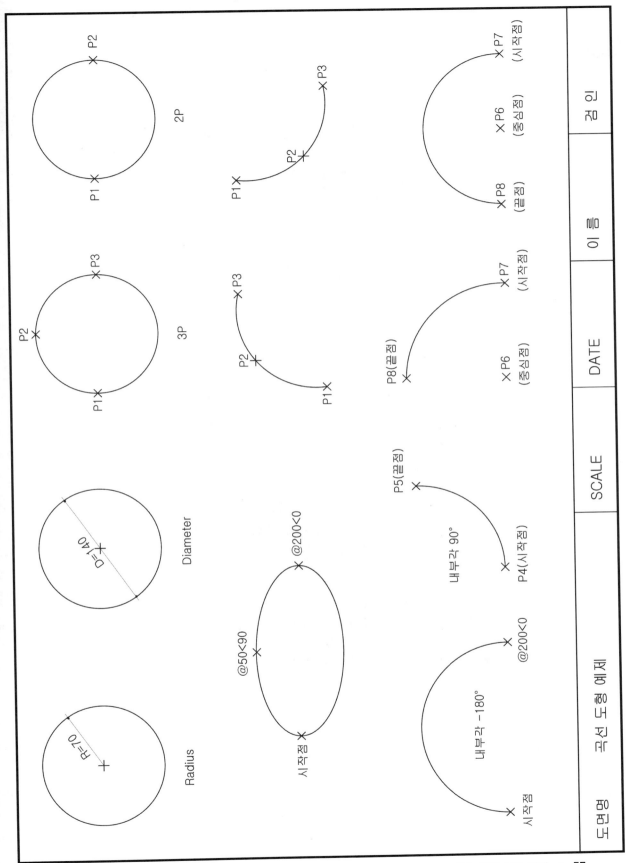

제2장

가구 그리기

 1 **편집 명령어(1)**

1-1 Offset(수평 간격 복사)

Offset 명령은 하나의 객체로부터 사용자가 지정한 거리에 맞게 물체를 복사하는 명령어이다. 직선을 Offset하면 동일한 크기의 평행선이 작성되지만, 폴리라인 원, 호 등은 크기가 변하게 된다.

```
Command: OFFSET ↵                                            단축키 O
Specify offset distance or [Through/Erase/Layer] ⟨1.0000⟩: 10 ↵(복사할 간격)
Select object to offset or [Exit/Undo] ⟨Exit⟩: 복사할 대상 선택
Specify point on side to offset or [Exit/Multiple/Undo] ⟨Exit⟩: 복사할 방향 지정
Select object to offset or [Exit/Undo] ⟨Exit⟩: ↵
```

```
Command: OFFSET ↵
Specify offset distance or [Through/Erase/Layer] ⟨10.0000⟩: T ↵
Select object to offset or [Exit/Undo] ⟨Exit⟩: 복사할 대상 선택
Specify through point: 복사할 지점 지정
Select object to offset or [Exit/Undo] ⟨Exit⟩: ↵
```

OPTION

- **Through** : 옵셋 간격을 거리값으로 지정하는 대신에 객체가 통과하는 지점을 마우스로 직접 지정한다.
- **Erase** : 옵셋을 한 후에 원본객체를 지울 것인지 여부를 결정한다.
- **Layer** : 옵셋으로 생성되는 객체의 레이어가 원본 레이어를 따를 것인지, 현재 설정된 레이어로 할 것인지를 결정한다.(평면도를 작성할 때, 중심선에서 일정한 간격으로 벽체를 그릴 때 유용하게 사용할 수 있다.)
- **Multiple** : 복사할 객체의 개수를 여러 개로 할 때 선택한다.
- **Offset distance** : 옵셋 간격을 설정한다.
- **Point on side to offset** : 옵셋할 방향을 설정한다.
- **Through point** : 통과할 지점을 지정한다.

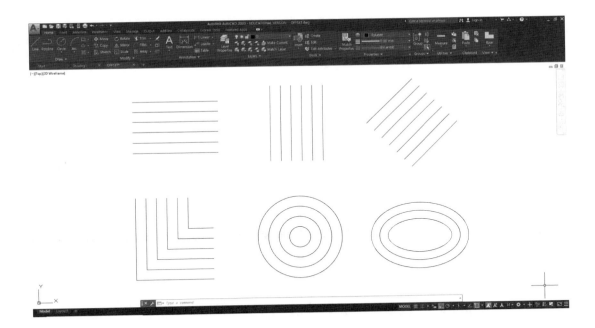

1-2　Move(이동)

Move 명령은 객체를 이동시키는 명령어로 두 점 또는 숫자를 입력해서 그 변위만큼
물체를 이동시킨다.

```
Command: MOVE ↵                                          단축키 M
Select objects: 이동할 객체 선택 ↵
Select objects: ↵
Specify base point or [Displacement]: 기준점 지정 또는 변위 지정
Specify second point or 〈use first point as displacement〉: 이동점 또는 변위 지정
```

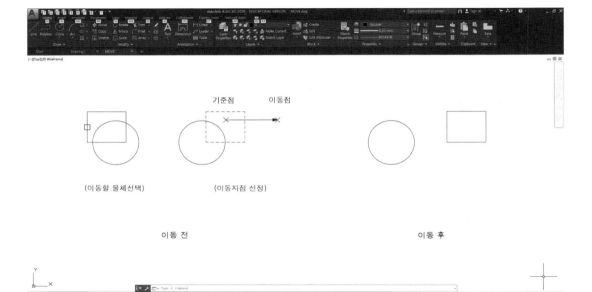

OPTION

- Base point : 이동할 기준점을 지정한다.
- displacement : 원점을 기준으로 주어진 변위만큼 이동한다.
- Second point of displacement : 기준점이 이동할 점을 지정한다.
- Use first point as displacement : 기준점을 기준으로 숫자로 변위를 지정
  한다.

1-3 Copy(복사)

하나 이상의 객체를 사용자가 원하는 위치에 복사하는 명령어이며, 원본의 형태변화
없이 위치만 다르게 작성한다.

Command: COPY ↵   단축키 CO/CP
Select objects: **복사할 객체 선택** ↵
Select objects: ↵
Specify base point or [Displacement/mOde] 〈Displacement〉: **기준점 클릭**
Specify second point or [Array] 〈use first point as displacement〉: **복사할 점 클릭**(또는
기준점을 이용한 변위지정)
Specify second point or [Array/Exit/Undo] 〈Exit〉: **복사할 점 클릭**

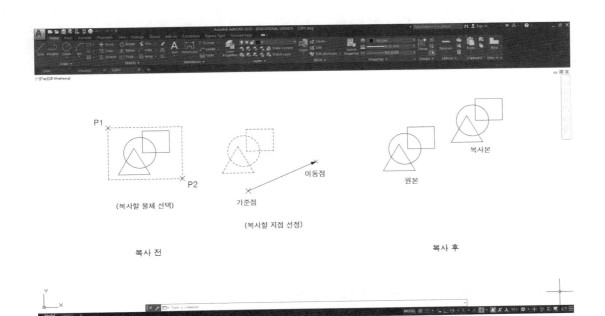

복사 전   복사 후

OPTION
- **Base point** : 이동할 기준점을 지정한다.
- **displacement** : 원점을 기준으로 주어진 변위만큼 이동한다.
- **mOde** : 객체의 복사 개수(한개/다수)를 지정한다.
- **Array** : 객체를 지정한 간격 및 개수만큼 복사한다.

1-4 Mirror(대칭 복사)

축(두 점을 기준으로 지정된 축)을 중심으로 선대칭 복사하는 명령어이며, 복사한 원본을 삭제할 수도 있고, 남겨둘 수도 있다.

Command: MIRROR ↵   단축키 MI
Select objects: **복사할 대상 선택**
Select objects: ↵
Specify first point of mirror line: **대칭선의 첫 번째 점 클릭**
Specify second point of mirror line: **대칭선의 두 번째 점 클릭**
Erase source objects? [Yes/No] ⟨N⟩: ↵(원본을 지울까요?)

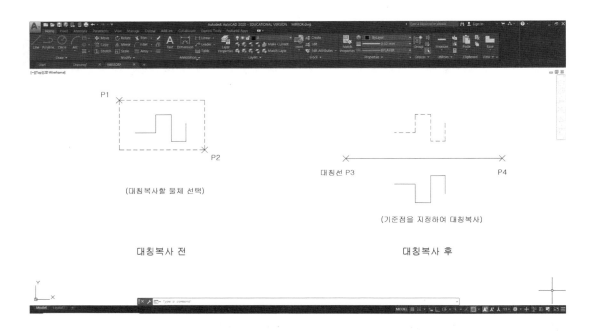

(대칭복사할 물체 선택)

대칭선 P3   P4

(기준점을 지정하여 대칭복사)

대칭복사 전   대칭복사 후

✐ 일반적으로 Mirror 명령을 실행할 때는 직교모드(Ortho F8)를 ON 시켜서 사용하면 편리하다.
✐ 문자가 뒤집히지 않게 대칭 복사를 원할 경우는 [Mirrtext]↵하여 값을 "0"으로 설정한다.

1-5 Array(배열)

객체를 일정한 간격의 사각형태(좌우배열)나 원형태(원형배열), 경로에 따른 형태(경로배열)로 복사하는 명령어로 동일한 크기로 원하는 개수만큼 복사할 수 있다.

(1) 직선 배열

열과 행의 개수와 객체들 간의 거리를 지정하여 복사하는 옵션이다.

```
Command: ARRAY ↵                                              단축키 AR
Select objects: 객체선택 ↵
Select objects: ↵
Enter array type [Rectangular/PAth/POlar] ⟨Rectangular⟩: R ↵
Type = Rectangular Associative = Yes
Select grip to edit array or [ASsociative/Base point/COUnt/Spacing/COLumns/Rows/Levels/
eXit]⟨eXit⟩: COU ↵
Enter the number of columns or [Expression] ⟨4⟩: 3 ↵
Enter the number of rows or [Expression] ⟨4⟩: 2 ↵
Select grip to edit array or [ASsociative/Base point/COUnt/Spacing/COLumns/Rows/Levels/
eXit]⟨eXit⟩: S ↵
Specify the distance between columns or [Unit cell] ⟨125.5901⟩: 150 ↵
Specify the distance between rows ⟨78.8692⟩: 200 ↵
Select grip to edit array or [ASsociative/Base point/COUnt/Spacing/COLumns/Rows/Levels/
eXit]⟨eXit⟩: ↵
```

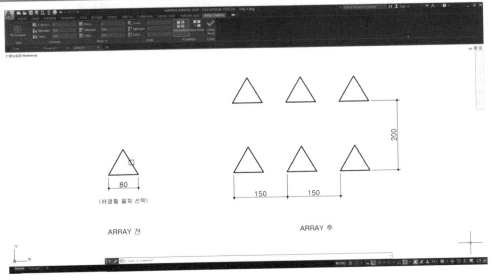

(배열할 물체 선택)

ARRAY 전   ARRAY 후

OPTION

- **Rectangular/PAth/POlar** : 사각형태 /경로형태/원형형태로 배열시킬 선택버튼이다.
- **ASsociative/Base· point/COUnt/Spacing/COLumns/Rows/Levels/eXit** : 결합체/기준점/개수/간격/열/행/레벨 등 그리는 방법을 선택한다.
- **number of Columns** : 열의 개수를 결정한다.
- **number of Rows** : 행의 개수를 결정한다.
- **the distance between Rows** : 열(가로)의 간격을 결정한다.
- **the distance between Columns** : 행(세로)의 간격을 결정한다.(간격설정 시 두 객체의 사이간격이 아닌 동일한 지점간의 간격)
- **Expression** : 표현식으로 결정한다.

(2) 원형 배열

중심점을 기준으로 하여 객체를 원형으로 복사하는 명령어이다.

```
Command: ARRAY ↵                                        단축키 AR
Select objects: 객체선택 ↵
Select objects: ↵
Enter array type [Rectangular/PAth/POlar] ⟨Rectangular⟩: PO ↵
Type = Polar Associative = Yes
Specify center point of array or [Base point/Axis of rotation]: 중심점 클릭
Select grip to edit array or [ASsociative/Base point/Items/Angle between/Fill angle/RO
Ws/Levels/ROTate items/eXit]⟨eXit⟩: I ↵
Enter number of items in array or [Expression] ⟨6⟩: 8 ↵
Select grip to edit array or [ASsociative/Base point/Items/Angle between/Fill angle/RO
Ws/Levels/ROTate items/eXit]⟨eXit⟩: F ↵
Specify the angle to fill (+ = ccw, − = cw) or [EXpression] ⟨360⟩: ↵
Select grip to edit array or [ASsociative/Base point/Items/Angle between/Fill angle/RO
Ws/Levels/ROTate items/eXit]⟨eXit⟩: ↵
```

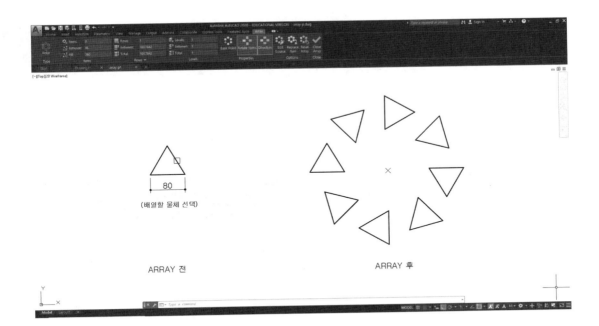

(배열할 물체 선택)

ARRAY 전

ARRAY 후

 OPTION

- **Rectangular/PAth/POlar** : 사각형태 /경로형태/원형형태로 배열시킬 선택버튼이다.
- **Center point** : 배열할 원의 중심을 지정한다.
- **Base point/Axis of rotation** : 기준점/회전축
- **ASsociative/Base point/Items/Angle between/Fill angle/ROWs/Levels/ROTate items/eXit** : 결합체/기준점/개수/사이각/전체각/행/레벨/객체회전 등 그리는 방법을 선택한다.
- **number of items** : 배열할 객체 수를 설정한다.(원본을 포함한 개수)
- **Expression** : 표현식으로 객체 수를 결정한다.

(3) 경로 배열

주어진 경로를 따라서 복사하는 명령어이다.

	단축키 AR
Command: ARRAY ↵	
Select objects: **객체선택** ↵	
Select objects: ↵	
Enter array type [Rectangular/PAth/POlar] ⟨Rectangular⟩: PA ↵	
Type = Path Associative = Yes	

Select path curve: **경로선택** ⏎

Select grip to edit array or [ASsociative/Method/Base point/Tangent direction/Items/Rows/Levels/Align items/Z direction/eXit]⟨eXit⟩: I ⏎

Specify the distance between items along path or [Expression] ⟨111.9994⟩: **100** ⏎

Specify number of items or [Fill entire path/Expression] ⟨4⟩: **5** ⏎

Select grip to edit array or [ASsociative/Method/Base point/Tangent direction/Items/Rows/Levels/Align items/Z direction/eXit]⟨eXit⟩: ⏎

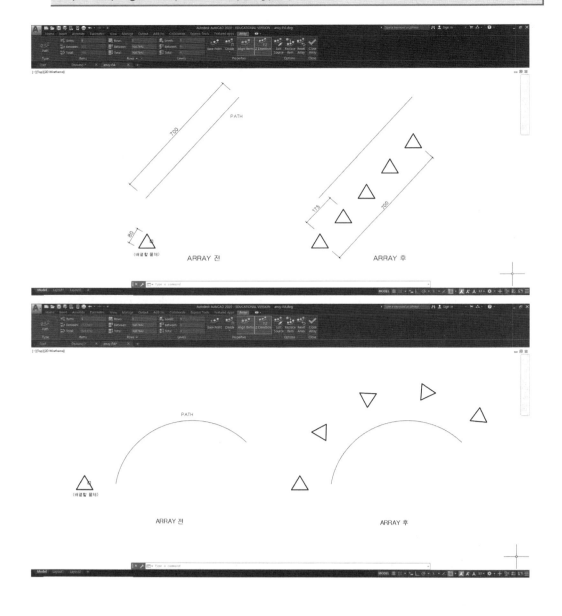

OPTION

- **Rectangular/PAth/POlar** : 사각형태 /경로형태/원형형태로 배열시킬 선택버튼이다.
- **path curve** : 경로를 선택한다.
- **ASsociative/Method/Base point/Tangent direction/Items/Rows/Levels/Align items/Z direction/eXit** : 결합체/방법/기준점/접선방향/개수/행/레벨/개수에 적용/Z축 방향 등 그리는 방법을 선택한다.
- **number of items along path** : 경로를 따라서 복사할 객채수를 입력한다.
- **distance between items along path** : 경로를 따라 복사한 객체의 거리를 입력한다.
- **Fill entire path/Expression** : 경로 채움/표현식으로 결정한다.

1-6 Rotate(회전)

Rotate 명령은 객체의 한 부분 또는 전체를 지정한 기준점을 중심으로 회전시키는 명령어로서 기준점과 방향을 유의해서 입력해야 한다.

```
Command: ROTATE ↵                                            단축키 RO
Select objects: 회전할 객체 선택
Select objects: ↵
Specify base point: 회전시킬 기준점 클릭(객체 근처에 기준점을 찍는다.)
Specify rotation angle or [Copy/Reference]: 45 ↵(양의 각도를 입력하면 항상 시계반대
방향으로 회전한다.)
```

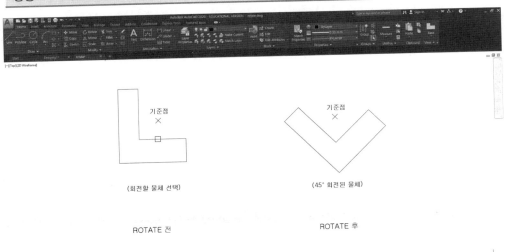

기준점   기준점

(회전할 물체 선택)   (45° 회전된 물체)

ROTATE 전   ROTATE 후

OPTION

- **Rotation angle** : 회전각도(반시계방향)를 지정한다.
- **Copy** : 원본객체를 그대로 두고 주어진 각도만큼 회전한 새로운 객체를 생성한다.
- **Reference** : 현재 객체의 각도를 입력한 후, 새로운 각도값을 지정한다.

1-7 Stretch(신축 : 객체 늘리고 줄이기)

선택된 객체의 정점 위치를 이동시켜 객체의 크기를 늘리고 줄이는데 사용하는 명령
어이다. Stretch 명령에서 대상을 선택할 때는 항상 Crossing선택기법(오른쪽에서
왼쪽으로 선택)으로 선택해야 한다.

```
Command: STRETCH ↵                                    단축키 S
Select objects: P1점 클릭
Specify opposite corner: P2점 클릭
Select objects: ↵
Specify base point or [Displacement] 〈Displacement〉: P3점 클릭
Specify second point or 〈use first point as displacement〉: P4점 클릭
```

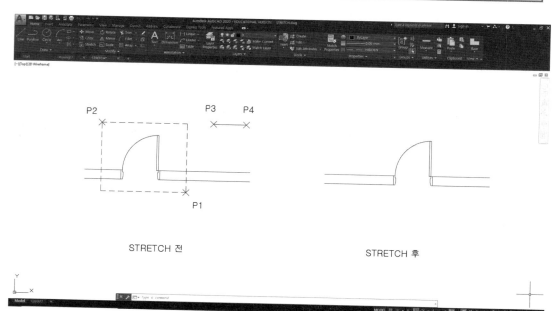

STRETCH 전   STRETCH 후

OPTION

- Base point : 늘리거나 줄이기 위한 기준점을 지정한다.
- Displacement : 원점을 기준으로 주어진 변위만큼 늘리거나 줄인다.

1-8 Scale(크기 변형)

객체의 크기를 주어진 축척에 맞게 축소 또는 확대시키는 명령어이다.

Command: SCALE ↵   단축키 SC
Select objects: **크기를 조정할 객체 선택**
Select objects: ↵
Specify base point: **기준점 클릭**(기준점은 객체 근처에 찍는다.)
Specify scale factor or [Copy/Reference] ⟨1.0000⟩: **0.5** ↵
(객체의 크기가 반으로 줄어든다.)

Command: SCALE ↵
Select objects: **크기를 조정할 객체 선택**
Select objects: ↵
Specify base point: **기준점 클릭**
Specify scale factor or [Copy/Reference] ⟨1.0000⟩: **R** ↵
Specify reference length ⟨1.0000⟩: **2** ↵(참조할 길이 입력 또는 마우스로 두 점 지정)
Specify new length or [Points] ⟨1.0000⟩: **5.5** ↵(길이값 입력 ← 2만큼의 객체크기가 5.5로 변경된다.)

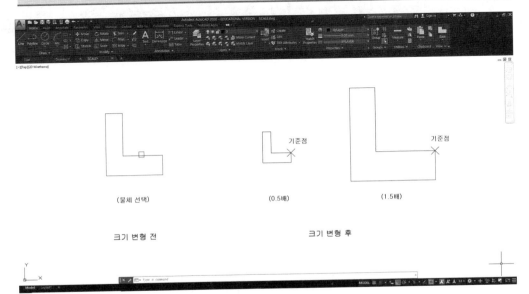

(물체 선택)   (0.5배)   (1.5배)

크기 변형 전   크기 변형 후

OPTION

- **Copy** : 원본객체를 그대로 두고 주어진 크기만큼 변형된 새로운 객체를 생성한다.
- **Reference** : 현재 객체의 크기를 기준으로 하여 상대적인 크기값을 지정한다.

    🖉 Scale 명령 실행 중 scale factor 값은 정수, 소수 형태뿐만 아니라, 분수 형태(1/2, 1/30, 1/100 등)도 입력이 가능하다.

---

 2 편집 명령어(2)

2-1 Trim(자르기)

선택한 객체를 임의의 선을 기준으로 정확하게 잘라내어 다듬는 명령어이다.

```
Command: TRIM ↵                                           단축키 TR
Select objects: 잘라낼 기준선 선택
Select objects: ↵
Select object to trim or shift-select to extend or [Fence/Crossing/Project/Edge/eRase]
: 자를 대상 선택
Select object to trim or shift-select to extend or [Fence/Crossing/Project/Edge/eRase/
Undo]: ↵
```

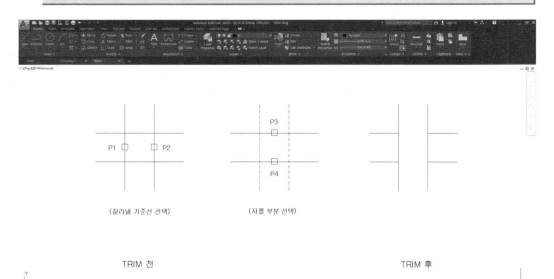

(잘라낼 기준선 선택)　　(자를 부분 선택)

TRIM 전　　　　　　　　　　　　　TRIM 후

OPTION

- **Fence** : Fence 선택옵션으로 객체를 선택하여 잘라내는 옵션이다.
- **Crossing** : Crossing으로 한꺼번에 많은 객체를 선택해서 잘라내는 옵션이다.
- **Project(투영)** : 객체가 서로 Z축 방향으로 만나지 않을 때 사용하는 투영모드옵션이다.
  - ▶ **None** : 3차원 공간에서 정확하게 교차하는 객체만 자른다.
  - ▶ **Ucs** : 3차원 공간에서 만나지 않고 현재 UCS의 XY평면상에 투영되어 교차하면 선을 자를 수 있다.
  - ▶ **View** : 3차원 상에서 현재 뷰(화면)를 평면으로 보고 객체를 자른다.
- **Edge(모서리)** : 3차원 공간에서 객체가 직접 교차하지 않을 경우에 사용하는 옵션이다.
  - ▶ **Extend** : 3차원 공간에서 객체가 서로 교차하고 있지 않아도 연장해서 교차하면 자를 수 있다.
  - ▶ **No extend** : 3차원 공간에서 두 객체가 만나지 않으면 객체를 자를 수 없다.
- **Undo** : 바로 전의 작업을 취소한다.

  ✎ TRIM으로 객체를 정리할 경우, 기준선은 선(Line)뿐만 아니라 원, 호, 사각형 등이 모두 가능하다.

  ✎ TRIM으로 객체를 정리할 경우, 기준선 선택 시에 특정한 객체를 선택하지 않고, 바로 Enter↵ 버튼을 누르면, 도면의 모든 객체가 기준선이 된다.

  ✎ TRIM 명령상태에서 Shift버튼을 누르고 명령어를 실행하면, EXTEND 명령이 실행된다. TRIM과 EXTEND 명령은 Shift버튼으로 상호전환이 가능하다.

2-2 Extend(연장하기)

Extend는 Trim과 반대로 객체를 연장하는 명령어로 직선, 곡선에 관계없이 연장된다.

```
Command: EXTEND ↵                                              단축키 EX
Select objects: 기준되는 객체 선택
Select objects: ↵
Select object to extend or shift-select to trim or [Fence/Crossing/Project/Edge/Undo]
: 연장될 부분을 선택
Select object to extend or shift-select to trim or [Fence/Crossing/Project/Edge/Undo]: ↵
```

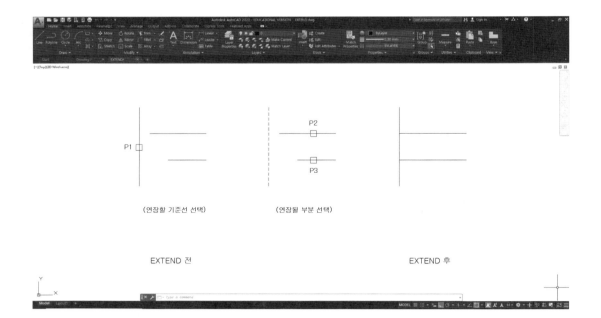

(연장할 기준선 선택)   (연장될 부분 선택)

EXTEND 전   EXTEND 후

 OPTION

- **Fence** : Fence 선택옵션으로 객체를 선택하여 연장하는 옵션이다.
- **Crossing** : Crossing으로 한꺼번에 많은 객체를 선택해서 연장하는 옵션이다.
- **Project(투영)** : 객체가 서로 Z축 방향으로 만나지 않을 때 사용하는 투영모드옵션이다.
  - ▶ **None** : 3차원 공간에서 정확하게 교차하는 객체만 연장한다.
  - ▶ **Ucs** : 3차원 공간에서 만나지 않고 현재 UCS의 XY 평면상에 투영되어 교차하면 선을 연장할 수 있다.
  - ▶ **View** : 3차원 상에서 현재 뷰(화면)를 평면으로 보고 객체를 연장한다.
- **Edge(모서리)** : 3차원 공간에서 객체가 직접 교차하지 않을 경우에 사용하는 옵션이다.
  - ▶ **Extend** : 3차원 공간에서 객체가 서로 교차하고 있지 않아도 연장해서 교차하면 연장시킬 수 있다.
  - ▶ **No extend** : 3차원 공간에서 두 객체가 만나지 않으면 객체를 연장할 수 없다.
- **Undo** : 바로 전의 작업을 취소한다.

✎ EXTEND로 객체를 늘릴 경우, 기준선 선택 시에 특정한 객체를 선택하지 않고 바로 [Enter↵] 버튼을 누르면 도면의 모든 객체가 기준선이 된다. 이 방법으로 작업량을 조금 더 간소화시킬 수 있다.

✎ EXTEND 명령상태에서 Shift버튼을 누르고 명령어를 실행하면, TRIM 명령이 실행된다. EXTEND와 TRIM 명령은 Shift버튼으로 상호전환이 가능하다.

2-3 Fillet(모깎기)

Fillet 명령은 두 개의 선이나 호, 원 등을 사용자가 설정한 반지름의 크기대로 객체의 모서리를 라운딩(Rounding) 시키는 명령어이다.

```
Command: FILLET ↵                                          단축키 F
Current settings: Mode = TRIM, Radius = 0.0000
Select first object or [Undo/Polyline/Radius/Trim/Multiple]: R ↵
Specify fillet radius 〈0.0000〉: 50 ↵
Select first object or [Undo/Polyline/Radius/Trim/Multiple]: 선1 선택
Select second object or shift-select to apply corner or [Radius]: 선2 선택
```

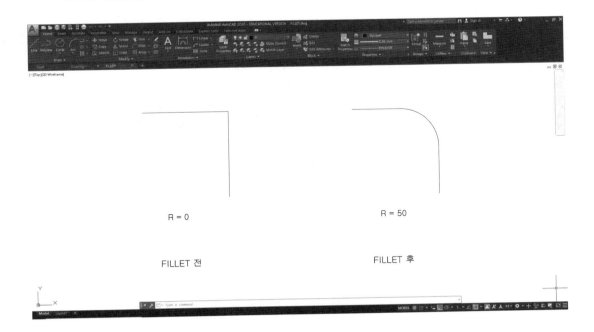

R = 0   R = 50

FILLET 전   FILLET 후

OPTION

- **Undo** : 반지름 등의 바로 전 설정값을 취소한다.
- **Polyline** : 폴리라인(Pline)으로 그려진 경우에는 모서리를 한 번에 라운딩 한다. Rectangle이나 Pline으로 사각형을 그린 후, P옵션을 선택하여 객체를 선택하면, 한 번에 모든 모서리가 라운딩 된다.
- **Radius** : 모깎기 할 호의 반지름값을 설정한다.
- **Trim** : 선택된 객체의 모서리를 남겨둘 것인지를 결정하는 옵션이다.
  - ▶ **Trim** : 두 객체의 모서리를 교차점에서 자른 후 라운딩 한다.
  - ▶ **No trim** : 두 객체의 모서리를 남겨둔 채로 라운딩 한다.
- **Multiple** : 여러 번의 작업이 가능하도록 하는 옵션이다.

  ✎ 반지름(Radius) 값을 0으로 설정하면, 모서리를 직선으로 교차하게 정리할 수 있다. TRIM으로 잘라낼 때보다 더 빠르게 작업을 수행할 수 있다.

2-4 Chamfer(모따기)

Chamfer 명령은 평행하지 않은 두 객체의 모서리를 지정한 거리만큼 이동하여 모따기 한다.

```
Command: CHAMFER ⏎                                                단축키 CHA
Select first line or [Undo/Polyline/Distance/Angle/Trim/mEthod/Multiple]: D ⏎
Specify first chamfer distance ⟨0.0000⟩: 50 ⏎(모따기 할 첫 번째 선의 길이)
Specify second chamfer distance ⟨50.0000⟩: 30 ⏎(두 번째 선의 길이)
Select first line or [Undo/Polyline/Distance/Angle/Trim/mEthod/Multiple]: P1 클릭
Select second line or shift-select to apply corner or [Distance/Angle/Method]: P2 클릭
```

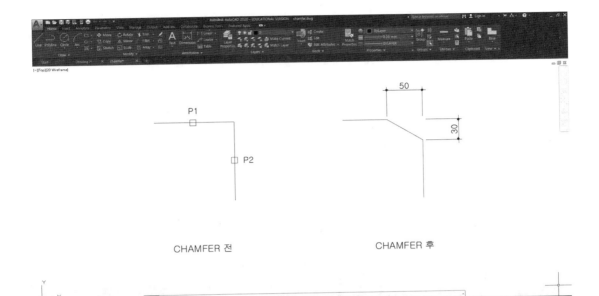

CHAMFER 전   CHAMFER 후

OPTION

- **Undo** : 반지름 등의 바로 전 설정값을 취소한다.
- **Polyline** : 폴리라인(Pline)으로 그려진 경우에는 모서리를 한 번에 모따기 한다. Rectangle이나 Pline으로 사각형을 그린 후 P옵션을 선택하여 객체를 선택하면 한 번에 모든 모서리가 모따기 된다.
- **Distances** : 모따기 할 부분의 Dist1 값과 Dist2 값의 거리를 입력한다.
- **Angle** : 거리와 각도를 지정하여 모따기를 한다.
- **Trim** : 선택된 객체의 모서리를 남겨둘 것인지를 결정하는 옵션이다.
  - ▶ **Trim** : 두 객체의 모서리를 교차점에서 자른 후 모따기를 한다.
  - ▶ **No trim** : 두 객체의 모서리를 남겨둔 채로 모따기를 한다.
- **Method** : 거리(Distance), 각도(Angle) 둘 중 어느 옵션을 사용할 것인지를 결정하는 옵션이다. 초기값은 거리(Distance)이다.
  - ▶ **Distance** : 두 거리에 의해 모따기를 한다.
  - ▶ **Angle** : 거리와 각도에 의해 모따기를 한다.
- **Multiple** : 여러 번의 작업이 가능하도록 하는 옵션이다.
  - ✐ 선이 겹치거나 만나지 않아도 상관없이 모따기가 가능하다.
  - ✐ Dist 1=Dist 2=0 이면 모서리가 직각으로 모따기 된다.

2-5 Break(절단)

객체의 일부분을 지우거나 분리시킬 때 사용하는 명령어이다.

Command: BREAK ↵   **단축키** BR
Select object: **P1 클릭**(절단할 선의 절단시작점)
Specify second break point or [First point]: **P2 선택**(절단할 위치 지정)

Command: BREAK ↵
Select object: **P1 클릭**(절단할 선 지정)
Specify second break point or [First point]: **F** ↵
Specify first break point: **P2선택**(절단할 첫 번째 점 지정)
Specify second break point: **P3선택**(절단할 두 번째 점 지정)

2-6 Change(속성 변경)

선택한 객체의 위치, 크기, 색상, 레이어 등의 특성을 변경하는 명령어이다.

Command: CHANGE ⏎   **단축키** −CH
Select objects: **객체 선택**
Select objects: ⏎
Specify change point or [Properties]: P ⏎
Enter property to change [Color/Elev/LAyer/LType/ltScale/LWeight/Thickness]: **변경할 옵션 선택**

※ **선의 길이를 변경할 경우**
   Command: CHANGE ⏎
   Select objects: **객체 선택**
   Select objects: ⏎
   Specify change point or [Properties]: **원하는 위치 선택**

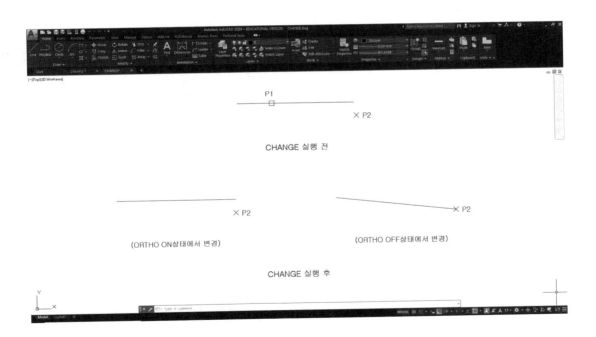

CHANGE 실행 전

(ORTHO ON상태에서 변경)   (ORTHO OFF상태에서 변경)

CHANGE 실행 후

OPTION

- **Property to change(속성 변경할 특성)**

  ▶ **Color(색상)** : 객체의 색상을 변경한다.

  ▶ **Elev(높이)** : 2D 객체의 Z축 방향으로 위치를 변경한다.

  ▶ **LAyer(레이어)** : 선택한 객체의 레이어(Layer)를 다른 레이어로 변경한다.

  ▶ **LType(선 종류)** : 선택한 객체의 선의 종류를 변경한다.

  ▶ **ltScale(선 축척)** : 선택한 객체의 선의 축척을 변경한다.

  ▶ **LWeight(선 굵기)** : 선택한 객체의 선의 굵기를 변경한다.

  ▶ **Thickness(두께)** : 선택한 2D 객체의 Z축 방향으로 두께를 변경한다.

  ✐ CHPROP와 CHANGE 명령은 거의 유사하다.
  ✔ CHANGE의 옵션 : [Color/Elev/LAyer/LType/ltScale/LWeight/Thickness]
  ✔ CHPROP의 옵션 : [Color/LAyer/LType/ltScale/LWeight/Thickness/TRansparency/Material/Annotative]

2-7 Properties(속성 변경 대화상자)

PROPERTIES는 대화상자를 이용하여 객체의 색상, 레이어, 선종류, 축척 등의 속성을 바꾸는 명령이다.

Command: **PROPERTIES** ↵ 또는
Command: **DDCHPROP** ↵ 또는
Command: **DDMODIFY** ↵

단축키 PR, CH, Ctrl+1

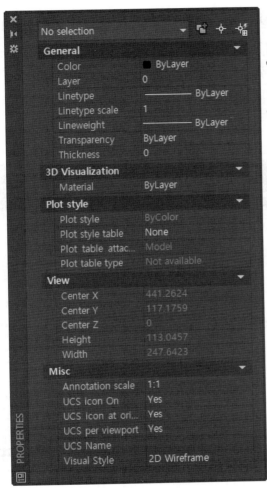

- No selection은 선택된 객체의 개수와 종류(Line, Circle, Arc, Polyline 등)를 보여준다.
- General은 객체의 색상, 레이어, 선의 종류, 선의 두께, 선의 높이값 등을 보여준다.
- 3D Visualization은 객체의 재질과 그림자 속성 등을 보여준다.
- Plot style은 플로터에 관련된 속성들을 보여준다.
- View는 객체의 위치 및 높이값, 두께값 등을 보여준다.
- Misc는 UCS와 관련된 특성값들을 보여준다.
- 속성변경을 하려는 객체를 선택하면, 선택된 객체의 모든 특성이 하단부에 나타난다.
- 객체의 특성을 수정하려면 변경하려는 특성을 선택한 후, 새 값을 입력하거나, 목록에서 값을 선택하거나, 대화상자에서 특성값을 변경하면 된다.
- 속성변경 후, 대화상자를 닫을 때는 좌측상단의 닫기 버튼(☒)을 클릭하거나 아래와 같이 명령을 실행시킨다.

  Command : Prclose ⏎

🖉 속성변경 대화상자는 작업 중에 열어놓고 사용할 수 있으며, Toolbar처럼 화면의 좌우측에 붙여서 사용할 수도 있다.

2-8 Grip(맞물림)

커서를 이용하여 객체를 편집하는 명령어이다. 객체를 명령어 없이 선택하면 파랑색 그립(Grip)점이 나타난다. 이 그립점을 한 번 더 클릭하면 프롬프트가 객체를 편집할 수 있는 빨간색 그립모드로 바뀐다.

Move, Mirror, Rotate, Scale, Stretch 같은 5가지 편집을 할 수 있다. Grip의 초기값은 Stretch로 설정되어 있다.

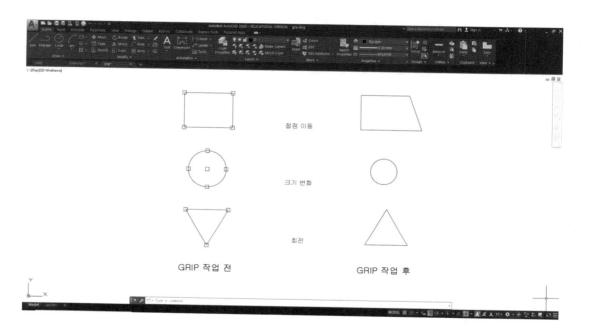

GRIP의 사용법

- **1단계** : 명령어 없이 객체를 클릭하면 객체에 파란색 사각형이 생긴다.
- **2단계** : 편집을 원하는 파란색 사각형을 다시 한 번 클릭하면 사각형은 빨간색으로 바뀐다.
- **3단계** : 마우스를 이동시키면 초기값인 Stretch가 실행된다.

  🖉 Stretch 외의 옵션 사용을 원하면, 3단계에서 Spacebar를 누르거나 마우스 오른쪽 버튼을 눌러 해당 명령어를 선택한다.

  🖉 3단계에서 오른쪽 마우스버튼을 클릭하여 Properties 대화상자를 열 수도 있다.

2-9 Divide(등분할)

선이나 원, 호 등의 객체를 지정한 개수로 나눠서 표시해주는 명령어이다.

Command: DIVIDE ↵   단축키 DIV

Select object to divide: **선을 선택**

Enter the number of segments or [Block]: **4** ↵(객체가 나누어질 개수를 입력/블록)

2-10 Measure(길이분할)

선택된 객체를 일정한 길이값으로 등분하여 그 위치를 점으로 나타내주는 명령어이다.

Command: MEASURE ↵   단축키 ME

Select object to measure: **선을 선택**

Specify length of segment or [Block]: **30** ↵(선의 단위길이 입력/블록)

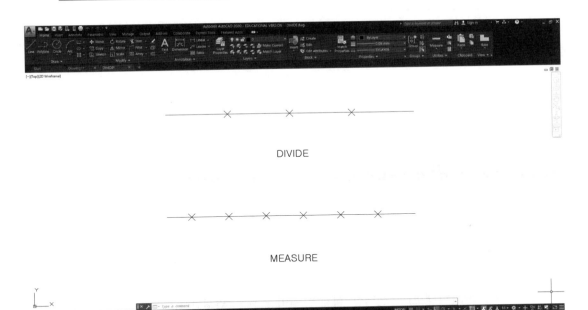

DIVIDE

MEASURE

     🖉 DIVide나 MEasure 명령을 실행한 후, 화면에 변화가 없을 경우에는 [Home-Utilities-Point Style]에서 포인트의 모양을 [·]이 아닌 다른 모양으로 설정하면 나타난다.

     🖉 DIVide나 MEasure 명령으로 만들어진 포인트는 Osnap의 Node값(⊗)으로 표시된다.

2-11 Lengthen(길이 조정)

선택된 객체의 길이와 호의 사이각을 변경해주는 명령어이다.

> Command: LENGTHEN ↵   **단축키** LEN
> Select an object to measure or [DElta/Percent/Total/DYnamic]⟨Total⟩: DE ↵
> Enter delta length or [Angle] ⟨0.0000⟩: 200 ↵
> Select an object to change or [Undo]: **선을 선택**

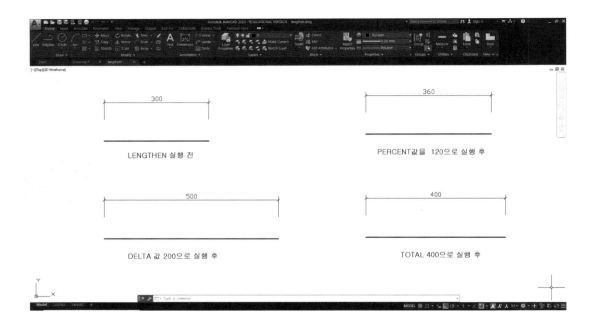

OPTION

- DElta(증분) : 지정한 길이값에 의해 선택한 객체의 가까운 끝점의 길이가 변경된다.
- Percent(퍼센트) : 선택한 객체의 길이를 %로 변경한다.
- Total(합계) : 선택한 객체의 전체 길이값으로 변경한다.
- DYnamic(동적) : 커서를 움직여서 직접 변경한다.

2-12 Linetype(선 종류 변경)

선의 종류를 실선, 파선, 쇄선 등으로 변경해주는 명령어이다.

Command : LINETYPE ↵   단축키 LT

Linetype Manager의 [Load...] 버튼을 클릭하여 필요한 라인타입을 불러온 후, Properties Panel을 이용하여 선의 종류를 변경한다. 변경한 라인타입의 간격은 LTS(LineType Scale) 명령 또는 Properties 창을 이용해서 변경 가능하다. LTS 명령은 도면의 모든 선에 대한 라인타입 스케일을 지정하는 것이고, Properties 창을 이용하면 각각의 선에 대한 라인타입 스케일 지정이 가능하다.

(1) LTS 명령을 이용한 라인타입 스케일 지정

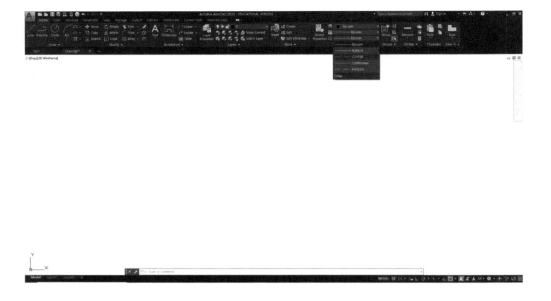

(2) Properties 창을 이용한 라인타입 스케일 지정

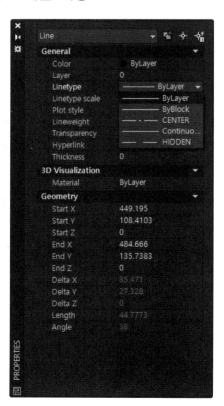

3 가구 그리기

3-1 사각 테이블 예제

(1) 새로운 도면을 시작한다.

```
Command: NEW ↵                                          단축키 Ctrl+N
```

(2) 작업 범위를 설정한다.

```
Command: LIMITS ↵
Specify lower left corner or [ON/OFF] ⟨0.0000,0.0000⟩: ↵
Specify upper right corner ⟨420.0000,297.0000⟩: 4000,3000 ↵

Command: ZOOM ↵
[All/Center/Dynamic/Extents/Previous/Scale/Window/Object] ⟨real time⟩: A ↵
```

(3) 사각테이블의 외곽선을 그린다.

```
Command: LINE ↵
Specify first point: 시작점(P1) 클릭
Specify next point or [Undo]: @900⟨0 ↵
Specify next point or [Undo]: @600⟨90 ↵
Specify next point or [Undo]: @900⟨180 ↵
Specify next point or [Undo]: C ↵
```

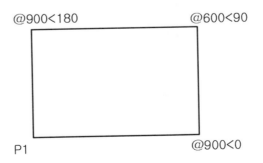

(4) 사각테이블의 내부선을 그린다.

```
Command: OFFSET ↵
Specify offset distance or [Through/Erase/Layer] ⟨Through⟩: 50 ↵
Select object to offset or [Exit/Undo] ⟨Exit⟩: L1 클릭
Specify point on side to offset or [Exit/Multiple/Undo] ⟨Exit⟩: P1 클릭
✍ L2, L3, L4도 Offset 한다.
```

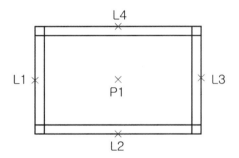

(5) 사각테이블 내부선의 모서리를 정리한다.

```
Command: FILLET ↵
Current settings: Mode = TRIM, Radius = 10.0000
Select first object or [Undo/Polyline/Radius/Trim/Multiple]: R ↵
Specify fillet radius ⟨10.0000⟩: 0 ↵
Select first object or [Undo/Polyline/Radius/Trim/Multiple]: L1 클릭
Select second object or shift-select to apply corner: L2 클릭
✍ 다른 모서리도 Fillet 한다.
```

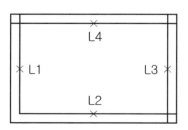

(6) 사각테이블 외곽선의 모서리를 정리한다.

Command: FILLET ↵
Current settings: Mode = TRIM, Radius = 10.0000
Select first object or [Undo/Polyline/Radius/Trim/Multiple]: R ↵
Specify fillet radius 〈10.0000〉: 30 ↵
Select first object or [Undo/Polyline/Radius/Trim/Multiple]: L1 클릭
Select second object or shift-select to apply corner: L2 클릭
✎ 다른 모서리도 Fillet 한다.

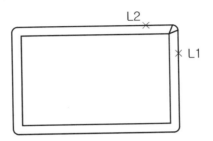

(7) Osnap을 지정하고 사각테이블의 한 모서리를 아래 그림과 같이 만든다.

Command: LINE ↵
Specify first point: P1 클릭
Specify next point or [Undo]: P2 클릭
Specify next point or [Undo]: P3 클릭
Specify next point or [Undo]: ↵

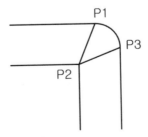

(8) 위에서 그린 모서리를 Mirror로 대칭 복사하여 완성한다.

```
Command: MIRROR ↵
Select objects: L1, L2 클릭
Select objects: ↵
Specify first point of mirror line: P1 클릭
Specify second point of mirror line: P2 클릭
Erase source objects? [Yes/No] <N>: ↵
```

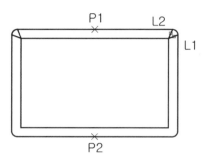

```
Command: MIRROR ↵
Select objects: L1, L2, L3, L4 클릭
Select objects: ↵
Specify first point of mirror line: P1 클릭
Specify second point of mirror line: P2 클릭
Erase source objects? [Yes/No] <N>: ↵
```

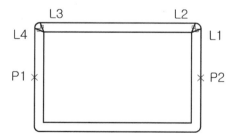

(9) Save 명령으로 저장한다.

Command: SAVE ⏎
[파일 이름(N)]: **사각 테이블.dwg**
[저장]

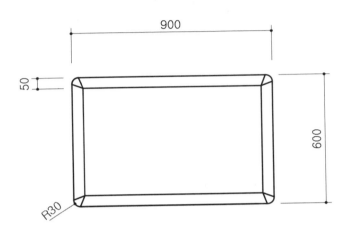

3-2 타원형 테이블 예제

(1) 새로운 도면을 시작한다.

Command: NEW ⏎

(2) 작업 범위를 설정한다.

Command: LIMITS ⏎
Specify lower left corner or [ON/OFF] ⟨0.0000,0.0000⟩: ⏎
Specify upper right corner ⟨420.0000,297.0000⟩: **4000,3000** ⏎

Command: ZOOM ⏎
[All/Center/Dynamic/Extents/Previous/Scale/Window]⟨real time⟩: A ⏎

(3) 타원형 테이블의 외곽 기준선을 그린다.

```
Command: LINE ↵
Specify first point: P1 클릭
Specify next point or [Undo]: P2점 클릭
Specify next point or [Undo]: P3점 클릭
Specify next point or [Undo]: ↵
Offset을 통해 사각형을 만드는 과정을 연습하기 위한 것이므로, 두 개의 선 길이는 정하지
않고 그린 후, Offset을 통해 정리하도록 한다.
```

```
Command: OFFSET ↵
Specify offset distance or [Through/Erase/Layer] 〈Through〉: 1000 ↵
Select object to offset or [Exit/Undo] 〈Exit〉: L1점 클릭
Specify point on side to offset or [Exit/Multiple/Undo] 〈Exit〉: P1점 클릭
Select object to offset or [Exit/Undo] 〈Exit〉: ↵
```

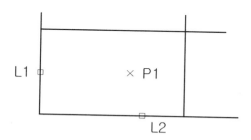

```
Command: OFFSET ↵
Offset distance or Through 〈1000.0000〉: 600 ↵
Select object to offset or [Exit/Undo] 〈Exit〉: L2점 클릭
Specify point on side to offset or [Exit/Multiple/Undo] 〈Exit〉: P1점 클릭
Select object to offset or [Exit/Undo] 〈Exit〉: ↵
```

(4) 외곽 기준선을 정리한다.

```
Command: FILLET ↵
Current settings: Mode = TRIM, Radius = 10.0000
Select first object or [Undo/Polyline/Radius/Trim/Multiple]: R ↵
Specify fillet radius <10.0000>: 0 ↵
Select first object or [Undo/Polyline/Radius/Trim/Multiple]: L1 클릭
Select second object or shift-select to apply corner: L2 클릭
```
✐ 다른 모서리도 Fillet으로 정리한다.

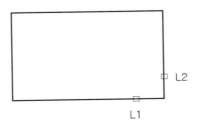

(5) 외곽선을 그리기 위한 가선을 만든다.

```
Command: OFFSET ↵
Specify offset distance or [600.0000]: 100 ↵
Select object to offset or [Exit/Undo] <Exit>: L1 클릭
Specify point on side to offset or [Exit/Multiple/Undo] <Exit>: P1점 클릭
Select object to offset or [Exit/Undo] <Exit>: ↵
```
✐ 반대편선도 Offset 한다.

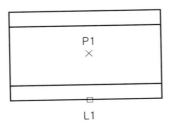

(6) 타원형 테이블의 외곽선을 Arc로 그린다.

```
Command: ARC ↵
Specify start point of arc or [CEnter]: P1점 클릭
Specify second point of arc or [CEnter/ENd]: P2점 클릭
Specify end point of arc: P3점 클릭
∥ 반대편도 ARC로 그린다.
```

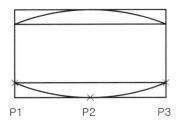

P1   P2   P3

(7) 가선을 지우고 타원형 테이블의 외곽선을 정리한다.

```
Command: ERASE ↵
불필요한 선을 지운다.

Command: FILLET ↵
Current settings: Mode = TRIM, Radius = 0.0000
Select first object or [Undo/Polyline/Radius/Trim/Multiple]: L1 클릭
Select second object or shift-select to apply corner: L2 클릭
∥ 나머지 모서리도 Fillet으로 정리한다.
```

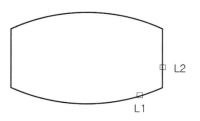

(8) 테이블의 외곽선을 Offset하여 내부선을 만들고 Fillet 명령으로 내부선을
정리한다.

Command: **OFFSET** ⏎
Specify offset distance or [100.0000]: **30** ⏎
Select object to offset or [Exit/Undo] 〈Exit〉: L1 **클릭**
Specify point on side to offset or [Exit/Multiple/Undo] 〈Exit〉: **P1 클릭**
Select object to offset or [Exit/Undo] 〈Exit〉: ⏎
✐ 나머지 선도 안쪽으로 Offset 한다.

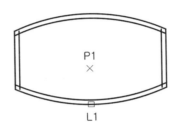

Command: **FILLET** ⏎
Current settings: Mode = TRIM, Radius = 0.0000
Select first object or [Undo/Polyline/Radius/Trim/Multiple]: L1 **클릭**
Select second object or shift-select to apply corner: L2 **클릭**
✐ 나머지 모서리도 Fillet으로 정리한다.

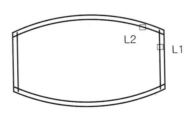

(9) Save 명령으로 저장한다.

Command: SAVE ↵
[파일 이름(N)]: **타원형 테이블.dwg**
[저장]

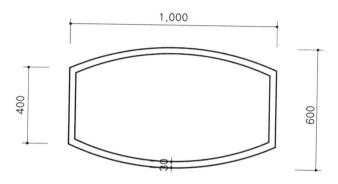

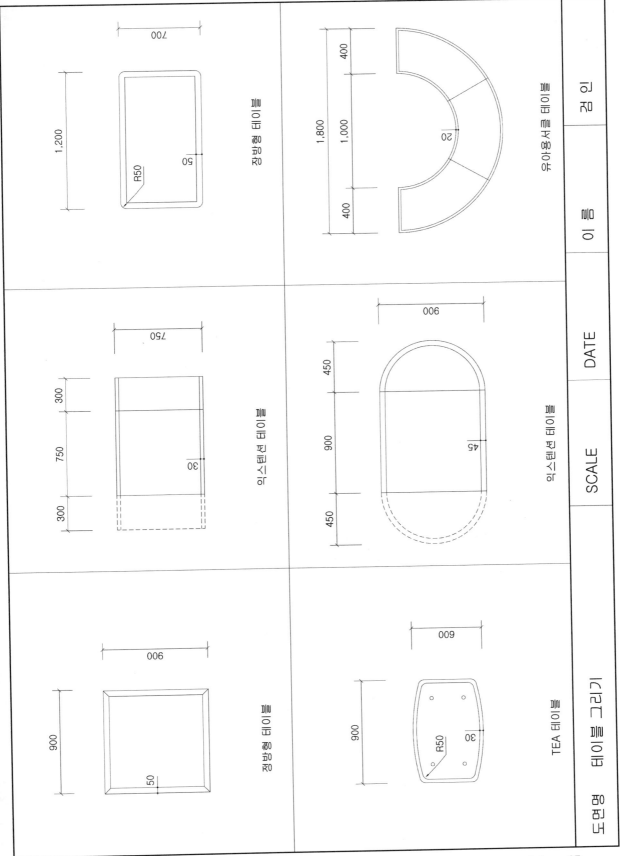

장방형 테이블

유아용서클 테이블

익스텐션 테이블

익스텐션 테이블

장방형 테이블

TEA 테이블

검 인	이 름	DATE	SCALE

도 면 명   테이블 그리기

3-3 침대 예제

(1) 새로운 도면을 시작한다.

```
Command: NEW ↵
```

(2) 작업 범위를 설정한다.

```
Command: LIMITS ↵
Specify lower left corner or [ON/OFF] ⟨0.0000,0.0000⟩: ↵
Specify upper right corner ⟨420.0000,297.0000⟩: 4000,3000 ↵

Command: ZOOM ↵
[All/Center/Dynamic/Extents/Previous/Scale/Window/Object] ⟨real time⟩: A ↵
```

(3) 침대의 외곽선을 그린다.

```
Command: LINE ↵
Specify first point: 시작점(P1) 클릭
Specify next point or [Undo]: @2175⟨0 ↵
Specify next point or [Undo]: @1080⟨90 ↵
Specify next point or [Undo]: @2175⟨180 ↵
Specify next point or [Undo]: C ↵
```

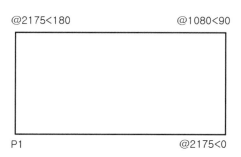

@2175<180   @1080<90

P1   @2175<0

(4) 침대의 내부선을 그린다.

Command: **OFFSET** ↵

Specify offset distance or [Through/Erase/Layer] 〈Through〉: **60** ↵

Select object to offset or [Exit/Undo] 〈Exit〉: **L1 클릭**

Specify point on side to offset or [Exit/Multiple/Undo] 〈Exit〉: **P1점 클릭**

Select object to offset or [Exit/Undo] 〈Exit〉: ↵

✎ 오른쪽 그림과 같이 지정된 간격대로 Offset을 실행한다.

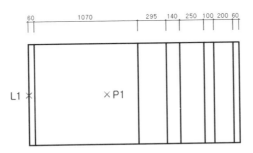

Command: **OFFSET** ↵

Specify offset distance or [Through/Erase/Layer] 〈Through〉: **240** ↵

Select object to offset or [Exit/Undo] 〈Exit〉: **L1 클릭**

Specify point on side to offset or [Exit/Multiple/Undo] 〈Exit〉: **P1점 클릭**

Select object to offset or [Exit/Undo] 〈Exit〉: ↵

✎ 오른쪽 그림과 같이 정해진 간격대로 Offset을 실행한다.

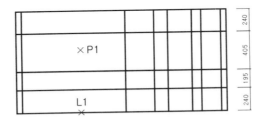

Command: **LINE** ↵

Specify first point: **P1 클릭**

Specify next point or [Undo]: **P2 클릭**

Specify next point or [Undo]: ↵

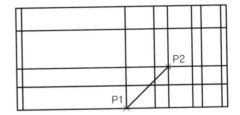

(5) TRIM과 ERASE로 선들을 정리한다.

```
Command: TRIM ⏎
Select objects: ⏎
Select object to trim or shift-select to extend or[Fence/Crossing/Project/Edge/eRase/U
ndo]: 잘라낼 부분 선택
Select object to trim or shift-select to extend or[Fence/Crossing/Project/Edge/eRase/U
ndo]: ⏎

Command: ERASE ⏎
Select objects: 지울 객체 선택
Select objects: ⏎
```

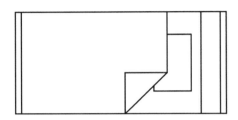

(6) SAVE 명령으로 저장한다.

```
Command: SAVE ⏎
[파일 이름(N)]: 싱글침대.dwg
[저장]
```

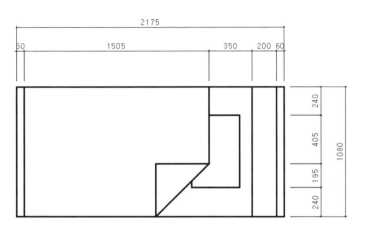

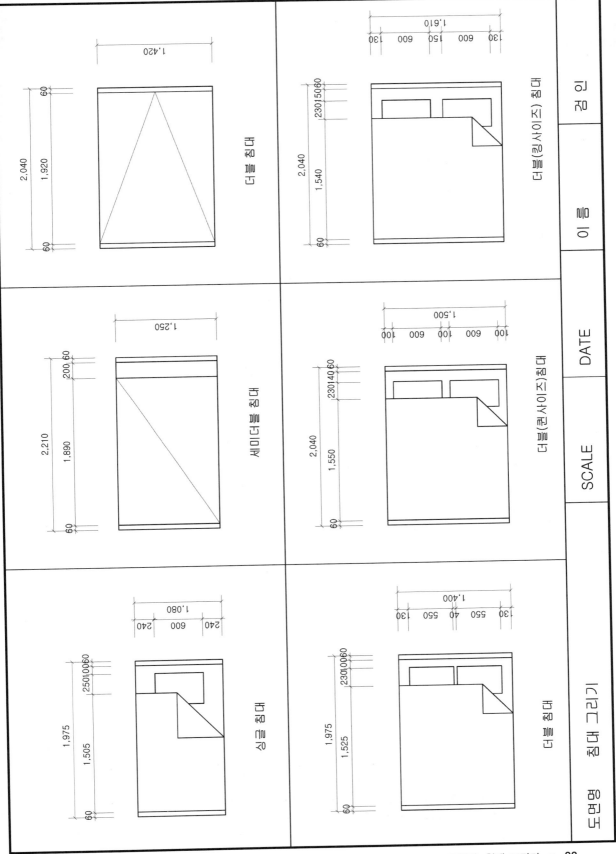

더블 침대

더블(킹사이즈) 침대

세미더블 침대

더블(퀸사이즈) 침대

싱글 침대

더블 침대

도면명	침대 그리기	SCALE	DATE	이 름	검 인

3-4 식탁 예제(1)

(1) 새로운 도면을 시작한다.

```
Command: NEW ⏎
```

(2) 작업 범위를 설정한다.

```
Command: LIMITS ⏎
Specify lower left corner or [ON/OFF] ⟨0.0000,0.0000⟩: ⏎
Specify upper right corner ⟨420.0000,297.0000⟩: 2000,1500 ⏎

Command: ZOOM ⏎
[All/Center/Dynamic/Extents/Previous/Scale/Window/Object] ⟨real time⟩: A ⏎
```

(3) 식탁의 외곽선을 그린다.

```
Command: RECTANGLE ⏎
Specify first corner point or [Chamfer/Elevation/Fillet/Thickness/Width]: P1점 클릭
Specify other corner point or [Area/Dimensions/Rotation]: @1500,800 ⏎

Command: EXPLODE ⏎
Select objects: L1 클릭 ⏎
```

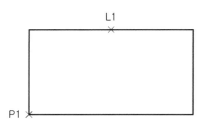

(4) 식탁의자를 그린다.

```
Command: OFFSET ⏎
Specify offset distance or [Through/Erase/Layer] ⟨Through⟩ ⟨1.0000⟩: 400 ⏎
Select object to offset or [Exit/Undo] ⟨Exit⟩: L1 클릭
Specify point on side to offset or [Exit/Multiple/Undo] ⟨Exit⟩: P1점 방향 클릭 ⏎
Select object to offset or [Exit/Undo] ⟨Exit⟩: ⏎
```

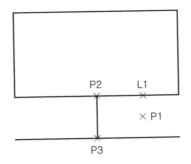

Command: LINE ↵
Specify first point: **P2점 클릭(MID지점)**
Specify next point or [Undo]: **P3점 클릭(MID지점)** ↵

Command: OFFSET ↵
Specify offset distance or [Through/Erase/Layer] 〈Through〉 〈400.0000〉: **50** ↵
Select object to offset or [Exit/Undo] 〈Exit〉: **L1 클릭**
Specify point on side to offset or [Exit/Multiple/Undo] 〈Exit〉: **P1점 방향 클릭**
Select object to offset or [Exit/Undo] 〈Exit〉: ↵

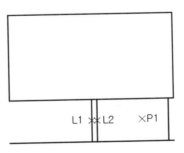

Command: OFFSET ↵
Specify offset distance or [Through/Erase/Layer] 〈Through〉 〈50.0000〉: **500** ↵
Select object to offset or [Exit/Undo] 〈Exit〉: **L2 클릭**
Specify point on side to offset or [Exit/Multiple/Undo] 〈Exit〉: **P1점 방향 클릭** ↵
Select object to offset or [Exit/Undo] 〈Exit〉: ↵

Command: ERASE ↵
Select objects: **L1 클릭** ↵

(5) 의자모서리를 Fillet을 사용하여 정리한다.

```
Command: FILLET ⏎
Current settings: Mode = TRIM, Radius = 10.0000
Select first object or [Undo/Polyline/Radius/Trim/Multiple]: R
Specify fillet radius 〈10.0000〉: 75 ⏎
```

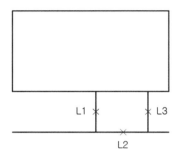

```
Select first object or [Undo/Polyline/Radius/Trim/Multiple]: L1 클릭
Select second object or shift-select to apply corner: L2 클릭
Select first object or [Undo/Polyline/Radius/Trim/Multiple]: L2 클릭
Select second object or shift-select to apply corner: L3 클릭
```

(6) 의자를 Mirror를 사용하여 대칭 복사한다.

```
Command: MIRROR ⏎
Select objects: P1점 클릭
Specify opposite corner: P2점 클릭 ⏎
Specify first point of mirror line: P3점 클릭(MID지점)
Specify second point of mirror line: P4점 클릭
Erase source objects? [Yes/No] 〈N〉: ⏎
```

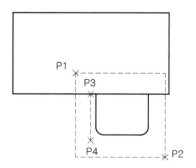

```
Command: MIRROR ↵
Select objects: P1점 클릭
Specify opposite corner: P2점 클릭 ↵
Specify first point of mirror line: P3점 클릭
Specify second point of mirror line: P4점 클릭
Erase source objects? [Yes/No] ⟨N⟩: ↵
```

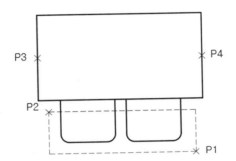

(7) 저장한다.

```
Command: SAVE ↵
[파일이름(N)]: 식탁.dwg
[저장]
```

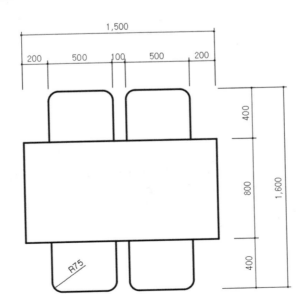

3-5 식탁 예제(2)

(1) 새로운 도면을 시작한다.

```
Command: NEW ↵
```

(2) 작업 범위를 설정한다.

```
Command: LIMITS ↵
Specify lower left corner or [ON/OFF] ⟨0.0000,0.0000⟩: ↵
Specify upper right corner ⟨420.0000,297.0000⟩: 4000,3000 ↵

Command: ZOOM ↵
[All/Center/Dynamic/Extents/Previous/Scale/Window/Object] ⟨real time⟩: A ↵
```

(3) 식탁을 중심점과 반지름을 이용한 원으로 그린다.

```
Command: LINE ↵
Specify first point: P1점 클릭
Specify next point or [Undo]: @3000⟨0 ↵
Specify next point or [Undo]: ↵

Command: ↵
Specify first point: P2점 클릭
Specify next point or [Undo]: @3000⟨90 ↵
Specify next point or [Undo]: ↵
```

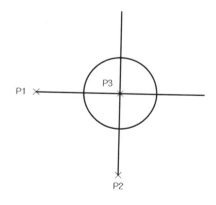

```
Command: CIRCLE ↵
Specify center point for circle or [3P/2P/Ttr(tan tan radius)]: P3점 클릭
Specify radius of circle or [Diameter]: 650 ↵
```

(4) 의자 외곽선을 Offset을 이용하여 그린다.

Command: **OFFSET** ↵
Specify offset distance or [Through/Erase/Layer] 〈Through〉: **275** ↵
Select object to offset or [Exit/Undo] 〈Exit〉: **L1 클릭**
Specify point on side to offset or [Exit/Multiple/Undo] 〈Exit〉: **P1점 방향 클릭**
Select object to offset or [Exit/Undo] 〈Exit〉: **L1 클릭**
Specify point on side to offset or [Exit/Multiple/Undo] 〈Exit〉: **P2점 방향 클릭** ↵

Command: **OFFSET** ↵
Specify offset distance or [Through/Erase/Layer] 〈Through〉 〈275.0000〉: **800** ↵
Select object to offset or [Exit/Undo] 〈Exit〉: **L2 클릭**
Specify point on side to offset or [Exit/Multiple/Undo] 〈Exit〉: **P3점 방향 클릭** ↵
Select object to offset or [Exit/Undo] 〈Exit〉: ↵

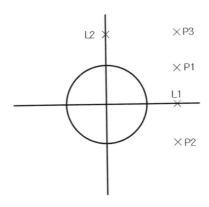

Command: **OFFSET** ↵
Specify offset distance or [Through/Erase/Layer] 〈Through〉 〈800.0000〉: **1350** ↵
Select object to offset or [Exit/Undo] 〈Exit〉: **L2 클릭**
Specify point on side to offset or [Exit/Multiple/Undo] 〈Exit〉: **P3점 방향 클릭** ↵

Command: **ERASE** ↵
Select objects: **L1, L2 클릭** ↵

(5) 의자의 모서리를 Fillet을 사용하여 정리한다.

```
Command: FILLET ↵
Current settings: Mode = TRIM, Radius = 10.0000
Select first object or [Undo/Polyline/Radius/Trim/Multiple]: R ↵
Specify fillet radius ⟨10.0000⟩: 100 ↵
```

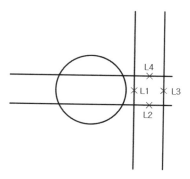

```
Select first object or [Undo/Polyline/Radius/Trim/Multiple]: L1 클릭
Select second object or shift-select to apply corner: L2클릭 ↵
✎ 다른 모서리도 Fillet 한다.
```

(6) 의자를 Array 명령을 사용하여 원형복사 한다.

```
Command: ARRAY ↵
Select objects: P1점 클릭
Specify opposite corner: P2점 클릭
Select objects:  Enter array type [Rectangular/PAth/POlar] ⟨Polar⟩: PO ↵
Type = Polar Associative = Yes
Specify center point of array or [Base point/Axis of rotation]: P3점 클릭
Enter number of items or [Angle between/Expression] ⟨4⟩: 6 ↵
Specify the angle to fill (+ = ccw, − = cw) or [EXpression] ⟨360⟩: 360 ↵
Press Enter to accept or [ASsociative/Base point/Items/Angle between/Fill angle/ROWs/
Levels/ROTate items/eXit]⟨eXit⟩:
```

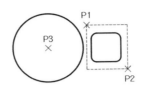

(7) 저장한다.

Command: SAVE ↵
[파일이름(N)]: 식탁-원형.dwg
[저장]

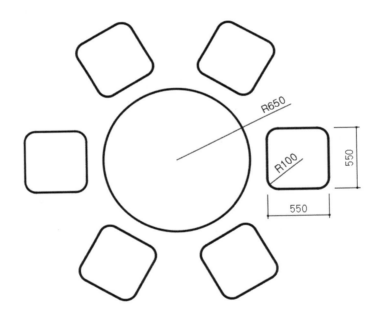

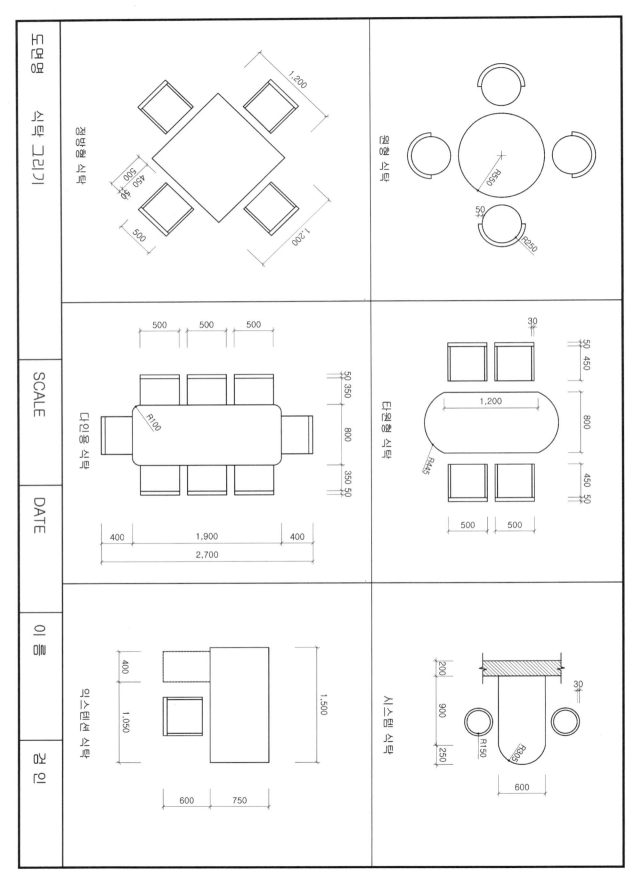

식탁 그리기

도면명 | SCALE | DATE | 이름 | 검인

정방형 식탁
1,200
500
450
500
1,200

원형 식탁
R550
R250
50

다인용 식탁
500 500 500
50 350
R100
800
350 50
400 1,900 400
2,700

타원형 식탁
30
50 450
1,200
800
R445
450 50
500 500

익스텐션 식탁
400
1,050
1,500
600 750

시스템 식탁
200
900
250
30
R150
R305
600

3-6 소파 예제

(1) 새로운 도면을 시작한다.

```
Command: NEW ↵
```

(2) 작업 범위를 설정한다.

```
Command: LIMITS ↵
Specify lower left corner or [ON/OFF] ⟨0.0000,0.0000⟩: ↵
Specify upper right corner ⟨420.0000,297.0000⟩: 2000,1500 ↵

Command: ZOOM ↵
[All/Center/Dynamic/Extents/Previous/Scale/Window/Object] ⟨real time⟩: A ↵
```

(3) 소파의 외곽선을 그린다.

```
Command: RECTANGLE ↵
Specify first corner point or [Chamfer/Elevation/Fillet/Thickness/Width]: P1점 클릭
Specify other corner point or [Area/Dimensions/Rotation]: @1500,820 ↵

Command: EXPLODE ↵
Select objects: L1 클릭 ↵
```

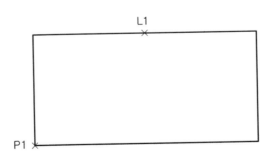

(4) 외곽선을 이용하여 내부선을 그린다.

```
Command: OFFSET ↵
Specify offset distance or [Through/Erase/Layer] 〈Through〉 〈Through〉: 70 ↵
Select object to offset or [Exit/Undo] 〈Exit〉: L1 클릭
Specify point on side to offset or [Exit/Multiple/Undo] 〈Exit〉: P1점 방향 클릭
Select object to offset or [Exit/Undo] 〈Exit〉: ↵
```

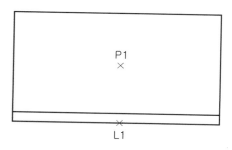

```
Command: OFFSET ↵
Specify offset distance or [Through/Erase/Layer] 〈Through〉 〈70.0000〉: 150 ↵
Select object to offset or [Exit/Undo] 〈Exit〉: L1 클릭
Specify point on side to offset or [Exit/Multiple/Undo] 〈Exit〉: P1점 방향 클릭
Select object to offset or [Exit/Undo] 〈Exit〉: L2 클릭
Specify point on side to offset or [Exit/Multiple/Undo] 〈Exit〉: P2점 방향 클릭
Select object to offset or [Exit/Undo] 〈Exit〉: L3 클릭
Specify point on side to offset or [Exit/Multiple/Undo] 〈Exit〉: P1점 방향 클릭
Select object to offset or [Exit/Undo] 〈Exit〉: ↵
```

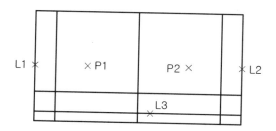

```
Command: ↵
Specify offset distance or [Through/Erase/Layer] 〈Through〉 〈150.0000〉: 750 ↵
Select object to offset or [Exit/Undo] 〈Exit〉: L1 클릭
Specify point on side to offset or [Exit/Multiple/Undo] 〈Exit〉: P1점 방향 클릭 ↵
```

(5) 모서리 부분을 Fillet으로 정리한다. Fillet 명령의 옵션 중, Trim을 No
trim으로 설정하고, Multiple 옵션을 사용하면 편리하다.

```
Command: FILLET ↵
Current settings: Mode = TRIM, Radius = 10.0000
Select first object or [Polyline/Radius/Trim/mUltiple]: T ↵
Enter Trim mode option [Trim/No trim] ⟨Trim⟩: N ↵
Select first object or [Undo/Polyline/Radius/Trim/Multiple]: R ↵
Specify fillet radius ⟨10.0000⟩: 75 ↵
Select first object or [Undo/Polyline/Radius/Trim/Multiple]: M ↵
Select first object or [Undo/Polyline/Radius/Trim/Multiple]: L1 클릭
Select second object or shift-select to apply corner: L2 클릭 ↵
```

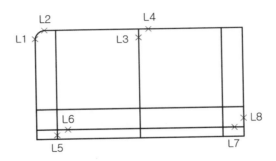

🖉 나머지 모서리도 아래 수치를 기준으로 Fillet으로 정리한다.
L3 & L4 사이 = R50
L5 & L6 사이 = R35
L7 & L8 사이 = R75

(6) 저장한다.

Command: SAVE ↵
[파일이름(N)]: 소파.dwg
[저장]

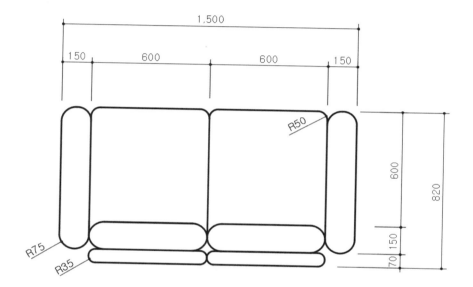

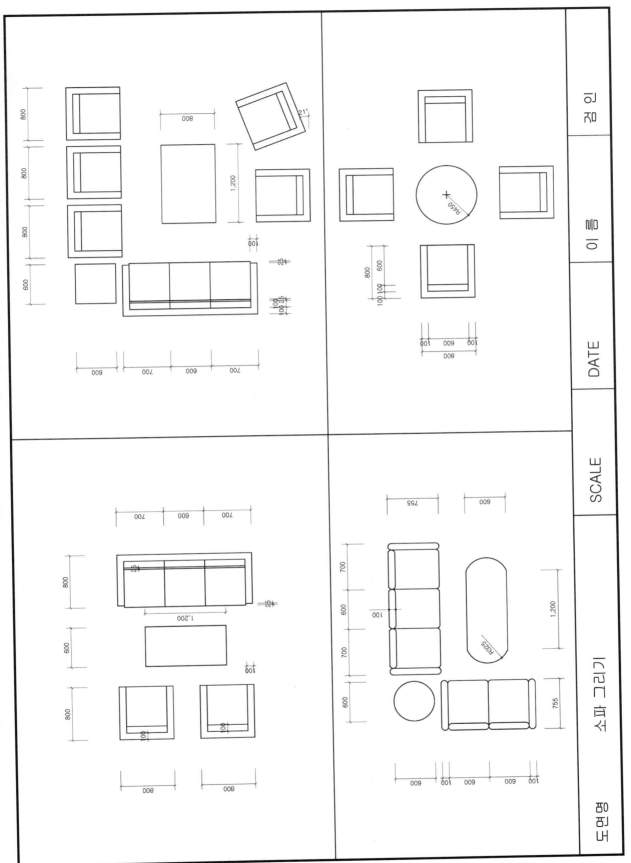

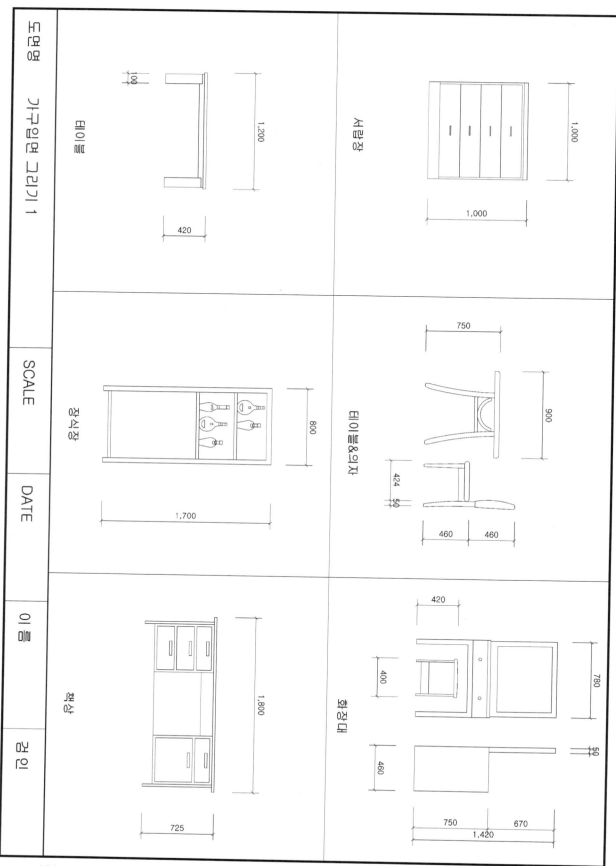

SCALE

DATE

이름

검인

테이블

100

1,200

420

서랍장

1,000

1,000

장식장

800

1,700

테이블&의자

750

900

424

50

460   460

책상

1,800

725

화장대

420

400

780

460

50

750   670

1,420

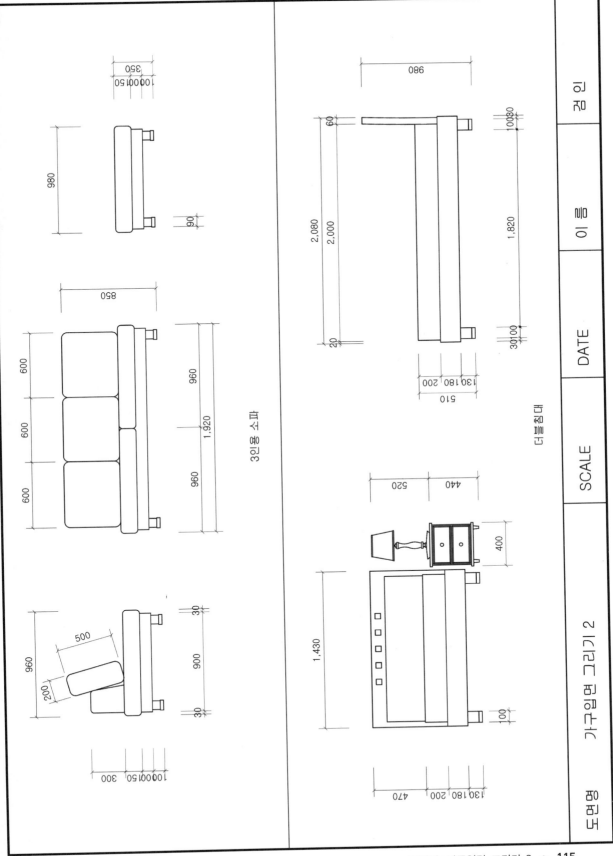

3인용 소파

더블침대

| 도면명 | 가구입면 그리기 2 | SCALE | DATE | 이 름 | 검 인 |

 제3장

문자 쓰기 및 도면 양식 그리기

1 드로잉 명령어(2)

1-1 Xline(구성선, 무한선)

XLINE(construction Line)은 양방향 무한대로 연장되는 구성선을 그려 다른 객체를 작성하는 데 참조로 사용할 수 있다. XLINE은 인쇄 시에 Plot area로 지정한 부분만 인쇄된다.

```
Command: XLINE ↵                                           단축키 XL
Specify a point or [Hor/Ver/Ang/Bisect/Offset]: 임의의 점 클릭
Specify through point: 두 번째 점 클릭
Specify through point: ↵
```

 OPTION

- **Hor** : 지정한 점을 통과하는 수평 X선을 작성
- **Ver** : 지정한 점을 통과하는 수직 X선을 작성
- **Ang** : 지정한 각도로 X선을 작성
- **Bisect** : 선택한 각도 정점을 통과하면서 첫 번째 선과 두 번째 선 사이를 이등분하는 X선을 작성
- **Offset** : 다른 객체에 평행하게 X선을 작성

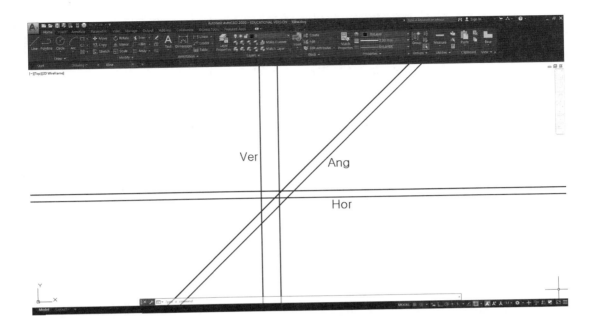

1-2 Pline(폴리라인)

PLINE은 여러 개의 정점들로 연결된 직선이나 호를 그릴 수 있는 명령어이다. 폴리라인의 특성은 사용자가 선의 두께를 임의로 설정할 수 있으며, 두께가 다른 직선도 그릴 수 있다.

Command: PLINE ↵   **단축키** PL
Specify start point: **임의의 시작점 클릭**
Current line-width is 0.0000(현재 선의 두께가 0임을 나타냄)
Specify next point or [Arc/Halfwidth/Length/Undo/Width]: W ↵
Specify starting width 〈0.0000〉: 10 ↵(시작 두께를 10으로 지정)
Specify ending width 〈10.0000〉: 0 ↵(끝 두께를 0으로 지정)
Specify next point or [Arc/Close/Halfwidth/Length/Undo/Width]: **임의의 점 클릭**
Specify next point or [Arc/Close/Halfwidth/Length/Undo/Width]: ↵(마지막에 C ↵를 하면 시작과 끝점이 연결)

 OPTION

- LINE 모드
  - ▶ Arc : 호를 작성

▶ Close : 닫힌 도형 작성(시작점과 끝점을 연결)

▶ Halfwidth : 선의 절반 폭 지정(Width 옵션의 1/2 값으로 동일한 두께 작성)

▶ Length : 끝점에 길이값을 주어 선의 길이 지정

▶ Undo : 바로 전 작성한 선을 취소

▶ Width : 두께값 입력

● ARC 모드

▶ Angle : 호의 각도(내접각) 입력

▶ CEnter : 호의 중심점 지정

▶ CLose : 호의 시작점과 끝점을 연결

▶ Direction : 호의 방향(시작점과 끝점이 이루는 각) 지정

▶ Halfwidth : 선의 절반 폭 지정(Width 옵션의 1/8 값으로 동일한 두께 작성)

▶ Line : Line 모드로 변환

▶ Radius : 호의 반지름 입력

▶ Second pt : 3점을 지나는 호의 두 번째 점 입력

▶ Undo : 바로 전 작성한 호를 취소

▶ Width : 두께 값 입력

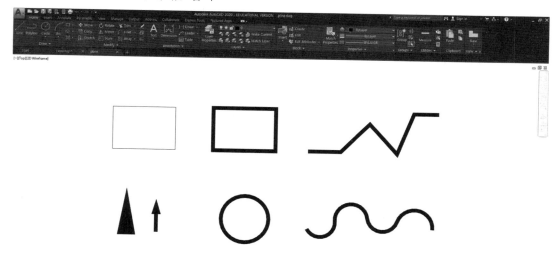

✎ Pline은 하나로 연결되어 있어 편집이 편리하고, Pedit 명령을 통해 다양한 편집 기능을 제공한다.

1-3 Pedit(Edit Pline 편집)

PEDIT 명령은 2차원과 3차원 폴리라인과 3차원 메쉬를 편집하는 명령어이다.

> Command: PEDIT ↵   단축키 PE
> Select polyline or [Multiple]: **편집할 라인 선택**
> Enter an option [Open/Join/Width/Edit vertex/Fit/Spline/Decurve/Ltype gen/Undo]: S ↵
> Enter an option [Open/Join/Width/Edit vertex/Fit/Spline/Decurve/Ltype gen/Undo]: ↵

⚙ OPTION

- **Open(Close)** : 폴리라인의 시작점과 끝점을 열거나 닫음
- **Join** : 여러 개의 폴리라인이나 라인을 하나의 폴리라인으로 연결
- **Width** : 폴리라인의 두께 재설정
- **Edit vertex** : 폴리라인의 정점 수정
  - ▶ **Next** : 정점위치 이동('X' 표시를 다음 정점으로 이동)
  - ▶ **Previous** : 이전의 정점위치로 이동
  - ▶ **Break** : 두 점 사이의 객체를 절단
  - ▶ **Insert** : 폴리라인에 새로운 정점 삽입
  - ▶ **Move** : 정점의 위치를 다른 위치로 이동
  - ▶ **Regen** : 폴리라인을 재생성
  - ▶ **Straighten** : 두 정점 사이를 직선으로 변환
  - ▶ **Tangent** : 정점에 접선방향 부가(곡률을 변화)
  - ▶ **Width** : 두 정점간의 폭을 편집(시작점과 끝점의 폭을 각각 지정)
  - ▶ **eXit** : Pedit 옵션으로 전환
- **Fit** : 정점을 지나는 굴곡이 큰 곡선 작성
- **Spline** : 정점을 지나지 않고 정점의 내부를 지나는 부드러운 곡선 작성
- **Decurve** : 곡선을 직선으로 변환
- **Ltype gen** : 폴리라인의 정점 둘레에서의 선 종류를 변경
- **Undo** : 바로 전 작업 취소
- **eXit/⟨X⟩** : Pedit 명령 종료
  - ✎ 만약 편집하려는 대상이 Pline이 아닌 Line으로 작성된 선일 경우에는 아래와 같은 메시지가 나타난다. ↵(Yes)를 하여 Pline으로 선을 변환시켜 수정작업을 수행한다.
    [Do you want to turn it into one? ⟨Y⟩] : ↵

1-4 Explode(Pline 분해)

EXPLODE는 블록이나 폴리라인, 치수, 해치 등과 같이 한 개 이상의 객체가 묶여있을 경우 개별적인 요소로 분해하는 명령어이다. 폴리라인을 Explode 할 경우, 두께와 접선 정보를 잃게 되어 두께가 없는 단일 객체로 변환된다.

```
Command: EXPLODE ↵                                    단축키 X
Select objects: 폴리라인을 선택
Select objects: ↵
다시 선을 선택해보면 각각으로 분해되어 라인으로 변해 있음을 알 수 있다.
```

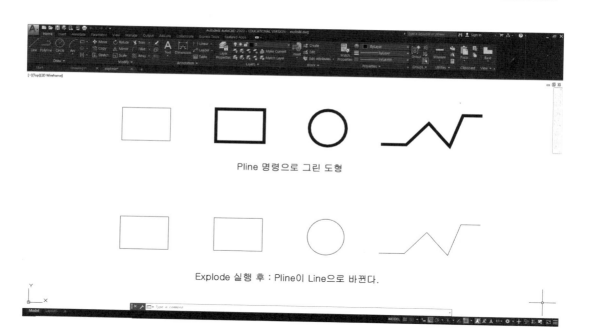

Pline 명령으로 그린 도형

Explode 실행 후 : Pline이 Line으로 바뀐다.

1-5 Join(결합)

JOIN은 개별적인 요소로 분해되어 있는 객체를 하나의 객체로 묶는 명령어이다. JOIN 명령은 각 객체의 끝 절점이 서로 이어져 있을 경우에만 수행된다.

```
Command: JOIN ↵                                       단축키 J
Select source object or multiple objects to join at once: 묶을 라인 선택
Select objects to join: 묶을 라인을 모두 선택
Select objects to join: ↵
```

1-6 Donut(도넛 형태)

내경과 외경을 지정하여 두께가 있는 원이나 링을 그리는 명령어이다.

(1) 내경과 외경을 가지는 DONUT

```
Command: DONUT ↵                                        단축키 DO
Specify inside diameter of donut 〈0.0000〉: 10 ↵(안쪽지름)
Specify outside diameter of donut 〈10.0000〉: 20 ↵(바깥지름)
Specify center of donut or 〈exit〉: 임의의 점 클릭
```

(2) 내경이 0인 DONUT

```
Command: DONUT ↵                                        단축키 DO
Specify inside diameter of donut 〈0.0000〉: 0 ↵(안쪽지름)
Specify outside diameter of donut 〈0.0000〉: 20 ↵(바깥지름)
Specify center of donut or 〈exit〉: 임의의 점 클릭
```

✐ Donut 내부의 채색은 Fill 명령으로 조절할 수 있다.
  Command : FILL ↵
  Enter mode [ON/OFF] 〈ON〉 :
  ✔ ON : Donut 내부를 채움
  ✔ OFF : Donut 내부를 비움(프레임상태로 표시)

✐ Donut 내부의 세분화는 Viewres 명령에 의해 조절할 수 있다.
  Command : VIEWRES ↵
  Do you want fast zooms? [Yes/No] 〈Y〉 :
  Enter circle zoom percent (1–20000) 〈200〉 : 1000
  (값이 클수록 조밀하게 세분화된다.)

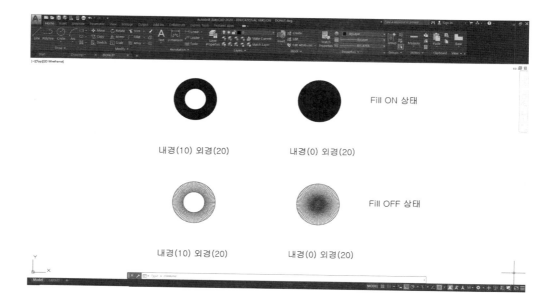

내경(10) 외경(20)　　　　내경(0) 외경(20)

내경(10) 외경(20)　　　　내경(0) 외경(20)

1-7 Point(점) & DDPTYPE(포인트 스타일)

POINT 명령은 도면상에 점을 찍거나, Divide, Measure 명령을 사용하여 도형을 등분 또는 측정할 때, 등분점이나 측정점의 위치를 표시하는 명령어이다.

Command: POINT ↵　　　　　　　　　　　　　　　　단축키 PO
Point: 원하는 위치에 클릭한다.

Command: PTYPE ↵　　　　　　　　　　　　　　　단축키 PT
아래와 같은 Point Style 대화상자가 나타나면 Point Style을 선택한다.

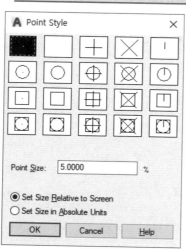

 OPTION

- Point Size : 포인트의 크기
- Set Size Relative to Screen : 화면크기에 대한 비율로 포인트 크기 설정
- Set Size in Absolute Units : 절대값으로 포인트 크기 지정

1-8 Polygon(다각형)

Polygon 명령은 2차원 형태의 면을 가진 다각형을 그리는 명령어이다.

```
Command: POLYGON ↵                                        단축키 POL
Enter number of sides ⟨4⟩: 5 ↵(면의 개수 설정)
Specify center of polygon or [Edge]: (폴리곤의 중심 지정)
Enter an option [Inscribed in circle/Circumscribed about circle] ⟨I⟩: ↵
Specify radius of circle: 15 ↵(내접하는 원의 반지름 설정)

Command: POLYGON ↵
Enter number of sides ⟨4⟩: 3 ↵(면의 개수 설정)
Specify center of polygon or [Edge]: E ↵(변의 길이 지정)
Specify first endpoint of edge: 시작점 클릭
Specify second endpoint of edge: @20⟨0 ↵(변의 길이가 20인 정삼각형)
```

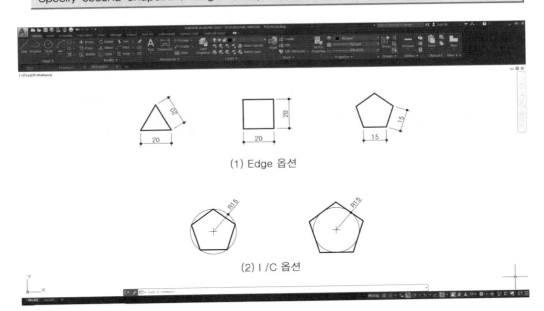

(1) Edge 옵션

(2) I /C 옵션

⚙ OPTION

- **Inscribed in circle** : 원에 내접하는 다각형 작성
- **Circumscribed about circle** : 원에 외접하는 다각형 작성
- **Edge** : 한 변의 길이를 지정하여 다각형 작성

   ✎ Polygon 명령으로는 3각형부터 1024각형까지 그릴 수 있다. 다각형을 구성하고 있는 선은 폴리라인(Polyline)이므로 Pedit 명령으로 편집이 가능하다.

1-9 Revision Cloud(구름형 수정기호)

Revision Cloud 명령은 연속 호로 이루어진 구름모양의 폴리선을 작성한다.

Command: Revcloud ↵　　　　　　　　　　　　　　　　　　 Revcloud
Minimum arc length: 15　　Maximum arc length: 15　　Style: Normal
Specify start point or [Arc length/Object/Style] 〈Object〉: 시작점 클릭
Guide crosshairs along cloud path...
Revision cloud finished.

OPTION

- **Arc** : 구름형 수정 기호에서 호의 길이를 지정합니다.

　　　　최대 호 길이는 최소 호 길이의 세 배 이상으로 설정불가

- **Object** : 구름형 수정 기호로 변환할 객체를 지정합니다.

- **Style** : 구름형 수정 기호의 스타일을 지정합니다.

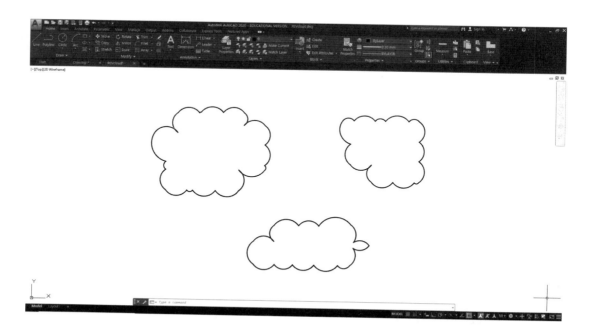

1-10 Boundary(경계선)

Boundary 명령은 여러 직선이나 곡선에 의해 닫힌 부분의 경계를 잇는 폴리선을 작성한다.

Command: **Boundary** ↵　　　　　　　　　　　　　　　**단축키** BO
Pick internal point: **경계선 안쪽 점을 클릭**
Boundary created 1 polyline

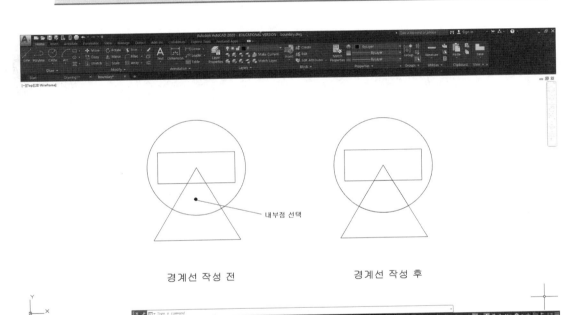

 내부점 선택

경계선 작성 전　　　　　　　　　　경계선 작성 후

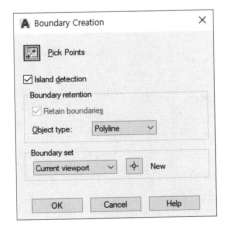

⚙ OPTION

- **Pick Points** : 경계의 안쪽 점을 선택한다.
- **Island detection** : 고립된 영역을 탐지한다.
- **Boundary retention** : 생성될 객체의 종류(폴리선, 3차원면)를 지정한다.
- **Boundary set** : 현재 화면에 보이는 경계 데이터를 찾는다.

1-11 Group(그룹으로 묶기)

Gruop 명령은 객체를 신속하고 편리하게 선택하기 위해 그룹으로 묶어주는 명령어이다.

Command: **Group** ↵   단축키 **G**
Select objects or [Name/Description]: **그룹화 할 객체를 모두 선택** ↵
Select objects or [Name/Description]: ↵
Unnamed group has been created.

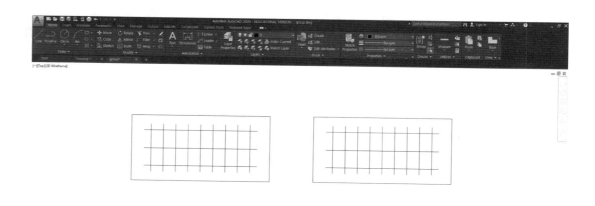

그룹으로 묶기 전   그룹으로 묶은 후

⚙ OPTION

- Name : 그룹의 이름을 작성한다.
- Description : 그룹에 대한 설명내용을 작성한다.

2 문자 쓰기

2-1 Style(문자 스타일 지정)

Style 명령은 도면에 문자를 기입할 때 문자의 유형을 정하는 명령어다.

Command: STYLE ↵　　　　　　　　　　　　　　　　　　　단축키 ST

A Text Style　　　　　　　　　　　　　　　　　　　　　　　　　　　✕

Current text style: Standard

Styles:
- **A** Annotative
- Standard

All styles ⌄

AaBb12

Font

Font Name:
A txt.shx ⌄

☐ Use Big Font

Font Style:

Size

☐ Annotative
　☐ Match text orientation
　　to layout

Height
0.0000

Effects

☐ Upside down

☐ Backwards

☐ Vertical

Width Factor:
1.0000

Oblique Angle:
0

Set Current

New...

Delete

Apply　　Cancel　　Help

⚙ **OPTION**

- **Styles** : 스타일 이름을 지정한다.
- **Font** : 글씨체를 선택한다.
- **Height** : 글자크기를 지정한다.
- **Effects**
  - ► **Width factor** : 글자의 장평(가로확대, 세로확대) 지정(예를 들어 0.5를 입력하면 세로로 2배 길어지고 2를 입력하면 가로로 2배 길어진다. 1은 정상적인 글자이다.)

- ► Oblique angle : 글자의 경사도 지정
- ► Upside-down : 글자를 상하로 뒤집어쓰기를 지정
- ► Backwards : 글자를 좌우로 뒤집어쓰기를 지정
- ► Vertical : 세로쓰기 지정

✐ Font 항목 중 한글폰트명 앞에 "@" 표시가 된 것은 세로글씨체를 표시한다.

2-2 Dtext(동적 문자 쓰기)

DTEXT(Single line Text)는 사용자가 문자를 원하는 위치에 크기와 각도를 변경하여 쓰거나 여러 가지 효과를 주어 입력하는 명령어이다.

```
Command: TEXT ↵ 또는 DTEXT ↵                          단축키 T, DT
Current text style: "Standard" Text height: 2.5000
Specify start point of text or [Justify/Style]: 문자가 쓰여질 시작점 클릭
Specify height 〈2.5000〉: 100 ↵(도면 scale에 맞게 설정)
Specify rotation angle of text 〈0〉: ↵(글자의 각도 지정)
Enter text: 문자 입력 후 ↵
Enter text: ↵(종료 시에는 반드시 엔터↵를 연속해서 두 번 누른다.)
```

도면명 : 1층 평면도

SCALE : 1/100

OPTION

- Style : 글꼴 유형
- Justify : 문자 정렬
- Align/Fit/Center/Middle/Right

구 분		글자크기 100 (500 × 100)
Normal	문자의 좌측하단부가 지정한 점에 정렬	AutoCAD 2000
Align	문자의 크기를 변화시켜 지정한 두 점 사이에 정렬	AutoCAD 2000
Fit	문자의 폭을 변화시켜 지정한 두 점 사이에 정렬	AutoCAD 2000
Center	문자의 중앙 하단부가 지정한 점에 정렬	AutoCAD 2000
Middle	문자의 중앙 중간부가 지정한 점에 정렬	AutoCAD 2000
Right	문자의 우측하단부가 지정한 점에 정렬	AutoCAD 2000

- TL/TC/TR/ML/MC/MR/BL/BC/BR

TL : 좌측 – 상단	
TC : 중앙 – 상단	
TR : 우측 – 상단	
ML : 좌측 – 중앙	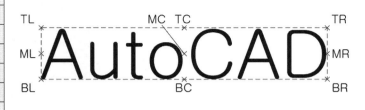
MC : 중앙 – 중앙	
MR : 우측 – 중앙	
BL : 좌측 – 하단	
BC : 중앙 – 하단	
BR : 우측 – 하단	

✐ TEXT와 DText 입력 시 주의할 점은 문자를 입력하고 나서 작업을 완료할 때에는 반드시 ↵를 하여야 작업이 완료된다.

Enter text : ↵

✐ TEXT와 DText 명령으로 2줄 이상의 문자를 입력하면 각 줄별로 다른 객체로 인식되어,
Move 명령으로 이동을 시키면 각 라인별로 따로따로 움직인다.

✐ 특수문자

AutoCAD에서 사용되는 특수문자는 *.SHX의 형태를 가진 AutoCAD 자체 폰트에
서만 100% 지원된다. Windows에서 사용되는 *.TTF에서의 특수문자 입력방법은 부
록에서 설명하고 있다.

AutoCAD 글꼴(*.SHX)에서 특수문자의 입력

기 호	입력방법	입력 예	표 시
°	%%D	45%%D	45°
±	%%P	%%P10	±10
∅	%%C	%%C30	∅30
%	%%%	100%%%	100%
밑줄 긋기	%%U	%%U평면도	평면도

패널을 이용한 특수문자 입력

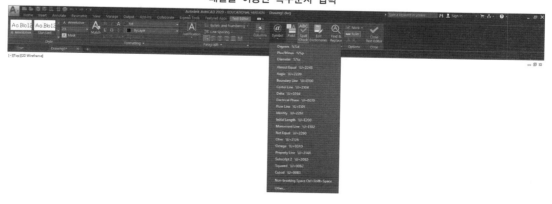

2-3 Mtext(문장 쓰기)

MTEXT(Multiline Text)는 간단한 문장이 아닌 긴 문장을 입력할 경우 사용하는 명령어이다. MTEXT를 실행하면 화면이 아래와 같이 나타나며 문자를 원하는 형태로 편집하여 기입할 수 있다.

```
Command: MTEXT ↵                                         단축키 T
Current text style: "Standard" Text height: 2.5000  Annotative: No
Specify first corner: 첫 번째 코너 클릭
Specify opposite corner or [Height/Justify/Line spacing/Rotation/Style/Width/Columns]
: 두 번째 코너 클릭
대화상자가 나타난다.
```

 OPTION

- **Height** : 문장의 높이를 설정한다.
- **Justify** : 문장의 정렬 방식을 설정한다.
- **Line spacing** : 문장의 줄 간격을 설정한다.
- **Rotation** : 글상자를 회전시킨다.
- **Style** : 문장의 스타일을 설정한다.
- **Width** : 문장의 길이를 설정한다.
- **Columns** : 다단 나누기를 설정한다.

2-4 Qtext(문자 감추기)

도면에 너무 많은 요소들이 있으면 Display 속도가 현저하게 저하된다. 특히 트루타입(*.TTF)의 한글 폰트를 사용할 경우 속도저하를 일으키는 경우가 많다. 이러한 경우 문자를 사각박스 형태로 나타내어 문자가 디스플레이 되는데 걸리는 시간을 절약할 수 있다.

```
Command: QTEXT ↵                                           단축키 QT
Enter mode [ON/OFF] ⟨OFF⟩: ON ↵

Command: REGEN ↵
```

모르타르 위 장판지 마감
콩자갈층 THK100
온수파이프 ∅25@250
질석보온재 THK50

QTEXT OFF 상태   QTEXT ON 상태

⚙ OPTION

- ● ON : 문자를 화면에 나타내지 않고 문자가 기입된 부분을 사각형으로 표시한다.
- ● OFF : 문자를 화면에 나타낸다.

2-5 문자 편집

(1) DDEDIT(문자 내용 편집)

이미 기입한 문자의 내용을 수정할 경우 사용하는 명령어이다. 이미 작성된 문자를
마우스로 더블클릭 했을 때도 동일한 문자편집 모드로 변환된다.

Command: DDEDIT ↵   단축키 ED
Select an annotation object or [Undo]: **수정할 문자 선택** ↵
원래 문자기입에 사용된 대화상자가 나타난다.

DT 명령으로 작업한 경우   현관&방바닥 단면상세

MT 명령으로 작업한 경우   모르타르 위 장판지마감
콩자갈층 THK100
온수파이프 Ø25@250
질석보온재 THK50

(2) DDMODIFY(문자 특성 편집)

문자의 내용, 유형, 위치, 방향 또는 자리 맞추기를 변경할 때 사용하는 명령어이다.

Command: **DDMODIFY** ⏎(대화상자가 나타난다.)   **단축키** MO   Ctrl+1

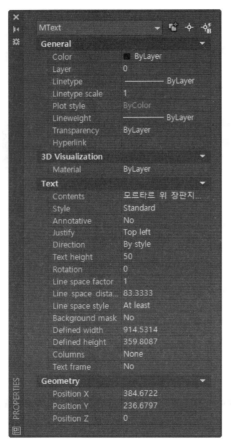

- MText는 선택된 객체의 종류를 보여준다.
- General은 글자의 색상, 레이어, 선의종류, 선의 축척, 선의 두께 등을 보여준다.
- 3D Visualization은 객체의 재질, 그림자 특성 등을 보여준다.
- Text는 글자의 스타일, 정렬방법, 방향, 너비, 높이, 회전각도 등을 보여준다.
- Geometry는 글자의 위치값을 보여준다.
- 속성변경을 하려는 객체를 선택하면, 선택된 객체의 모든 특성이 하단부에 나타난다.
- 객체특성을 수정하려면 변경하려는 특성을 선택한 후, 새 값을 입력하거나 목록에서 값을 선택 또는 대화상자에서 특성값을 변경하면 된다.
- 속성변경 후 대화상자를 닫을 때는 좌측상단의 닫기 버튼(⊠)을 클릭하거나 아래와 같이 명령을 실행시킨다.

  Command : Prclose ⏎

✎ 실제로 문자편집을 할 경우 명령어를 이용해서 하는 경우보다는 수정하고자 하는 문자를 더블클릭해서 작업하는 것이 훨씬 간편하다.

3 도면 양식 그리기

3-1 A3 도면 양식 예제

(1) 새로운 도면을 시작한다.

> Command: NEW ↵

(2) 작업 범위를 설정한다.

> Command: LIMITS ↵
> Specify lower left corner or [ON/OFF] ⟨0.0000,0.0000⟩: ↵(좌측 하단의 좌표)
> Specify upper right corner ⟨420.0000,297.0000⟩: **600, 400** ↵(우측 상단의 좌표)
>
> Command: ZOOM ↵
> [All/Center/Dynamic/Extents/Previous/Scale/Window/Object] ⟨real time⟩: A ↵

(3) 도면의 외부 테두리선을 그린다.

A3(420mm×297mm) 크기의 도면 양식 테두리(400mm×277mm)를 그린다.

    ⌀ 도면 BOX는 Rectangle 외에도 LINE이나 PLINE으로 작성할 수 있다.

    ⌀ A3 크기이지만 테두리 크기는 종이의 인쇄여백(각각 10mm)을 감안해서 400×277로 한다.
      (A3 도면의 여백은 철을 하지 않을 경우 5mm이나 계산상 편의를 위해 사면을 모두 10mm씩
      여백을 둔다.)

> Command: RECTANGLE ↵
> Specify first corner point or [Chamfer/Elevation/Fillet/Thickness/Width]: **0,0** ↵
> Specify other corner point or [Area/Dimensions/Rotation]: **@400,277** ↵
>
> Command: EXPLODE ↵
> Select objects: **도면 테두리선을 선택** ↵

(4) 표제란을 그린다.

테두리선을 Offset한 후 Fillet과 Trim 명령을 사용하여 치수에 맞게 표제란을 그린다.

```
Command: OFFSET ↵
Specify offset distance or [Through/Erase/Layer] 〈Through〉: 20 ↵
Select object to offset or [Exit/Undo] 〈Exit〉: 하부 테두리선 클릭
Specify point on side to offset or [Exit/Multiple/Undo] 〈Exit〉: 내부클릭

Command: OFFSET ↵
Specify offset distance or [Through/Erase/Layer] 〈20.0000〉: 60 ↵
Select object to offset or [Exit/Undo] 〈Exit〉: 우측 테두리선 클릭
Specify point on side to offset or [Exit/Multiple/Undo] 〈Exit〉: 내부 클릭
같은 방향으로 Offset 명령을 3번 실시

Command: TRIM ↵
Select objects or 〈select all〉: ↵
Select object to trim or shift-select to extend or [Fence/Crossing/Project/Edge/eRase/
Undo]: 지울 부분 선택
```

(5) 표제란에 글자를 입력한다.

표제란에 글자를 쓰기 위해 사용할 글자형태를 정의한다. 'Font Name'을 '굴림'으로 지정한다. 글자 크기의 지정은 스타일이 아니라 도면에서 직접 설정해 주는 것이 좋다.

```
Command: ST ↵
```

> Command: T ⏎
> 박스의 크기는 '도면명'이 기입될 첫 번째 사각형의 모서리를 각각 선택한다.
> 글자크기는 5~7 사이즈로 지정하면 적절하다.

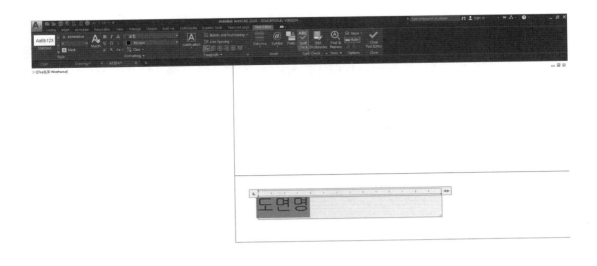

> Command: COPY ⏎
> Select objects: **'도면명' 문자 선택**
> Select objects: ⏎
> Specify base point or [Displacement] 〈Displacement〉: **기준점 지정**
> (기준점은 첫 번째 칸의 좌측상단 또는 좌측하단 코너를 선택한다.)
> Specify second point or 〈use first point as displacement〉: **복사할 점 지정**(연속해서 네 번 반복한다.)

(6) 복사된 글자를 수정한다.

DDEDIT 명령을 사용하거나, 수정하고자 하는 문자를 더블클릭하면 수정할 수 있는 대화상자가 나타난다.

> Command: DDEDIT ↵
> Select an annotation object or [Undo]: **'도면명' 문자 선택** ↵
> 대화상자가 나타난다.
> '도면명'을 'SCALE', 'DATE', '이름', '검인'으로 수정한다.

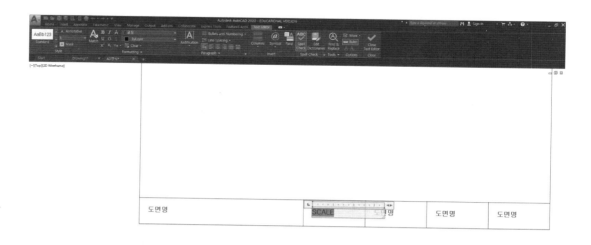

(7) 도면 테두리와 표제란의 선을 수정한다.

> Command: PEDIT ↵
> Select polyline: **P1점 클릭**
> Object selected is not a polyline
> Do you want to turn it into one? 〈Y〉 ↵
> Enter an option [Close/Join/Width/Edit vertex/Fit/Spline/Decurve/Ltype gen/Undo]: J ↵
> Select objects: **P2, P3, P4점 클릭**
> Select objects: ↵
> 3 segments added to polyline
> Enter an option [Open/Join/Width/Edit vertex/Fit/Spline/Decurve/Ltype gen/Undo]: W ↵
> Specify new width for all segments: 2 ↵
> Enter an option [Open/Join/Width/Edit vertex/Fit/Spline/Decurve/Ltype gen/Undo]: ↵

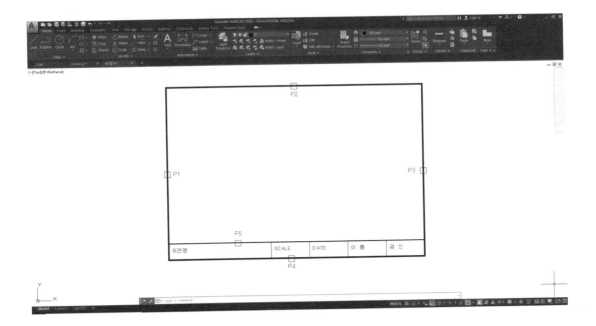

Command: PEDIT ↵

Select polyline: **P5점 클릭**

Object selected is not a polyline

Do you want to turn it into one? 〈Y〉 ↵

Enter an option [Open/Join/Width/Edit vertex/Fit/Spline/Decurve/Ltype gen/Undo]: **W** ↵

Specify new width for all segments: **1** ↵

Enter an option [Open/Join/Width/Edit vertex/Fit/Spline/Decurve/Ltype gen/Undo]: ↵

✎ 도면의 테두리선에 두께값을 주는 이유는 두께를 줌으로써 도면이 보다 명료하게 보이도록
하기 위해서이다.

(8) SAVE 명령으로 저장한다.

```
Command: SAVE ⏎
[파일 이름]: A3도면.dwg
[저장]
```

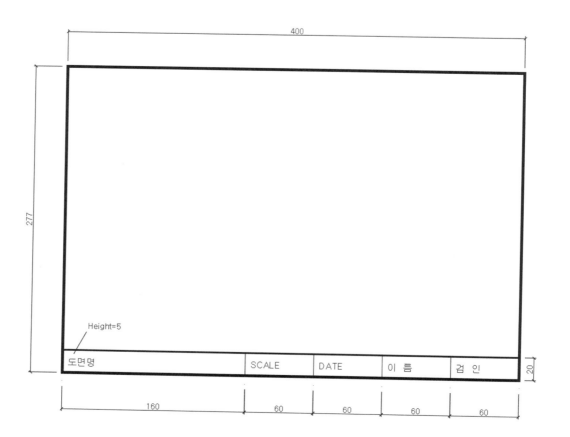

창호 그리기

1 문 그리기

1-1 문 평면 예제

(1) 새로운 도면을 시작한다.

```
Command: NEW ↵
```

(2) 작업 범위를 설정한다.

```
Command: LIMITS ↵
Specify lower left corner or [ON/OFF] ⟨0.0000,0.0000⟩: ↵(좌측 하단의 좌표)
Specify upper right corner ⟨420.0000,297.0000⟩: 2000,1500 ↵(우측 상단의 좌표)

Command: ZOOM ↵
All/Center/Dynamic/Extents/Previous/Scale/Window/Object⟨Realtime⟩: A ↵
```

(3) 문틀을 그린다.

```
Command: LINE ↵
Specify first point: 시작점(P1점) 클릭
Specify next point or [Undo]: @30⟨0 ↵
Specify next point or [Undo]: @40⟨90 ↵
Specify next point or [Close/Undo]: @15⟨0 ↵
Specify next point or [Close/Undo]: @140⟨90 ↵
Specify next point or [Close/Undo]: @15⟨180 ↵
Specify next point or [Close/Undo]: @40⟨90 ↵
Specify next point or [Close/Undo]: @30⟨180 ↵
Specify next point or [Close/Undo]: C ↵
```

P1

(4) 위쪽의 문틀선을 그린다.

```
Command: LINE ↵
Specify first point: INT ↵ P1점 클릭
Specify next point or [Undo]: @840<0 ↵
```

(5) 위쪽 문틀선을 이용하여 문틀을 대칭복사 한다.

```
Command: MIRROR ↵
Select objects: P1점 클릭
Specify opposite corner: P2점 클릭
Select objects: ↵
Specify first point of mirror line: P3점 클릭(MID포인트, Ortho on)
Erase source objects? [Yes/No] ⟨N⟩: ↵
```

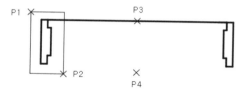

(6) 아래쪽의 문틀선을 그린다.

```
Command: LINE ↵
Specify first point: P1점 클릭(INT포인트)
Specify next point or [Undo]: P2점 클릭(INT포인트)
Specify next point or [Undo]: ↵
✎ L1, L2도 같은 방법으로 그린다.
```

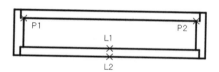

(7) 문을 그린다.

```
Command: LINE ↵
Specify first point: P1점 클릭(INT포인트)
Specify next point or [Undo]: @840<90 ↵
Specify next point or [Undo]: @40<180 ↵
Specify next point or [Close/Undo]: @840<-90 ↵
Specify next point or [Undo]: C ↵
```

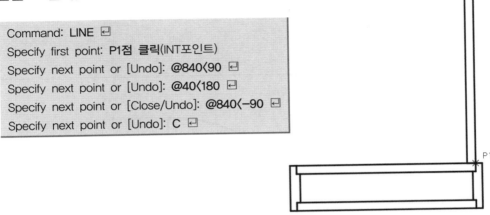

(8) 문의 회전 표시를 그린다.

```
Command: ARC ↵
Specify start point of arc or [CEnter]: C ↵
Specify center point of arc: P1점 클릭
Specify start point of arc: P2점 클릭
Specify end point of arc or [Angle/chord Length]: P3점 클릭
```

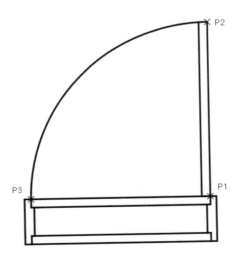

(9) 저장한다.

```
Command: SAVE ↵
[파일 이름]: DOOR.dwg
[저장]
```

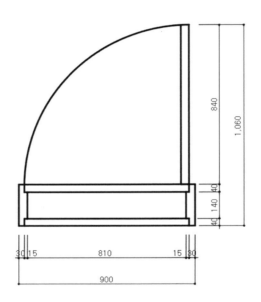

1-2 문 크기의 변형

도면작업을 할 때 모양은 유사하나 크기가 다른 경우 크기를 변형시켜서 적용하여야 할
경우가 있다. 이러한 경우에는 약간의 편집만으로 원하는 객체를 그릴 수 있다.

(1) 그려진 문을 불러온다.

```
Command: OPEN ↵
[파일 이름]: DOOR.dwg
[열기]
```

(2) 크기 750mm×150mm인 화장실 문을 만든다.

```
Command: STRETCH ↵
Select objects: P1점 클릭
Specify opposite corner: P2점 클릭
Select objects: ↵
Specify base point or [Displacement] ⟨Displacement⟩: P3점 클릭
Specify second point or ⟨use first point as displacement⟩: @150⟨-90 ↵

Command: ↵
Select objects: P4점 클릭
Specify opposite corner: P5점 클릭
Select objects: ↵
Specify base point or [Displacement] ⟨Displacement⟩: P6점 클릭
Specify second point or ⟨use first point as displacement⟩: @150⟨0 ↵
```

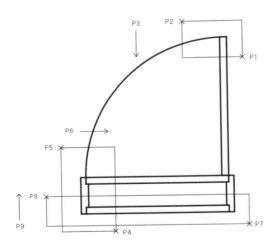

```
Command: STRETCH ↵
Select objects: P7점 클릭
Specify opposite corner: P8점 클릭
Select objects: ↵
Specify base point or [Displacement] ⟨Displacement⟩: P9점 클릭
Specify second point or ⟨use first point as displacement⟩: @70⟨90 ↵
```

(3) 문의 회전 표시를 ARC 명령으로 다시 그린다.

(4) 저장한다.

Command: SAVE ↵
[파일 이름]: DOOR-750.dwg
[저장]

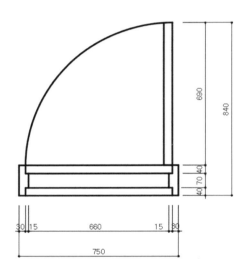

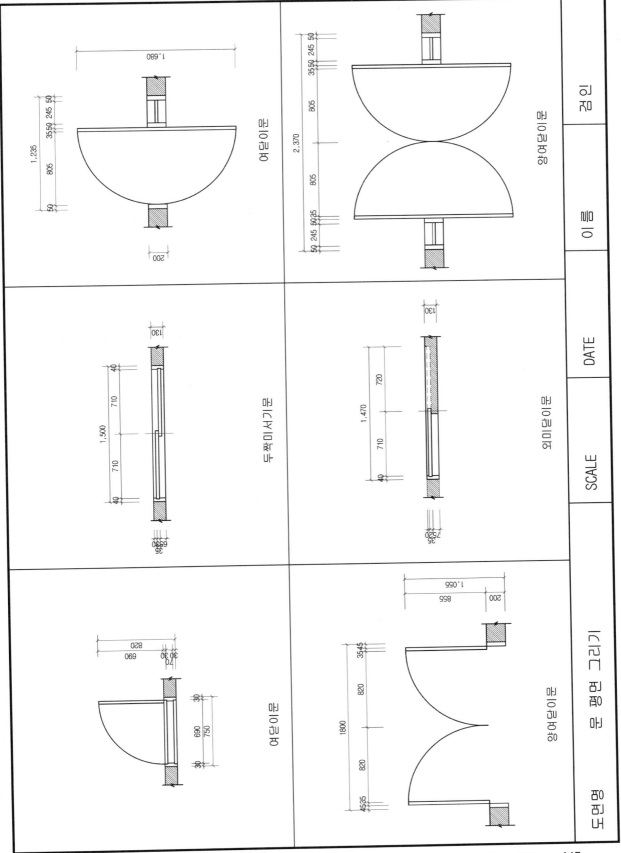

여닫이문

양여닫이문

두쪽미서기문

외미닫이문

여닫이문

양여닫이문

검 인	이 름	DATE	SCALE	도 면 명

도면 평면 그리기

1-3 문 입면 예제

(1) 새로운 도면을 시작한다.

```
Command: NEW ↵
```

(2) 작업 범위를 설정한다.

```
Command: LIMITS ↵
Specify lower left corner or [ON/OFF] ⟨0.0000,0.0000⟩: ↵(좌측 하단의 좌표)
Specify Upper right corner ⟨420.0000,297.0000⟩: 4000,3000 ↵(우측 상단의 좌표)

Command: ZOOM ↵
All/Center/Dynamic/Extents/Previous/Scale/Window/Object⟨Realtime⟩: A ↵
```

(3) 문의 외곽선과 문틀을 그린다.

```
Command: RECTANGLE ↵
Specify first corner point or [Chamfer/Elevation/Fillet/Thickness/Width]: P1점 클릭
Specify other corner point or [Area/Dimensions/Rotation]: @1800,2100 ↵

Command: OFFSET ↵
Specify offset distance or [Through/Erase/Layer] ⟨Through⟩ ⟨Through⟩: 40 ↵
Select object to offset or ⟨exit⟩: L1 클릭
Specify point on side to offset or [Exit/Multiple/Undo] ⟨Exit⟩: P2점 클릭
Select object to offset or ⟨exit⟩: ↵

Command: EXPLODE ↵
Select objects: L2 클릭
Select objects: ↵
```

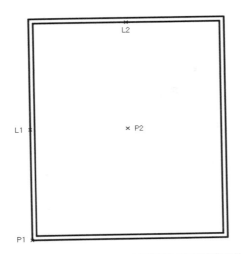

```
Command: EXTEND ↵
Select objects: L1 클릭
Select objects: ↵
Select object to extend or [Project/Edge/Undo]: L2 클릭
Select object to extend or [Project/Edge/Undo]: L3 클릭
Select object to extend or [Project/Edge/Undo]: ↵

Command: OFFSET ↵
Specify offset distance or [Through/Erase/Layer] 〈Through〉 〈40.0000〉: 30 ↵
Select object to offset or 〈exit〉: L4 클릭
Specify point on side to offset or [Exit/Multiple/Undo] 〈Exit〉: P1점 방향 클릭
Select object to offset or 〈exit〉: ↵
```

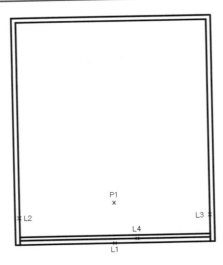

(4) 손잡이를 그린다.

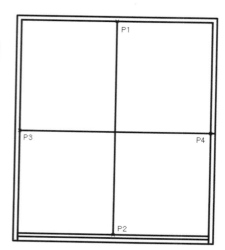

```
Command: LINE ↵
Specify first point: P1점 클릭
Specify next point or [Undo]: P2점 클릭
Command: LINE ↵
Specify first point: P3점 클릭
Specify next point or [Undo]: P4점 클릭
Specify next point or [Undo]: ↵
```

```
Command: OFFSET ↵
Specify offset distance or [Through/Erase/Layer] 〈Through〉 〈40.0000〉: 50 ↵
Select object to offset or 〈exit〉: L1 클릭
Specify point on side to offset or [Exit/Multiple/Undo] 〈Exit〉: P1점 방향 클릭
Select object to offset or 〈exit〉: L1 클릭
Specify point on side to offset or [Exit/Multiple/Undo] 〈Exit〉: P2점 방향 클릭
Select object to offset or 〈exit〉: L2 클릭
Specify point on side to offset or [Exit/Multiple/Undo] 〈Exit〉: P3점 방향 클릭
Select object to offset or 〈exit〉: ↵
```

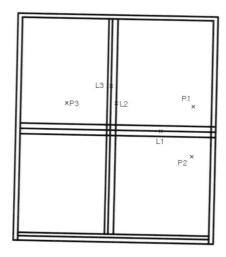

Command: OFFSET ↵
Specify offset distance or [Through/Erase/Layer] 〈Through〉〈50.0000〉: 30 ↵
Select object to offset or 〈exit〉: L3 클릭
Specify point on side to offset or [Exit/Multiple/Undo] 〈Exit〉: P3점 방향 클릭
Select object to offset or 〈exit〉: ↵

Command: ERASE ↵
Select objects: L1 클릭
Select objects: ↵

Command: TRIM ↵
Select objects: L1 클릭
Select objects: L2 클릭
Select objects: L3 클릭
Select objects: L4 클릭
Select objects: ↵
Select object to trim or shift-select to extend or[Project/Edge/Undo]: **잘라낼 부분 모두**
클릭
Select object to trim or shift-select to extend or[Project/Edge/Undo]: ↵

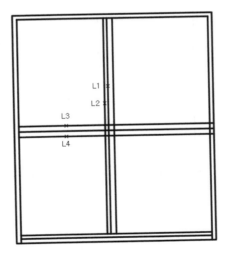

✐ 잘라낼 객체 선택 시 "F(Fence)"를 사용하면 작업을 쉽게 할 수 있다.

Command: TRIM ↵
Select objects: ↵
Select object to trim or shift-select to extend or[Fence/
Crossing/Project/Edge/eRase/ Undo]: F ↵
First fence point: P1점 클릭
Specify endpoint of line or [Undo]: P2점 클릭
Specify endpoint of line or [Undo]: P3점 클릭
Specify endpoint of line or [Undo]: ↵

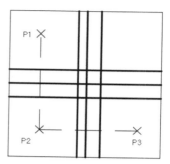

Command: MIRROR ↵
Select objects: P1점 클릭
Specify opposite corner: P2점 클릭
Select objects: ↵
Specify first point of mirror line: P3점 클릭
Specify second point of mirror line: P4점 클릭
Erase source objects? [Yes/No] ⟨N⟩: ↵

(5) 경첩 부분을 그린다.

Command: OFFSET ↵
Specify offset distance or [Through/Erase/Layer] ⟨30.0000⟩: 130 ↵
Select object to offset or ⟨exit⟩: L1 클릭
Specify point on side to offset or [Exit/Multiple/Undo] ⟨Exit⟩: P1점 방향 클릭

Select object to offset or 〈exit〉: **L2 클릭**

Specify point on side to offset or [Exit/Multiple/Undo] 〈Exit〉: **P1점 방향 클릭**

Select object to offset or 〈exit〉: ↵

Command: ↵

Specify offset distance or [Through/Erase/Layer] 〈130.0000〉: **60** ↵

Select object to offset or 〈exit〉: **L3 클릭**

Specify point on side to offset or [Exit/Multiple/Undo] 〈Exit〉: **P1점 방향 클릭**

Select object to offset or 〈exit〉: **L4 클릭**

Specify point on side to offset or [Exit/Multiple/Undo] 〈Exit〉: **P1점 방향 클릭**

Select object to offset or 〈exit〉: ↵

Command: **OFFSET** ↵

Specify offset distance or [Through/Erase/Layer] 〈60.0000〉: **130** ↵

Select object to offset or 〈exit〉: **L5 클릭**

Specify point on side to offset or [Exit/Multiple/Undo] 〈Exit〉: **P1점 방향 클릭**

Select object to offset or 〈exit〉: ↵

Command: ↵

Specify offset distance or [Through/Erase/Layer] 〈130.0000〉: **60** ↵

Select object to offset or 〈exit〉: **L6 클릭**

Specify point on side to offset or [Exit/Multiple/Undo] 〈Exit〉: **P1점 방향 클릭**

Select object to offset or 〈exit〉: ↵

Command: OFFSET ↵
Specify offset distance or [Through/Erase/Layer] ⟨60.0000⟩: 10 ↵
Select object to offset or ⟨exit⟩: L7 클릭
Specify point on side to offset or [Exit/Multiple/Undo] ⟨Exit⟩: P1점 방향 클릭
Select object to offset or ⟨exit⟩: L8 클릭
Specify point on side to offset or [Exit/Multiple/Undo] ⟨Exit⟩: P1점 방향 클릭
Select object to offset or ⟨exit⟩: ↵

Command: TRIM ↵
Select objects: L1 클릭
Select objects: L2 클릭
Select objects: L3 클릭
Select objects: L4 클릭
Select objects: L5 클릭
Select objects: L6 클릭
Select objects: L7 클릭
Select objects: L8 클릭 ↵
⟨Select object to trim⟩: 잘라낼 부분 클릭 ↵

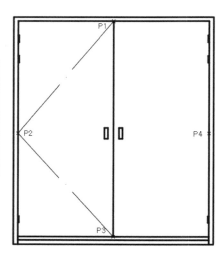

Command: LINE ↵
Specify first point: P1점 클릭
Specify next point or [Undo]: P2점 클릭
Specify next point or [Undo]: P3점 클릭
Specify next point or [Close/Undo]: P4점 클릭
Specify next point or [Close/Undo]: C ↵

(7) 저장한다.

Command: SAVE ↵
[파일 이름]: DOOR-ELEV.dwg
[저장]

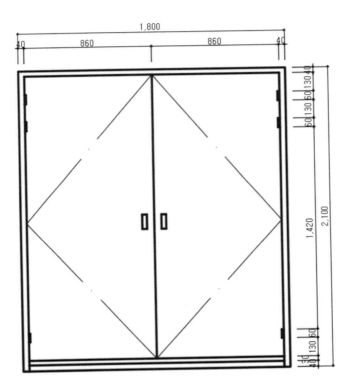

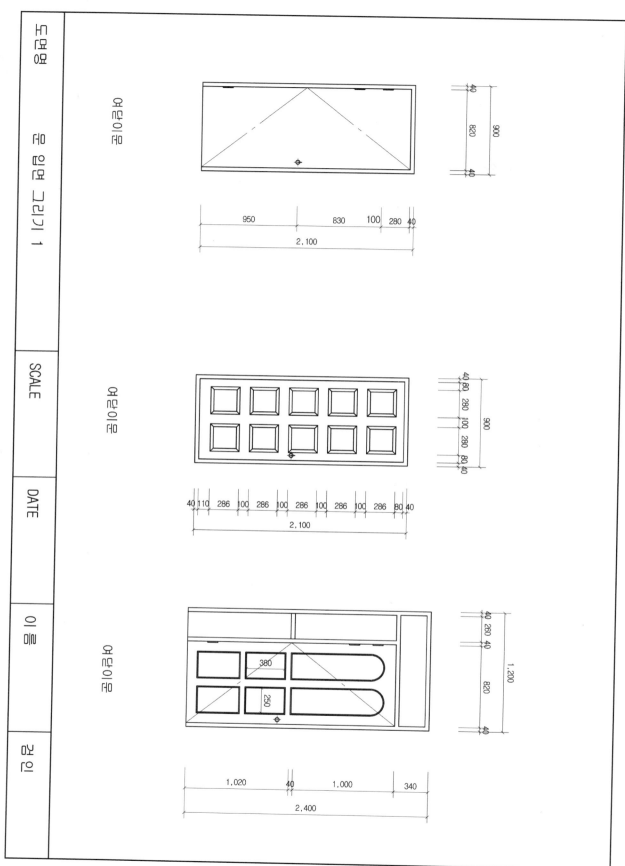

여닫이문

여닫이문

여닫이문

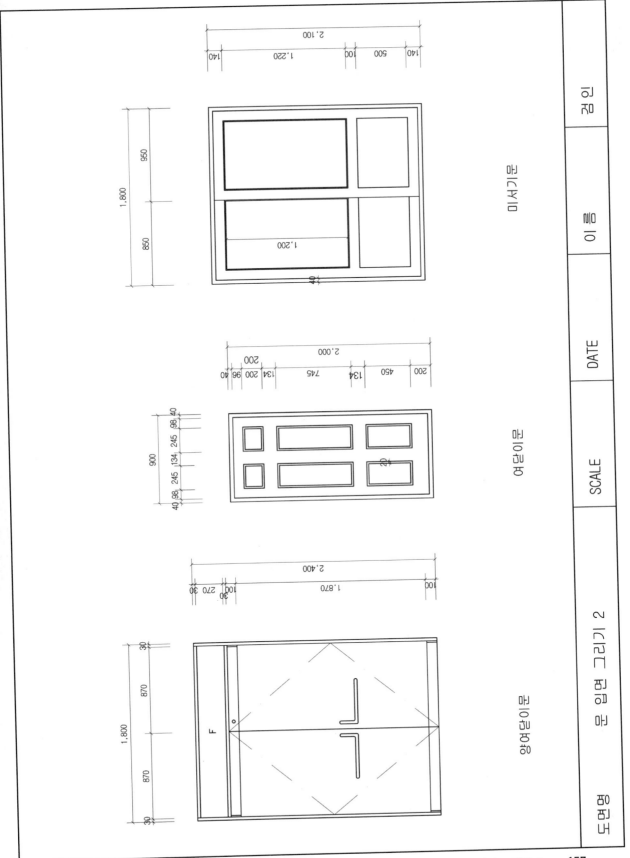

미서기문

2,100

140 1,220 100 500 140

1,800

950

850

1,200

여닫이문

2,000

200 200

200 450 134 96 40

134 745 200

900

40 98 40

98 245

134 245

245 134

245

40 98

양여닫이문

2,400

100 100

30 270 30 30

1,870

1,800

30

870

F

870

30

도면명   문 입면 그리기 2

2 창문 그리기

2-1 창문 평면 예제

(1) 새로운 도면을 시작한다.

```
Command: NEW ↵
```

(2) 작업 범위를 설정한다.

```
Command: LIMITS ↵
Specify lower left corner or [ON/OFF] ⟨0.0000,0.0000⟩: ↵(좌측 하단의 좌표)
Specify Upper right corner ⟨420,297⟩: 2500,2000 ↵(우측 상단의 좌표)

Command: ZOOM ↵
All/Center/Dynamic/Extents/Previous/Scale/Window/Object⟨Realtime⟩: A ↵
```

(3) 창문틀을 그린다.

```
Command: RECTANGLE ↵
Specify first corner point or [Chamfer/Elevation/Fillet/Thickness/Width]: 시작점(P1점) 클릭
Specify other corner point or [Area/Dimensions/Rotation]: @50,200 ↵
```

P1

(4) 윗부분의 창틀선을 그린다.

```
Command: LINE ↵
Specify first point: P1점 클릭
Specify next point or [Undo]: @1400⟨0 ↵
Specify next point or [Undo]: ↵
```

(5) 창문틀을 Mirror를 이용하여 반대편으로 대칭복사 한다.

Command: MIRROR ↵
Select objects: **P1점 클릭**
Specify opposite corner: **P2점 클릭**
Select objects: ↵
Specify first point of mirror line: **P3점 클릭**(MID포인트)
Specify second point of mirror line: **P4점 방향 클릭**(Ortho on)
Erase source objects? [Yes/No] 〈N〉: ↵

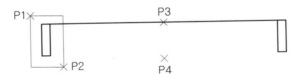

(6) 아랫부분의 창틀선을 그린다.

Command: LINE ↵
Specify first point: **P1점 클릭**
Specify next point or [Undo]: **P2점 클릭**
Specify next point or [Undo]: ↵

(7) 창문을 그린다.

```
Command: OFFSET ⏎
Specify offset distance or [Through/Erase/Layer] 〈Through〉: 25 ⏎
Select object to offset or 〈exit〉: L1 클릭
Specify point on side to offset or [Exit/Multiple/Undo] 〈Exit〉: P1점 방향 클릭
Select object to offset or 〈exit〉: L2 클릭
Specify point on side to offset or [Exit/Multiple/Undo] 〈Exit〉: P1점 방향 클릭
Select object to offset or 〈exit〉: ⏎
```

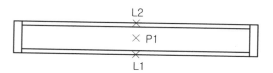

```
Command: OFFSET ⏎
Specify offset distance or [Through/Erase/Layer] 〈25.0000〉: 30 ⏎
Select object to offset or 〈exit〉: L1 클릭
Specify point on side to offset or [Exit/Multiple/Undo] 〈Exit〉: P1점 방향 클릭
✐ P1방향으로 4회 반복한다.
```

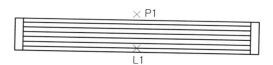

(8) 중심선을 그린다.

```
Command: LINE ⏎
Specify first point: P1점 클릭
Specify next point or [Undo]: P2점 클릭
Specify next point or [Undo]: ⏎
✐ Grips 기능을 이용해 P3까지 늘린다.
```

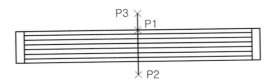

(9) 중심선을 이용하여 창문이 겹치는 부위를 그린다.

Command: OFFSET ↵
Specify offset distance or [Through/Erase/Layer] ⟨30.0000⟩: **30** ↵
Select object to offset or ⟨exit⟩: **L1 클릭**
Specify point on side to offset or [Exit/Multiple/Undo] ⟨Exit⟩: **P1점 방향 클릭**
Select object to offset or ⟨exit⟩: **L1 클릭**
Specify point on side to offset or [Exit/Multiple/Undo] ⟨Exit⟩: **P2점 방향 클릭**
Select object to offset or ⟨exit⟩: ↵

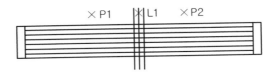

(10) Trim, Erase 명령을 이용하여 정리한다.

Command: TRIM ↵
Select objects: ↵
Select object to trim or shift-select to extend or[Project/Edge/Undo]: **불필요한 부분 클릭**

Command: ERASE ↵
Select objects: **지울 부분 클릭**
Select objects: ↵

(11) 저장한다.

Command: SAVE ↵
[파일 이름]: WINDOW.dwg
[저장]

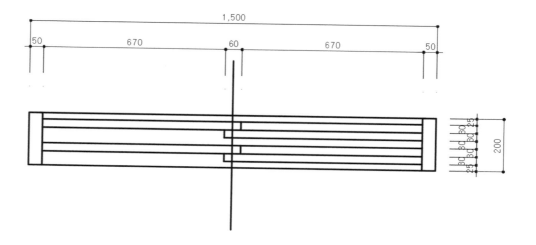

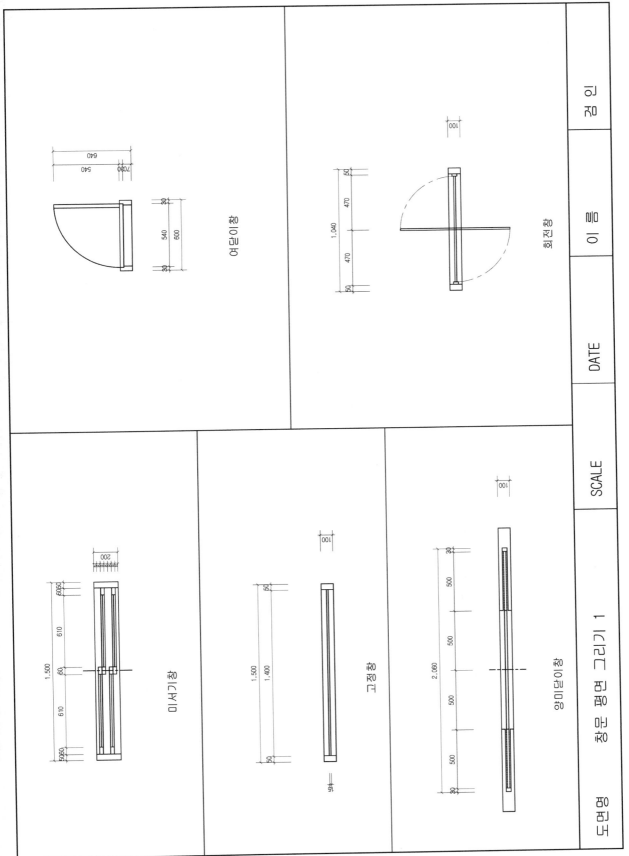

여닫이창

회전창

미서기창

고정창

양미닫이창

창문 평면 그리기 1

도면명	SCALE	DATE	이 름	검 인

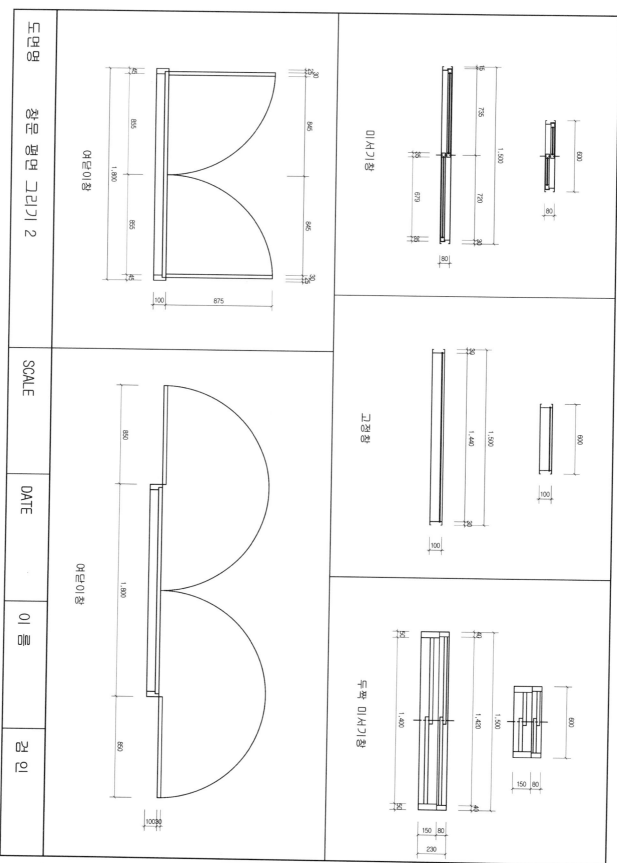

| 도면명 | 창문 평면 그리기 2 | SCALE | DATE | 이 름 | 검 인 |

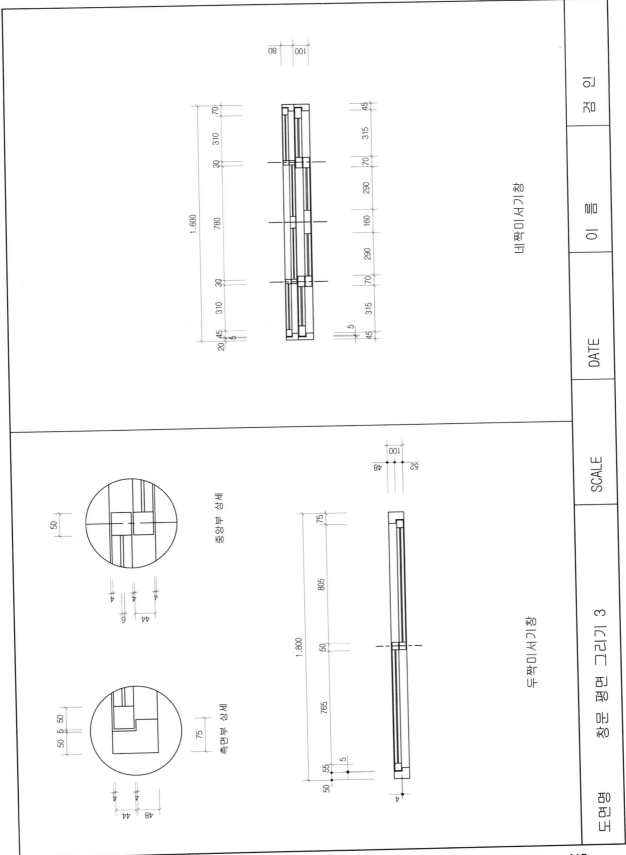

내짝미서기창

누짝미서기창

중앙부 상세

측면부 상세

검 인 | 이 름 | DATE | SCALE | 도면명

창문 평면 그리기 3

2-2 창문 입면 예제

(1) 새로운 도면을 시작한다.

```
Command: NEW ↵
```

(2) 작업 범위를 설정한다.

```
Command: LIMITS ↵
Specify lower left corner or [ON/OFF] ⟨0.0000,0.0000⟩: ↵(좌측 하단의 좌표)
Specify Upper right corner ⟨420,297⟩: 2500,2000 ↵(우측 상단의 좌표)

Command: ZOOM ↵
All/Center/Dynamic/Extents/Previous/Scale/Window/Object⟨Realtime⟩: A ↵
```

(3) 창문틀을 그린다.

```
Command: RECTANGLE ↵
Specify first corner point or [Chamfer/Elevation/Fillet/Thickness/Width]: P1점 클릭
Specify other corner point or [Area/Dimensions/Rotation]: @1800,1400 ↵

Command: OFFSET ↵
Specify offset distance or [Through/Erase/Layer] ⟨Through⟩: 35 ↵
Select object to offset or ⟨exit⟩: L1 클릭
Specify point on side to offset or [Exit/Multiple/Undo] ⟨Exit⟩: P2점 방향 클릭
Select object to offset or ⟨exit⟩: ↵
```

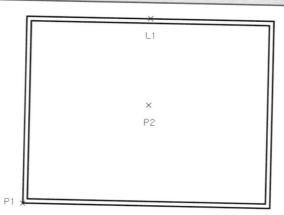

```
Command: OFFSET ↵
Specify offset distance or [Through/Erase/Layer] ⟨35.0000⟩: 60 ↵
Select object to offset or ⟨exit⟩: L1 클릭
Specify point on side to offset or [Exit/Multiple/Undo] ⟨Exit⟩: P1점 방향 클릭
Select object to offset or ⟨exit⟩: ↵

Command: EXPLODE ↵
Select objects: L2 클릭
Select objects: ↵
```

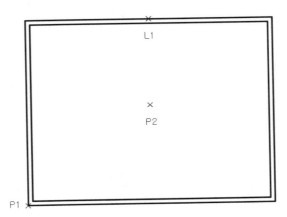

(4) 창문을 그린다.

```
Command: OFFSET ↵
Specify offset distance or [Through/Erase/Layer] ⟨60.0000⟩: 870 ↵
Select object to offset or ⟨exit⟩: L1 클릭
Specify point on side to offset or [Exit/Multiple/Undo] ⟨Exit⟩: P1점 방향 클릭
Select object to offset or ⟨exit⟩: L2 클릭
Specify point on side to offset or [Exit/Multiple/Undo] ⟨Exit⟩: P1점 방향 클릭
Select object to offset or ⟨exit⟩: ↵
```

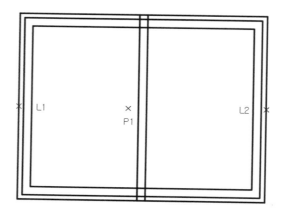

Command: **TRIM** ↵
Select objects: ↵
Select object to trim or shift-select to extend or[Project/Edge/Undo]: **잘라낼 부분 클릭**
Select object to trim or shift-select to extend or[Project/Edge/Undo]: ↵
✎ R1 부분을 R2 부분처럼 만든다.

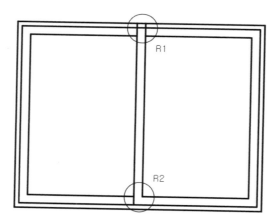

(5) 창문이 열리는 방향 표시를 그린다.

Command: **LINE** ↵
Specify first point: **임의의 점(P1) 클릭**
Specify next point or [Undo]: **@80⟨0** ↵
Specify next point or [Undo]: **@40⟨135** ↵
Specify next point or [Close/Undo]: ↵

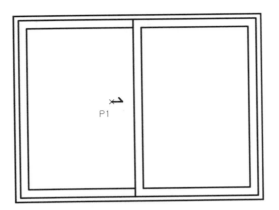

Command: MIRROR ↵
Select objects: R1 클릭
Select objects: ↵
Specify first point of mirror line: P1점 클릭
Specify second point of mirror line: P2점 클릭
Erase source objects? [Yes/No] 〈N〉: ↵

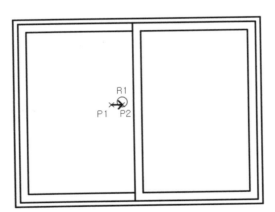

Command: MIRROR ↵
Select objects: P1점 클릭
Specify opposite corner: P2점 클릭
Select objects: ↵
Specify first point of mirror line: P3점 클릭
Specify second point of mirror line: P4점 클릭
Erase source objects? [Yes/No] 〈N〉: ↵

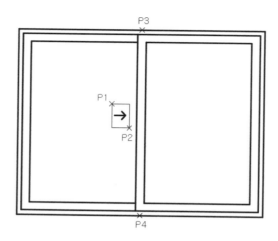

(6) 저장한다.

```
Command: SAVE ↵
[파일 이름]: WINDOW—ELEV.dwg
[저장]
```

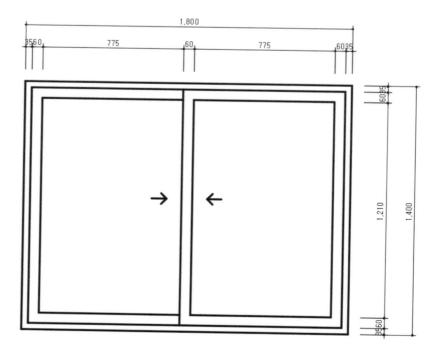

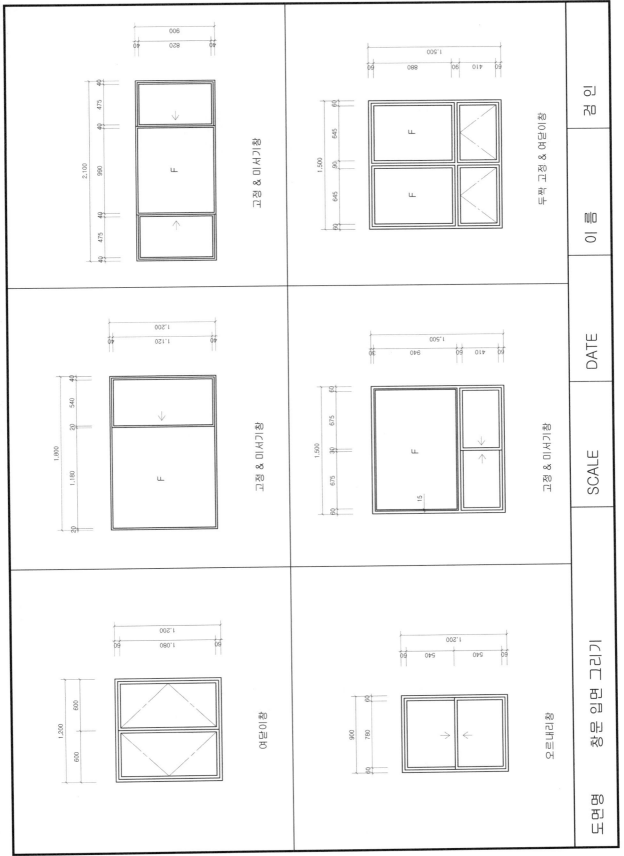

고정 & 미서기창

고정 & 미서기창

여닫이창

두짝 고정 & 여닫이창

고정 & 미서기창

오르내리창

검 인	이 름	DATE	SCALE	창문 입면 그리기
				도 면 명

제5장 위생기구 & 주방기구 그리기

1 위생기구 그리기

1-1 욕조 예제

(1) 새로운 도면을 시작한다.

```
Command: NEW ⏎
```

(2) 작업 범위를 설정한다.

```
Command: LIMITS ⏎
Specify lower left corner or [ON/OFF] ⟨0.0000,0.0000⟩: ⏎
Specify upper right corner ⟨420.0000,297.0000⟩: 3000,2500 ⏎

Command: ZOOM ⏎
[All/Center/Dynamic/Extents/Previous/Scale/Window/Object] ⟨real time⟩: A ⏎
```

(3) 욕조의 외곽선을 그린다.

```
Command: RECTANGLE ⏎
Specify first corner point or [Chamfer/Elevation/Fillet/Thickness/Width]: P1점 클릭
Specify other corner point or [Area/Dimensions/Rotation]: @1500,650 ⏎
```

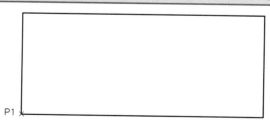

(4) 욕조의 내부선을 그린다.

```
Command: OFFSET ↵
Specify offset distance or [Through/Erase/Layer] 〈Through〉: 45 ↵
Select object to offset or 〈exit〉: L1 클릭
Specify point on side to offset or [Exit/Multiple/Undo] 〈Exit〉: P1점 방향 클릭
Select object to offset or 〈exit〉: ↵
```

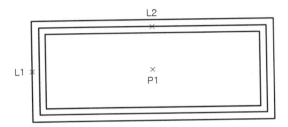

```
Command: OFFSET ↵
Specify offset distance or [Through/Erase/Layer] 〈Through〉〈45.0000〉: 40 ↵
Select object to offset or 〈exit〉: L2 클릭
Specify point on side to offset or [Exit/Multiple/Undo] 〈Exit〉: P1점 방향 클릭
Select object to offset or 〈exit〉: ↵
```

(5) 내부선의 모서리를 라운딩 한다.

```
Command: FILLET ↵
Current settings: Mode = TRIM, Radius = 40
Select first object or [Undo/Polyline/Radius/Trim/Multiple]: R ↵
Specify fillet radius 〈40.0000〉: 80 ↵
Select first object or [Polyline/Radius/Trim]: L1 클릭
Select second object or shift-select to apply corner: L2 클릭
✎ L1 & L3도 Fillet으로 접는다.
```

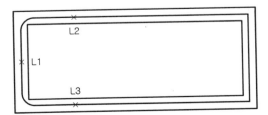

```
Command: FILLET ↵
Current settings: Mode = TRIM, Radius = 80
Select first object or [Undo/Polyline/Radius/Trim/Multiple]: R ↵
Specify fillet radius 〈80.0000〉: 40 ↵
Select first object or [Polyline/Radius/Trim]: L1 클릭
Select second object or shift-select to apply corner: L2 클릭
✎ L1 & L3도 Fillet으로 접는다.
```

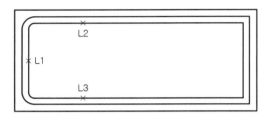

(6) 욕조 내부를 그리기 위한 기준선을 그린다.

```
Command: EXPLODE ↵
Select objects: L1 클릭
Select objects: ↵

Command: OFFSET ↵
Specify offset distance or [Through/Erase/Layer] 〈40.0000〉: 400 ↵
Select object to offset or 〈exit〉: L1 클릭
Specify point on side to offset or [Exit/Multiple/Undo] 〈Exit〉: P1점 방향 클릭
Select object to offset or 〈exit〉: ↵
```

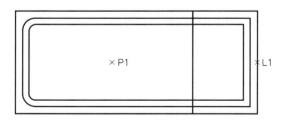

```
Command: OFFSET ↵
Specify offset distance or [Through/Erase/Layer] <400.0000>: 150 ↵
Select object to offset or <exit>: L1 클릭
Specify point on side to offset or [Exit/Multiple/Undo] <Exit>: P1점 방향 클릭
Select object to offset or <exit>: ↵
```

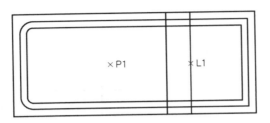

(7) 원을 그린다.

```
Command: CIRCLE ↵
Specify center point for circle or [3P/2P/Ttr(tan tan radius)]: 2P ↵
Specify first end point of circle's diameter: P1점 클릭
Specify second end point of circle's diameter: P2점 클릭
```

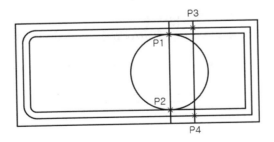

```
Command: CIRCLE ↵
Specify center point for circle or [3P/2P/Ttr(tan tan radius)]: 2P ↵
Specify first end point of circle's diameter: P3점 클릭
Specify second end point of circle's diameter: P4점 클릭
```

(8) 필요 없는 선을 Trim, Erase 명령으로 정리한다.

Command: TRIM ↵
Select objects: ↵
Select object to trim or shift-select to extend or[Project/Edge/Undo]: **불필요한 부분 클릭**

Command: ERASE ↵
Select objects: **지울 부분 클릭**
Select objects: ↵

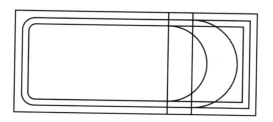

(9) 배수구를 그리기 위한 기준선을 그린다.

Command: OFFSET ↵
Specify offset distance or [Through/Erase/Layer] ⟨150.0000⟩: **200** ↵
Select object to offset or ⟨exit⟩: **L1점 클릭**
Specify point on side to offset or [Exit/Multiple/Undo] ⟨Exit⟩: **P1점 방향 클릭**
Select object to offset or ⟨exit⟩: ↵

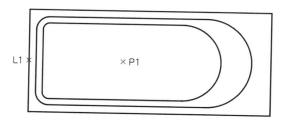

(10) 배수구를 그린다.

```
Command: CIRCLE ↵
Specify center point for circle or [3P/2P/Ttr(tan tan radius)]: P1점 클릭
Specify radius of circle or [Diameter] ⟨280.0000⟩: 70 ↵
Command: ↵
Specify center point for circle or [3P/2P/Ttr(tan tan radius)]: P1점 클릭
Specify radius of circle or [Diameter] ⟨70.0000⟩: 20 ↵
```

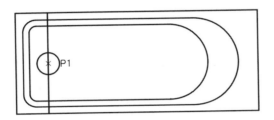

```
Command: LINE ↵
Specify first point: P1점 클릭(QUA포인트)
Specify next point or [Undo]: P2점 클릭(QUA포인트)
Specify next point or [Undo]: ↵
```

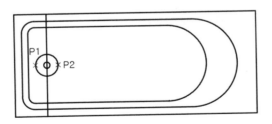

(11) 필요 없는 부분을 Trim, Erase로 정리한다.

```
Command: TRIM ↵
Select objects: ↵
Select object to trim or shift—select to extend or [Fence/Crossing/Project/Edge/eRase/
Undo]: L1 클릭
Select object to trim or shift—select to extend or[Project/Edge/Undo]: L2 클릭 ↵

Command: ERASE ↵
Select objects: R1 클릭
Select objects: ↵
```

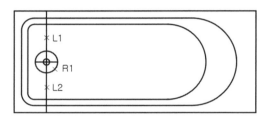

(12) 내부의 경사 표시선을 그린다.

```
Command: LINE ↵
Specify first point: P1점 클릭(END포인트)
Specify next point or [Undo]: P2점 클릭(INT포인트)
Specify next point or [Undo]: P3점 클릭(END포인트)
Specify next point or [Close/Undo]: ↵

Command: ↵
Specify first point: P4점 클릭(END포인트)
Specify next point or [Undo]: P2점 클릭(INT포인트)
Specify next point or [Undo]: P5점 클릭(END포인트)
Specify next point or [Close/Undo]: ↵
```

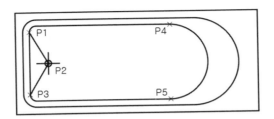

(13) 저장한다.

Command: SAVE ↵
[파일 이름]: **욕조.dwg**
[저장]

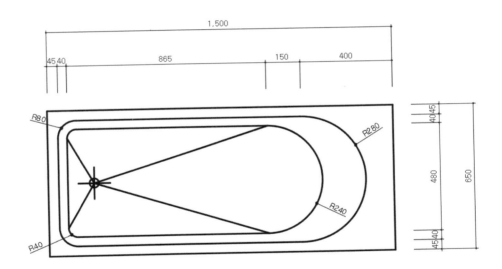

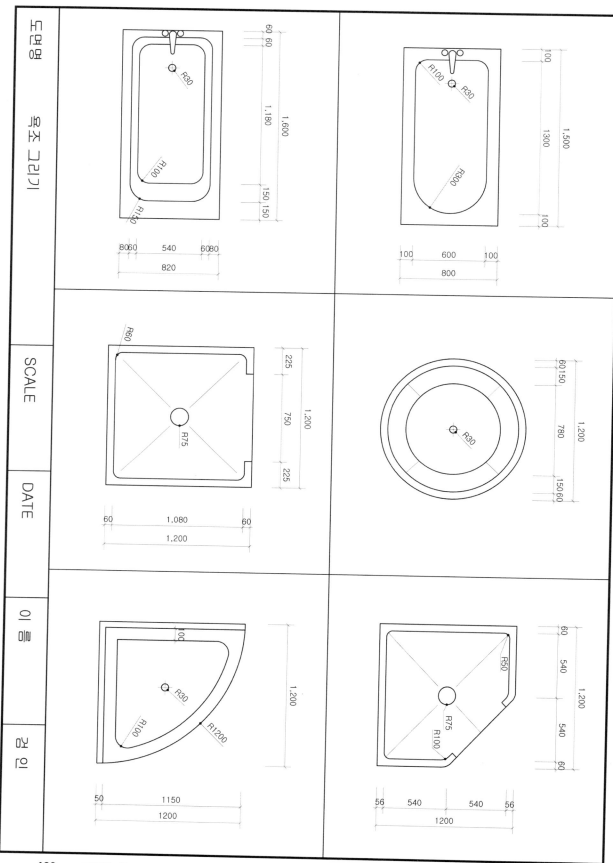

1-2 세면기 예제

(1) 새로운 도면을 시작한다.

```
Command: NEW ⏎
```

(2) 작업 범위를 설정한다.

```
Command: LIMITS ⏎
Specify lower left corner or [ON/OFF] 〈0.0000,0.0000〉: ⏎
Specify upper right corner 〈420.0000,297.0000〉: 1000,700 ⏎

Command: ZOOM ⏎
[All/Center/Dynamic/Extents/Previous/Scale/Window/Object] 〈real time〉: A ⏎
```

(3) 세면기의 외곽선을 그린다.

```
Command: RECTANGLE ⏎
Specify first corner point or [Chamfer/Elevation/Fillet/Thickness/Width]: P1점 클릭
Specify other corner point or [Area/Dimensions/Rotation]: @520,430 ⏎

Command: EXPLODE ⏎
Select objects: L1 클릭
Select objects: ⏎
```

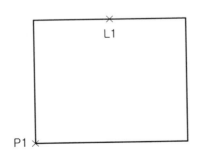

(4) 세면기의 내부선을 그린다.

Command: OFFSET ↵
Specify offset distance or [Through/Erase/Layer] 〈Through〉: **60** ↵
Select object to offset or 〈exit〉: **L1 클릭**
Specify point on side to offset or [Exit/Multiple/Undo] 〈Exit〉: **P1점 방향 클릭**
✎ L2, L3, L4도 P1방향으로 Offset 한다.

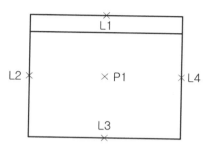

Command: OFFSET ↵
Specify offset distance or [Through/Erase/Layer] 〈60.0000〉: **10** ↵
Select object to offset or 〈exit〉: **L1 클릭**
Specify point on side to offset or [Exit/Multiple/Undo] 〈Exit〉: **P1점 방향 클릭**
Select object to offset or 〈exit〉: ↵

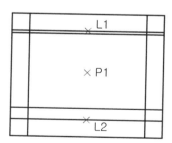

Command: OFFSET ↵
Specify offset distance or [Through/Erase/Layer] 〈10.0000〉: **40** ↵
Select object to offset or 〈exit〉: **L2 클릭**
Specify point on side to offset or [Exit/Multiple/Undo] 〈Exit〉: **P1점 방향 클릭**
Select object to offset or 〈exit〉: ↵

```
Command: TRIM ↵
Select objects: ↵
Select object to trim or shift-select to extend or[Project/Edge/Undo]: 잘라낼 부분 클릭
  ✎ R1~R4 부분을 정리한다.
```

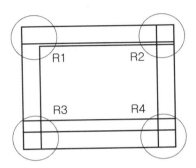

(5) 세면기의 호를 그린다.

```
Command: ARC ↵
Specify start point of arc or [CEnter]: P1점 클릭
Specify second point of arc or [CEnter/ENd]: P2점 클릭
Specify end point of arc: P3점 클릭
```

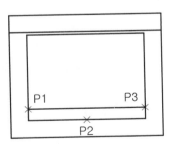

(6) Trim, Erase를 사용하여 정리한다.

(7) 세면기의 외부 모서리를 정리한다.

Command: CHAMFER ⏎
Select first line or [Undo/Polyline/Distance/Angle/Trim/mEthod/Multiple]: **D** ⏎
Specify first chamfer distance ⟨10.0000⟩: **50** ⏎
Specify second chamfer distance ⟨50.0000⟩: **50** ⏎
Select first line or [Undo/Polyline/Distance/Angle/Trim/mEthod/Multiple]: **L1점 클릭**
Select second line or shift-select to apply corner: **L2점 클릭**
✍ L2 & L3도 Chamfer로 정리한다.

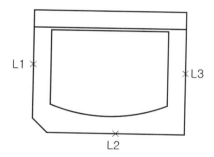

(8) 내부와 외부 모서리를 라운딩한다.

Command: FILLET ⏎
Current settings: Mode = TRIM, Radius = 30.0000
Select first object or [Polyline/Radius/Trim]: **L1점 클릭**
Select second object or shift-select to apply corner: **L2점 클릭**
✍ R1, R2, R3: R = 30
　R4, R5: R = 15로 부분도 정리한다.

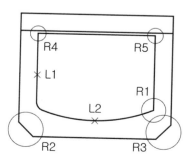

(9) 수도꼭지를 그린다.

```
Command: LINE ↵
Specify first point: P1점 클릭(MID포인트)
Specify next point or [Undo]: P2점 클릭(Ortho = on)
Specify next point or [Undo]: ↵

Command: OFFSET ↵
Specify offset distance or [Through/Erase/Layer] ⟨40.0000⟩: 50 ↵
Select object to offset or ⟨exit⟩: L1 클릭
Specify point on side to offset or [Exit/Multiple/Undo] ⟨Exit⟩: P3점 방향 클릭
Select object to offset or ⟨exit⟩: ↵
```

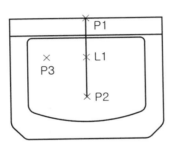

```
Command: CIRCLE ↵
Specify center point for circle or [3P/2P/Ttr(tan tan radius)]: 2P ↵
Specify first end point of circle's diameter: P1점 클릭
Specify second end point of circle's diameter: @35⟨90 ↵

Command: ERASE ↵
Select objects: L1 클릭
Select objects: ↵
```

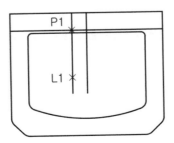

```
Command: MIRROR ↵
Select objects: P1점 클릭
Specify opposite corner: P2점 클릭
Select objects: ↵
Specify first point of mirror line: P3점 클릭
Specify second point of mirror line: P4점 클릭
Erase source objects? [Yes/No] 〈N〉: ↵
```

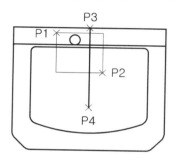

```
Command: CIRCLE ↵
Specify center point for circle or [3P/2P/Ttr(tan tan radius)]: 2P ↵
Specify first end point of circle's diameter: P1점 클릭(TAN포인트)
Specify second end point of circle's diameter: P2점 클릭(TAN포인트)
```

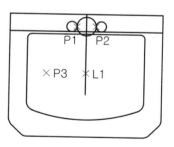

```
Command: OFFSET ↵
Specify offset distance or [Through/Erase/Layer] 〈10.0000〉: 15 ↵
Select object to offset or 〈exit〉: L1 클릭
Specify point on side to offset or [Exit/Multiple/Undo] 〈Exit〉: P3점 방향 클릭
Select object to offset or 〈exit〉: ↵
```

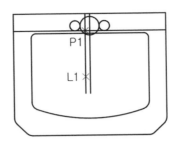

Command: **RECTANGLE** ↵
Specify first corner point or [Chamfer/Elevation/Fillet/Thickness/Width]: **F** ↵
Specify fillet radius for rectangles ⟨5.0000⟩: **5** ↵
Specify first corner point or [Chamfer/Elevation/Fillet/Thickness/Width]: **P1점 클릭**
Specify other corner point or[Area/Dimensions/Rotation]: **@30,−70** ↵

Command: **ERASE** ↵
Select objects: **L1 클릭**
Select objects: ↵

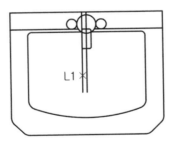

(10) 수도꼭지 부분을 정리한다.

Command: **TRIM** ↵
Select objects: **큰원과 수도꼭지 클릭**
Select object to trim or shift−select to extend or[Project/Edge/Undo]: **불필요한 부분 클릭**
Select object to trim or shift−select to extend or[Project/Edge/Undo]: ↵

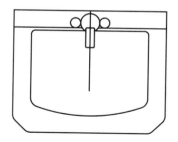

(11) 세면기의 배수구를 그린다.

```
Command: OFFSET ↵
Specify offset distance or [Through/Erase/Layer] <50.0000>: 170 ↵
Select object to offset or <exit>: L1 클릭
Specify point on side to offset or [Exit/Multiple/Undo] <Exit>: P1점 방향 클릭
Select object to offset or <exit>: ↵
```

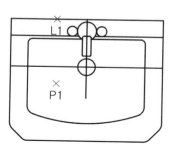

```
Command: CIRCLE ↵
Specify center point for circle or [3P/2P/Ttr(tan tan radius)]: P1점 클릭
Specify radius of circle or [Diameter] <17.5000>: 30 ↵
Command: ↵
Specify center point for circle or [3P/2P/Ttr(tan tan radius)]: P1점 클릭
Specify radius of circle or [Diameter] <30.0000>: 15 ↵
```

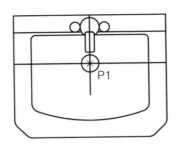

(12) 불필요한 선을 정리하여 완성시킨다.

(13) 저장한다.

Command: SAVE ↵
[파일 이름]: 세면기.dwg
[저장]

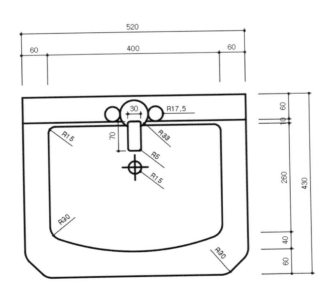

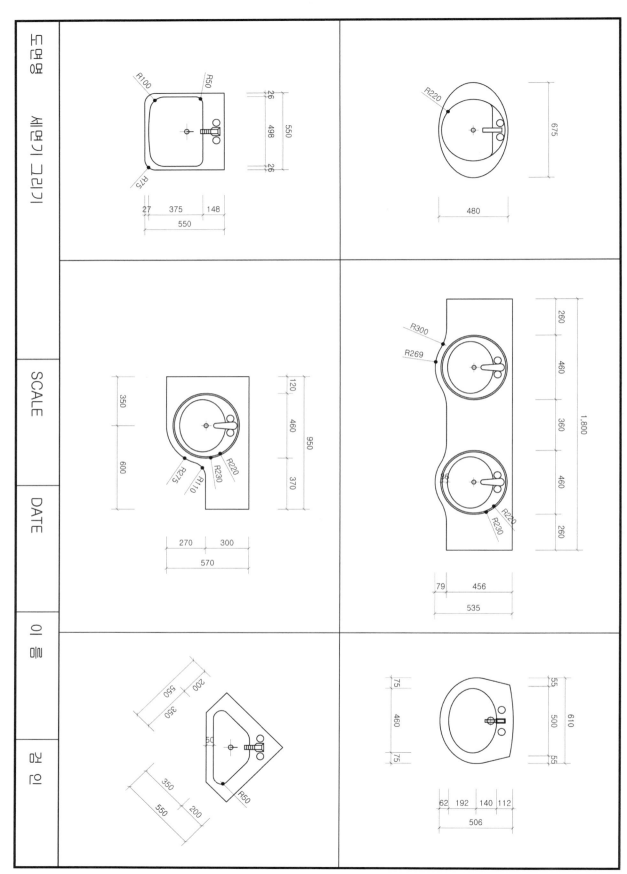

1-3 양변기 예제

(1) 새로운 도면을 시작한다.

Command: NEW ↵

(2) 작업 범위를 설정한다.

Command: LIMITS ↵
Specify lower left corner or [ON/OFF] ⟨0.0000,0.0000⟩: ↵
Specify upper right corner ⟨420.0000,297.0000⟩: **1000,700** ↵

Command: ZOOM ↵
[All/Center/Dynamic/Extents/Previous/Scale/Window/Object] ⟨real time⟩: **A** ↵

(3) 양변기 물탱크를 그린다.

Command: RECTANGLE ↵
Specify first corner point or [Chamfer/Elevation/Fillet/Thickness/Width]: **P1점 클릭**
Specify other corner point or [Area/Dimensions/Rotation]: **@530,200** ↵

Command: EXPLODE ↵
Select objects: **L1 클릭**
Select objects: ↵

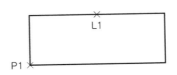

(4) 양변기를 그리기 위한 기준선을 그린다.

```
Command: OFFSET ↵
Specify offset distance or [Through/Erase/Layer] ⟨Through⟩: 50 ↵
Select object to offset or ⟨exit⟩: L1 클릭
Specify point on side to offset or [Exit/Multiple/Undo] ⟨Exit⟩: P1점 방향 클릭
Select object to offset or ⟨exit⟩: ↵
```

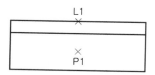

```
Command: LINE ↵
Specify first point: P1점 클릭
Specify next point or [Undo]: @500⟨90 ↵
Specify next point or [Undo]: ↵
```

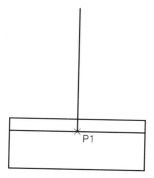

(5) 양변기 부위를 그린다.

```
Command: ELLIPSE ↵
Specify axis endpoint of ellipse or [Arc/Center]: P1점 클릭
Specify other endpoint of axis: P2점 클릭
Specify distance to other axis or [Rotation]: @150⟨0 ↵
```

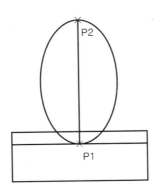

(6) 양변기 뚜껑을 그린다.

Command: OFFSET ↵
Specify offset distance or [Through/Erase/Layer] ⟨50.0000⟩: 20 ↵
Select object to offset or ⟨exit⟩: L1 클릭
Specify point on side to offset or [Exit/Multiple/Undo] ⟨Exit⟩: P1점 방향 클릭
Select object to offset or ⟨exit⟩: ↵

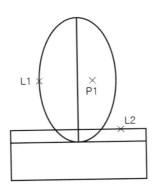

Command: OFFSET ↵
Specify offset distance or [Through/Erase/Layer] ⟨20.0000⟩: 50 ↵
Select object to offset or ⟨exit⟩: L2 클릭
Specify point on side to offset or [Exit/Multiple/Undo] ⟨Exit⟩: P1점 방향 클릭
Select object to offset or ⟨exit⟩: ↵

(7) 필요 없는 부분을 Erase, Trim 명령어로 정리한다.

(8) 모서리를 정리하기 위한 기준선을 그린다.

Command: OFFSET ↵
Specify offset distance or [Through/Erase/Layer] ⟨50.0000⟩: 90 ↵
Select object to offset or ⟨exit⟩: L1 클릭
Specify point on side to offset or [Exit/Multiple/Undo] ⟨Exit⟩: P1점 방향 클릭
Select object to offset or ⟨exit⟩: L1 클릭
Specify point on side to offset or [Exit/Multiple/Undo] ⟨Exit⟩: P2점 방향 클릭
Select object to offset or ⟨exit⟩: ↵

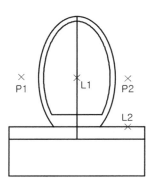

Command: OFFSET ↵
Specify offset distance or [Through/Erase/Layer] ⟨90.0000⟩: 25 ↵
Select object to offset or ⟨exit⟩: L2 클릭
Specify point on side to offset or [Exit/Multiple/Undo] ⟨Exit⟩: P2점 방향 클릭
Select object to offset or ⟨exit⟩: ↵

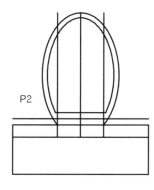

(9) Erase, Trim 명령어로 불필요한 부분을 정리한다.

```
Command: ERASE ↵
Select objects: 지울 객체 클릭
Select objects: ↵
```

(10) 모서리 부분을 정리한다.

```
Command: FILLET ↵
Current settings: Mode = TRIM, Radius = 50.0000
Select first object or [Polyline/Radius/Trim]: L1 클릭
Select second object or shift-select to apply corner: L2 클릭
Select first object or [Polyline/Radius/Trim]: L3 클릭
Select second object or shift-select to apply corner: L4 클릭
```

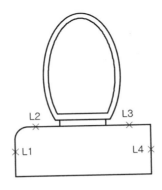

(11) 저장한다.

Command: SAVE ↵
[파일 이름]: **양변기.dwg**
[저장]

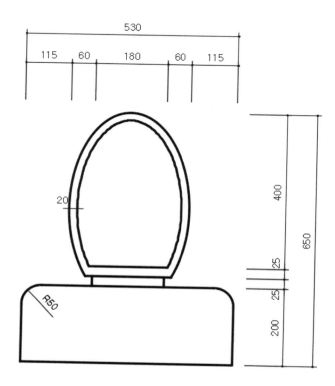

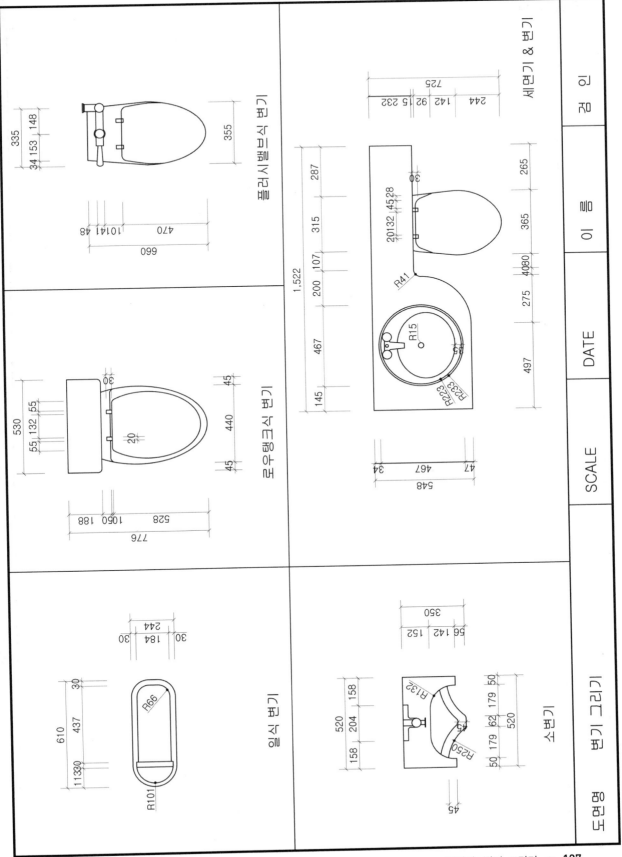

플러시밸브식 변기

로우탱크식 변기

세면기 & 변기

일식 변기

소변기

변기 그리기

도면명	SCALE	DATE	이 름	검 인

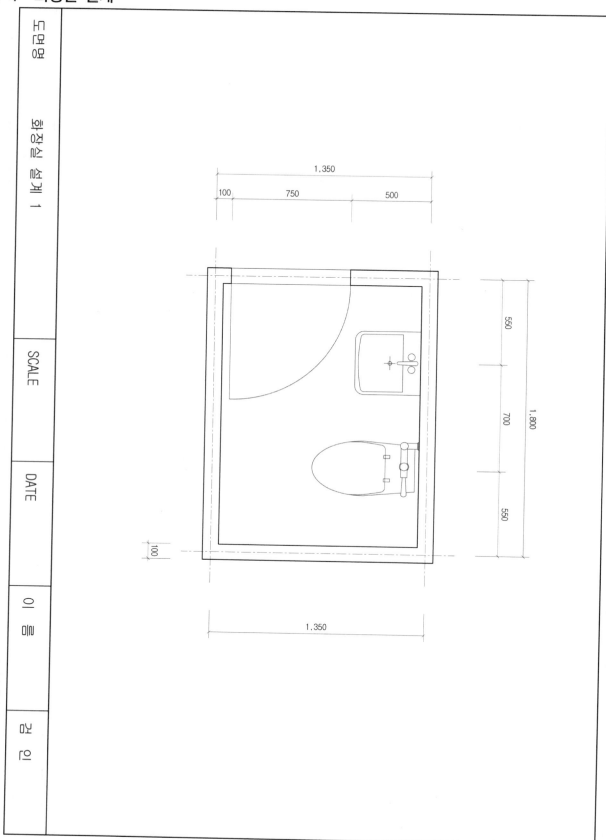

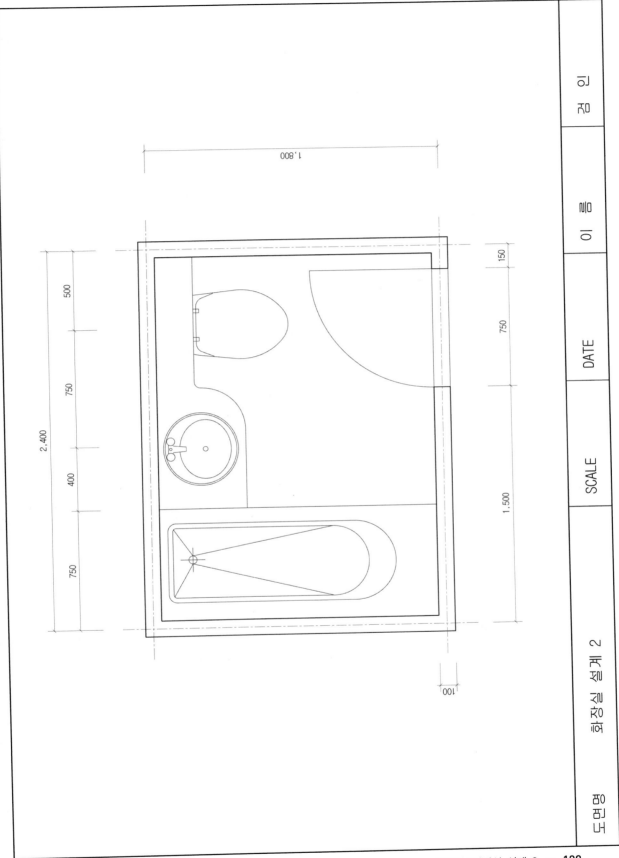

화장실 설계 2

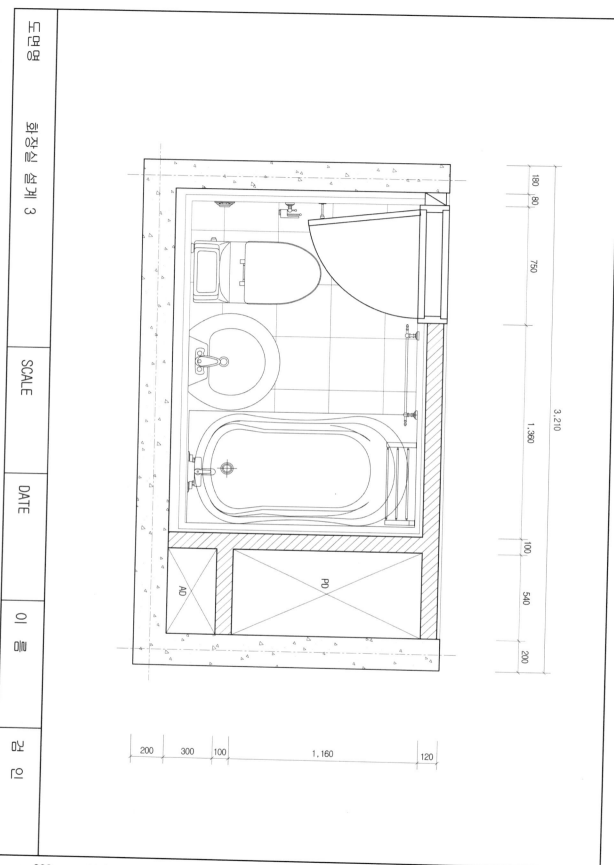

180
80
750
3,210
1,360
100
540
200

200
300
100
1,160
120

AD

PD

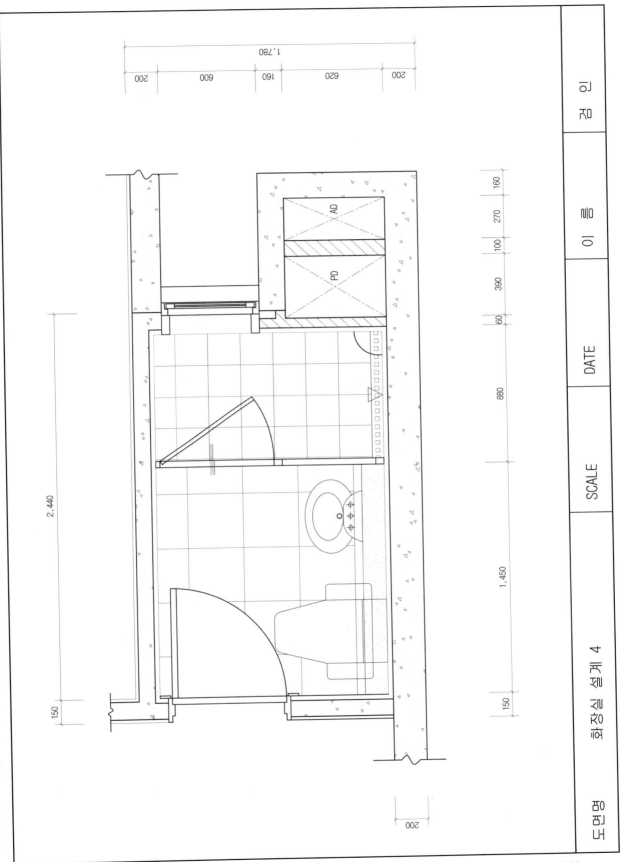

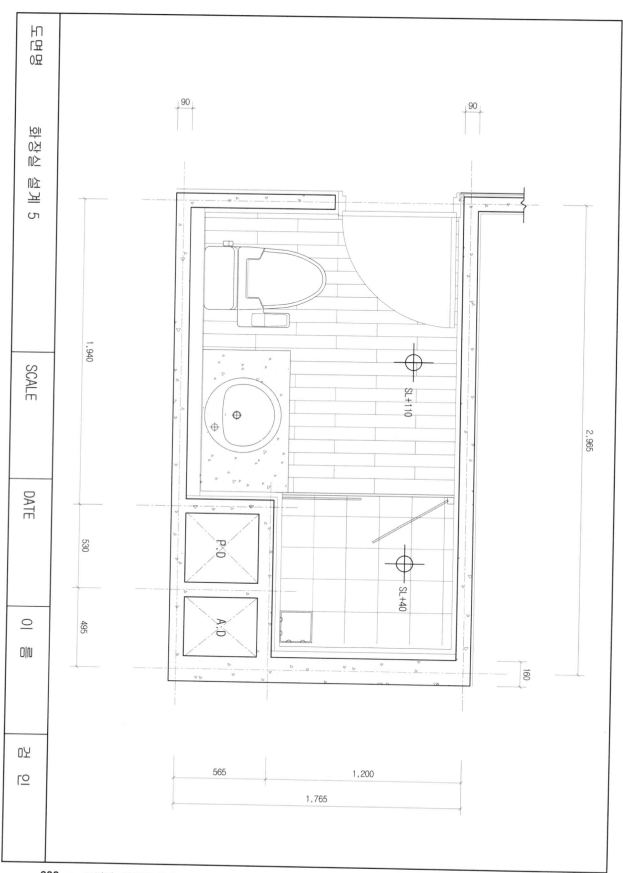

90

90

1,940

2,965

SL+110

530

P.D

495

A.D

SL+40

160

565

1,200

1,765

2 주방기구 그리기

2-1 냉장고 예제

(1) 새로운 도면을 시작한다.

```
Command: NEW ↵
```

(2) 작업 범위를 설정한다.

```
Command: LIMITS ↵
Specify lower left corner or [ON/OFF] ⟨0.0000,0.0000⟩: ↵
Specify upper right corner ⟨420.0000,297.0000⟩: 1200,900 ↵

Command: ZOOM ↵
[All/Center/Dynamic/Extents/Previous/Scale/Window/Object] ⟨real time⟩: A ↵
```

(3) 냉장고의 외곽선을 그린다.

```
Command: RECTANGLE ↵
Specify first corner point or [Chamfer/Elevation/Fillet/Thickness/Width]: P1점 클릭
Specify other corner point or [Area/Dimensions/Rotation]: @675,620 ↵

Command: EXPLODE ↵
Select objects: L1 클릭
Select objects: ↵
```

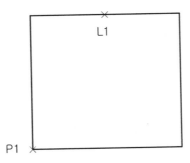

(4) 냉장고의 문선과 내부선을 만든다.

```
Command: OFFSET ↵
Specify offset distance or [Through/Erase/Layer] ⟨Through⟩: 60 ↵
Select object to offset or ⟨exit⟩: L1 클릭
Specify point on side to offset or [Exit/Multiple/Undo] ⟨Exit⟩: P1점 방향 클릭
Select object to offset or ⟨exit⟩: ↵
```

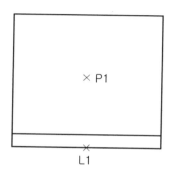

```
Command: OFFSET ↵
Specify offset distance or [Through/Erase/Layer] ⟨60.0000⟩: 25 ↵
Select object to offset or ⟨exit⟩: L1 클릭
Specify point on side to offset or [Exit/Multiple/Undo] ⟨Exit⟩: P1점 방향 클릭
Select object to offset or ⟨exit⟩: L2 클릭
Specify point on side to offset or [Exit/Multiple/Undo] ⟨Exit⟩: P1점 방향클릭
Select object to offset or ⟨exit⟩: L3 클릭
Specify point on side to offset or [Exit/Multiple/Undo] ⟨Exit⟩: P1점 방향 클릭
Select object to offset or ⟨exit⟩: L4 클릭
Specify point on side to offset or [Exit/Multiple/Undo] ⟨Exit⟩: P1점 방향클릭
Select object to offset or ⟨exit⟩: ↵
```

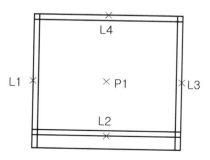

(5) 내부선을 정리한 후 열림 표시를 한다.

Command: LINE ↵
Specify first point: **P1점 클릭**
Specify next point or [Undo]: **P2점 클릭**
Specify next point or [Undo]: ↵

Command: ↵
Specify first point: **P3점 클릭**
Specify next point or [Undo]: **P4점 클릭**
Specify next point or [Undo]: ↵

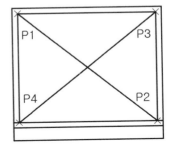

(6) 저장한다.

Command: **Save** ↵
[파일 이름]: **냉장고.dwg**
[저장]

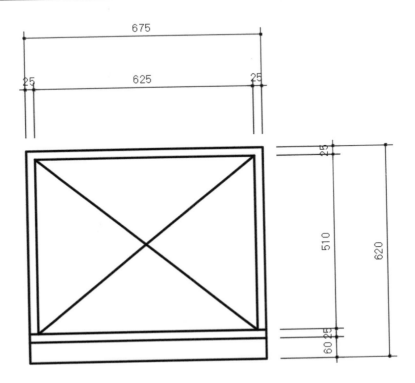

2-2 싱크대 예제

(1) 새로운 도면을 시작한다.

```
Command: NEW ↵
```

(2) 작업 범위를 설정한다.

```
Command: LIMITS ↵
Specify lower left corner or [ON/OFF] ⟨0.0000,0.0000⟩: ↵
Specify upper right corner ⟨420.0000,297.0000⟩: 1500,1000 ↵

Command: ZOOM ↵
[All/Center/Dynamic/Extents/Previous/Scale/Window/Object] ⟨real time⟩: A ↵
```

(3) 싱크대의 외곽선을 그린다.

```
Command: RECTANGLE ↵
Specify first corner point or [Chamfer/Elevation/Fillet/Thickness/Width]: P1점 클릭
Specify other corner point or [Area/Dimensions/Rotation]: @900,550 ↵

Command: EXPLODE ↵
Select objects: L1 클릭
Select objects: ↵
```

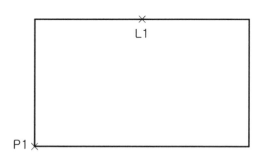

(4) 싱크대의 내부선을 그린다.

```
Command: OFFSET ↵
Specify offset distance or [Through/Erase/Layer] 〈Through〉: 20 ↵
Select object to offset or 〈exit〉: L1 클릭
Specify point on side to offset or [Exit/Multiple/Undo] 〈Exit〉: P2점 방향 클릭
✎ L2, L3, L4, L5도 Offset 한다.
```

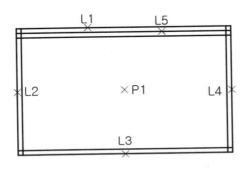

(5) 내부 수조와 요철 부분의 경계선을 그린다.

```
Command: OFFSET ↵
Specify offset distance or [Through/Erase/Layer] 〈20.0000〉: 450 ↵
Select object to offset or 〈exit〉: L1 클릭
Specify point on side to offset or [Exit/Multiple/Undo] 〈Exit〉: P1점 방향 클릭
Select object to offset or 〈exit〉: ↵
```

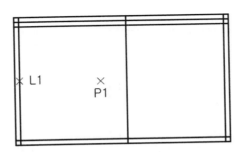

(6) 내부 수조의 기준선을 그린다.

Command: **OFFSET** ↵
Specify offset distance or [Through/Erase/Layer] ⟨20.0000⟩: **40** ↵
Select object to offset or ⟨exit⟩: **L1 클릭**
Specify point on side to offset or [Exit/Multiple/Undo] ⟨Exit⟩: **P1점 방향 클릭**
✎ L2, L3, L4, L5도 Offset 한다.

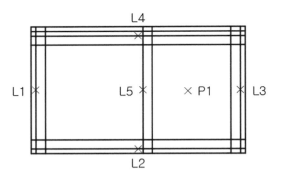

(7) 싱크대 수조 내부 모서리를 정리한다.

Command: **FILLET** ↵
Select first object or [Polyline/Radius/Trim]: **R** ↵
Specify fillet radius ⟨50.0000⟩: **60** ↵
Select first object or [Polyline/Radius/Trim]: **L1 클릭**
Select second object or shift—select to apply corner: **L2 클릭**
✎ L2&L3, L3&L4, L4&L1도 Fillet으로 다듬어준다.

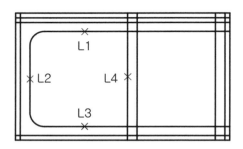

(8) 싱크대 외부 모서리를 정리한다.

```
Command: FILLET ↵
Select first object or [Polyline/Radius/Trim]: R ↵
Specify fillet radius 〈60.0000〉: 50 ↵
Select first object or [Polyline/Radius/Trim]: L1 클릭
Select second object or shift-select to apply corner or shift-select to apply corner
: L2 클릭
```
✐ L2&L3, L3&L4, L4&L1도 Fillet으로 다듬어준다.

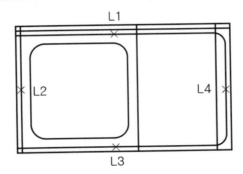

(9) 지름이 50mm인 배수구를 그린다.

```
Command: LINE ↵
Specify first point: P1점 클릭(MID포인트)
Specify next point or [Undo]: P2점 클릭(MID포인트)
Specify next point or [Undo]: ↵

Command: ↵
Specify first point: P3점 클릭(MID포인트)
Specify next point or [Undo]: P4점 클릭(MID포인트)
Specify next point or [Undo]: ↵
```

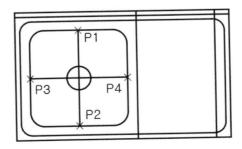

```
Command: CIRCLE ↵
Specify center point for circle or [3P/2P/Ttr(tan tan radius)]: P1점 클릭
Specify radius of circle or [Diameter]: 50 ↵

Command: ↵
Specify center point for circle or [3P/2P/Ttr(tan tan radius)]: P1점 클릭
Specify radius of circle or [Diameter] <50.0000>: 25 ↵
```

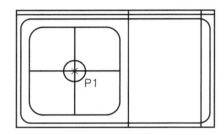

(10) 배수구에서 불필요한 부분을 Trim, Erase로 정리한다.

```
Command: TRIM ↵
Select objects: R1 클릭
Select objects: ↵
Select object to trim or shift-select to extend or[Project/Edge/Undo]: L1 클릭
Select object to trim or shift-select to extend or[Project/Edge/Undo]: L2 클릭
Select object to trim or shift-select to extend or[Project/Edge/Undo]: L3 클릭
Select object to trim or shift-select to extend or[Project/Edge/Undo]: L4 클릭
Select object to trim or shift-select to extend or[Project/Edge/Undo]: ↵

Command: ERASE ↵
Select objects: R1 클릭
Select objects: ↵
```

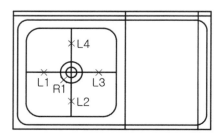

(11) 선반의 요철 부위를 그린다.

```
Command: LINE ↵
Specify first point: P1점 클릭
Specify next point or [Undo]: P1점 클릭(Ortho = on)
Specify next point or [Undo]: ↵
```

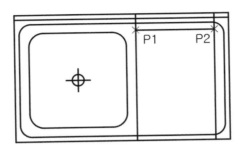

```
Command: ARRAY ↵
Select objects: P1 클릭
Select objects:
Enter array type [Rectangular/PAth/POlar] 〈Polar〉: R ↵
Specify opposite corner for number of items or [Base point/Angle/Count] 〈Count〉: C ↵
Enter number of rows or [Expression] 〈4〉: 15 ↵
Enter number of columns or [Expression] 〈4〉: 1 ↵
Specify opposite corner to space items or [Spacing] 〈Spacing〉: −30 ↵
Press Enter to accept or [ASsociative/Base point/Rows/Columns/Levels/eXit]〈eXit〉: ↵
```

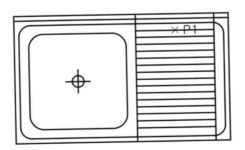

(12) 불필요한 선을 Erase로 정리하여 완성하고, 저장한다.

Command: **Save** ↵
[파일 이름]: **싱크대.dwg**
[저장]

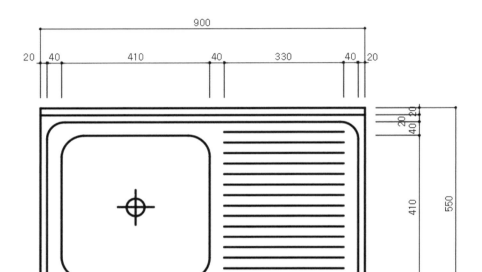

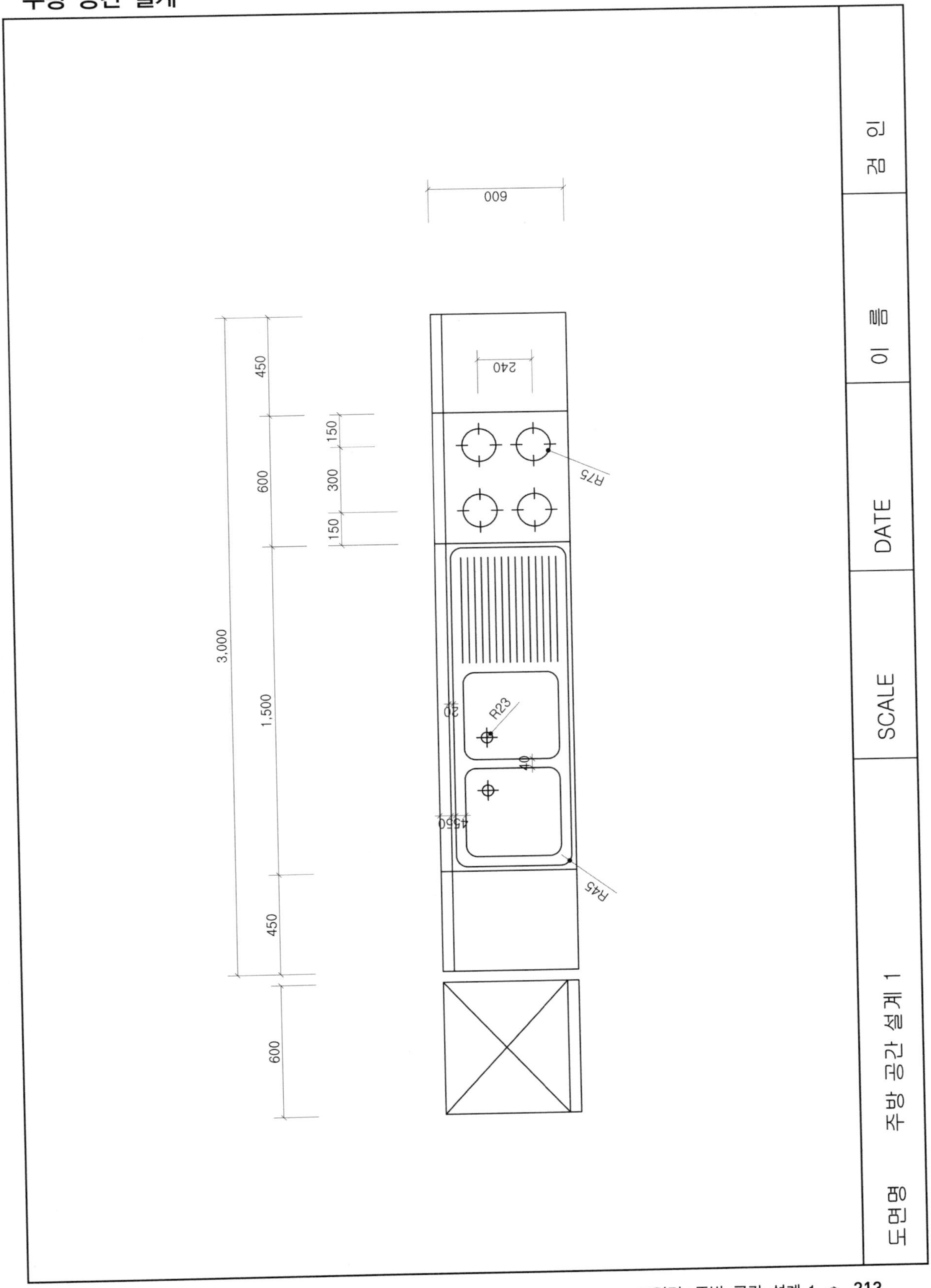

검 인
이 름
DATE
SCALE
도면명
주방 공간 설계 1
600
240
450
600
3,000
1,500
450
600
150
300
150
R75
R23
R45
20
40
450

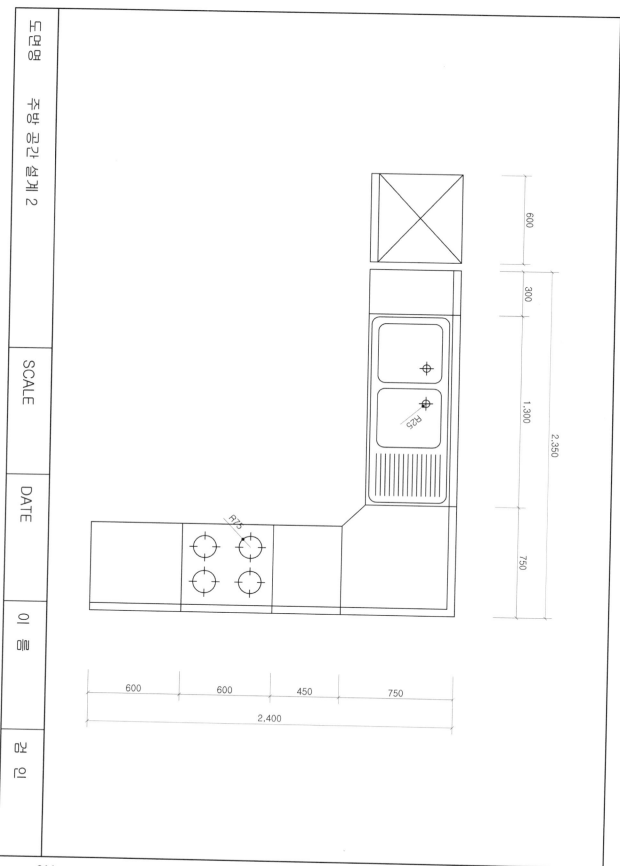

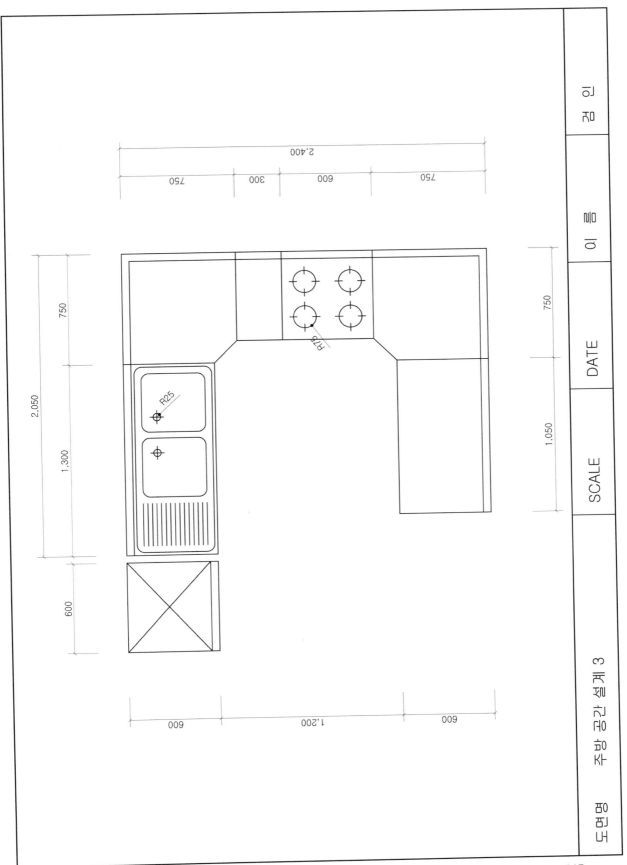

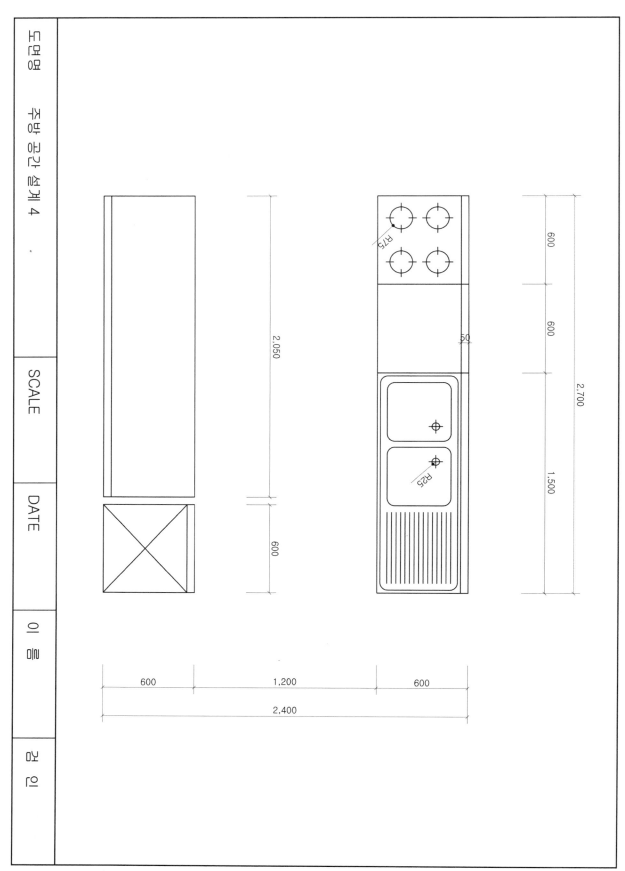

R75

50

2.050

600

R25

600

600

1,500

2,700

600　1,200　600

2,400

 제6장

도면 기호 및
계단 그리기

 1 **해치(HATCH)**

1-1 Hatch(해치)

도면에서 특정 영역의 재료표시나 구성요소를 구분하기 위하여, 지정한 영역을 원하는 모양의 해치 패턴으로 채우는 명령어이다.

Command: HATCH ⏎	단축키 H
Pick internal point or [Select objects/Undo/seTtings]: 해치영역지정	

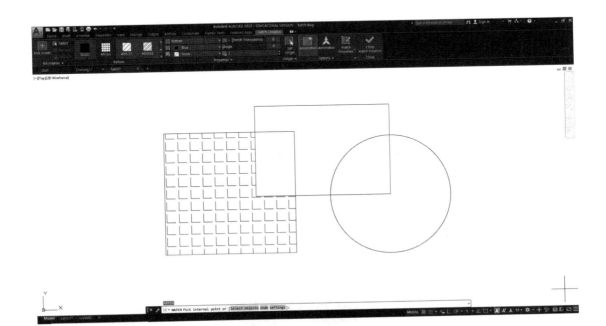

⚙️ OPTION

(1) Boundaries

- **Pick Points** : 가장 많이 쓰는 경계 영역 설정 방법으로, 해치를 넣을 객체의 영역 안쪽 지점을 직접 선택하는 방법이다.
- **Select** : 해치를 넣을 객체를 선택하는 방법이다.
- **Remove** : 선택된 해치 경계를 제거한다.
- **Recreate** : 해치될 경계를 다시 구성하고, 연계 혹은 비연계를 지정한다.
- **Display boundary objects** : 현재 정의된 해치의 경계를 보여준다. 이 옵션은 선택한 것이 없거나 경계가 만들어지지 않을 때는 사용이 불가능하다.

(2) Pattern

Properties 탭에서 Pattern으로 세팅되었을 경우, 다양한 Pattern 타입들을 보면서 선택할 수 있다.

(3) Properties

- **Pattern Type**
  - ▶ Solid(솔리드) : 저정된 영역 내부를 하나의 객체로 채우는 효과
  - ▶ Gradient(그라데이션) : 그라데이션 효과
  - ▶ Pattern(사전 정의) : AutoCAD에서 기본적으로 지원하는 여러 가지 패턴
  - ▶ User-defined(사용자 정의) : 현재의 선 종류를 이용하여 선의 패턴을 정의하는 것으로서 일반적인 사선패턴을 의미
- **Hatch Color** : 해치의 색상을 지정한다.
- **Background Color** : 해치의 배경색을 지정한다.
- **Transparency(투명도)** : 해치의 투명도(0~90)를 지정한다.
- **Angle(각도)** : Pattern 패턴의 각도를 지정한다.
- **Scale(축척)** : Pattern 패턴의 간격(크기)을 지정한다.

(4) Origin

해치의 기준점을 지정한다.

- 마우스 클릭으로 기준점을 좌하, 우하, 좌상, 우상, 중앙 등으로 지정한다.
- **Store as default origin** : 기본 기준점으로 저장한다.

(5) Options

- **Annotative** : 해치 스케일에 대한 주석을 볼 수 있다.
- **Match Properties** : 기존에 있는 해치를 선택하여 그 해치와 같은 해치타입으로 속성을 적용한다.

Command: HATCH ⏎　　　　　　　　　　　　　　　　단축키 H

Pick internal point or [Select objects/Undo/seTtings]: T ⏎

Hatch 대화상자

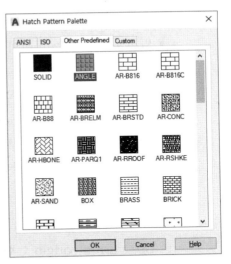

Hatch Pattern 대화상자

OPTION

(1) Type and pattern

- **Type** : 패턴 타입을 지정한다.
  - ▶ **Predefined(사전 정의)** : AutoCAD에서 지원하는 여러 가지 패턴
  - ▶ **User-defined(사용자 정의)** : 현재의 선 종류를 이용하여 선의 패턴을 정의하는 것으로서 일반적인 사선패턴을 의미
  - ▶ **Custom(사용자화)** : 사용자가 Custom Pattern이 있는 경우에 의한 해칭
- **Pattern** : Type대화상자에서 Predefined를 선택했을 경우, 선택한 Pattern의 이름을 나타낸다.
- **Color** : 해치패턴의 색상을 지정한다.
- **Swatch** : 선택한 패턴형태를 그림으로 보여준다.
- **Custom Pattern** : 사용자가 만든 패턴 이름을 보여준다.

(2) Angle and scale

- **Angle(각도)** : Pattern의 각도를 지정한다.
- **Scale(축척)** : Pattern의 간격(크기)을 지정한다.
- **Double** : User-defined(사용자 정의)가 선택된 경우에 지정한 해치패턴에 직각으로 교차해서 그리도록 하는 기능이다.
- **Spacing(간격)** : User-defined(사용자 정의) 해치 패턴에서 선의 간격을 지정한다.
- **ISO pen width** : 선택된 펜의 폭을 기본으로 하여 ISO 관련 패턴의 스케일을 조정한다.

(3) Hatch origin

- **Use current origin** : 현재의 기준점을 이용한다.
- **Specified origin** : 새로운 기준점을 지정한다.
  - ▶ **Click to set new origin** : 마우스 클릭으로 새로운 기준점을 지정
  - ▶ **Default to boundary extend** : 좌상, 좌하, 우상, 우하, 중앙의 기준점을 선택
  - ▶ **Store as default origin** : 기본 기준점으로 저장

(4) Boundaries

- **Add: Pick Points** : 가장 많이 쓰는 경계 영역 설정 방법으로, 해치를 넣을 객체의 영역 안쪽 지점을 직접 선택하는 방법이다.
- **Add: Select Objects** : 해치를 넣을 객체를 선택하는 방법이다.
- **Remove boundaries** : 선택된 해치 경계를 제거한다.
- **Recreate boundary** : 해치될 경계를 다시 구성하고, 연계 혹은 비연계를 지정한다.
- **View Selections** : 현재 정의된 해치의 경계를 보여준다. 이 옵션은 선택한 것이 없거나 경계가 만들어지지 않을 때는 사용이 불가능하다.

(5) Options

- **Annotative** : 해치 스케일에 대한 주석을 볼 수 있다.
- **Associative** : 해치한 객체를 수정하면 연계된 해치도 함께 바뀐다.
- **Create separate hatch** : 여러 곳에 해치를 동시에 넣을 때 단일 개체로 분리할 것인지, 결합된 개체로 인식하게 할 것인지를 지정한다.
- **Draw order** : 해치의 순서를 지정한다.
- **Layer** : 레이어를 지정한다.
- **Transparency** : 투명도를 지정한다.
- **Inherit Properties** : 기존에 있는 해치를 선택하여 그 해치와 같은 해치타입으로 속성을 적용한다.

(6) Islands

- **Island detection** : 중첩된 해치영역을 탐지하여 지정한 값으로 해치한다.

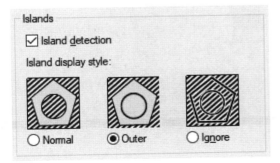

- ▶ **Normal** : 가장 안쪽부터 번갈아가며 해치 실행
- ▶ **Outer** : 가장 바깥쪽만 해치 실행
- ▶ **Ignore** : 객체 안쪽의 모든 경계선을 무시하고 해치 실행

- **Boundary retention** : 경계를 생성할 때 어떤 타입으로 생성할지를 지정한다.
- **Boundary set** : Add: Pick Points로 경계를 지정할 때 객체를 분석한다.
- **Gap tolerance** : Add: Pick Points로 객체를 지정할 때 경계선들이 반드시 닫혀져 있어야 되는데, 허용오차값을 지정한다.
- **Inherit options** : Add: Pick Points로 해치할 경우, 현재 원점을 사용할 것 인지, 해치의 원점을 사용할 것인지를 지정한다.

(7) Preview

완성된 해치 상태를 적용하기 전에 미리 보여주는 기능이다.

1-2 Gradient(그래디언트)

Gradient 명령은 선택영역에 그라데이션 효과를 주는 명령어이다.

Command: GRADIENT ↵　　　　　　　　　　　　　　　　　단축키 GD
Pick internal point or [Select objects/Undo/seTtings]: T ↵

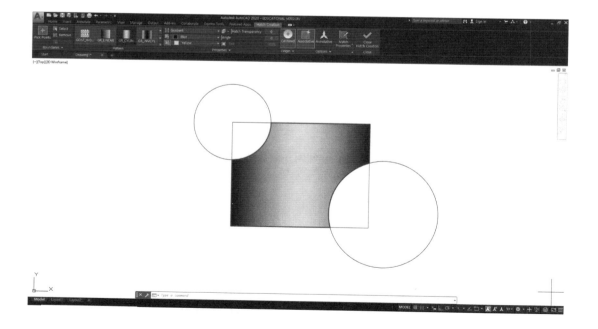

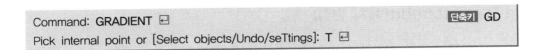

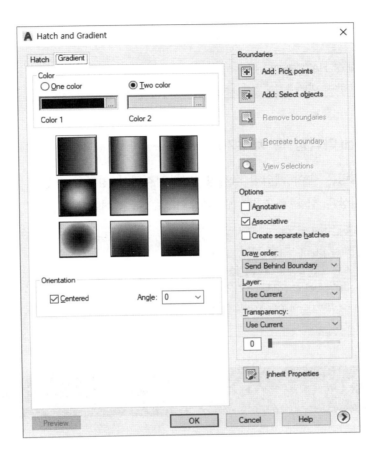

 OPTION

(1) Color

- **One color** : 한 가지 색으로 그라데이션 효과를 넣는다.
- **Two color** : 두 가지 색으로 그라데이션 효과를 넣는다.

(2) Orientation

- **Centered** : 설정한 그라데이션 효과를 선택영역의 Center를 중심으로 넣는다.
- **Angle** : 설정한 그라데이션 효과를 주어진 각도만큼 회전시킨다.

1-3　Hatchedit(해치 편집)

기존의 해치를 수정하는 명령어로서, BHATCH명령과 같은 대화상자가 나타난다. 실제로 해치를 수정할 때는 편집명령어를 사용하기보다는 해당 해치를 더블클릭해서 수정하는 것이 더 빠르다.

```
Command: HATCHEDIT ↵                                        단축키 HE
Select hatch object: ↵
```

1-4　Solid(다각형 속 채우기)

Solid 명령은 속이 채워진 삼각형 또는 사각형의 영역을 작성할 수 있는 명령어이다. 4각형 이상은 점을 찍을 때 지그재그 모양으로 찍어야 한다.

```
Command: SOLID ↵                                            단축키 SO
Specify first point: P1점 클릭
Specify second point: P2점 클릭
Specify third point: P3점 클릭(삼각형은 여기까지 진행한 후 ↵)
Specify fourth point or 〈exit〉: P4점 클릭
Specify third point: ↵
```

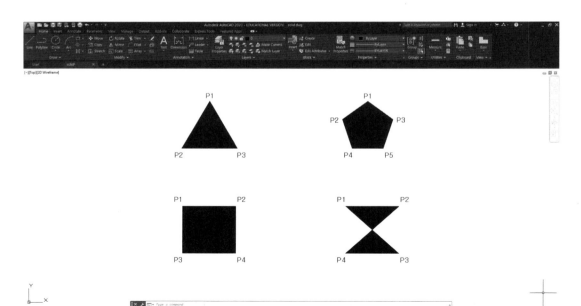

2 도면 기호 및 계단 그리기

2-1 절단표시 기호 예제

(1) 새로운 도면을 시작한다.

```
Command: NEW ↵
```

(2) 작업 범위를 설정한다.

```
Command: LIMITS ↵
Specify lower left corner or [ON/OFF] 〈0.0000,0.0000〉: ↵
Specify upper right corner 〈420.0000,297.0000〉: 600,400 ↵

Command: ZOOM ↵
[All/Center/Dynamic/Extents/Previous/Scale/Window/Object] 〈real time〉: A ↵
```

(3) 지름 15mm인 원을 그린다.

```
Command: CIRCLE ↵
Specify center point for circle or [3P/2P/Ttr(tan tan radius)]: 임의의 시작점(P1) 클릭
Specify radius of circle or [Diameter]: D ↵
Specify diameter of circle: 15 ↵
```

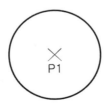

(4) 원의 중심에 마름모꼴의 사각형을 그린다.

```
Command: POLYGON ↵
Enter number of sides ⟨4⟩: ↵
Specify center of polygon or [Edge]: 원의 중심점 클릭(CEN포인트)
Enter an option [Inscribed in circle/Circumscribed about circle] ⟨I⟩: ↵
Specify radius of circle: 마우스를 움직여서 원보다 약간 큰 마름모를 만든다.
```

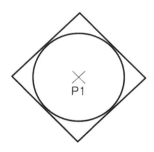

(5) 수평선을 긋고 정리한다.

```
Command: LINE ↵
Specify first point: P1점 클릭
Specify next point or [Undo]: P2점 클릭
Specify next point or [Undo]: ↵

Command: ↵
Specify first point: P3점 클릭
Specify next point or [Undo]: @20⟨270
Specify next point or [Undo]: ↵
```

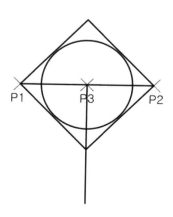

```
Command: TRIM ↵
Select objects: 원 선택
Select objects: ↵
Select object to trim or shift-select to extend or[Project/Edge/Undo]: L1 클릭
Select object to trim or shift-select to extend or[Project/Edge/Undo]: L2 클릭
Select object to trim or shift-select to extend or[Project/Edge/Undo]: ↵

Command: ERASE ↵
Select objects: L3 클릭
Select objects: L4 클릭
Select objects: ↵
```

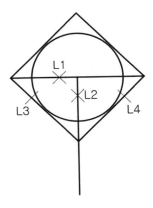

(6) BHATCH 명령을 이용하여 원과 삼각형 사이의 공간을 검게 칠한다.

```
Command: HATCH ↵
[Pattern]의 ... 버튼 클릭
  → 목록 상자에서 SOLID 선택
  → [Pick Points] 선택 후 해치할 위치 클릭
  → [Preview]를 선택하여 해치 결과를 미리 확인한 후,
  → [OK] 클릭
```

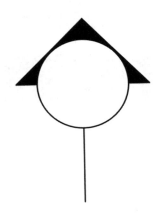

(7) 절단선을 그린다.

Command: LINETYPE ↵
[Load] 클릭 → 목록 상자에서 CENTER 선택 → [OK] 클릭

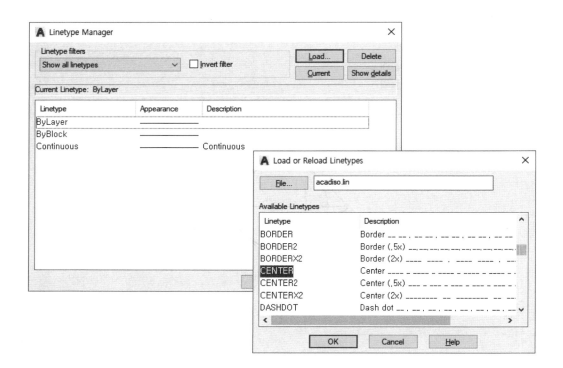

선의 종류를 [Properties] → [Linetype]에서 CENTER로 변경

```
Command: LINE ↵
Specify first point: P1점 클릭
Specify next point or [Undo]: @100<0
Specify next point or [Undo]: ↵
```

```
Command: LTSCALE ↵
Enter new linetype scale factor <1.0000>: 0.5 ↵
```

```
Command: MIRROR ↵
Select objects: P1점 클릭
Specify opposite corner: P2점 클릭
Select objects: ↵
Specify first point of mirror line: P3점 클릭
Specify second point of mirror line: P4점 클릭(Ortho on)
Erase source objects? [Yes/No] <N>: ↵
```

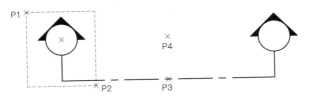

(8) 글자를 기입한다.

Command: TEXT ↵
글자크기: 4, Font Name: 굴림

(9) 문자를 반대편에 복사한 후 이를 수정한다.

복사한 글자를 클릭한 후 "A", "A'"로 수정한다.

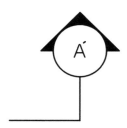

(10) 완성된 도면 기호를 저장한다.

Command: SAVE ↵
[파일 이름(N)]: **절단표시기호.dwg** → [저장]

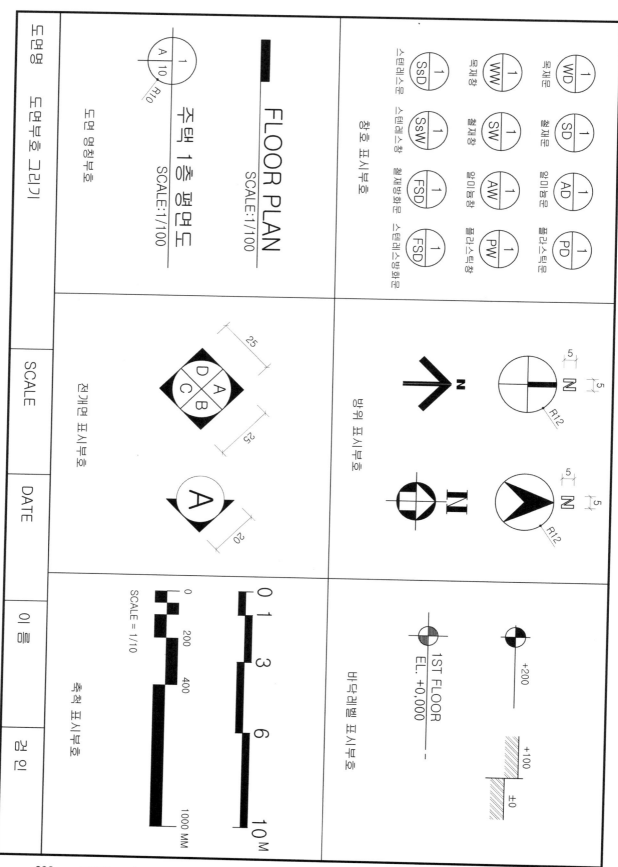

창호 표시부호

목재문 WD①	철재문 SD①	알미늄문 AD①	플라스틱문 PD①
목재창 WW①	철재창 SW①	알미늄창 AW①	플라스틱창 PW①
스텐레스문 SsD①	스텐레스창 SsW①	철재방화문 FSD①	스텐레스방화문 FSD①

FLOOR PLAN
SCALE:1/100

주택 1층 평면도
SCALE:1/100

도면 명칭부호

10 R10 ① A 10

도면부호 그리기

방위 표시부호

N R12
N
5 5

N R12
N
5 5

전개면 표시부호

25
25
A
B
C
D

A
20

바닥레벨 표시부호

1ST FLOOR
EL. +0,000

+200
+100
±0

축척 표시부호

0 1 3 6 10 M

0 200 400 1000 MM
SCALE = 1/10

도면명	SCALE	DATE	이름	검인
도면부호 그리기				

2-2 계단 예제

(1) 새로운 도면을 시작한다.

Command: NEW ↵

(2) 작업 범위를 설정한다.

Command: LIMITS ↵
Specify lower left corner or [ON/OFF] ⟨0.0000,0.0000⟩: ↵
Specify upper right corner ⟨420.0000,297.0000⟩: 6000,4000 ↵

Command: ZOOM↵
[All/Center/Dynamic/Extents/Previous/Scale/Window/Object] ⟨real time⟩: A ↵

(3) 외곽선을 그린다.

Command: RECTANGLE ↵
Specify first corner point or [Chamfer/Elevation/Fillet/Thickness/Width]: **P1점 클릭**
Specify other corner point or [Area/Dimensions/Rotation]: **@4800,2360** ↵

Command: EXPLODE ↵
Select objects: **L1 클릭**
Select objects: ↵

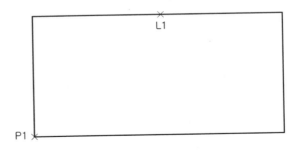

(4) 핸드레일을 만들기 위해 기준선을 그린다.

Command: OFFSET ↵
Specify offset distance or [Through/Erase/Layer] ⟨Through⟩: **1200** ↵
Select object to offset or ⟨exit⟩: **L1 클릭**
Specify point on side to offset or [Exit/Multiple/Undo] ⟨Exit⟩: **P1점 클릭**
Select object to offset or ⟨exit⟩: ↵

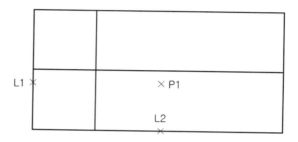

Command: ↵
Specify offset distance or [Through/Erase/Layer] ⟨1200.0000⟩: **1180** ↵
Select object to offset or ⟨exit⟩: **L2 클릭**
Specify point on side to offset or [Exit/Multiple/Undo] ⟨Exit⟩: **P1점 클릭**
Select object to offset or ⟨exit⟩: ↵

(5) 핸드레일을 만든다.

Command: OFFSET ↵
Specify offset distance or [Through/Erase/Layer] ⟨1180.0000⟩: **30** ↵
Select object to offset or ⟨exit⟩: **L1 클릭**
Specify point on side to offset or [Exit/Multiple/Undo] ⟨Exit⟩: **P1점 클릭**
✎ L1(2개), L2(3개) 모두 화살표 방향으로 Offset 한다.

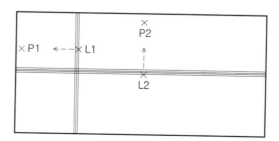

(6) 핸드레일을 Trim 명령으로 정리한다.

Command: TRIM ↵
Select objects: ↵
Select object to trim or shift—select to extend or[Fence/Crossing/Project/Edge/eRase/Undo]: 불필요한 부분 선택
✎ 오른쪽 그림과 같이 정리한다.

(7) 넌슬립(Non—slip)의 기준선을 만든다.

Command: OFFSET ↵
Specify offset distance or [Through/Erase/Layer] ⟨30.0000⟩: ↵
Select object to offset or ⟨exit⟩: L1 클릭
Specify point on side to offset or [Exit/Multiple/Undo] ⟨Exit⟩: P1점 클릭
Select object to offset or ⟨exit⟩: ↵

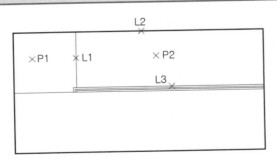

Command: ↵
Specify offset distance or [Through/Erase/Layer] ⟨Through⟩⟨30.0000⟩: 100 ↵
Select object to offset or ⟨exit⟩: L2 클릭
Specify point on side to offset or [Exit/Multiple/Undo] ⟨Exit⟩: P2점 클릭
Select object to offset or ⟨exit⟩: L3 클릭
Specify point on side to offset or [Exit/Multiple/Undo] ⟨Exit⟩: P2점 클릭
Select object to offset or ⟨exit⟩: ↵

(8) Trim 명령으로 넌슬립 부분을 정리한다.

Command: TRIM ↵

Select objects: ↵

Select object to trim or shift-select to extend or[Project/Edge/Undo]: 잘라낼 부분 선택
✎ 불필요한 부분을 오른쪽 그림과 같이 정리한다.

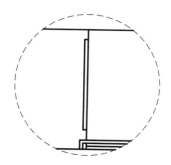

(9) ARRAY 명령으로 넌슬립을 배열한다.

Command: ARRAY ↵

Select objects: P1점 클릭

Specify opposite corner: P2점 클릭

Select objects: ↵

Enter array type [Rectangular/PAth/POlar] ⟨Rectangular⟩: R ↵

Specify opposite corner for number of items or [Base point/Angle/Count] ⟨Count⟩: C ↵

Enter number of rows or [Expression] ⟨4⟩: 1 ↵

Enter number of columns or [Expression] ⟨4⟩: 9 ↵

Specify opposite corner to space items or [Spacing] ⟨Spacing⟩: S ↵

Specify the distance between columns or [Expression] ⟨5.2456⟩: 300 ↵

Press Enter to accept or [ASsociative/Base point/Rows/Columns/Levels/eXit]⟨eXit⟩: ↵

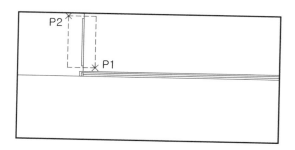

(10) 핸드레일 부분을 Mirror로 대칭 복사한 후 정리한다.

Command: MIRROR ↵
Select objects: **P1점 클릭**
Specify opposite corner: **P2점 클릭**
Select objects: ↵
Specify first point of mirror line: **P3점 클릭**
Specify second point of mirror line: **P4점 클릭**
Erase source objects? [Yes/No] ⟨N⟩: ↵

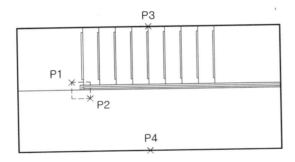

Command: TRIM ↵
Select objects: ↵
Select object to trim or shift-select to extend or[Project/Edge/Undo]: 잘라낼 부분 선택
✎ 불필요한 부분을 오른쪽과 같이 정리한다.

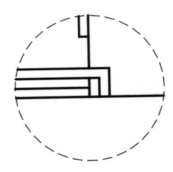

(11) Mirror를 이용해 계단을 반대편으로 복사한다.

```
Command: MIRROR ↵
Select objects: P1점 클릭
Specify opposite corner: P2점 클릭
Select objects: ↵
Specify first point of mirror line: P3점 클릭
Specify second point of mirror line: P4점 클릭
Erase source objects? [Yes/No] 〈N〉: ↵

Command: ERASE ↵
Select objects: L1 클릭
Select objects: ↵
```

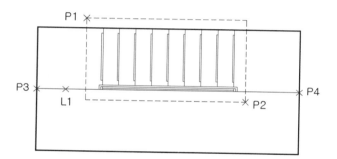

(12) 넌슬립의 방향을 올바르게 바꾼다.

```
Command: MIRROR ↵
Select objects: P1점 클릭
Specify opposite corner: P2점 클릭
Select objects: ↵
Specify first point of mirror line: P3점 클릭
Specify second point of mirror line: P4점 클릭
Erase source objects? [Yes/No] 〈Y〉: ↵
```

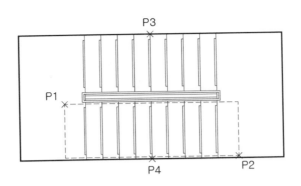

(13) 계단의 UP, DN 지시선을 그린다.

Command: **LINE** ↵

Specify first point: **P1점 클릭**

Specify next point or [Undo]: **P2점 클릭**(계단참 폭의 중간지점이 적절)

Specify next point or [Undo]: **P3점 클릭**

Specify next point or [Undo]: ↵

Command: ↵

Specify first point: **P4점 클릭**

Specify next point or [Undo]: **P5점 클릭**

Specify next point or [Undo]: ↵

✎ 불필요한 부분을 정리한다.

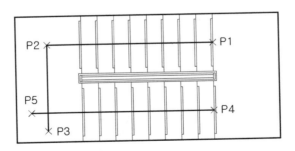

```
Command: DONUT ↵
Specify inside diameter of donut ⟨0.0000⟩: ↵
Specify outside diameter of donut ⟨15.0000⟩: 30 ↵
Specify center of donut or ⟨exit⟩: P1점 클릭
Specify center of donut or ⟨exit⟩: P2점 클릭
Specify center of donut or ⟨exit⟩: ↵
```

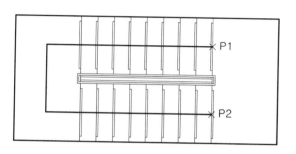

(14) 파단선을 그린다.

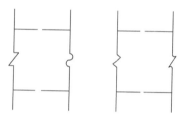

    ✎ 파단선(물체의 전체를 도시할 필요가 없을 경우 일부분을
       끊어 생략할 때 사용되는 선)의 일반적인 모양

```
Command: LINE ↵
Specify first point: P1점 클릭
Specify next point or [Undo]: P2점 클릭
Specify next point or [Undo]: ↵
```

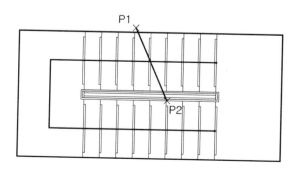

```
Command: TRIM ↵
Select objects: L1 클릭
Select objects: L2 클릭
Select objects: ↵
Select object to trim or shift-select to extend or[Project/Edge/Undo]: 잘라낼 부분 선택
```

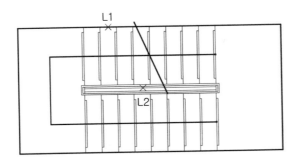

```
Command: BREAK ↵
Select object: P1점 클릭
Specify second break point or [First point]: P2점 클릭

Command: ↵
Select object: P3점 클릭
Specify second break point or [First point]: P4점 클릭
```

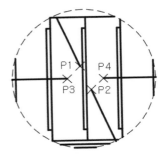

```
Command: LINE ↵
Specify first point: P1점 클릭
Specify next point or [Undo]: P2점 클릭
Specify next point or [Undo]: P3점 클릭
Specify next point or [Close/Undo]: P4점 클릭
Specify next point or [Close/Undo]: ↵
```

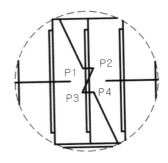

(15) 방향표시 화살표를 그린 후, Mirror로 대칭 복사하여 정리한다.

```
Command: LINE ↵
Specify first point: P1점 클릭
Specify next point or [Undo]: @120⟨135 ↵
Specify next point or [Undo]: @20⟨45 ↵
Specify next point or [Close/Undo]: @140⟨315 ↵
Specify next point or [Close/Undo]: ↵
```

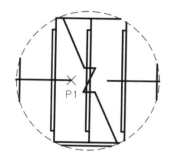

```
Command: MIRROR ↵
Select objects: P1점 클릭
Specify opposite corner: P2점 클릭
Select objects: ↵
Specify first point of mirror line: P3점 클릭
Specify second point of mirror line: P4점 클릭
Erase source objects? [Yes/No] ⟨N⟩: ↵
```

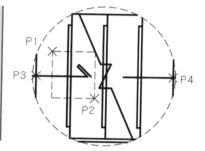

```
Command: MIRROR ↵
Select objects: P1점 클릭
Specify opposite corner: P2점 클릭
Select objects: ↵
Specify first point of mirror line: P3점 클릭
Specify second point of mirror line: P4점 클릭
Erase source objects? [Yes/No] ⟨N⟩: ↵
```

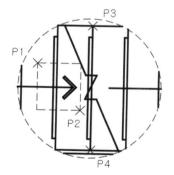

(16) 문자(UP, DN)를 기입한다.

Command: **TEXT** ↵

Specify start point of text or [Justify/Style]: **P1점 클릭**

Specify height 〈100.0000〉: ↵

Specify rotation angle of text 〈0〉: **90** ↵

Enter text: **UP** ↵

Enter text: **DN** ↵

Enter text: ↵

✎ "DN"문자를 Move 명령어로 아래쪽으로 이동시킨다.(TEXT와 DText로 입력한 문자는 각 줄별로 다른 객체로 인식된다.)

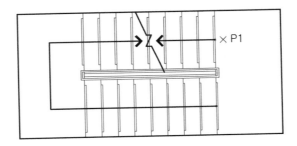

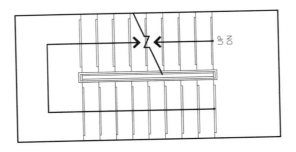

(17) 저장한다.

Command: Save ↵
[파일 이름(N)]: 계단.dwg → [저장]

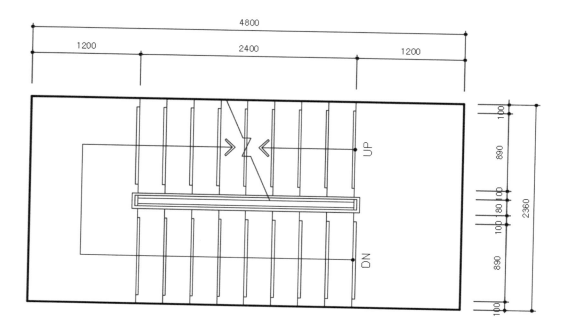

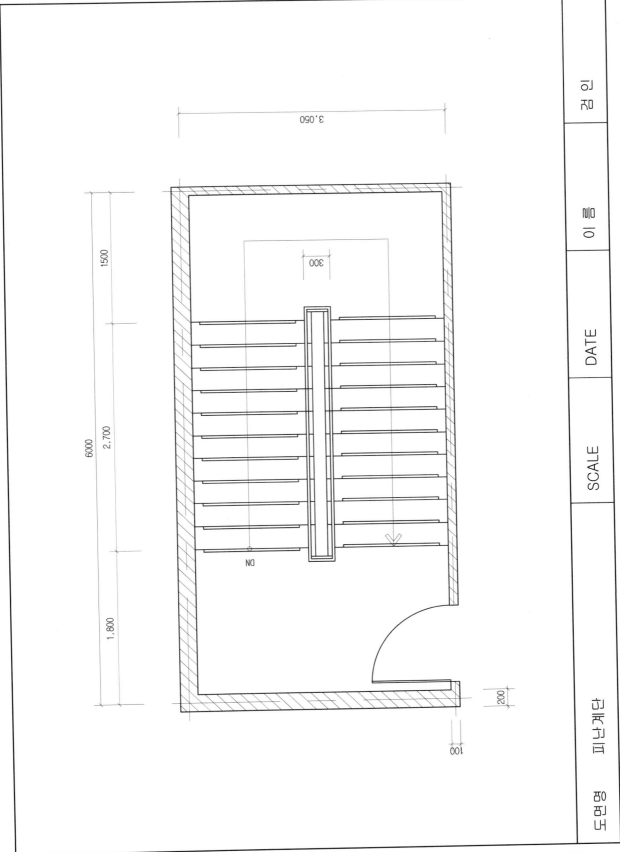

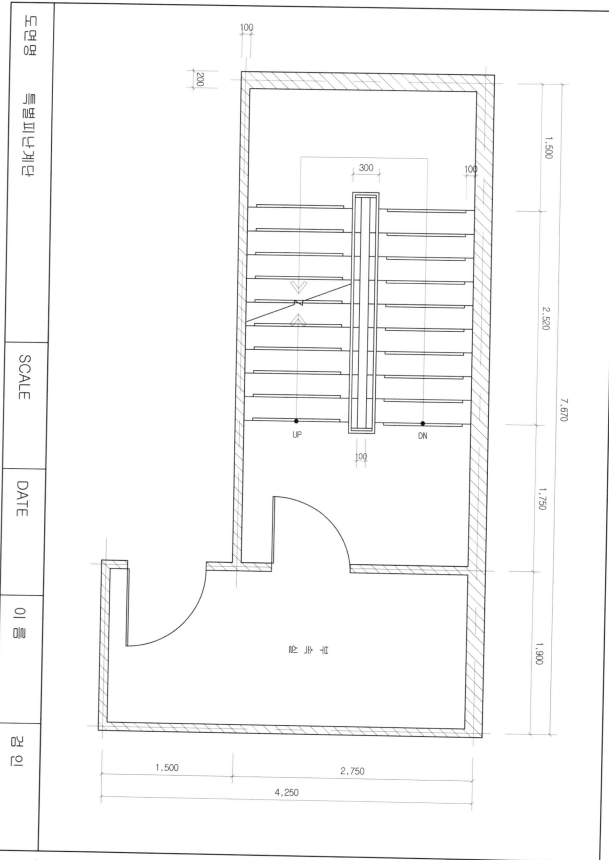

100

200

1,500

300

100

2,520

UP   DN

7,670

100

1,750

부 속 실

1,900

1,500   2,750

4,250

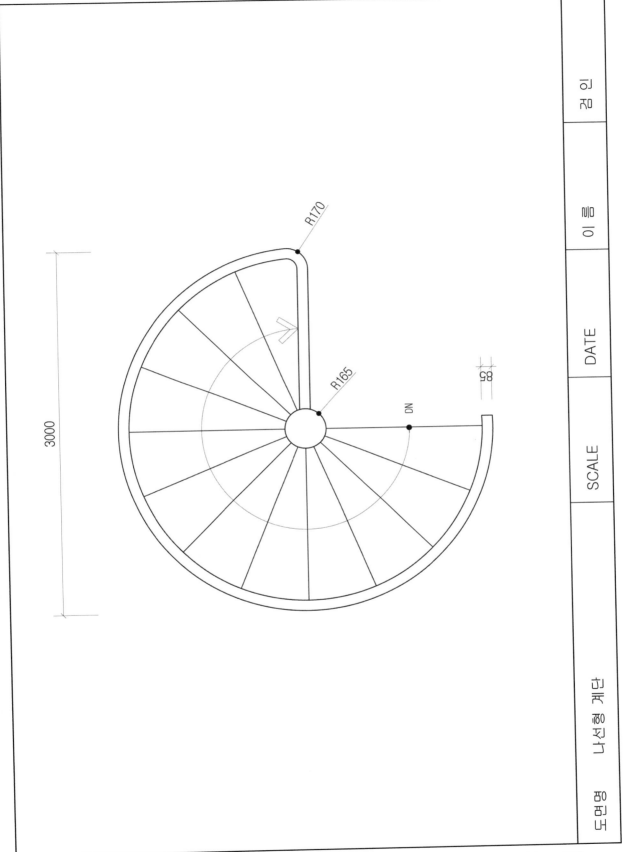

R170

R165

3000

85

DN

도면명 나선형 계단

점 인

이 름

DATE

SCALE

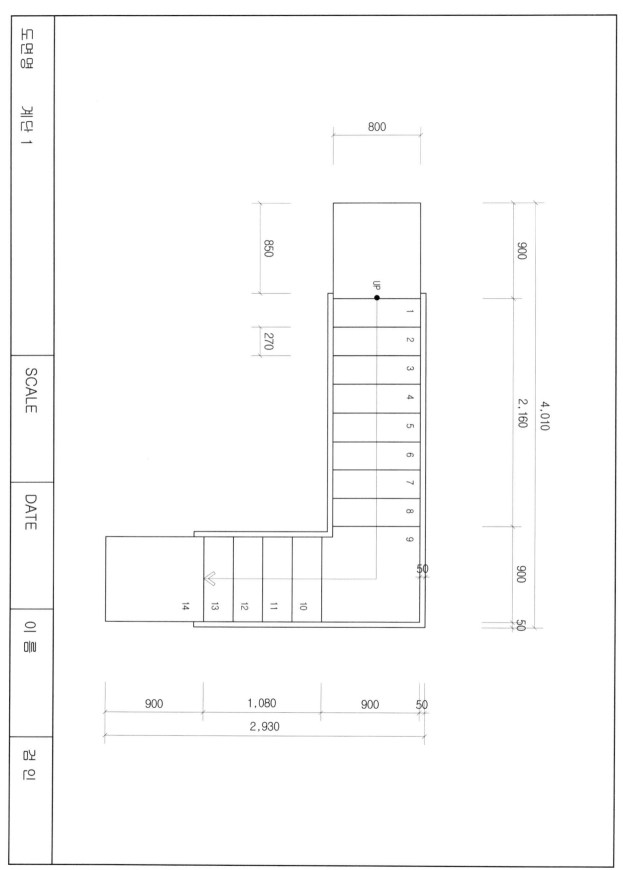

제7장

기타 주요 기능

1 **DIMENSION(치수)**

1-1 Dimension Style(치수 스타일)

Command: DIMSTYLE ↵   단축키 D

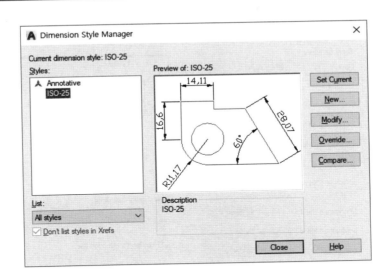

⚙ **OPTION**

- Styles : 치수 스타일의 리스트가 나타난다.
- Preview of : 치수 스타일의 형태를 보여준다.
- List : 리스트의 목록을 지정한다.
- Set Current : 선택된 치수 스타일을 현재 치수 스타일로 설정한다.

- **New** : 새로운 치수 스타일을 만든다.
- **Modify** : 치수 스타일을 편집한다.
- **Override** : 치수 스타일에 덮어쓰기를 한다.
- **Compare** : 두 가지 치수 스타일을 비교한다.

(1) NEW

- New Style Name : 새로 만들 스타일 이름을 기입한다.
- Start With : 시작할 스타일을 선택한다.
- Use for : 적용할 치수 종류(직선치수, 각도치수, 지름치수 등)를 선정한다.

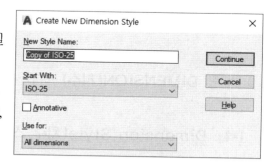

① Lines

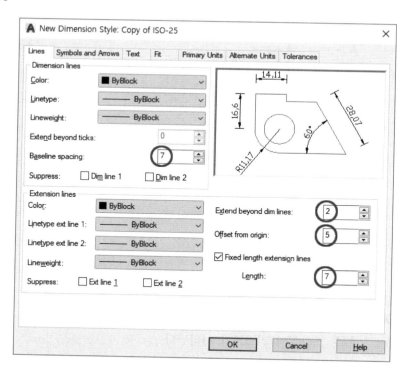

- Dimension Lines : 치수선의 형태를 결정한다.
  - Color : 치수선의 색상 지정

- Linetype : 치수선의 선 종류 지정
- Lineweight : 치수선의 두께 지정
- Extend beyond ticks : 치수보조선 너머로 연장되는 치수선의 길이 지정
- Baseline spacing : 치수선 상호간의 줄 간격 지정
- Suppress : 좌우측 치수선의 표시여부 결정

- Extension Lines : 치수보조선의 형태를 결정한다.
  - Color : 치수보조선의 색상 지정
  - Linetype ext line 1 : 치수보조선 1의 선 종류 지정
  - Linetype ext line 2 : 치수보조선 2의 선 종류 지정
  - Lineweight : 치수보조선의 두께 지정
  - Suppress : 좌우측 치수보조선의 표시여부 결정
  - Extend beyond dim lines : 치수선 너머로 연장되는 치수보조선의 길이 지정
  - Offset from origin : 치수를 기입하는 지점과 치수보조선의 간격 지정
  - Fixed length extension lines : 치수보조선의 길이를 일정한 크기로 설정

② **Symbols and Arrows**

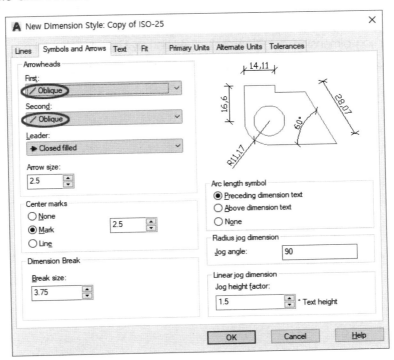

- Arrowheads : 화살표의 형태를 결정한다.
  - First : 첫 번째 화살표의 모양 결정
  - Second : 두 번째 화살표의 모양 결정
  - Leader : 지시선의 화살표 모양 결정
  - Arrow size : 화살표의 크기 결정

- Center marks : 원, 호의 중심 표시 형태를 결정한다.
  - None : 중심을 표시하지 않음
  - Mark : 중심을 표시하고, 크기를 결정
  - Line : 원 또는 호의 위치까지 표시

- Arc length symbol : 호의 길이를 의미하는 기호를 표시한다.
  - Preceding dimension text : 기호를 치수 앞부분에 표시
  - Above dimension text : 기호를 치수 윗부분에 표시
  - None : 기호를 표시하지 않음

- Radius jog dimension : 지그재그 형태의 반지름 치수 표시를 조절하는 것으로 꺾기 각도는 반지름 치수에서 치수선의 횡단 각도를 결정한다.

- Linear jog dimension : 선형 치수에 대한 꺾기 표시를 제어하는 것으로 꺾기 선은 실제 측정이 치수에 의해 정확히 표시되지 않을 때 선형치수에 추가되기도 한다.

③ Text

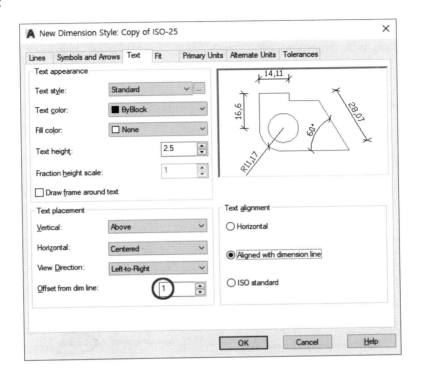

- **Text Appearance** : 치수문자의 형태를 결정한다.
  - Text style : 치수문자의 스타일 지정
  - Text color : 치수문자의 색상 지정
  - Fill color : 치수문자의 배경색상 지정
  - Text height : 치수문자의 크기 결정
  - Fraction height scale : 단위 형식이 분수일 때의 치수문자 크기 결정
  - Draw frame around text : 치수문자의 외곽 프레임 표시 여부 결정

- **Text Placement** : 치수문자의 위치를 결정한다.
  - Vertical : 치수문자의 세로 위치 지정
  - Horizontal : 치수문자의 가로 위치 지정
  - View Direction : 치수문자의 좌우측 정렬 위치 지정
  - Offset from dim line : 치수문자와 치수선 사이의 간격 설정

- Text Alignment : 치수문자의 정렬방식을 결정한다.
  - Horizontal : 치수문자를 수평으로 정렬
  - Aligned with dimension line : 치수문자를 치수선에 맞게 정렬
  - ISO Standard : ISO 규준에 맞게 정렬

④ **Fit** : 치수보조선 사이의 간격이 좁을 경우, 치수문자와 화살표의 위치를 결정한다.

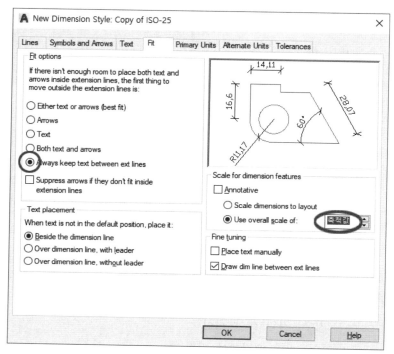

- Fit Options : 치수문자와 화살표의 위치를 결정한다.
  - Either text or arrows(best fit) : 문자나 화살표를 적절한 위치에 자동 배치
  - Arrows : 화살표의 위치를 이동
  - Text : 치수문자의 위치를 이동
  - Both text and Arrows : 치수문자와 화살표를 모두 이동
  - Always keep text between ext lines : 항상 치수문자를 좌우측 치수보조선 사이에 고정
  - Suppress arrows if they don't fit inside extension lines : 치수보조선 사이의 공간이 충분하지 않으면 화살표를 표시하지 않음

- Text Placement : 치수문자가 지정위치에 있지 않을 경우 치수문자의 위치를 결정한다.
  - Besides the dimension line : 치수선 옆에 배치
  - Over the dimension line, with a leader : 지시선을 만들고 치수선 위에 배치
  - Over the dimension line, without a leader : 지시선을 만들지 않고 치수선 위에 배치

- Scale for Dimension Features : 치수의 축척을 결정한다.
  - Scale dimension to layout : 종이영역의 레이아웃 축척 사용
  - Use overall scale of : 전체 치수에 대한 축척 결정

- Fine Tuning : 치수문자의 위치와 위치설정 방법을 최상으로 조정한다.
  - Place text manually : 수동으로 치수문자의 위치 결정
  - Draw dim line between ext lines : 치수문자를 치수보조선 사이에 배치

⑤ Primary Units

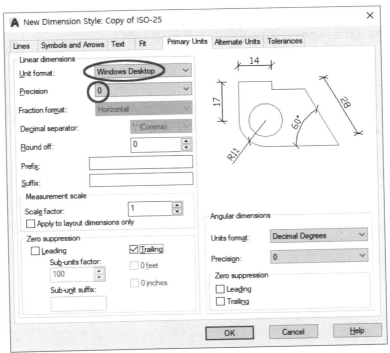

- Linear Dimensions : 직선치수의 옵션을 결정한다.
  - Unit format : 직선치수 단위형식 지정(공학, 건축, 과학, 십진법, 분수 등). 1000 단위에 ' , '를 넣을 경우에는 Windows Desktop을 선택
  - Precision : 직선치수의 정밀도 결정
  - Fraction format : 분수의 치수형태 지정
  - Decimal separator : 소수점 구분 방법 지정
  - Round off : 반올림할 자릿수 결정
  - Prefix : 접두사 지정
  - Suffix : 접미사 지정
  - Measurement Scale
    - Scale factor : 치수에 곱할 숫자 지정
    - Apply to layout dimensions only : 레이아웃 되어있는 치수만 적용
  - Zero Suppression : 치수문자에서 소수점 앞뒤의 '0'의 생략여부 결정
    - Leading : 소수점 앞의 '0' 생략
    - Trailing : 소수점 뒤의 '0' 생략

- Angular Dimensions : 각도치수의 옵션을 결정한다.
  - Units format : 각도치수의 단위형식 결정
  - Precision : 각도치수의 정밀도 결정
  - Zero Suppression : 치수문자에서 소수점 앞뒤의 '0'의 생략여부 결정
    - Leading : 소수점 앞의 '0' 생략
    - Trailing : 소수점 뒤의 '0' 생략

⑥ Alternate Units

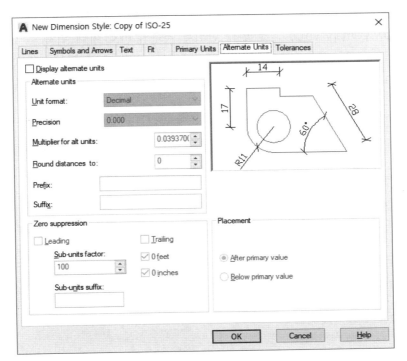

- Alternate units : 두 번째 단위계의 형태를 결정한다.
  - Display alternate units : 두 번째 단위계 치수의 기입여부 결정
  - Unit format : 치수의 단위형식 지정
  - Precision : 치수의 정밀도 지정
  - Multiplier for alt units : 첫 번째 치수값에 곱할 숫자 지정
  - Round distances to : 치수의 반올림 할 자릿수 지정
  - Prefix : 접두사 지정
  - Suffix : 접미사 지정

- Zero suppression : 두 번째 단위계의 치수문자에서 소수점 앞뒤의 '0'의 생략여부 결정한다.
  - Leading : 소수점 앞의 '0' 생략
  - Trailing : 소수점 뒤의 '0' 생략

- Placement : 두 번째 단위계의 치수문자의 위치를 결정한다.
  - After primary value : 첫 번째 단위계 치수의 바로 뒤에 위치
  - Below primary value : 첫 번째 단위계 치수의 바로 아래 위치

⑦ Tolerances

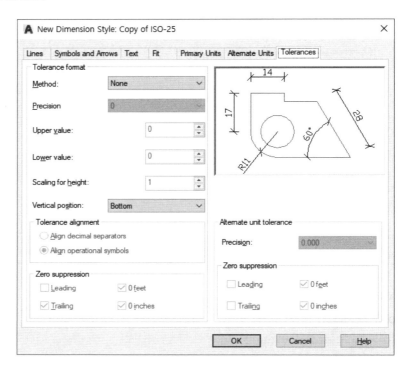

- Tolerance format : 공차표시의 형식을 제어한다.
  - Method : 공차표시 형식 지정
  - Precision : 공차의 정밀도 지정
  - Upper value : 공차값의 +값 지정(상한선)
  - Lower value : 공차값의 −값 지정(하한선)
  - Scaling for height : 공차값 문자의 크기 지정
  - Vertical position : 공차값 문자의 수직방향 위치 지정
  - Zero Suppression : 공차값에서 소수점 앞뒤의 '0'의 생략여부 결정
    - Leading : 소수점 앞의 '0' 생략
    - Trailing : 소수점 뒤의 '0' 생략

- Alternate Unit Tolerance : 두 번째 단위계의 공차표시 형식을 제어한다.
  - Precision : 공차값의 정밀도 결정
  - Zero Suppression : 공차값에서 소수점 앞뒤의 '0'의 생략여부 결정
    - Leading : 소수점 앞의 '0' 생략
    - Trailing : 소수점 뒤의 '0' 생략

(2) Modify

기존의 치수 스타일을 수정하는 옵션이다. 대화상자는 처음 생성할 때의 대화상자와
동일하다.

(3) Override

Modify와 마찬가지로 치수 스타일을 수정하는 옵션이다. 하지만 Override는 현재
치수 스타일이 활성화되어 있을 경우만 사용이 가능하다. 또한 Modify로 치수 스타
일을 수정하는 경우는 기존의 스타일이 고쳐지지만, Override로 치수 스타일을 수정
하면 기존 스타일 아래 다른 스타일이 생성된다.

(4) Compare

두 가지 이상의 치수 스타일이 있을 경우, 두 스타일의 차이점을 자세하게 나열해서
보여주는 옵션이다.

- Compare : 비교할 치수 스타일
  을 선택한다.
- With : 비교할 치수 스타일을 선
  택한다.

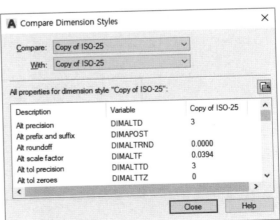

1-2 DIM(치수 기입하기)

(1) Linear(수직·수평 치수)

단축키 DLI

> Command: DLI ↵
> Specify first extension line origin or ⟨select object⟩: **P1점 클릭**
> Specify second extension line origin: **P2점 클릭**
> Specify dimension line location or [Mtext/Text/Angle/Horizontal/Vertical/Rotated]: **@20⟨90**
> (치수선의 이격거리)

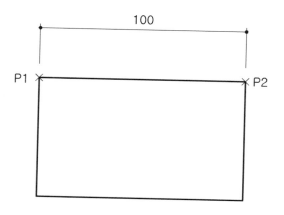

> Command: DLI ↵
> Specify first extension line origin or ⟨select object⟩: **P1점 클릭**
> Specify second extension line origin: **P2점 클릭**
> Specify dimension line location or [Mtext/Text/Angle/Horizontal/Vertical/Rotated]: **@20⟨0**

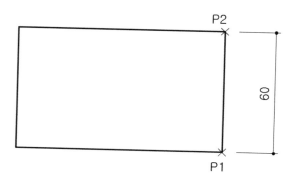

✍ 치수선의 이격거리는 거리좌표(마우스로 방향을 지정한 후 거리값 입력)를 이용하면 간단하게 입력할 수 있다. 다만, 모든 방향의 치수선의 이격거리를 동일하게 하고자 할 경우에는 상대좌표를 이용하여 작성한다.

(2) Continue(연속 치수)

단축키 DCO

```
Command: DLI ↵
Specify first extension line origin or 〈select object〉: P1점 클릭
Specify second extension line origin: P2점 클릭
Specify dimension line location or [Mtext/Text/Angle/Horizontal/Vertical/Rotated]: @20〈90 ↵

Command: DCO ↵
Specify a second extension line origin or [Undo/Select 〈Select〉: P3점 클릭
Dimension text = 20
```

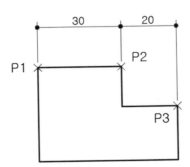

✍ 연속 치수(Continue)의 시작점을 바꾸고자 할 경우에는 ↵ 버튼을 누른 후, 원하는 치수보조선을 클릭하면 연속 치수의 시작점 위치를 변경할 수 있다.

(3) Baseline(기준 치수)

단축키 DBA

```
Command: DBA ↵
Specify a second extension line origin or [Undo/Select 〈Select〉: ↵
Select base dimension: P1점 위의 치수보조선 클릭
Specify a second extension line origin or [Undo/Select 〈Select〉: P3점 클릭
Dimension text = 50
Specify a second extension line origin or [Undo/Select 〈Select〉: ↵
```

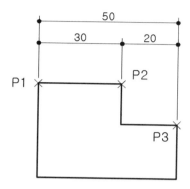

✐ 기준 치수(Baseline)의 시작점을 바꾸고자 할 경우에는 ⏎ 버튼을 누른 후, 해당 치수보조선을 클릭하면 시작 치수선을 재설정할 수 있다.

(4) Aligned(경사 치수)

단축키 DAL

> Command: **DAL** ⏎
>
> Specify first extension line origin or ⟨select object⟩: **P1점 클릭**
>
> Specify second extension line origin: **P2점 클릭**
>
> Specify dimension line location or [Mtext/Text/Angle/Horizontal/Vertical/Rotated]: **삼각형 바깥쪽으로 방향지정, 이격거리 10 입력**
>
> Dimension text = 36

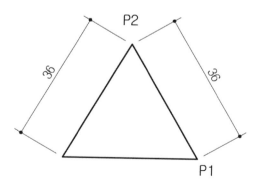

(5) Angular(각도 치수)

단축키 DAN

> Command: **DAN** ↵
> Select arc, circle, line, or ⟨specify vertex⟩: **L1 클릭**
> Select second line: **L2 클릭**
> Specify dimension arc line location or [Mtext/Text/Angle/Quadrant: **삼각형 안쪽으로 방향지**
> **정, 이격거리 10 입력**
> Dimension text = 60

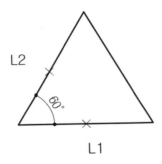

(6) Arc Length(호 길이 치수)

단축키 DAR

> Command: **DAR** ↵
> Select arc or polyline arc segment: **L1 클릭**
> Specify arc length dimension location, or [Mtext/Text/Angle/Partial/Leader]: **호 바깥쪽으**
> **로 방향지정, 이격거리 10 입력**
> Dimension text = 64

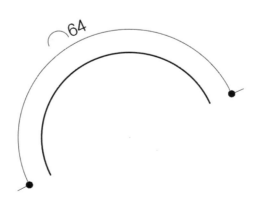

(7) Radius(반지름 치수)

단축키 DRA

Command: DRA ↵
Select arc or circle: **원이나 호 클릭**
Dimension text = 14
Specify dimension line location or [Mtext/Text/Angle]: **치수선 위치 지정**

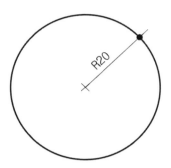

(8) Diameter(지름 치수)

단축키 DDI

Command: DDI ↵
Select arc or circle: **원이나 호 클릭**
Dimension text = 40
Specify dimension line location or [Mtext/Text/Angle]: **치수선 위치 지정**

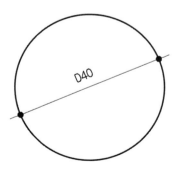

(9) Center Mark(중심 표시)

단축키 DCE

```
Command: DCE ↵
Select arc or circle: 원이나 호 클릭
```

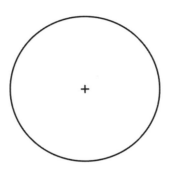

(10) Leader(지시선 치수)

단축키 LEA

```
Command: LEA ↵
Specify leader start point: P1점 클릭
Specify next point: P2점 클릭
Specify next point or [Annotation/Format/Undo] ⟨Annotation⟩: P3점 클릭
Specify next point or [Annotation/Format/Undo] ⟨Annotation⟩: ↵
Enter first line of annotation text or ⟨options⟩: Pentagon ↵
Enter next line of annotation text: ↵
```

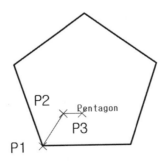

(11) Ordinate(X축, Y축 좌표점 표시)

단축키 DOR

Command: **DOR** ↵
Specify feature location: **P1점 클릭**
Specify leader endpoint or [Xdatum/Ydatum/Mtext/Text/Angle]: **X** ↵
Specify leader endpoint or [Xdatum/Ydatum/Mtext/Text/Angle]: **P2점 클릭**
Dimension text = 350

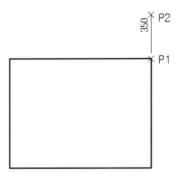

1-3 DIM 편집하기

(1) Dimension Edit(기입된 치수 편집)

단축키 DED

Command: **DED** ↵
Enter type of dimension editing [Home/New/Rotate/Oblique] 〈Home〉: **R** ↵
Specify angle for dimension text: **45** ↵
Select objects: **L1 클릭**
Select objects: ↵

 OPTION

- **Home** : 변경된 치수문자의 위치를 가운데로 정렬시 킨다.
- **New** : 치수문자를 새로운 값으로 수정하여 기입한다.
- **Rotate** : 치수문자를 회전시킨다.
- **Oblique** : 치수보조선을 회전시켜 치수를 기입한다.

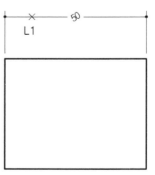

(2) Dimension text edit(치수문자 편집)

단축키 DIMT

```
Command: DIMT ↵
Select dimension: L1 클릭
Specify new location for dimension text or [Left/Right/Center/Home/Angle]: L ↵
```

 OPTION

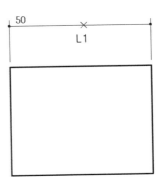

- **Left** : 치수문자를 좌측에 정렬한다.
- **Right** : 치수문자를 우측에 정렬한다.
- **Center** : 치수문자를 중앙에 정렬한다.
- **Home** : 치수문자를 기본위치에 정렬한다.
- **Angle** : 치수문자를 회전시킨다.

  ✐ DIMTEDIT 명령은 마우스의 이동에 의해서 치수선의 위치와
  치수문자의 위치를 임의로 재지정 할 수 있다.

(3) Dimscale(치수의 축척 변경)

단축키 DIMSC

```
Command: DIMSC ↵
Enter new value for DIMSCALE ⟨1.0000⟩: 10↵
```

(4) Dim-Override(특정 치수에 덮어쓰기)

단축키 DIMOV

```
Dim: DIMOV ↵
Enter dimension variable name to override or [Clear overrides]: DIMSCALE ↵
Enter new value for dimension variable ⟨1.0000⟩: 10 ↵
Enter dimension variable name to override: ↵
Select objects: 변경할 치수선 클릭
Select objects: ↵
```

✐ 치수문자 편집에서 문자크기를 변경하여도 변화가 없을 경우는, [TEXT Style]의 [Height]값을
'0'으로 설정하여야 한다. 만약 [TEXT Style]의 [Height]값을 특정한 값으로 정해 놓으면
치수문자의 크기도 그 값을 따르게 된다.

1-4 신속 치수

(1) Quick Dimension(신속 치수)

단축키 QD

신속 치수는 지정된 치수환경값에 맞게 치수를 신속하게 작성할 수 있다.

> Command: QD ↵
> Select geometry to dimension: **P1점 클릭**
> Specify opposite corner: **P2점 클릭**
> Select geometry to dimension: ↵
> Specify dimension line position, or [Continuous/Staggered/Baseline/Ordinate/Radius/
> Diameter/datumPoint/Edit/seTtings] ⟨Continuous⟩: **임의의 점 클릭**(원하는 방향으로 객체와
> 적절히 이격시켜서 클릭)

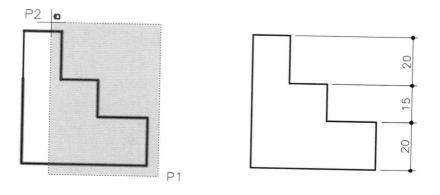

    ✎ QDIM의 geometry 선택단계에서 Windows Selection과 Crossing Selection에 따라서
치수선 모양이 다르게 나타난다. Windows Selection(하늘색, 좌에서 우로 선택)은 다른
위치에 있는 치수선에 영향을 미치지 않으나, Crossing Selection(연녹색, 우에서 좌로
선택)을 사용할 경우에는 선택할 때 겹치는 부분의 치수선이 사라진다.

2 BLOCK(블록)

2-1 Block

현재 사용하고 있는 도면의 일부 또는 전부를 블록으로 만들어 저장하는 명령어로 Insert 명령으로 불러서 사용한다.

Command: BLOCK ↵   단축키 B

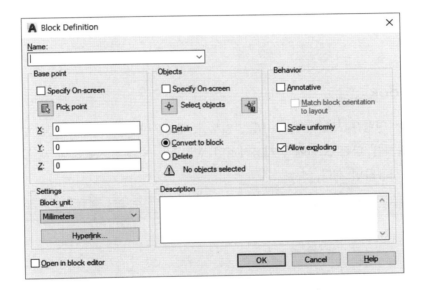

OPTION

- **Name** : 블록의 이름을 기입한다.
- **Base point** : 블록을 삽입할 기준점을 지정한다.
  - ▶ **Specify On-screen** : 화면에서 직접 지정
  - ▶ **Pick point** : 마우스를 이용해 기준점 지정
  - ▶ **X, Y, Z** : X, Y, Z 축 데이터 지정
- **Objects** : 블록으로 만들 객체를 선택한다.
  - ▶ **Specify On-screen** : 화면에서 직접 지정
  - ▶ **Select objects** : 마우스를 이용해 객체 선택
  - ▶ **Retain** : 선택된 객체를 현재의 상태로 유지

▶ Convert to block : 선택된 객체를 블록으로 변환

▶ Delete : 모두 지움

● Settings : 블록 작성을 위한 단위, 축척 등의 환경을 설정한다.

▶ Block unit : 삽입할 경우의 단위계를 설정

● Behavior : 블록의 설명, 축척, 분해 등에 대한 환경을 설정한다.

▶ Annotative : 블록에 대한 설명을 기입

▶ Scale uniformly : 블록 참조의 축척이 동일하게 되는지 여부를 지정

▶ Allow exploding : 블록 참조의 분해 허용 여부를 지정

● Open in block editor : [확인]을 클릭하면 블록편집기에서 현재 블록 정의가 열린다.

2-2 Wblock

Wblock 명령은 도면의 전부 또는 일부를 새로운 도면 파일(dwg)로 만드는 명령어이다. 블록을 다른 도면에서 사용하려면 Wblock 명령을 사용하여 새로운 파일로 저장하여 사용하면 된다.

| Command: WBLOCK ⏎ | 단축키 W |

OPTION

- **Source** : Wblock으로 저장할 객체의 선택방법을 결정한다.
  - ▶ **Block** : 블록 선택
  - ▶ **Entire drawing** : 도면 전체 선택
  - ▶ **Objects** : 특정 객체 선택
- **Base point** : Wblock을 삽입할 기준점을 지정한다.
  - ▶ **Pick point** : 마우스를 이용해 기준점 지정
  - ▶ **X, Y, Z** : X, Y, Z 축 데이터 지정
- **Objects** : Wblock으로 만들 객체를 선택한다.
  - ▶ **Select objects** : 마우스를 이용해 객체 선택
  - ▶ **Retain** : 선택된 객체를 현재의 상태로 유지
  - ▶ **Convert to block** : 선택된 객체를 블록으로 변환
  - ▶ **Delete from drawing** : 모두 지움
- **Destination** : Wblock의 이름과 저장위치, 단위 등을 결정한다.
  - ▶ **File name and path** : 파일 이름과 파일 위치 지정
  - ▶ **Insert units** : 삽입 시 적용될 단위 지정

2-3 Insert(블록 삽입)

Insert명령은 대화상자를 이용하여 블록을 삽입해 주는 명령어이다.

Command: INSERT ⏎	단축키 I

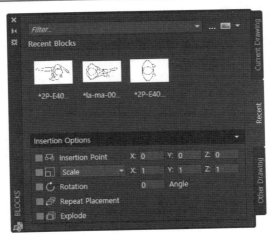

⚙ OPTION

- **···** : 삽입할 Block을 찾아서 지정한다.

- **Insertion point** : 삽입할 Block의 위치를 지정한다.

  `□ ☷ Insertion Point    X: 0    Y: 0    Z: 0`

  ▶ **체크박스 ■** : 삽입점을 화면에서 직접 클릭할 것인지, 대화상자에서 수치로 입력할 것인지를 결정

  ▶ **X, Y, Z** : X, Y, Z 축 삽입점 지정

- **Scale** : 삽입할 block의 축척을 지정한다.

  `□ ☷ Scale    ▼ X: 1    Y: 1    Z: 1`

  `□ ☷ Uniform Scale ▼    1`

  ▶ **체크박스 ■** : 축척을 화면에서 직접 마우스로 지정할 것인지, 대화상자에서 수치로 지정할 것인지를 결정

  ▶ **X, Y, Z** : X, Y, Z 축 축척값을 각각 지정

  ▶ **Uniform Scale** : X, Y, Z 축 축척값을 동일하게 지정

- **Rotation** : 삽입할 Block의 회전각을 지정한다.

  `□ ↻ Rotation    0    Angle`

  ▶ **체크박스 ■** : 회전값을 화면에서 직접 지정할 것인지, 대화상자에서 입력할 것인지를 결정

  ▶ **Angle** : 회전 각도값 입력

- **Repeat Placement** : 삽입할 Block을 여러 번 마우스로 지정할 수 있다.

  `□ ☶ Repeat Placement`

- **Explode** : 삽입할 Block의 결합여부를 지정한다. 수정을 원할 경우에는 선택하는 것이 편리하다.

  `□ ☐ Explode`

3 LAYER(레이어)

3-1 Layer(레이어 설정 대화상자)

Layer는 투명한 도면 여러 장을 기능상으로 구분하거나, 재질 표현 같은 Display 상 구분이 필요할 때, 각각의 내용을 따로 분리해 그려 놓고 관리하는 기능이다.

Command: LAYER ⏎   단축키 LA

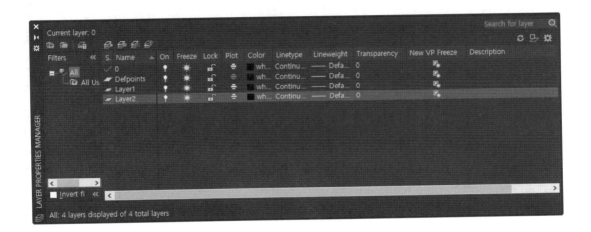

 OPTION

- **New Layer** 🗇 : 새로운 레이어를 만든다. [Layer1] 항에 새로 만들 레이어 이름을 기입한다. 이름을 기입한 후, 다른 레이어를 계속 만들려면, '⏎'를 치거나 ','를 찍는다.

- **New Layer VP Frozen in all Viewports** 🗇 : 새 도면층의 VP를 모든 뷰포트에서 동결한다.

- **Delete Layer** 🗇 : 선택된 레이어를 지운다.

- **Set Current** 🗇 : 선택된 레이어를 현재의 레이어로 설정한다.

- **All** : 생성된 레이어를 모두 도시한다.

- **All used layers** : 사용된 레이어를 도시한다.

- **Invert filter** : 필터값을 반전(현재 설정된 레이어를 제외하고 도시) 한다.

● **Defpoints** : 치수기입을 하면 자동으로 생성되는 치수보조선의 레이어로 출력할 경우에는 인쇄되지 않는다.

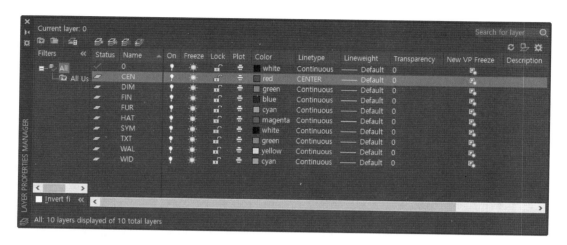

● **Status** : 현재 작업창에서 활성화 되어있는 레이어 표시
● **Name** : 레이어 이름을 순서대료 표시
● **On** : 레이어를 켜기/끄기
  ▶ On(🔆) 아이콘을 클릭하면, 아이콘 모양이 Off(🔅)으로 변환된다. 도면층을 보이지 않게 하는 기능으로 현재도면층으로 설정되어 있어도 On/Off가 가능하다. off상태에서 선을 그릴 경우, 선은 그려지나 보이지 않는다.
● **Freeze** : 레이어 동결/해제
  ▶ Freeze 아이콘(☀)을 클릭하면, 동결된 형태(❄)으로 변환된다. 도면층을 보이지 않게 하는 기능으로 현재 레이어는 동결되지 않도록 한다. 동결된 레이어는 화면에서 보이지 않으며, 현재 레이어로 선택되지 않는다.
● **Lock** : 레이어 잠금/해제
  ▶ Lock 아이콘(🔓)을 클릭하면, 잠금 형태(🔒)으로 변환된다. 도면층 Lock을 설정하면 화면에 보이지만 해당 도면층은 수정명령어가 실행되지 않는다.
● **Plot** : 인쇄할 때 출력 여부를 결정

- Color : 레이어 색상
  - ► Color 아이콘(white)을 클릭하면 아래 대화상자가 나타난다. 원하는 색깔을 지정한 후 OK 버튼을 클릭한다.

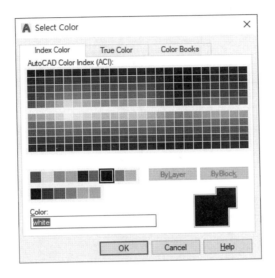

- Linetype : 레이어 선의 종류
  - ► Continuous 부위를 클릭하면, 아래의 대화상자가 나타난다.
    원하는 선은 Load... 버튼을 클릭한 후, 필요한 선을 불러오면 된다.

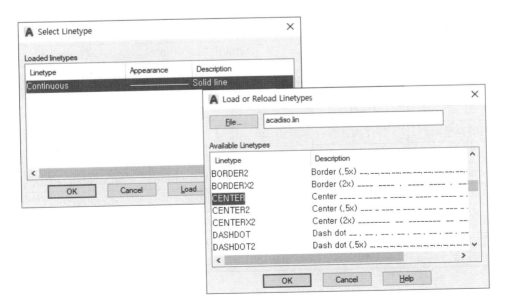

► Lineweight : 레이어 선의 두께

━━ Default 부위를 클릭하면, 선 두께를 지정할 수 있는 대화상자가 나타난다. 원하는 선 두께를 선택한 후 [OK] 버튼을 클릭한다.

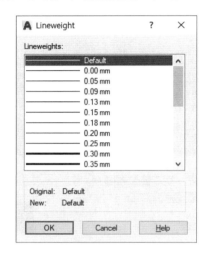

✎ 다음은 건축, 인테리어분야에서 일반적으로 쓰이는 Layer 설정의 한 예이다.

표를 참고하여 Layer를 만들어 보자.

자주 사용하는 Layer 10종류

Layer 요소	Layer name	Color		Linetype
도면 Box	0	흰 색	White	Continuous(실선)
중심선	CEN	빨 강	Red	Center(일점쇄선)
치 수	DIM	녹 색	Green	Continuous(실선)
마감선	FIN	파 랑	Blue	Continuous(실선)
가 구	FUR	하늘색	Cyan	Continuous(실선)
해 치	HAT	진분홍	Magenta	Continuous(실선)
기 호	SYM	흰 색	White	Continuous(실선)
문 자	TXT	녹 색	Green	Continuous(실선)
벽(내력벽)	WAL	노 랑	Yellow	Continuous(실선)
창 호	WID	하늘색	Cyan	Continuous(실선)

추가적으로 사용되는 Layer 종류

Layer 요소	Layer name	Color		Linetype
기 둥	COL	노 랑	Yellow	Continuous(실선)
복 도	COR	흰 색	White	Continuous(실선)
입 면	ELE	노 랑	Yellow	Continuous(실선)
기 타	ETC	흰 색	White	Continuous(실선)
도면틀	FOR	흰 색	White	Continuous(실선)
지반선	GL	노 랑	Yellow	Continuous(실선)
숨은 선	HID	흰 색	White	Hidden(파선)
조 경	LAN	녹 색	Green	Continuous(실선)
조 명	LIG	빨 강	Red	Center(일점쇄선)
대지경계선	SIT	노 랑	Yellow	Continuous(실선)
계 단	STR	흰 색	White	Continuous(실선)
타이틀	TIT	노 랑	Yellow	Continuous(실선)
벽(비내력벽)	WALL	녹 색	Green	Continuous(실선)

3-2 Layer Panels(레이어 패널)

- **Layer Properties** ▨ : Layer대화상자를 나타낸다.

- ▨ : 현재 레이어의 종류와 상태를 보여준다. 우측 의 ▼ 표시를 클릭하면 현재 도면에 만들어져 있는 모든 레이어를 보여주며, 레이 어의 속성을 변경할 수 있다.

- ▨ : 레이어를 빠르게 On/Off, Isolate/Unisolate, Freeze/Thaw, Lock/Unlock 할 수 있다.

- **Make Current** : 선택한 객체의 레이어로 현재 레이어를 바꾼다.
- **Match Layer** : 도면에서 선택한 객체들의 레이어를 원하는 지정한 레이어로 변환한다.

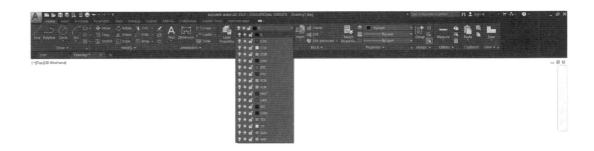

3-3 Properties Panels(특성 패널)

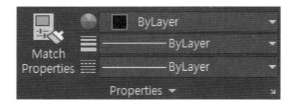

- **Match Properties** : 객체의 특성(레이어, 색상, 선두께, 글자크기 등)을 원본객체와 동일하게 만들어주는 명령어이다.
- : 도면에서 레이어의 색상을 빠르고 쉽게 지정한다. 클릭하면 색상판이 나타난다.

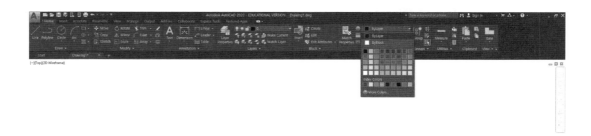

-  : 선의 두께(Lineweight)를 지정한다.

- : 선의 종류(Linetype)를 지정한다. Others...을 클릭하면 Linetype 대화상자
가 나타난다.

4 정보 조회 명령어

4-1 Distance(거리 측정)

Distance명령은 두 점 사이의 거리와 각도를 계산해 준다.

```
Command: DI ↵
Specify first point: 첫 번째 점 클릭
Specify second point or [Multiple points]: 두 번째 점 클릭
Distance = 200.0000                  (선의 길이)
Angle in XY Plane = 45               (XY평면에서의 각도)
Angle from XY Plane = 0              (XY평면에서 Z축으로의 각도)
Delta X = 141.1743                   (X축으로의 수평투영 길이)
Delta Y = 141.6680                   (Y축으로의 수평투영 길이)
Delta Z = 0.0000                     (Z축으로의 수평투영 길이)
```

OPTION

- **Multiple points** : 여러 개의 점들의 거리를 측정할 때 선택한다.

4-2 Area(면적 계산)

```
Command: AA ↵
Specify first corner point or [Object/Add area/Subtract area] ⟨Object⟩: 첫 번째 점 클릭
Specify next point or [Arc/Length/Undo]: 두 번째 점 클릭
Specify next point or [Arc/Length/Undo]: 세 번째 점 클릭
Specify next point or [Arc/Length/Undo/Total] ⟨Total⟩: ↵
Area = 10000.0000                    (면적)
Perimeter = 400.0000                 (선의 총 길이)
```

 OPTION

- **Object** : 객체(원이나 닫힌 다각형)를 선택하여 면적을 선택한다.
- **Add area** : 두 객체의 면적을 서로 더한다.
- **Subtract area** : 앞의 객체의 면적에서 뒤 객체의 면적을 뺀다.
- **Arc** : 호의 형태로 면적을 계산한다.
- **Length** : 선의 길이 값을 입력하여 면접을 계산한다.

4-3 List(정보 조회)

List명령은 선택된 객체의 데이터 리스트를 보여 준다. 다음은 시작점이 (10,10), 끝점이 (60,60)인 Pline을 선택했을 때의 값들이다. 자동으로 Text Screen으로 전환된다.

```
Command: LI ↵
Select objects: 사각형 클릭 ↵
```

```
LIST
Select objects: 1 found
Select objects:
                LWPOLYLINE  Layer: "0"
                        Space: Model space
                Handle = d7
        Closed
  Constant width    0.0000
        area    3600.0000
    perimeter    240.0000
        at point  X=  10.0000  Y=  10.0000  Z=    0.0000
        at point  X=  70.0000  Y=  10.0000  Z=    0.0000
        at point  X=  70.0000  Y=  70.0000  Z=    0.0000
        at point  X=  10.0000  Y=  70.0000  Z=    0.0000
```

- LWPOLYLINE Layer: "0"   : 객체 종류와 레이어 이름 표시
- Space : Model space   : 모델영역의 객체
- Handle = d7   : 객체의 고유번호
- Constant width 0.0000   : 선의 고유 두께
- area 3600.0000   : 객체의 면적
- perimeter 240.0000   : 선의 길이
- at point X = 10.0000 Y = 10.0000 Z = 0.0000 : 첫 번째 점의 좌표값
- at point X = 70.0000 Y = 10.0000 Z = 0.0000 : 두 번째 점의 좌표값
- at point X = 70.0000 Y = 70.0000 Z = 0.0000 : 세 번째 점의 좌표값
- at point X = 10.0000 Y = 70.0000 Z = 0.0000 : 네 번째 점의 좌표값

4-4 ID Point(좌표점)

Command: ID ↵
Specify point: **임의의 좌표 클릭**
X = 2.0000 Y = 2.0000 Z = 0.0000

4-5 Time(시간)

Command: TIM ↵

```
Command: TIME
Current time:              2019년 11월 5일 화요일  오전 11:41:18:000
Times for this drawing:
  Created:                 2019년 11월 4일 월요일  오후 12:48:55:000
  Last updated:            2019년 11월 4일 월요일  오후 12:48:55:000
  Total editing time:      0 days 22:52:23:000
  Elapsed timer (on):      0 days 22:52:23:000
  Next automatic save in:  0 days 00:00:04:158
Enter option [Display/ON/OFF/Reset]: *Cancel*
Automatic save to C:\Users\Owner\AppData\Local\Temp\Drawing1_1_10788_72fd11dd.sv$ ...
Command:
```

- Current time   : 현재시각
- Times for this drawing   : 도면 작성 시각
- Created   : 최초 작성시각
- Last updated   : 최종갱신 시간
- Total editing time   : 총 편집시간
- Elapsed timer (on)   : 경과시간
- Next automatic save in   : 다음 자동 저장시간
- Enter option [Display/ON/OFF/Reset]   : 화면 디스플레이/켜기/끄기/재설정

4-6 Status(현재 상태)

> Command: STAT ⏎

```
Command: STATUS
200 objects in Drawing1.dwg
Undo file size:      51115 bytes
Model space limits are X:      0.0000   Y:      0.0000  (Off)
                       X:    420.0000   Y:    297.0000
Model space uses       X:     10.0000   Y:     10.0000
                       X:    225.1826   Y:    181.9152
Display shows          X:    -85.7890   Y:    -16.0358
                       X:    569.2821   Y:    282.9961
Insertion base is      X:      0.0000   Y:      0.0000   Z:      0.0000
Snap resolution is     X:     10.0000   Y:     10.0000
Grid spacing is        X:     10.0000   Y:     10.0000
Current space:         Model space
Current layout:        Model
Current layer:         "0"
Current color:         BYLAYER -- 7 (white)
Current linetype:      BYLAYER -- "Continuous"
Current material:      BYLAYER -- "Global"
Current lineweight:    BYLAYER
Current elevation:      0.0000  thickness:      0.0000
Fill on  Grid off  Ortho off  Qtext off  Snap off  Tablet off
```

STATUS Press ENTER to continue:

- Model space limits   : 도면 영역
- Model space uses   : 도면 사용 영역
- Display shows   : 현재 화면 영역
- Insertion base   : 삽입 기준점

4-7 Multiple(다중 반복명령)

Multiple 명령은 지정한 명령을 취소할 때까지 반복해서 수행한다. Esc로 중지하며, 대화상자가 나타나는 명령어는 적용되지 않는다.

```
Command: MULTIP ↵
Enter command name to repeat: C(반복할 명령어 입력)
CIRCLE
Specify center point for circle or [3P/2P/Ttr(tan tan radius)]: 중심점 클릭
Specify radius of circle or [Diameter]: 반지름값 입력
```

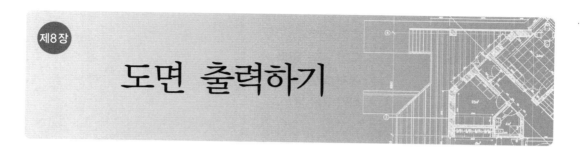

제8장

도면 출력하기

1 Plot(도면 출력하기)

Command: PLOT ↵   단축키 Ctrl+P

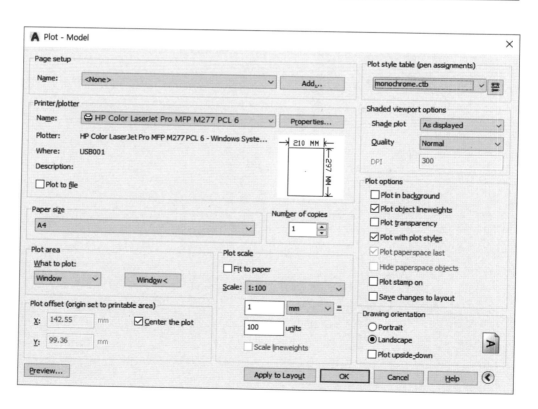

1-1 Plot 옵션

● Page setup : 플로터 옵션(플로터, 인쇄영역, 스케일 등 모든 데이터)을 미리 저장해
놓고 필요할 때 선택하면 모든 옵션을 매번 지정하지 않고 간단하게 사용할 수 있다.
〈previous plot〉을 선택하면 가장 최근의 출력값으로 설정된다.

● Printer/Plotter : 인쇄할 프린터/플로터를 선택한다.

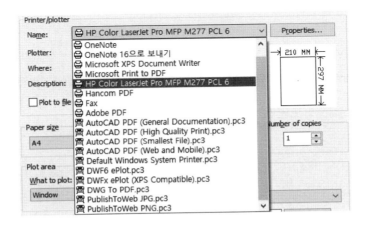

 • Name : 현재 설치된 프린터/플로터 정보 표시
 • Plot to file : EPS 등의 파일로 인쇄할 때 사용되는 체크박스

● Paper size : 인쇄될 종이의 크기를 설정한다.
● Number of copies : 인쇄 장수를 설정한다.

● Plot area : 인쇄될 영역을 선택한다.

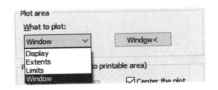

 • Display : 화면에 디스플레이 된 영역만 인쇄

· Extents : 작업 영역에 있는 모든 객체들을 도면에 꽉 차게 인쇄
· Limits : 도면한계 영역(Limits값)만 인쇄
· Windows : 마우스로 원하는 영역을 Window로 선택해서 인쇄

● Plot offset : 인쇄될 영역이 종이의 어느 지점을 기준으로 인쇄될 것인지를 설정한다.

· X, Y : 기준점을 X축과 Y축으로 이동해서 인쇄
· Center the plot : 인쇄 영역의 중심이 종이의 중심에 위치하도록 설정

● Plot scale : 도면의 출력 스케일을 설정한다.

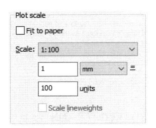

· Fit to paper : 종이의 크기에 맞는 축척으로 자동 설정
· Scale : 도면의 축척을 선택

    ✐ 정확한 도면 스케일을 모를 경우는 "Fit to paper"를 선택하여 도면 전체가 출력되도록 한다.

● Plot style table : 색상에 따른 펜 두께를 설정한다.

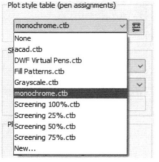

"monochrome.ctb"을 선택하여 ▦버튼이 ▦처럼 활성화된 후 클릭하면, 플로트 스타일 편집기 대화상자가 나타난다. 도면에서 사용된 색을 선택한 후, 적절한 선 두께를 지정한다.

"monochrome.ctb"은 도면에 사용된 색상에 관계없이 모든 도면 요소를 Black 색상으로 인쇄를 하도록 기본 세팅되어 있는 파일이다.

- acad.ctb : 기본 인쇄 유형
- Fill patterns.ctb : 처음 9개 색상은 설정하고, 나머지는 채움 패턴 사용
- Grayscale.ctb : 모든 색상을 그레이 톤으로 출력
- Monochrome.ctb : 모든 색상을 검은색으로 출력
- Screening 100%.ctb : 모든 색상에 토너 농도를 100%로 사용
- Screening 25%.ctb : 모든 색상에 토너 농도를 25%로 사용

● Plot style table Editer 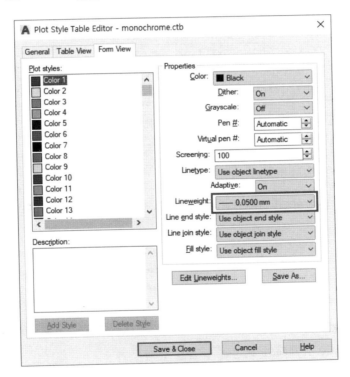 : 색상별 선의 특성을 편집한다.

- Color : 선택된 플로트 번호의 색상을 변환
- Dither : 선을 부드럽게 효과를 줌
- Grayscale : 색상을 흑백으로만 고정
- Pen # : 펜 번호 지정
- Virtual PEN # : Non-pen plot에서 가상의 펜 지정
- Screening : 색상의 진하기를 지정(0~100%)
- Linetype : 라인타입을 지정

• Adaptive : 라인타입 스케일의 적용 여부 결정

• Lineweight : 선의 두께를 지정

Layer 요소	Layer name	Color		선두께(mm)	
				1/30~1/60	1/100
중심선	CEN	빨 강	Red	0.1	0.05
마감선	FIN	파 랑	Blue		
해 치	HAT	진분홍	Magenta		
도면 Box	0	흰 색	White	0.2	0.15
치 수	DIM	녹 색	Green		
가 구	FUR	하늘색	Cyan		
기 호	SYM	흰 색	White		
문 자	TXT	녹 색	Green		
창 호	WID	하늘색	Cyan		
벽	WAL	노 랑	Yellow	0.3	0.25

• Line end style : 선의 끝부분의 처리방법을 지정

• Line join style : 선의 모서리의 처리방법을 지정

• Fill style : 속이 찬 객체의 내부를 채울 방법 지정

• Shaded viewport options : 3D모델링 객체의 그림자 및 표현방법에 대해 설정한다.

• Shade plot : 객체의 '선으로 표현/면으로 표현/숨겨진 선 가리기' 등을 설정

• Quality : 객체의 표현될 품질을 선택

• Plot options : 플로트 옵션을 설정한다.

- Plot in background : 플롯이 배경에서 처리되도록 지정
- Plot object lineweights : 선두께에 따라 출력
- Plot transparency : Layer에서 지정한 투명도 값에 따라 투명하게 출력
- Plot with plot styles : 플로트 스타일에 따라 출력
- Plot paperspace last : 종이영역을 나중에 출력
- Hide paperspace objects : 은선을 제거해서 출력
- Plot stamp on : 플롯 스탬프를 켬.  버튼을 클릭하여 각 도면의 지정된 구석에 플롯 스탬프를 배치하고 파일에 로그를 기록

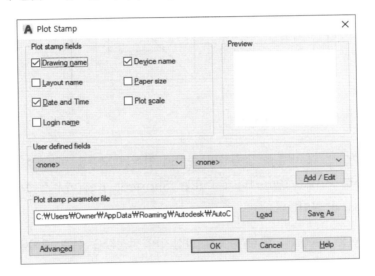

  - Save changes to layout : 현재 레이아웃을 저장

- Drawing orientation : 인쇄용지의 방향을 설정한다.

- Portrait : 세로방향 출력
- Landscape : 가로방향 출력
- Plot upside—down : 출력방향을 상하로 변환

● Preview : 출력될 도면 전체를 미리보기 한다.

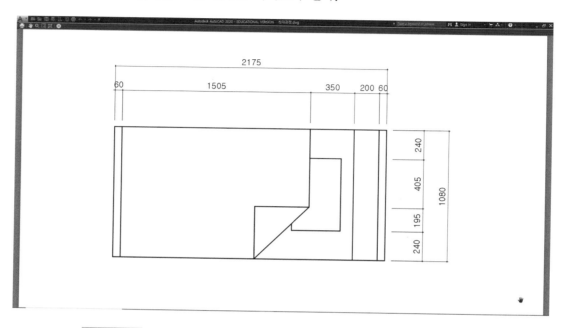

● Preview... 버튼을 클릭하면 종이에 인쇄될 모양을 미리 볼 수 있다.

● 종료 시에는 Enter↵ 나 Esc 또는 Shortcut Key(마우스 오른쪽 버튼)를 눌러 Exit를 클릭한다.

● Apply to Layout : 현재 플롯 대화상자의 설정값을 현재 배치에 저장한다.

Apply to Layout

● OK : 도면 출력을 실행한다.

OK

Part 3

2차원 도면 드로잉

제1장 **평면도 드로잉**
제2장 **입면도 드로잉**
제3장 **천장도 드로잉**

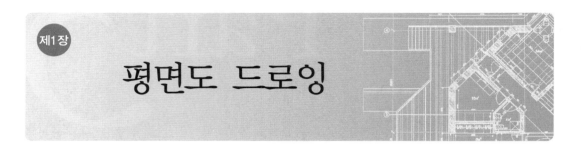

제1장 평면도 드로잉

평면도는 설계도면 중 가장 기본이 되는 도면으로, 건축물의 중간높이인 1.2m 정도의 높이에서 수평으로 절단하여 수평면 위에 나타낸 수평단면도이다. 평면도는 건물의 평면형태, 가구 및 각종 집기류 배치 상태 등을 표시한다.

평면도 작도 순서는 다음과 같다.

① 축척에 맞게 도면 양식 삽입 ② 레이어 설정
③ 중심선 작도 ④ 벽체 작도
⑤ 창호 작도 ⑥ 가구 작도
⑦ 해치를 이용한 재료 표시 ⑧ 치수 기입
⑨ 문자 및 부호 기입

다음에 보여주는 평면도를 순서에 맞게 그려보도록 하자.

■ 주택평면도 예제 ■

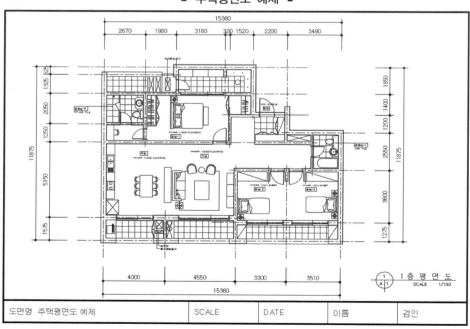

작업 준비

1-1 도면 양식 삽입

(1) Insert 명령을 이용한 도면 양식 삽입

미리 작성해 놓은 A2, A3, A4 도면 양식을 Insert 명령을 이용해서 적절한 축척을
주어 삽입하는 방법을 알아보도록 하자.

Command: **INSERT** ↵   단축키 I
Insert 대화 상자가 나타난다.

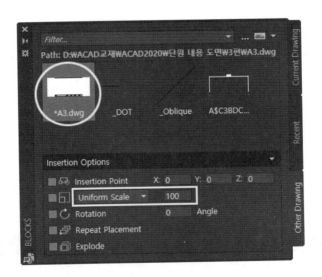

- ... 버튼 클릭 → A3.dwg 도면 양식 선택
- Insertion point : 0,0,0으로 지정(또는 마우스로 화면에서 직접 지정)
- Scale는 Uniform Scale ▼ 100 으로 입력(또는 작업 scale에 맞게 적절
  한 값 입력)
- Rotation Angle : 0으로 설정
- Repeat Placement, Explode는 선택하지 않고 실행

Insertion point에 X,Y,Z 값을 입력한 경우에는 바로 도면 양식이 화면에 나타나지만,  Insertion Point 을 선택했을 경우에는 작업 화면에서 마우스로 삽입점을 지정해야 도면 양식이 나타난다. 화면에 도면 양식이 보이지 않거나 일부분만 보일 경우에는 ZOOM 명령을 이용해 도시한다. 또 글자가 깨져 보이는 경우에는 Text Style을 보유한 폰트로 재설정해주어야 한다.

```
Command: ZOOM ↵                                                    단축키 Z
[All/Center/Dynamic/Extents/Previous/Scale/Window/Object] ⟨real time⟩: E ↵
```

```
Command: STYLE ↵                                                   단축키 ST
Font를 "굴림"체로 선택한 후 [ Apply ] 버튼 클릭
```

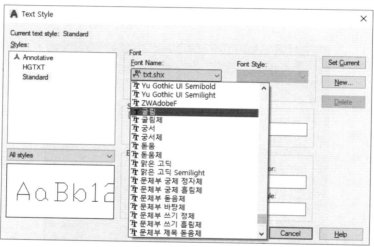

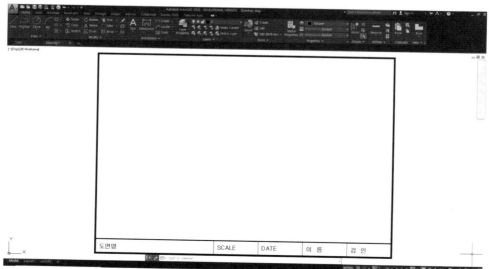

(2) MVSETUP 명령을 이용한 도면 양식 그리기

도면 양식이 규정에 맞게 드로잉이 되어 있지 않을 경우나, 간단한 양식이 필요한 경우에는, "MVSETUP" 명령을 사용하여 간단하게 축척을 고려한 도면 양식을 그릴 수 있다. "MVSETUP"을 이용하여 A3(420mm×297mm) 도면 양식을 그리는 방법을 알아보도록 하자.

```
단축키 MVS
Command: MVSETUP ↵
Enable paper space? [No/Yes] ⟨Y⟩: N ↵
Enter units type [Scientific/Decimal/Engineering/Architectural/Metric]: M ↵
Enter the scale factor: 100 ↵
Enter the paper width: 400 ↵
Enter the paper height: 277 ↵
```

```
Command:
Command:
MVSETUP
Enable paper space? [No/Yes] <Y>: N
Enter units type [Scientific/Decimal/Engineering/Architectural/Metric]: M
Metric Scales
==================
 (5000)  1:5000
 (2000)  1:2000
 (1000)  1:1000
 (500)   1:500
 (200)   1:200
 (100)   1:100
 (75)    1:75
 (50)    1:50
 (20)    1:20
 (10)    1:10
 (5)     1:5
 (1)     FULL
Enter the scale factor:
```

- **Enter the scale factor** : 도면 Scale 기입
- **Enter the paper width** : 도면 가로 크기 입력(종이의 가로 길이 지정-프린터 여백 10mm씩 고려해서 420mm-10mm×2=400mm)
- **Enter the paper height** : 도면 세로 크기 입력(종이의 세로 길이 지정-프린터 여백 10mm씩 고려해서 297mm-10mm×2=277mm)

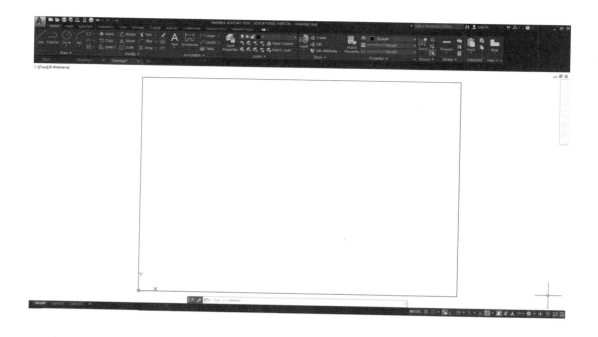

1-2 레이어 설정

| Command: LAYER ↵ | 단축키 LA |

Layer 요소	Layer name	Color		Linetype
도면 틀	0	흰 색	White	Continuous
중심선	CEN	빨 강	Red	Center
치 수	DIM	녹 색	Green	Continuous
마감선	FIN	파 랑	Blue	Continuous
가 구	FUR	하늘색	Cyan	Continuous
해 치	HAT	진분홍	Magenta	Continuous
기 호	SYM	흰 색	White	Continuous
문 자	TXT	녹 색	Green	Continuous
벽	WAL	노 랑	Yellow	Continuous
창 호	WID	하늘색	Cyan	Continuous

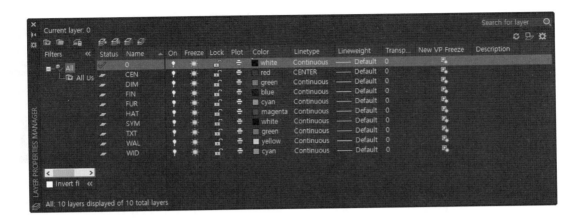

1-3　DIMSCALE, LTSCALE 조정

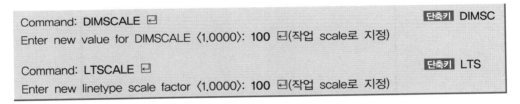

Command: **DIMSCALE** ⏎　　　　　　　　　　　　　　　　단축키 DIMSC
Enter new value for DIMSCALE 〈1.0000〉: **100** ⏎(작업 scale로 지정)

Command: **LTSCALE** ⏎　　　　　　　　　　　　　　　　　단축키 LTS
Enter new linetype scale factor 〈1.0000〉: **100** ⏎(작업 scale로 지정)

🖉 DIMSCALE은 Dimension style에서 치수스케일을 설정(Dimension style에서 설정한
수치에 scale값이 곱해진다.)하는 것이고, LTSCALE은 점선이나 중심선, 쇄선을 그릴 때,
선의 크기(간격)를 설정하는 것이다. 일반적으로 작업 scale과 동일하게 설정해 주고, 특정
scale을 원할 경우는 특정 값으로 재설정한다.
서로 다른 값의 LTS값을 원할 경우에는 Properties 대화상자를 이용해서 객체 한 개의 특성을
조정해주고 나서, Match Properties 명령을 이용해 다른 객체의 특성을 원하는 Layer
스타일로 바꿔주면 된다.

1-4 파일 저장

Command: SAVE ↵

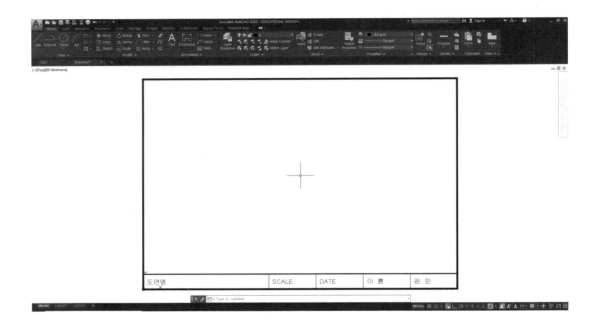

2 중심선 그리기 및 정리하기

2-1 레이어 지정

- Current 레이어를 중심선 레이어인 "CEN"으로 지정한다.

2-2 중심선 그리기

화면의 좌측하단에 수평선과 수직선을 적절한 크기로 작도한 후, 이 두 선을 기준으로 Offset 명령을 이용하여 다른 중심선을 복사한다. 처음 그린 수평선과 수직선의 길이는 임의로 작도한 후에 적절한 크기로 잘라내도록 한다.

Command: LINE ⏎
※ 수평선, 수직선은 Ortho on(F8)을 이용해서 그린다.

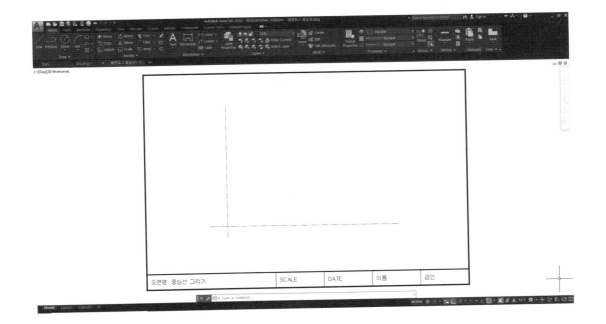

앞서 그린 수평선과 수직선을 주어진 주요 벽체 사이의 간격만큼 Offset한다.
복잡한 도면은 한꺼번에 중심선을 모두 offset하면 작도가 어려우니, 수평선과 수직선 한쪽을 먼저 offset하여 중심선을 정리한 후, 나머지 중심선을 작도하도록 한다.
(offset할 치수는 뒤쪽의 도면 참조)

Command: OFFSET ⏎
Specify offset distance or [Through/Erase/Layer] 〈Through〉: 복사할 간격 입력
Select object to offset or 〈exit〉: 선 선택
Specify point on side to offset or [Exit/Multiple/Undo] 〈Exit〉: 복사할 부분 선택

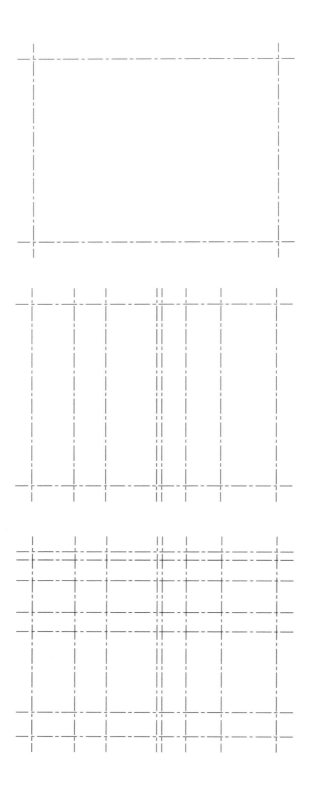

2-3 중심선 정리하기

Command: BREAK ⏎   단축키 BR
Select object: P1 클릭
Specify second break point or [First point]: P2 클릭(잘라낼 선의 방향 또는 위치 지정)

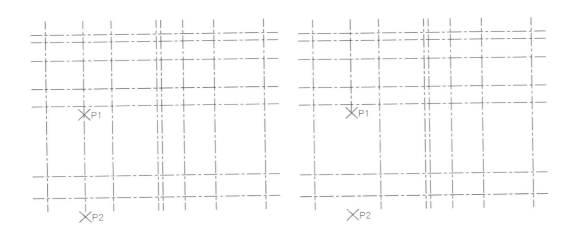

- Break 명령을 이용하여 중심선을 정리한다. Break 명령은 옵션을 선택하지 않으면 첫 번째 선택한 점(P1점)이 끊어지는 시작점이 되므로 선택할 때 주의한다.
- Break 외에도 Change, Stretch, Offset, Trim 등을 이용하여 중심선의 길이를 조절할 수 있으며, Offset과 Trim이 많이 사용된다.
- Change는 선의 길이를 조정하는 경우 외에도 layer나 color 등 entity의 성격을 변경하고자 할 때 사용하는 명령어이다. 단, one-key를 사용할 경우, 대화상자가 생기기 때문에 선의 길이를 조정할 때에는 CHANGE라고 입력해야 한다.
- Change명령어로 중심선을 정리할 때에는 반드시 Ortho(F8)가 On이 되어야 한다.
- Change명령어로 선의 길이를 조절할 때, 항상 클릭한 점을 기준으로 선의 짧은 쪽이 잘린다는 것에 주의해야 한다.
- 중심선을 Offset할 때는 모든 중심선을 한꺼번에 Offset하여 정리하면 혼란스러워지므로, 단계적으로 일부 중심선을 정리한 후 다시 Offset하여 중심선을 완성하는 것이 좋다.

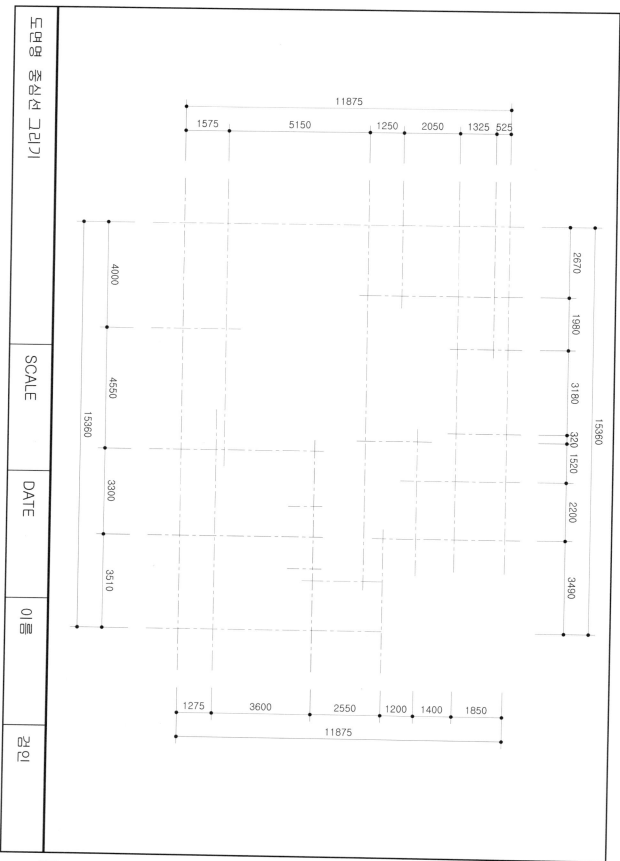

도면명 중심선 그리기

SCALE

DATE

이름

검인

3 벽선 그리기 및 정리하기

3-1 벽선 그리기

- 외벽은 아래 좌측의 그림과 같이 중심선을 기준으로 양쪽으로 150mm씩의 콘크리트와 양측면에 마감재 20mm로 구성(총 340mm)되어 있다.
- 내벽1은 가운데 그림과 같이 중심선을 기준으로 양쪽으로 100mm씩의 콘크리트와 양측면에 마감재 20mm로 구성(총 240mm)되고, 내벽2는 총 190mm로 구성되어 있다.

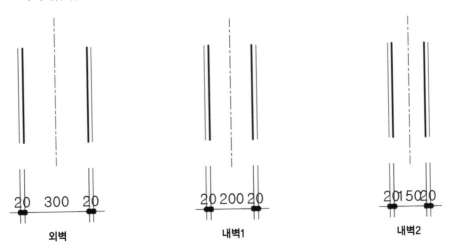

외벽   내벽1   내벽2

3-2 레이어 변경

- 중심선을 Offset하여 벽선을 만들었기 때문에 벽선의 레이어를 "CEN"에서 "WAL"로 변경해야 한다.

3-3 MLINE을 이용한 벽선 그리기

벽선을 그리는 방법은 Offset 명령 외에도, "MLINE"명령을 이용해서 그리면 편리하다. 아파트처럼 벽 두께가 일정할 경우와, 벽을 상세하게 작도할 경우에는 Multiline을 사용하면 시간을 훨씬 단축시킬 수 있다. 특히 Multiline은 그 형태의 저장이 가능해서 한번 만들어 놓은 Multiline은 언제든 필요할 때, 불러서 사용할 수 있다.

Multiline의 사용 순서는 '[Multiline Style] 지정 → [Multiline]으로 벽선 그리기 → [Mledit]'로 Multiline 편집을 한다.

Multiline을 이용해 외벽 W340(몰탈마감 20mm+콘크리트 300mm+몰탈마감20mm)을 그리는 방법을 간단하게 살펴보도록 한다.

(1) MLSTYLE(다중선 스타일) 설정

Command: MLSTYLE ↵   단축키 MLST

● Multiline 스타일 설정 – Multiline 스타일의 이름을 지정하거나 이미 만들어진 Multiline을 불러 올 수 있다.

- Style : Multiline의 스타일을 도시
- Description : Multiline에 대한 설명문 기입
- Set Current : 현재 지정된 Multiline 스타일
- New... : 새로운 Multiline 생성하기
- Modify... : 기존의 Multiline 변경하기
- Rename : Multiline 스타일 이름 바꾸기
- Delete : Multiline 스타일 지우기
- Load... : 저장된 Multiline 스타일 불러오기
- Save... : Multiline 스타일 저장하기

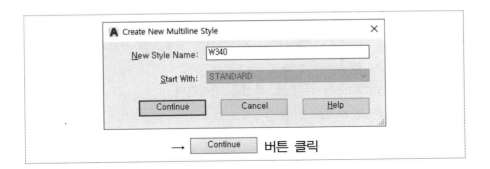

→ [Continue] 버튼 클릭

- Multiline선 정의 – [Continue] 버튼을 클릭하면 Multiline의 선 모양을 지정할 수 있
  는 대화상자가 나타난다. 이 대화상자에서 선의 색상, Offset 간격, 선의 종류 등을
  지정한다.

- Caps : Multiline의 시작부분과 끝부분의 모양을 지정한다.
  - Line : 시작과 끝부분을 선으로 막음
  - Outer arc : 시작과 끝부분을 볼록한 호로 막음
  - Inner arc : 시작과 끝부분을 오목한 호로 막음
  - Angle : 시작과 끝부분을 각도가 있는 선으로 막음

- Fill : Multiline의 속을 채울 것인지를 제어한다.
- Display joints : 각 다중선 세그먼트 정점에서의 접합부의 화면표시를 조정한다. 접합부를 연귀라고도 한다.
- Elements : Multiline의 간격 및 특성을 지정한다.
  - **Add** : 새로운 Multiline을 추가
  - **Delete** : Multiline 삭제
  - **Offset** : Multiline의 간격 수치 입력
  - **Color** : Multiline의 색상 지정
  - **Linetype** : Multiline의 선 모양 지정

동일한 방법으로 내벽 W240(몰탈마감 20mm+콘크리트 200mm+몰탈마감 20mm), 내벽 W190(몰탈마감 20mm+콘크리트 150mm+몰탈마감 20mm) 두께의 Multiline을 그리도록 한다.

Create New Multiline Style ✕

New Style Name: W240

Start With: W340 ⌄

Continue   Cancel   Help

Modify Multiline Style: W240 ✕

Description:

Caps

	Start	End
Line:	☐	☐
Outer arc:	☐	☐
Inner arcs:	☐	☐
Angle:	90.00	90.00

Fill

Fill color: ☐ None ⌄

Display joints: ☐

Elements

Offset	Color	Linetype
120	blue	ByLayer
100	BYLAYER	ByLayer
-100	BYLAYER	ByLayer
-120	blue	ByLayer

Add   Delete

Offset: -120.000

Color: ■ Blue ⌄

Linetype: Linetype...

OK   Cancel   Help

Create New Multiline Style ✕

New Style Name: W190

Start With: W240 ⌄

Continue   Cancel   Help

Modify Multiline Style: W190 ✕

Description:

Caps

	Start	End
Line:	☐	☐
Outer arc:	☐	☐
Inner arcs:	☐	☐
Angle:	90.00	90.00

Fill

Fill color: ☐ None ⌄

Display joints: ☐

Elements

Offset	Color	Linetype
95	blue	ByLayer
75	BYLAYER	ByLayer
-75	BYLAYER	ByLayer
-95	blue	ByLayer

Add   Delete

Offset: -95.000

Color: ■ Blue ⌄

Linetype: Linetype...

OK   Cancel   Help

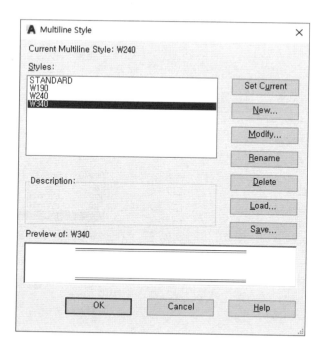

(2) MLINE(다중선) 작도

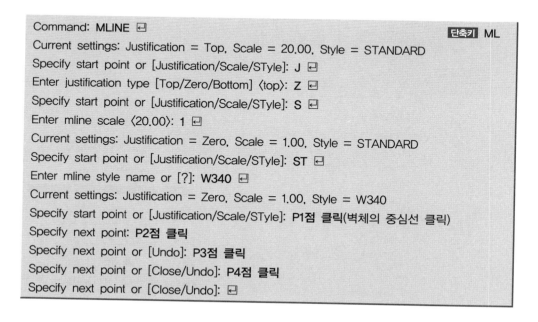

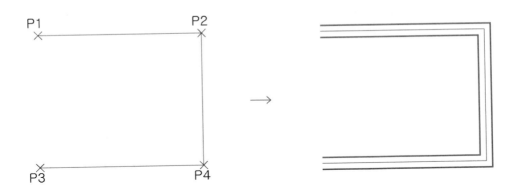

 OPTION

- Justification – Multiline의 정렬 방법을 지정한다.
  - ► Top : 기준선의 위쪽으로 정렬
  - ► Zero : 기준선을 중앙으로 정렬
  - ► Bottom : 기준선의 아래쪽으로 정렬
- Scale – Multiline의 축척값을 지정한다.
- STyle – Multiline의 종류를 선택한다.

중심선을 따라서 두께에 맞게 Multiline을 작도한다.

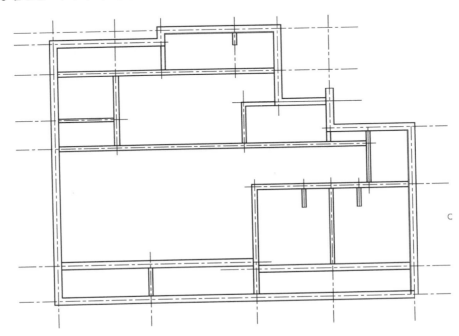

(3) MLEDIT(다중선 편집)

Multiline으로 그린 다중선들의 서로 겹치는 부위나 끝부분을 MLEDIT 명령을 이용하여 간단하게 편집할 수 있다. MLEDIT 명령으로 수정이 어려운 부분은 선을 분해(EXPLODE)한 후 TRIM이나 FILLET 등으로 수정한다.

Command: **MLEDIT** ↵   단축키 **MLED**

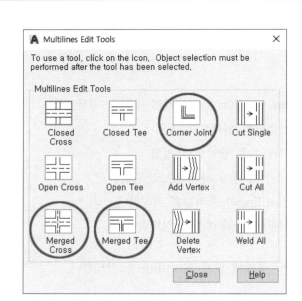

- Multilines Edit Tools에서 원하는 모양을 선택한 후, 도면에서 해당 다중선들을 클릭한다.
- 선을 선택하는 순서에 따라 편집되어지는 모양이 달라지므로 유의해서 선택하도록 한다.
- Corner Joint 버튼을 선택하여 ㄱ자 모양의 Multiline을 정리할 때는 P1, P2점을 선택하면 된다.

● Merged Tee 버튼을 선택하여 T자 모양의 Multiline을 정리할 때는 P1, P2점을 순차적으로 선택하여야 한다. P1, P2점을 선택하는 순서를 바꾸면 정리되는 모양이 다르다.

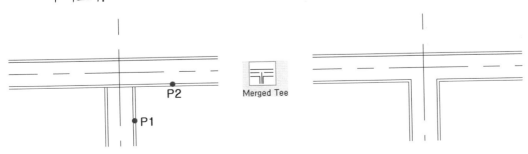

3-4 Offset을 이용한 벽선 그리기

중심선을 벽체두께만큼 양측으로 Offset하여 벽체를 만들 수 있다. Offset 명령을 이용한 벽체그리기는 비교적 간단한 도면에서만 유용하다. 복잡한 도면에서는 시간이 많이 걸리므로 MultiLine을 이용해서 작업하여야 한다.

```
Command: OFFSET ↵                                    단축키 O
Current settings: Erase source = No  Layer = Source  OFFSETGAPTYPE = 0
Specify offset distance or [Through/Erase/Layer] ⟨Through⟩: L ↵
Enter layer option for offset objects [Current/Source] ⟨Current⟩: C ↵
Specify offset distance or [Through/Erase/Layer] ⟨Through⟩: 100 ↵
Select object to offset or [Exit/Undo] ⟨Exit⟩: 외벽의 중심선 선택
Specify point on side to offset or [Exit/Multiple/Undo] ⟨Exit⟩: 방향지정
Select object to offset or [Exit/Undo] ⟨Exit⟩: 외벽의 중심선 선택
Specify point on side to offset or [Exit/Multiple/Undo] ⟨Exit⟩: 반대방향지정
Select object to offset or [Exit/Undo] ⟨Exit⟩: ↵
```

● Offset의 Layer 옵션을 이용하지 않고, 나중에 레이어를 변경할 때에는 Change 명령이나 Matchprop 명령을 사용한다. 단, Matchprop 명령은 이미 "WAL"로 바뀐 기준 벽선이 있어야 실행할 수 있다.

● 레이어를 "WAL"로 변경하면 벽선의 색이 노란색으로 바뀌고, 라인타입은 실선으로 변경된다.

Command: MATCHPROP ↵   단축키 MA
Select source object: L1 클릭(단, L1의 레이어가 "WAL"일 경우)
(L1을 클릭하면 커서의 모양이 ⬚🖌로 바뀐다. 좌측 하단의 사각형으로 다른 선을 선택한다.)
Select destination object(s) or [Settings]: L2클릭
Select destination object(s) or [Settings]: L3클릭
✎ L4, L5도 동일하게 반복한다.

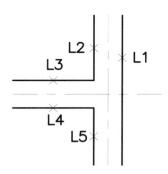

- 위와 같은 방법으로, 문과 창문 블록을 삽입할 수 있도록 모든 벽선을 정리한다.
- 벽선을 정리할 때 잘못하면 중심선을 자르거나 지울 수 있으므로 중심선 레이어를 적절히 On/Off 또는 Lock/Unlock하여 작업한다. 하지만 중심선 레이어가 Off되어 있는 상태에서 다른 도면 요소들을 Move 하면, Off된 중심선 레이어는 Move가 되지 않으므로, 레이어를 On했을 때, 이동된 도면요소와 중심선의 위치가 일치하지 않게 되는 점에 주의해야 한다.

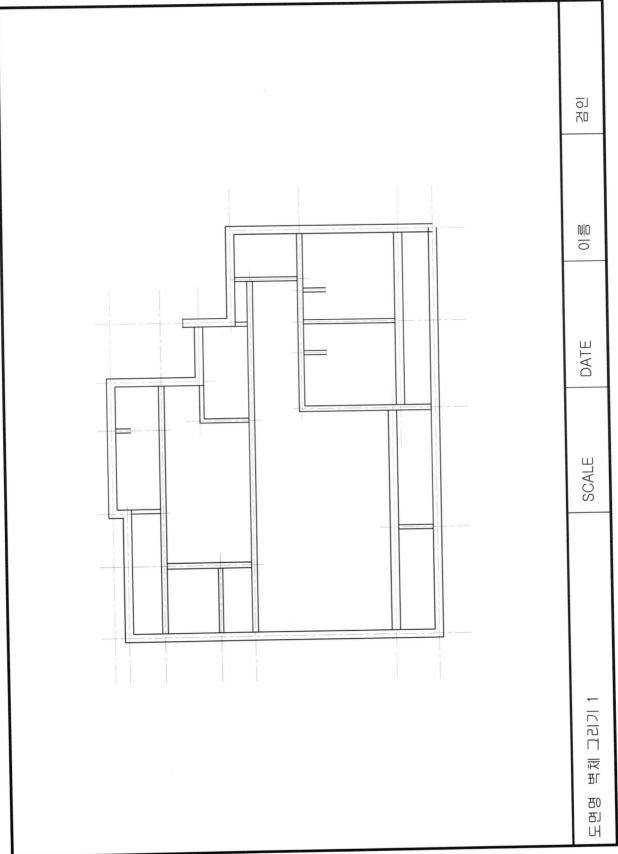

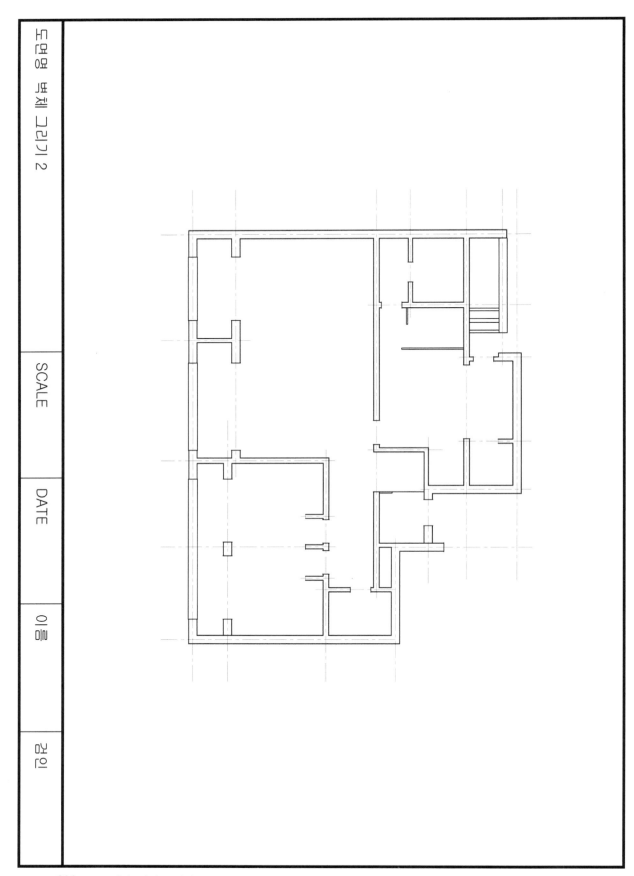

4 **창호 그리기**

4-1 레이어 지정

- LAYER명령이나 Tool Panels를 이용하여 Current 레이어를 "WID"로 지정한다.

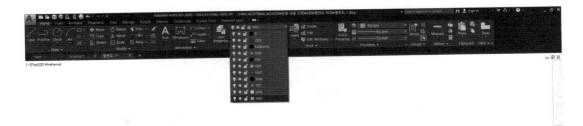

4-2 창호가 삽입 될 위치의 벽체 정리

- 문 크기, 창문 크기만큼 벽체를 정리한다.

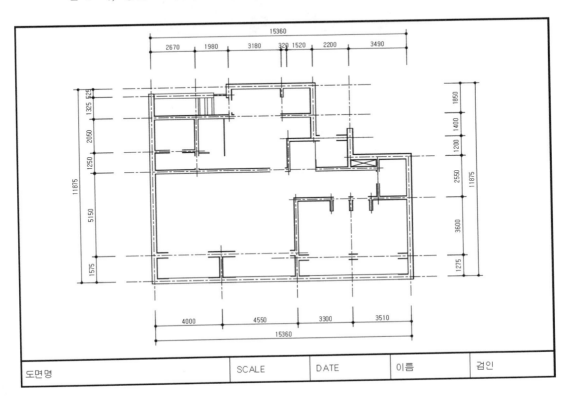

4-3 Block으로 설정한 창호 선택 및 삽입

- Insert명령으로 이미 만들어 놓은 문이나 창문을 선택하여 삽입한다.

- **...** 버튼 클릭 → 문 평면.dwg 선택
- Insert point : ☑ Insertion Point를 선택하여 마우스로 화면에서 직접 지정
- Scale : Uniform Scale ▾ 1 로 입력
- Rotation : 0으로 입력
- Repeat Placement, Explode는 선택하지 않고 실행

4-4 삽입한 창호 수정

- 블록을 수정하기 위해서는 먼저 Explode명령을 실행해서 각 부재를 분리시켜야 하며, Explode하면 레이어가 달라질 수 있으니 유의해야 한다.

(1) 문 크기 수정

- 크기가 900mm인 문을 750mm 화장실 문으로 수정할 경우 Explode 한 후에 Stretch명령으로 문틀과 벽의 위치를 수정한다.

```
Command: STRETCH ↵
Select objects: P1 클릭
Specify opposite corner: P2 클릭
Select objects: ↵
Specify base point or [Displacement] ⟨Displacement⟩: P3 클릭
Specify second point or ⟨use first point as displacement⟩: @150⟨90 ↵
```

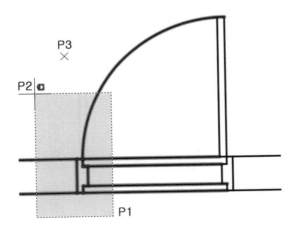

```
Command: STRETCH ↵
Select objects: P1 클릭
Specify opposite corner: P2 클릭
Select objects: ↵
Specify base point or [Displacement] ⟨Displacement⟩: P3 클릭
Specify second point or ⟨use first point as displacement⟩: @150⟨270 ↵
```

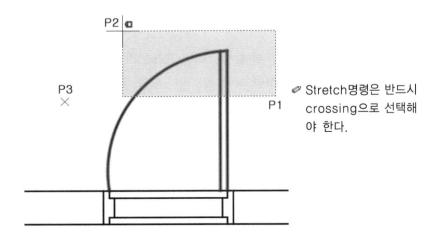

⟋ Stretch명령은 반드시 crossing으로 선택해야 한다.

● 원이나 호는 Stretch가 실행되지 않으므로 지운 후, Circle 또는 Arc 명령으로 문의 회전표시를 다시 그린다.

```
Command: ERASE ↵
Select Objects: P1 클릭 ↵
```

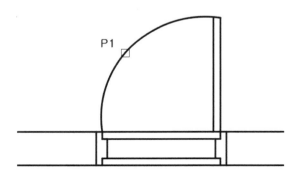

```
Command: ARC ↵
Specify start point of arc or [Center]: C ↵
Specify center point of arc: P1 클릭
Specify start point of arc: P2 클릭
Specify end point of arc (hold Ctrl to switch direction) or [Angle/chord Length]: P3 클릭
```

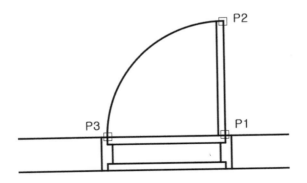

(2) 창문 수정

- 삽입한 창문의 크기가 작거나 클 경우, Stretch명령을 이용하여 크기를 수정한다. 창문은 크기에 따라서 모양이 달라질 수 있으므로 적절하게 수정하여야 한다. 다음은 1500mm 창문 블록을 2100mm 크기의 창문으로 수정하는 과정을 예로 든 것이다.

```
Command: STRETCH ↵
Select objects: P1 클릭
Specify opposite corner: P2 클릭
Select objects: ↵
Specify base point or [Displacement] 〈Displacement〉: P3 클릭
Specify second point or 〈use first point as displacement〉: P4 클릭
```

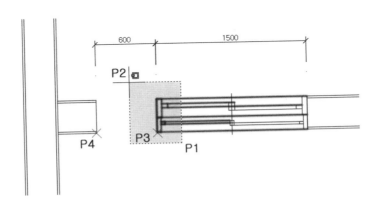

✐ 창문을 수정할 때에는 창문을 열고 닫는 방향이 거꾸로 되지 않도록 주의해야 한다.

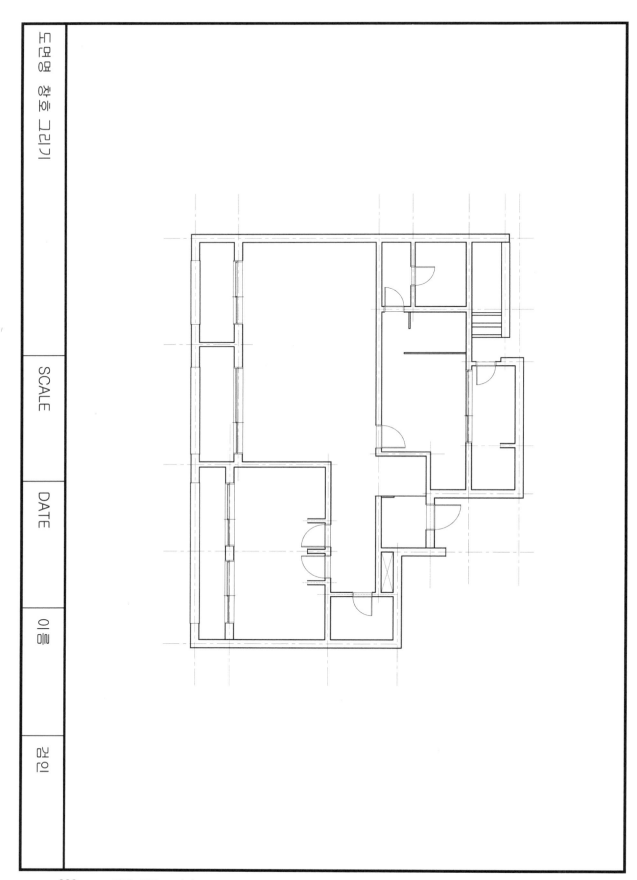

마감선 그리기

마감선은 벽체그리기 단계에서 Multiline으로 작도했을 경우에는 별도의 작업이 필요하지 않다. Multiline으로 벽선을 그릴 경우에는 마감선도 Multiline에 한 번에 그려넣을 수 있어서 대단히 편리하게 벽체를 완성할 수 있다.

5-1 벽선 Offset

- 조적식 벽의 경우 몰탈 마감 표준형 두께는 원래 실내측 18mm, 실외측 24mm이나 도면을 간략하게 표현하기 위해서 실내외측 모두 20mm 간격으로 벽선을 Offset하여 그리도록 한다.

5-2 레이어 변경

- 마감선의 레이어를 벽선 레이어인 "WAL"에서 마감선 레이어인 "FIN"으로 변경한다.
- 레이어를 변경할 때에는 CHPROP명령이나 Match Properties명령을 사용한다.

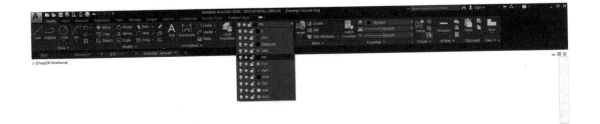

5-3 마감선 모서리 정리하기

- 교차된 마감선 모서리를 Fillet명령으로 정리하고, 위와 같은 과정을 반복하여 마감선을 완성한다.

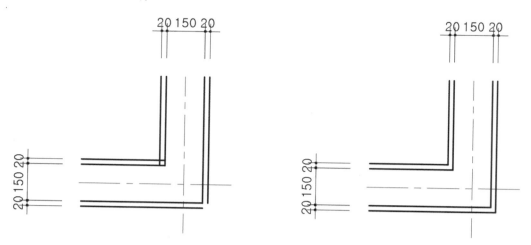

---

6 가구 그리기

6-1 레이어 지정

- LAYER명령이나 Tool Panels를 이용하여 Current 레이어를 "FUR"로 지정한다.

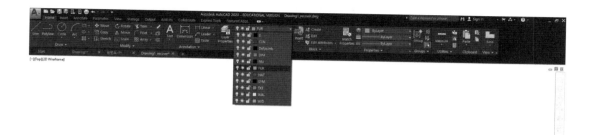

6-2 블록으로 설정한 가구, 위생기구, 주방기구 선택 및 삽입

- 블록을 삽입하는 방법은 위의 문, 창문 삽입과 동일하므로 이를 참고로 하여, Insert 명령을 이용하여 가구와 위생기구, 주방기구 등을 삽입한다.

6-3 삽입한 블록 수정

- 삽입한 블록의 크기가 맞지 않을 경우는 삽입 시 X, Y 스케일을 조절하거나, 삽입 후에 Explode 명령어로 해체하여 크기를 조절한다.
- 블록 삽입 시 삽입점과 삽입 각도에 주의하고, Explode하면 레이어가 틀려질 수 있으므로 유의하여야 한다.
- 가구의 형태와 배치는 도면에 따라 달라지므로 기본형 블록을 삽입하여 응용하거나, 경우에 따라서는 새로 그리는 것이 빠를 수도 있다.

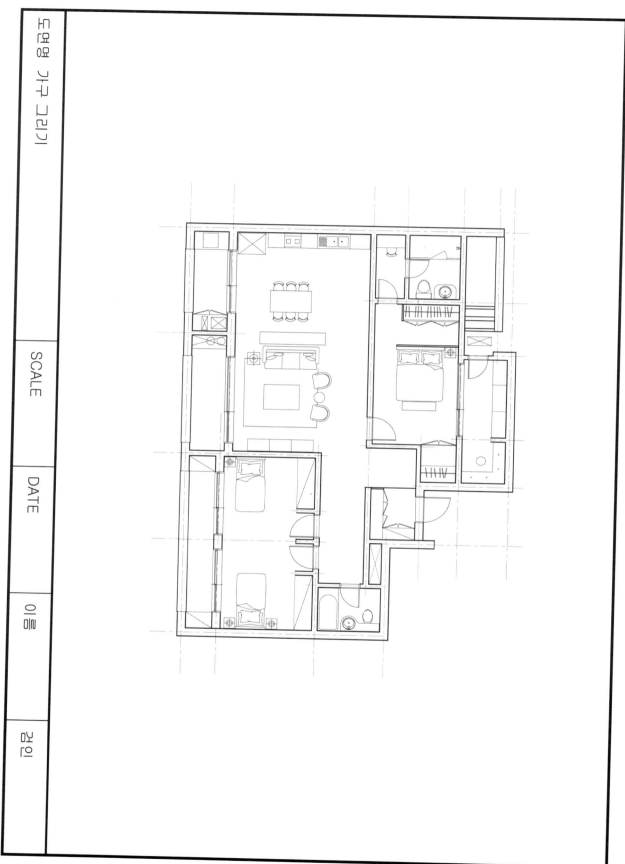

SCALE
DATE
이름
검인

7 재료 표시하기

7-1 레이어 지정

- LAYER명령이나 Tool Panels를 이용하여 Current 레이어를 "HAT"로 지정한다.

- 중심선 레이어를 Off한다. 필요하다면 중심선 레이어 뿐만 아니라 창호, 가구, 위생기구 등의 레이어도 Off하여 작업하는 것이 편리하다.

7-2 해치 그리기

(1) 욕실 및 발코니 바닥 해치

- HATCH명령 실행 시 유의할 점은 해치할 영역에 열린 부분이 있으면 해치영역 선택이 올바르게 되지 않으므로 이를 점검하고 열려진 부분이 있으면 닫아야 한다.
- 타일이나 마루의 해치크기는 실제 타일크기나 마루 1칸의 너비를 입력해주는 것이 좋으며, 벽체 내부의 벽돌, 콘크리트처럼 단위크기가 애매한 경우에는 도면 출력스케일에 따라 조정해야 한다. 필요에 따라서는 벽 전부가 아닌 부분적으로 일부만 해치를 하여 벽의 재료를 표시하기도 한다.
- 패널을 이용한 해치

```
Command: HATCH ↵                                          단축키 H
Pick internal point or [Select objects/Undo/seTtings]:
```

`[-][Top][2D Wireframe]`

- Hatch Type : User defined 클릭
- Hatch Angle : 0 입력
- Hatch Spacing : 300 입력
- Cross Hatch : Double 클릭
- Hatch origin : Bottom left 설정
- Pick Points 클릭 → 욕실바닥 클릭

● 대화상자를 이용한 해치

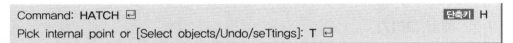

Command: **HATCH** ↵   단축키 H
Pick internal point or [Select objects/Undo/seTtings]: **T** ↵

- Type and pattern　　: User defined 클릭
- Angle and scale　　: Angle = 0 입력, ☑ Double , Spacing = 300 입력
- Hatch origin　　　: Bottom left 설정
- Boundaries　　　: 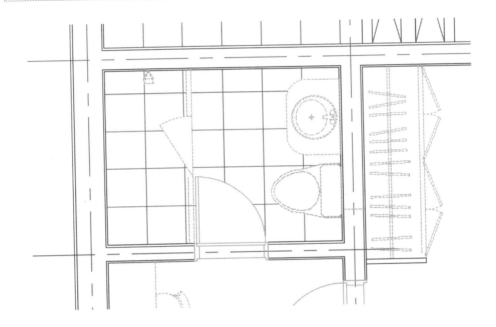 Add: Pick points 클릭 → 욕실바닥 클릭

Preview 로 확인 후, OK 클릭

(2) 벽체 해치

- 벽체에 해치를 할 경우에 해치 간격은 출력 기준으로 경사 45도로 1~1.2mm 간격으로 긋는다. 여기서는 작업 스케일이 1/100이므로 100~120mm 간격으로 그린다. 만약, 출력 스케일이 변경되면 이미 그려진 해치는 HatchEdit 명령을 이용하여 기준값 1~1.2mm에 출력 스케일을 곱한 값을 입력하여 변경한다.
- 벽체 해치를 실행할 경우에는 중심선 레이어를 OFF하면 좀 더 쉽게 작업할 수 있다.

```
Command: HATCH ⏎                                          단축키 H
Pick internal point or [Select objects/Undo/seTtings]:
```

- Hatch Type : User defined 클릭
- Hatch Angle : 45 입력
- Hatch Spacing : 100 입력
-  Pick Points 클릭 → 욕실바닥 클릭

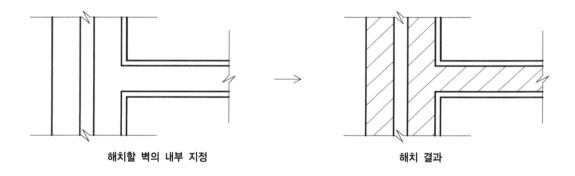

해치할 벽의 내부 지정 → 해치 결과

7-3 레이어 켜기

- 해치를 그리기 위해 Off 했던 레이어를 모두 ON시킨다.
- 여러 레이어를 ON할 경우 Tool Panels에서 일일이 켜지 않고, Layer 패널에서 Turn All layers on 버튼을 클릭하면 모든 레이어를 한꺼번에 ON시킬 수 있다.

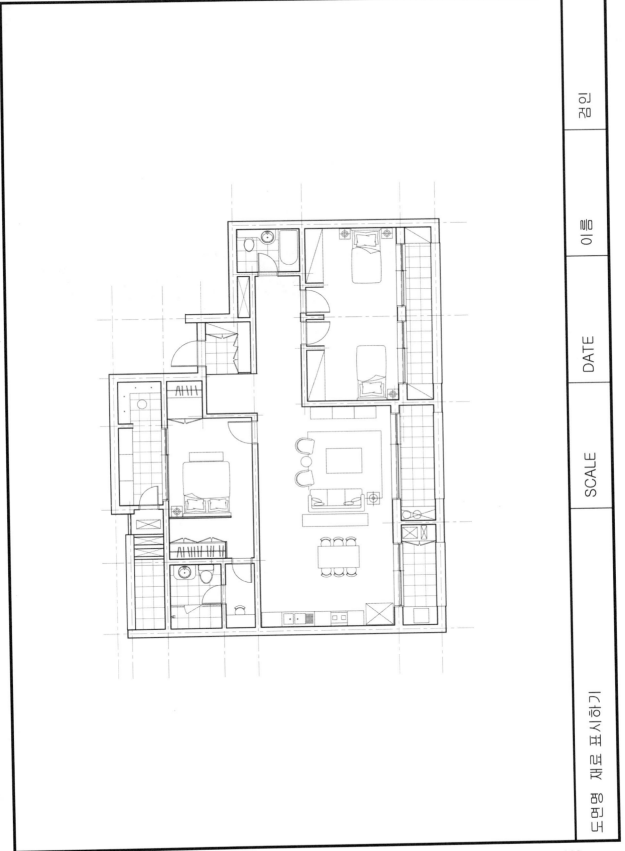

도면명 재료 표시하기

8 치수 기입하기

8-1 레이어 지정

- LAYER명령이나 Tool Panels를 이용하여 Current 레이어를 "DIM"으로 지정한다.

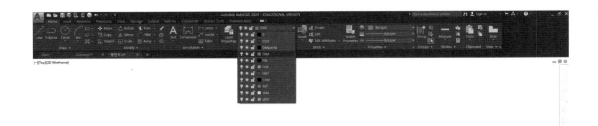

8-2 DIMSTYLE 설정

(1) Create New Dimension Style

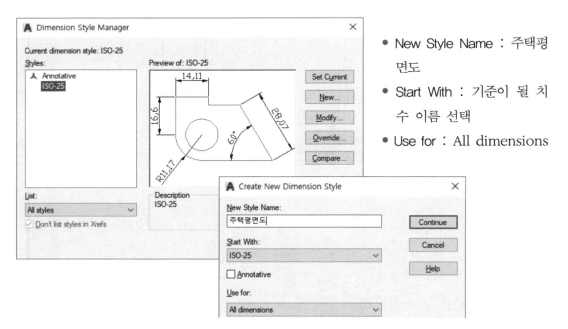

- New Style Name : 주택평면도
- Start With : 기준이 될 치수 이름 선택
- Use for : All dimensions

① Lines

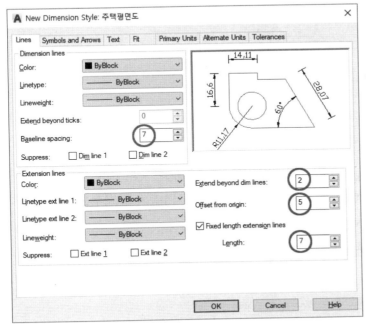

- Baseline spacing : 7
  (치수선의 줄 간격)
- Extend beyond dim lines : 2
  (치수보조선 연장거리)
- Offset from origin : 5
  (객체와 치수보조선과의 거리)
- Fixed length extension lines : 7
  (치수보조선의 크기)

② Symbols and Arrows

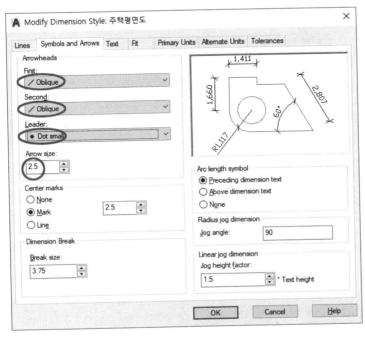

- Arrowheads First, Second, Leader
  : Dot small(화살표의 모양)
- Arrow size : 2.5(화살표의 크기)

③ Text

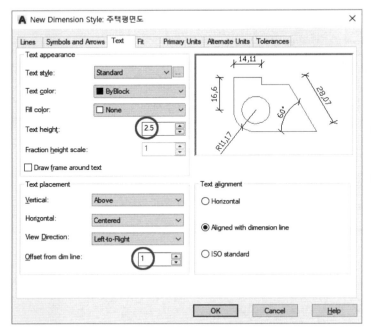

- Text height : 2.5
  (치수문자 크기)
- Offset from dim line : 1
  (치수문자와 치수선과의 간격)

④ Fit

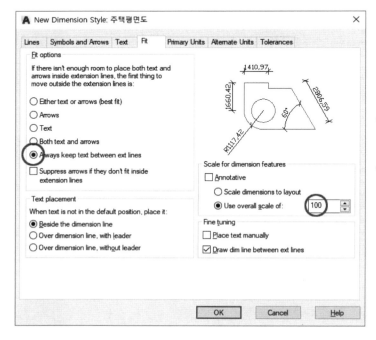

- Fit options Always keep text
  between ext lines 클릭
- Scale for Dimension Features
  Use overall scale of : 100
  (작업 Scale 입력)

⑤ Primary Units

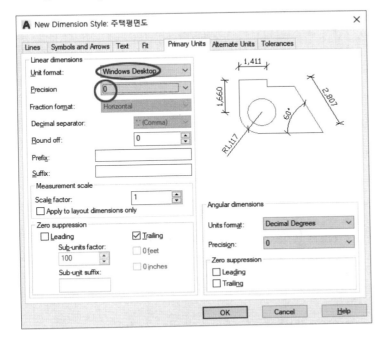

- Linear Dimension Unit format
  : Windows Desktop
  (천단위에 ',' 기입)
  Precision : 0
  (소수점 이하 자리수를 0으로
  설정)

8-3 OSNAP 설정

- 중심선의 끝을 지정하기 위해 Osnap을 ENDpoint로 지정한다.

8-4 치수 기입하기

Command: DLI
Specify first extension line origin or 〈select object〉: P1 클릭
Specify second extension line origin: P2 클릭
Specify dimension line location or [Mtext/Text/Angle/Horizontal/Vertical/Rotated]: P3 클릭
(이격거리를 수치로 입력해서 객체에서 떨어진 길이가 일정한 것이 좋다.)
Dimension text 〈4,000〉: ↵

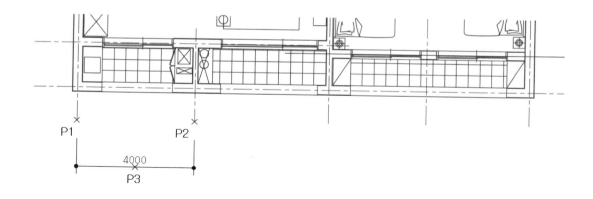

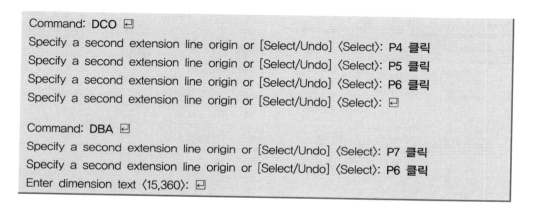

```
Command: DCO ↵

Specify a second extension line origin or [Select/Undo] 〈Select〉: P4 클릭
Specify a second extension line origin or [Select/Undo] 〈Select〉: P5 클릭
Specify a second extension line origin or [Select/Undo] 〈Select〉: P6 클릭
Specify a second extension line origin or [Select/Undo] 〈Select〉: ↵

Command: DBA ↵

Specify a second extension line origin or [Select/Undo] 〈Select〉: P7 클릭
Specify a second extension line origin or [Select/Undo] 〈Select〉: P6 클릭
Enter dimension text 〈15,360〉: ↵
```

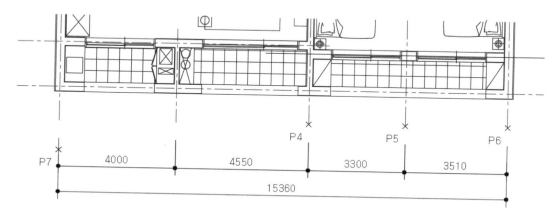

- 참고로, 치수 환경 설정 후 Quick Dimension 명령을 사용하면 좀 더 빠르게 치수를 입력할 수 있다.

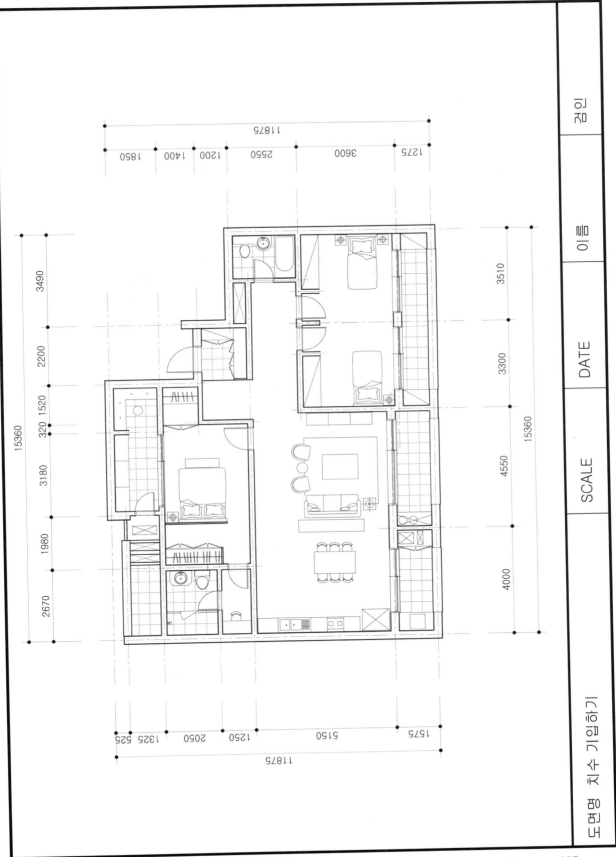

문자 쓰기 및 도면 부호 그리기

9-1 레이어 지정

- LAYER 명령이나 Tool Panels를 이용하여 Current 레이어를 "TXT"로 지정한다.

9-2 Style 지정

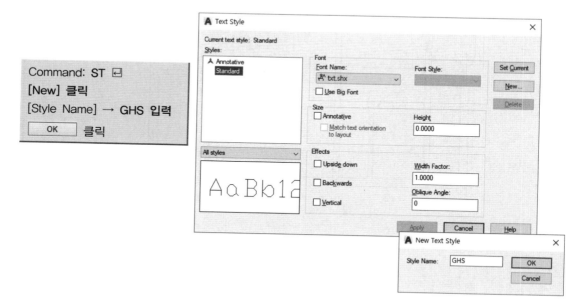

Command: ST ↵
[New] 클릭
[Style Name] → GHS 입력
OK 클릭

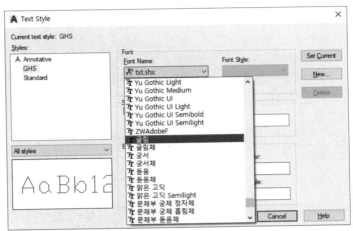

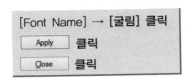

[Font Name] → [굴림] 클릭

Apply 클릭

Close 클릭

9-3 문자 쓰기

Command: TEXT ⏎
문자크기: 130

APP. WOOD FLOORING

거실

> ✎ 문자 크기는 출력 기준으로 3~4mm 정도가 적당하다. 그러나 복잡한 도면에서는 문자의 크기를 2mm 이하로 사용해도 문제없다. 이 도면에서는 문자크기를 130으로 지정한다.

9-4 실명 상자 그리기

Command: RECTANGLE ↵
Specify first corner point or [Chamfer/Elevation/Fillet/Thickness/Width]: **P1 클릭**
Specify other corner point or [Area/Dimensions/Rotation]: **@700,250** ↵

🖊 실명 상자가 너무 크거나 작을 경우에는 Stretch를 이용해서 크기를 조정한다.

9-5 문자 수정하기

위에서 쓴 실명칭과 실명칭 상자를 Copy명령을 이용하여 각 실마다 복사한 후, 복사된 실명을 더블클릭하여 문자를 수정한다.

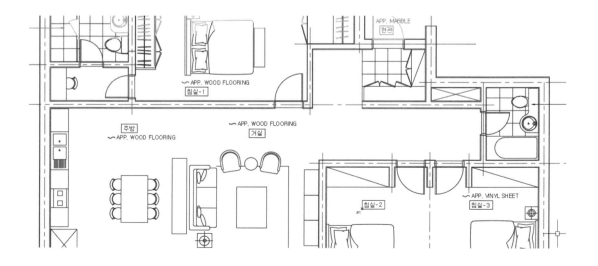

◎ 문자의 크기 조정은 CHPROP로 하거나, SCALE 명령어를 이용한다.

◎ 문자를 수정하면 복사된 실명 상자는 크기가 맞지 않으므로 Stretch를 이용하여 실명상자의 크기를 조정한다.

9-6 재료명, 도면명, 표제란 기입

● 아래 표를 참조하여 모든 문자를 기입한다.

		출력 시	도면 작도 시(예: 1/100일 경우)	
재료명	구분점	1mm	1×100(작업 스케일)	100mm
	문 자	3mm	3×100(작업 스케일)	300mm
	선 간격	7mm	7×100(작업 스케일)	700mm
도면명	원 크기	18mm	18×100(작업 스케일)	1800mm
	도면명	7mm	7×100(작업 스케일)	700mm
	축 척	4mm	4×100(작업 스케일)	400mm
표제란	표제란 문자	3mm	3×100(작업 스케일)	300mm

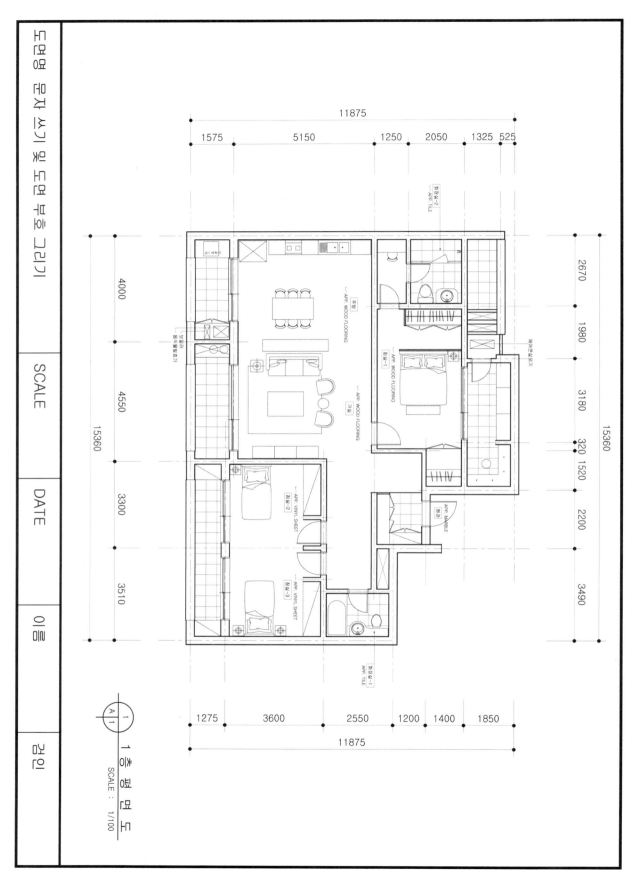

SCALE

DATE

이름

검인

11875

1575　5150　1250　2050　1325　525

4000

15360

4550

3300

3510

2670

1980

3180

320　1520

2200

3490

15360

APP. WOOD FLOORING

주방

APP. WOOD FLOORING
침실-1

APP. WOOD FLOORING
거실

화장실-2
APP. TILE

에어컨실외기

APP. MARBLE
현관

APP. VINYL SHEET
침실-2

APP. VINYL SHEET
침실-3

화장실-1
APP. TILE

1275　3600　2550　1200　1400　1850

11875

A
1

1층평면도

SCALE : 1/100

10 도면 출력 및 저장하기

Command: PLOT ⏎

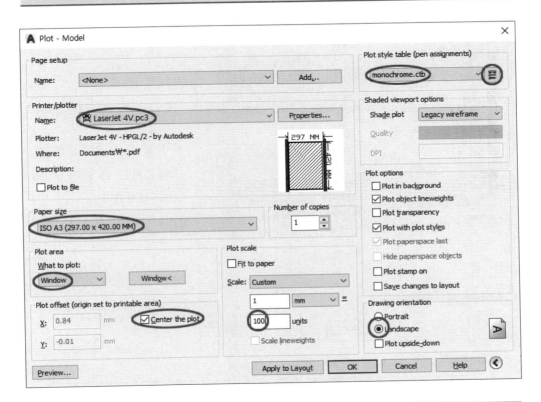

• Printer/plotter	:	인쇄가능한 프린터 선택
• Paper size	:	A3 또는 A4 선택
• Plot area	:	Windows로 인쇄할 영역 선택
• Plot offset	:	center the plot로 종이 가운데에 인쇄
• Plot scale	:	출력 스케일값 입력
• Plot style table	:	monochrome.cbt(흑백 단색) 선택
• Drawing orientation	:	Landscape(가로) 선택

Preview 로 확인 후, OK 클릭

10-1 선 굵기 지정

- [Plot style table(pen assignment)]에서 → "monochrome.ctb" 클릭
  → 오른쪽의 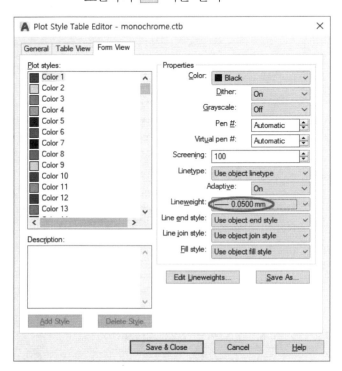 버튼 클릭

- 아래 표를 기준으로 각 색상에 해당되는 선 굵기(Lineweight)를 설정한다.

✎ 일반적으로 사용되는 선 굵기

Color		선두께(mm)			
1	Red				
2	Blue	0.2	0.15	0.1	0.05
3	Magenta				
4	Cyan				
5	Green	0.3	0.25	0.2	0.15
6	White				
7	Yellow	0.5	0.35	0.3	0.25

10-2 화면상으로 출력 검토

● ‎ Preview... ‎ 버튼을 클릭하여 화면상으로 검토한 후, ‎ OK ‎ 버튼을 클릭한다.

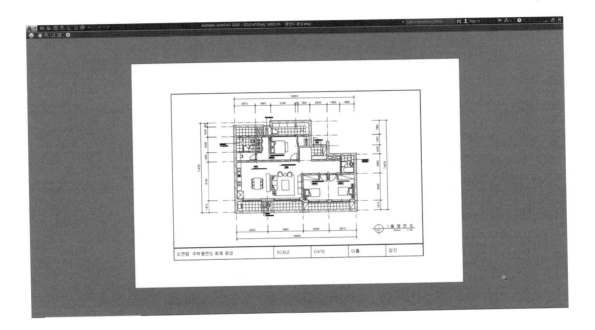

● ‎ Preview ‎ 버튼을 클릭하면 실제 용지에 출력되는 결과를 아래와 같이 화면을 통해 미리 볼 수 있다.

10-3 도면 정리 및 저장

- CAD파일의 용량이 커지는 것을 방지하기 위해 Purge명령을 사용하여 필요 없는 데이터를 지운다.

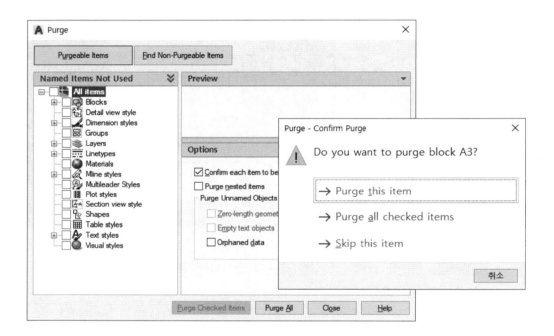

- Save 명령을 이용하여 파일을 저장한다.(작업 중에도 수시로 저장하는 것이 좋다.)

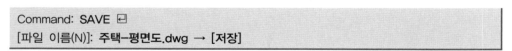

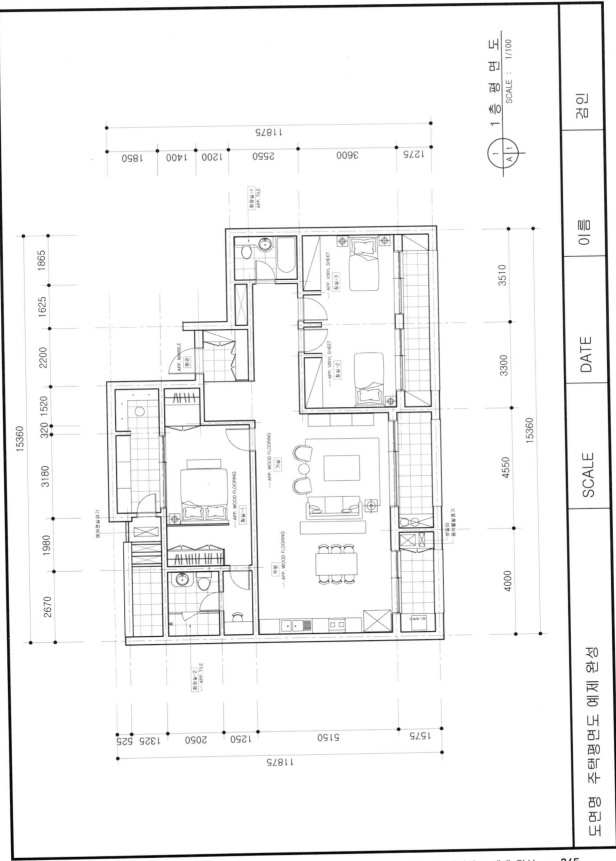

입면도 드로잉

 작업 준비

입면도는 건물의 연직면으로의 투상도로 일반적으로 평면도를 기준으로 작도하고, 축척도 동일하게 한다. 입면도에서는 건축물의 외부형상, 창과 출입구의 위치, 마감재 등을 알 수 있다.

입면도 작도 순서는 다음과 같다.

① 축척에 맞게 도면 양식 삽입

② 평면도 파일 삽입

③ 지반선 및 기준선 작도

④ 지붕 및 외벽선 작도

⑤ 계단, 테라스, 창호 작도

⑥ 천창, 캐노피 작도

⑦ 해치를 이용한 재료 표시

⑧ 치수 기입

⑨ 문자 및 부호 기입

입면도는 건축분야에서 주로 사용되는 건물의 외부 입면도와 인테리어분야에서 주로 사용되는 내부입면도(전개도)가 있다. 본 교재에서는 그리는 방법이 좀 더 까다로운 건물의 외부 입면도 작도법에 대해서 알아보기로 한다. 외부입면도와 내부입면도의 차이는 다음과 같다.

■ 내부 외면도 ■

ELEVATION A'
SCALE:1/80

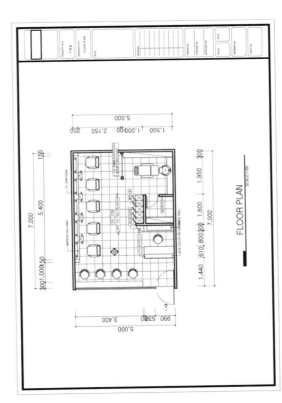

FLOOR PLAN
SCALE:1/80

ELEVATION D'
SCALE:1/80

ELEVATION B'
SCALE:1/80

ELEVATION C'
SCALE:1/80

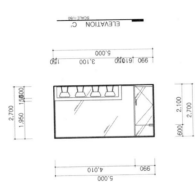

■ 외부 외면도 ■

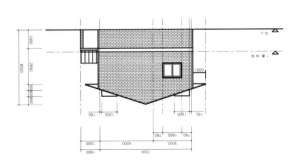

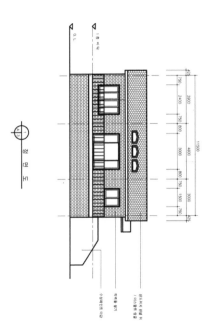

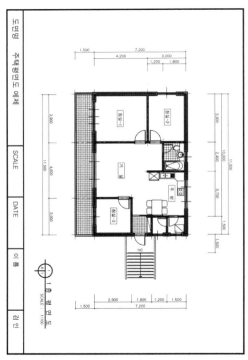

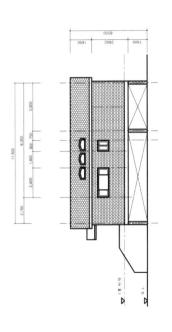

우 측 면 도
SCALE : 1/100

1-1 도면 양식 삽입

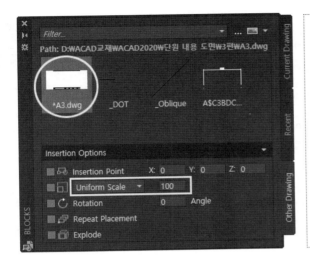

- ■■ 버튼 클릭 → A3.dwg 도면 양식 선택
- Insertion point : 0,0,0으로 지정(또는 마우스로 화면에서 직접 지정)
- Scale은 [Uniform Scale ▼] [100] 으로 입력(또는 작업 scale에 맞게 적절한 값 입력)
- Rotation Angle : 0으로 설정
- Repeat Placement, Explode는 선택 하지 않고 실행

Command: **ZOOM** ↵
[All/Center/Dynamic/Extents/Previous/Scale/Window/Object] ⟨real time⟩: **E** ↵

Command: **STYLE** ↵
Font를 "굴림"으로 선택한 후 [Apply] 버튼 클릭 후 [Close] 버튼 클릭

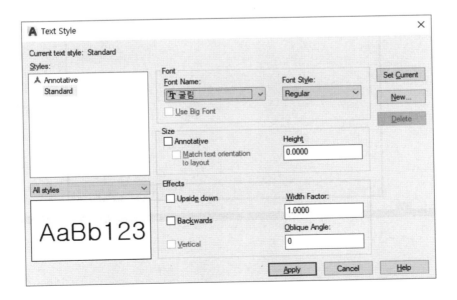

1-2 DIMSCALE, LTSCALE 조정

```
Command: DIMSCALE ↵
Enter new value for DIMSCALE 〈1.0000〉: 100 ↵(작업 scale로 지정)

Command: LTSCALE ↵
Enter new linetype scale factor 〈1.0000〉: 100 ↵(작업 scale로 지정)
```

🖉 DIMSCALE은 Dimension style에서 치수스케일을 설정(Dimension style에서 설정한 수치에 scale값이 곱해진다.)하는 것이고, LTSCALE은 점선이나 중심선, 쇄선을 그릴 때, 선의 크기를 설정하는 것이다. 일반적으로 작업 scale과 동일하게 설정해 준다.

1-3 파일 저장

```
Command: SAVE↵
[파일 이름(N)]: 주택-입면도.dwg → [저장]
```

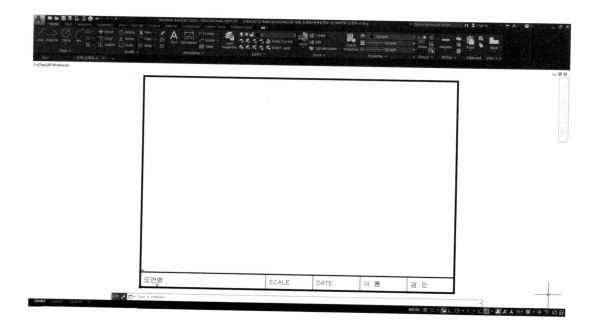

2 **평면도 파일 삽입**

Command: INSERT ↵
Insert 대화 상자가 나타난다.

- ■ 버튼 클릭 → 평면도.dwg 선택
- Insertion point : ☑ 🔁 Insertion Point 로 지정하여 마우스로 화면
  에서 직접 지정
- Scale : ■ 🔁 Uniform Scale ▾ 1 입력
- Rotation Angle : 270으로 설정
- Repeat Placement : 체크하지 않음.
- Explode : ☑ 🔁 Explode 를 선택

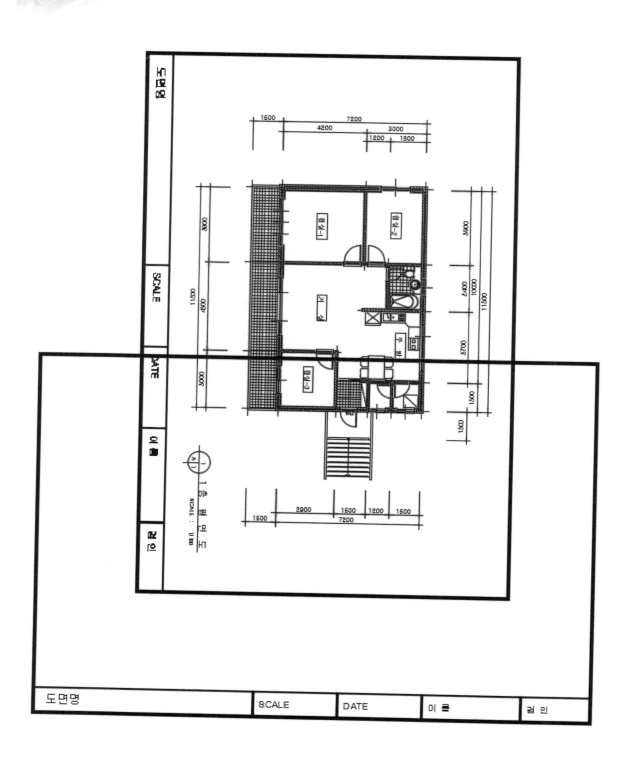

3 입면도 그리기

3-1 지반선(GL) 및 기준선 그리기

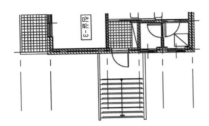

- Layer를 "CEN"으로 지정하고, line 명령어로 지반선(GL)을 긋는다.

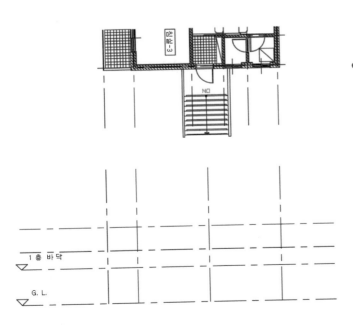

- 지반선(GL)라인을 이용해서 1층 바닥선 등의 수평선을 Offset한 후, GL라인은 노란색, 실선으로 변환한다.
- 평면도를 이용해서 건물 외벽선을 내리고, 수평기준선을 그린다. 건물외벽선은 Extend 명령을 이용해서 GL라인까지 연장한다.

3-2 지붕 및 외벽 그리기

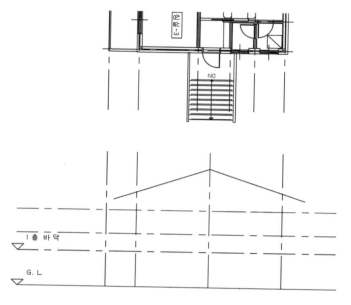

- Layer를 "ELE"로 지정하여, 색상을 "yellow"로 설정한다.
- 지붕의 물매를 3.5/10으로 잡고, 상대좌표를 이용해서 지붕을 그린다.

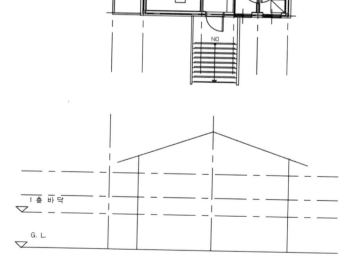

- 건물 양쪽 측면의 외곽선 레이어를 'ELE'로 변경하고, 길이를 수정하여 건물 외벽선을 만든다.

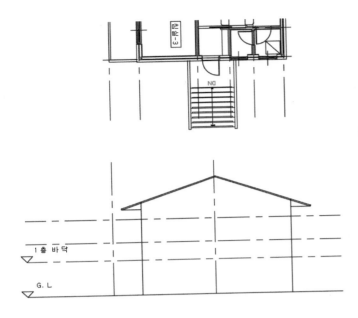

- 지붕의 두께를 50mm로 Offset 하여 그리고, 처마를 외벽선까지 연장하여 그린다.

3-3 계단 및 테라스 그리기

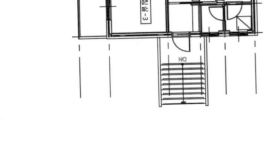

- Layer를 "STR"로 지정하여, 색상을 'WHITE'로 설정한다.
- 계단을 그리기 위해서 평면도의 계단선을 내려 계단 난간을 그린다.
  계단 난간높이=2,200mm
  계단 난간폭=100mm

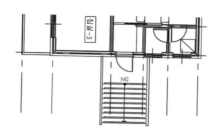

● 계단난간 사이에 단높이 180mm
씩 Array 또는 Offset 명령을 이
용해서 계단을 그린다.

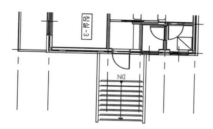

● 평면도에서 테라스 외벽의 기준
선을 내려 테라스를 그리고, 두
께 150mm로 테라스 슬래브를
그린다.

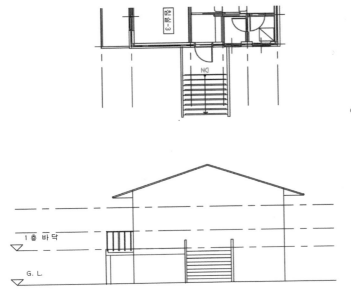

● 테라스의 난간을 그린다.
　난간 높이=950mm
　난간기둥 간격=300mm
　난간봉 지름=50mm

3-4 창호 그리기

● Layer를 "WID"로 지정한다.
● 평면도의 창호를 이용해 창문과
　현관문의 위치를 잡는다.
　창문 높이=900mm
　현관문 높이=2100mm

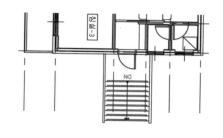

- 창문과 문의 입면 블록을 삽입
  하거나 이를 수정하여 창문과
  문을 완성한다.

3-5 천창 및 캐노피(Canopy) 그리기

- 현관 상부의 캐노피(Canopy)
  를 그린다.

- 지붕의 천창(1200mm×500mm)
  을 그린다.

3-6   해치하기

• Layer를 "HAT"로 지정한다.
• 외벽을 HATCH 명령을 이용해
  서 재료 표시를 한다.
  Hatch Pattern : AR—B816
  Angle : 0
  Scale : 15

3-7   도면명 쓰기

• Layer를 "TXT"로 지정한다.
• Text명령을 이용하여 문자를 쓴다.
• 문자의 내용을 수정하려면, ddEDit 명령어를 이용하여 수정한다.

우 측 면 도
SCALE :   1/100

• 도면 타이틀 기호 및 레벨 표시 기호 등은 미리 만들어 놓은 블록을 Insert 명령어
  로 삽입하여 사용한다. 도면 기호를 삽입할 때에는 Scale 설정에 주의해야 한다.

		출력 시	도면 작도 시(예: 1/100일 경우)	
재료명	구분점	1mm	1×100(작업 스케일)	100mm
	문 자	3mm	3×100(작업 스케일)	300mm
	선 간격	7mm	7×100(작업 스케일)	700mm
도면명	원 크기	18mm	18×100(작업 스케일)	1800mm
	도면명	7mm	7×100(작업 스케일)	700mm
	축 척	4mm	4×100(작업 스케일)	400mm
표제란	표제란 문자	3mm	3×100(작업 스케일)	300mm

3-8 저장하기

- CAD파일의 용량이 커지는 것을 방지하기 위해 Purge명령을 이용하여 필요 없는 정보를 지운다.
- Save명령을 이용하여 파일을 저장한다.

```
Command: SAVE ↵
[파일 이름(N)]: 주택-입면도.dwg → [저장]
```

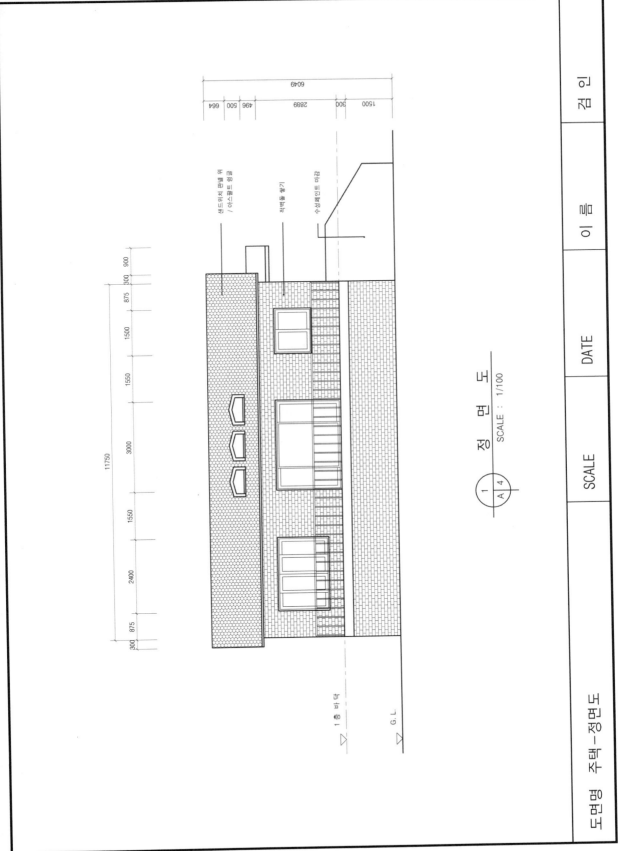

정 면 도

$\dfrac{1}{A\ 4}$　SCALE : 1/100

샌드위치 판넬 위
/ 아스팔트 슁글

적벽돌 쌓기

수성페인트 마감

11750

300　875　2400　1550　3000　1550　1550　875　300　900

6049

1500　300　2889　496　500　664

1층 바닥

G. L.

| 도면명 주택―정면도 | SCALE | DATE | 이 름 | 검 인 |

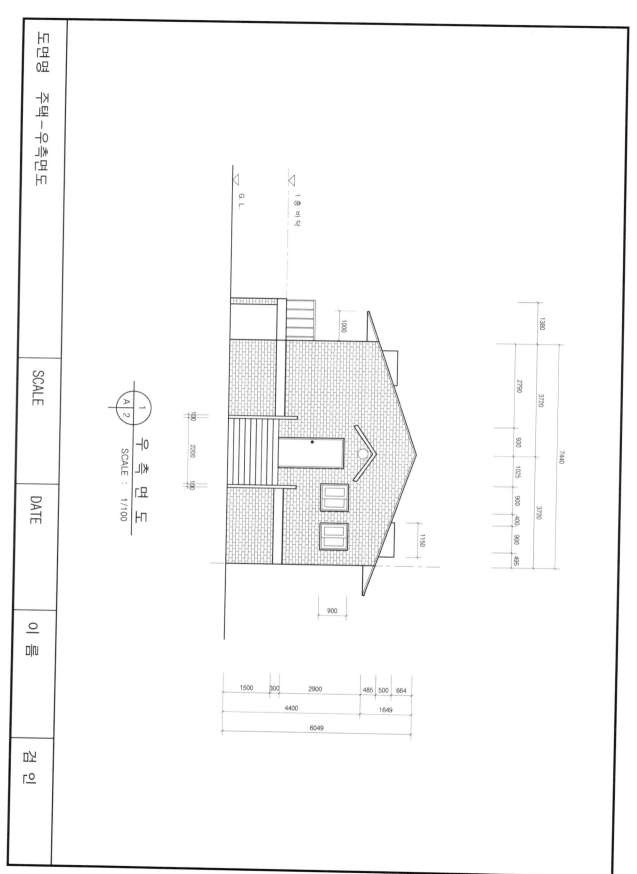

SCALE

DATE

이 름

검 인

우 측 면 도
SCALE : 1/100

G. L.

1층 바닥

1000

2200
100
100

1150

900

1380
2790
930
1025
900
400
900
495
3720
3720
7440

1500
300
2900
485
500
664
4400
1649
6049

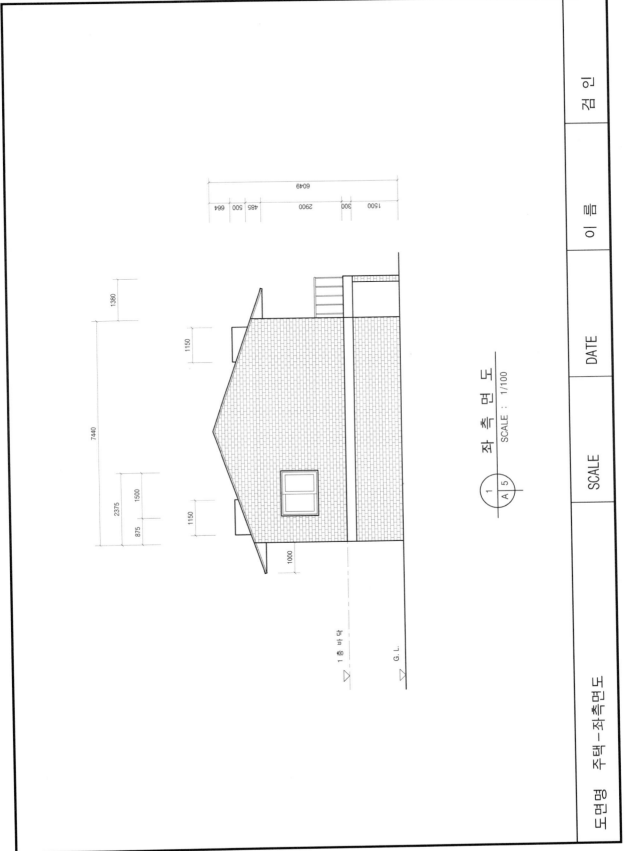

좌 측 면 도

SCALE : 1/100

1층바닥

G. L.

도면명 주택-좌측면도

검 인

이 름

DATE

SCALE

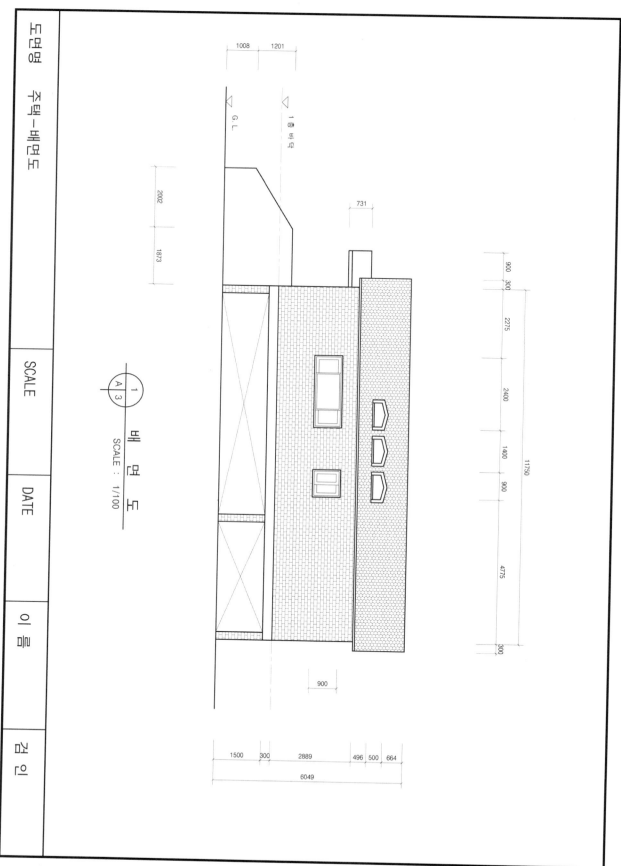

SCALE

DATE

이 름

검 인

G. L.

1층 바닥

1008 1201

2002

1873

731

900
300

2275

2400

1400

900

4775

300

11750

배 면 도
SCALE : 1/100

1
A 3

900

1500 300 2889 496 500 664

6049

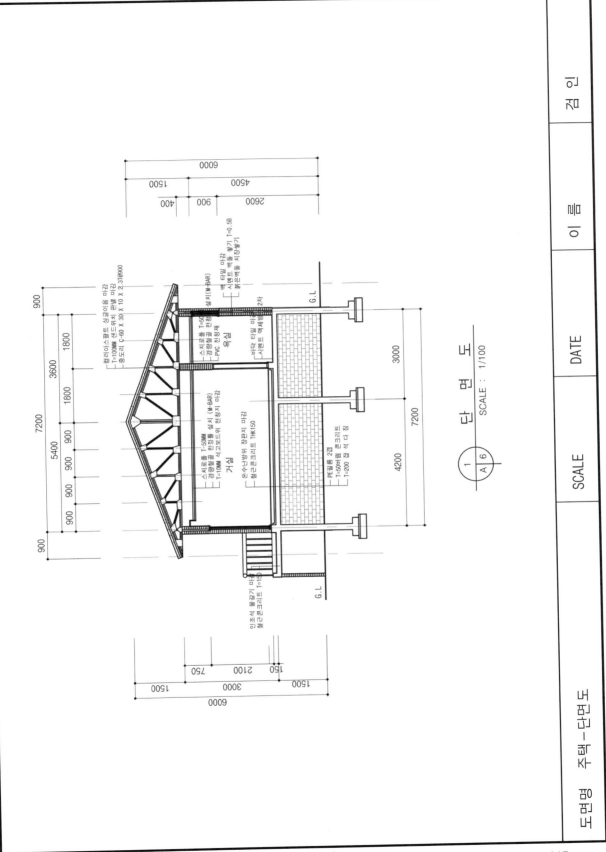

단 면 도

SCALE : 1/100

1
A 6

SCALE

DATE

이 름

검 인

도면명 주택－단면도

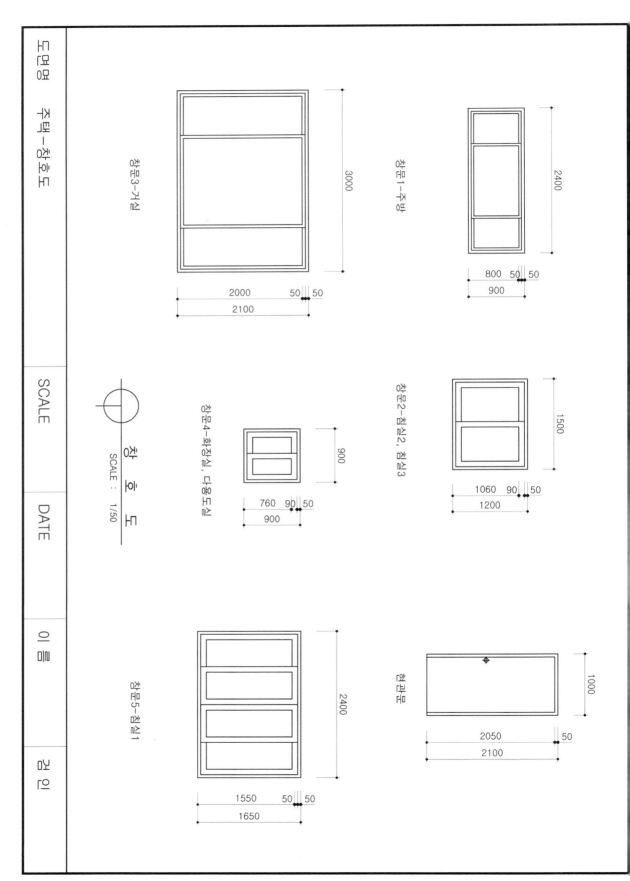

창문1-주방

3000

2000

50 50

2100

창문2-침실2, 침실3

1500

1060 90 50

1200

2400

800 50 50

900

창문3-거실

창호도

SCALE : 1/50

창문4-화장실, 다용도실

900

760 90 50

900

창광문

1000

2050 50

2100

창문5-침실1

2400

1550 50 50

1650

천장도 드로잉

1 작업 준비

천장도는 실내공간의 천장면 바로 아래 30cm 정도에서 수평으로 절단하여 바닥에서 천청면을 바라 본 모양을 평면도에 표시한 도면이다. 따라서 평면도를 기초로 해서 작도하며, 천장면에 부착된 각종 설비의 모양은 아래에서 위로 바라보이는 모습이 보이도록 한다. 천장도에는 실내의 조명기구, 소방 설비 기구, 공조 설비, 전기 설비 등이 표현되어야 한다.

(1) 천장도에 표기될 내용

① 기둥과 벽 등의 구조체(평면도 이용)

② 창문과 도어의 위치(도어는 위치만 표시하고 열리는 방향 표시는 삭제)

③ 마감선

④ 조명기구(범례에서 종류 등을 표시), 조명 간격

⑤ 기타 설비(단순한 도면은 천장도에 표기, 복잡할 경우 별도의 설비도면 제작)

⑥ 실명 및 천장 높이(CH : 높이값)

침실1
CH : 2400

⑦ 천장의 고저(우물천장 등의 형태 표시, 보이지 않는 부분은 Hidden선으로 표시)

⑧ 천장 재료

⑨ 치수

⑩ 범례

⑪ 도면의 제목, 축척

(2) 천장도 작도 순서

① 평면도를 이용하여 커튼박스, 몰딩, 천장모양(우물천장 등)을 작도 – 도어부분의
몰딩은 도어가 없는 것으로 간주하고 작도

② 조명 배치 – 벽에서 이격거리, 조명 상호간 간격 일정하게 배치

③ 기타 설비들을 규정에 의해 적절하게 배치

④ 모든 설비는 서로 겹치거나 너무 가깝지 않게 일정한 간격으로 배치

⑤ 천장면의 레벨표시, 재료표시

⑥ 조명기구간의 치수, 도면 전체의 치수 표현

⑦ 범례표 작성

⑧ 도면명과 SCALE 기입

(3) 각종 설비기구 모양 및 배치 방법

아래 나열한 각종 설비는 일반적으로 도면에서 자주 사용되는 모양과 크기, 배치방법
을 나열한 것이다. 따라서 각 설비제품의 모양과 크기, 배치 방법 등은 설치될 장소
의 특성과 제품의 성능 변화에 따라 약간씩 차이가 날 수 있다.

	기구명	모양	크기(단위 : mm)	배치 및 간격
조명 설비	형광등 (Fluorescent Lamp)	10W, 20W, 40W,60W	150×600, 300×600, 300×1200	– 소요조도에 따라 간격을 결정. – 벽에서 조명까지 의 거리, 조명간 의 거리는 조명률 표에 의해 산정
		매입형	노출형과 크기는 동일	
	LED등 (light–emitting diode)		300×1200	
			450×450, 500×500, 600×600, Ø500, Ø600, Ø750	
	다운라이트 (Down light)		Ø100, Ø150, Ø200 …	간격 1200, 1500, 1800, 2100

기구명		모양		크기(단위 : mm)	배치 및 간격
조명 설비	멀티다운라이트 (Multi Down Light)	멀티1구	◯	100×100, 150×150, 200×200	−
		멀티2구	◯◯	200×100, 300×150	−
	스포트라이트 (Spot light)			Ø70, Ø100, Ø150 ⋯	−
	펜던트 (Pendant light)			Ø100 ~ Ø300	식탁면에서 600mm 높이
	샹들리에 (Chandelier)			Ø600, Ø750, Ø800, Ø900, Ø1000, Ø1200 ⋯	−
	직부등 (Ceiling light)			Ø300, Ø450, Ø500, Ø600, Ø750	천장면에 부착
				450×450, 500×500, 600×600	
	벽부등 (Wall Bracket)			−	벽면에 부착
소방 설비	스프링클러 (Sprinkler)		● ⓢ	Ø50, Ø75	− 10m² 당/1개 − 보통 3~3.5m마 다 배치
	감지기 (Fire Sensor)	원형 ◎		Ø100, Ø150	소방법에 따라 배치. 일반적으로 벽으로 나뉜 모든 실에는 기본 1개 배치. 보통 35m²마다 1개씩 배치 (성능에 따라 70m²마다), 공기유입구로부터 1.5.m 이상 이격
		연기감지기 Ⓕ		100×100	
	비상등 (Emergency light)		●	50×300	비상용 조명
	출입구등 (Exit light)		▭⊗▭	50×(200, 300, 450)	비상출입구에 배치

기구명		모양	크기(단위 : mm)	배치 및 간격
공조 설비	디퓨저 (Diffuser)	원형	∅300	실내 공간의 크기나 모양에 따라 나란히 배치(덕트의 배관 고려)
		사각형	300×300	
		라인형	100×(600, 900, 1200)	
	에어컨	천장형 4Way	900×900	성능에 따라 적절한 개수 및 배치
		천장형 2Way	600×1200 650×1030	
		천장형 1Way	300×900 450×1050 500×1200	
		벽부착형	200×1000	–
	환기구 (Ventilator)	사각형	300×300, 200×200 150×150	보통 2개, 음식점/ PC방 등은 4개 이 상, 4~5m 간격으로 배치(욕실에는 Fan 형태로 1개 설치)
		원형	∅300 ∅150	
전기 설비	스피커 (Speaker)	사각형 S	300×300	–
		원형 S	∅300	
	CCTV	CC	∅100	–

기구명	모양	크기(단위 : mm)	배치 및 간격
점검구 (Access Door)		450×450 500×500 600×600	욕실, 화장실 등 천장마감재가 분리되지 않는 구조에 설치
커튼박스		100, 150, 200	－
몰딩 (알루미늄몰딩)	알루미늄몰딩	30	－
몰딩 (클래식몰딩)	클래식몰딩	45	－
커튼		－	－

(기타)

(2) 범례(Legend) 작성 예

■ LEGEND

No.	Sym.	Name	Description
LF-1		Ceiling Light	FPL 55W×3ea
LF-2		Ceiling Light	FPL 36W×2ea
LF-3		Ceiling Light	FPL 24W×2ea
LF-4		Down Light	Hal. 50W
LF-5		Down Light	DULUX 13W×2
LF-6		방습등	IL. 60W
LF-7		센서등	IL. 60W
LF-8		Spot Light	Hal. 50W
LF-9		Indirect Light	Fl. 32W
LF-10		Bracket	
LF-11		Ceiling Light	(Dining Rm.)
LF-12		Ceiling Light	(Living Rm.)

		Air con.	1way 카세트
		Curtain	

2 천장도 그리기

아래와 같은 간단한 도면 예제를 통하여 천장도를 작도하는 방법을 익히도록 한다.

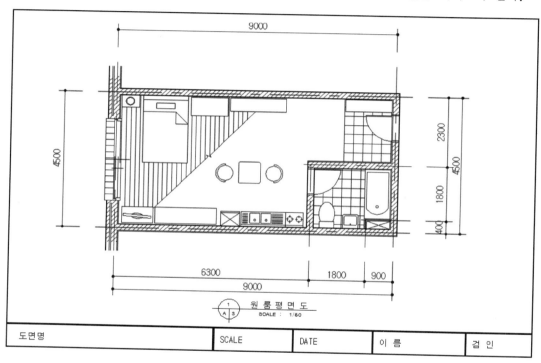

원 룸 평 면 도
SCALE : 1/60

도면명		SCALE	DATE	이 름	검 인

2-1 벽체 및 개구부 정리하기

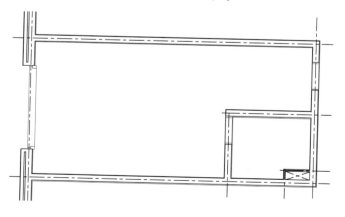

- 평면도에서 해치, 가구 등 천장도에서 불필요한 레이어를 OFF 시키거나 지워버린 후, 개구부를 정리한다. 도어부분의 몰딩은 도어가 없는 것으로 간주하고 작성한다. 문과 창문은 틀만 남기고 열리는 방향은 지운다.

2-2 커튼박스, 몰딩 그리기

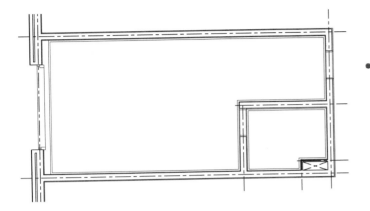

- 평면도를 이용하여 커튼박스, 몰딩을 그린다. 커튼박스의 크기는 150mm, 200mm 정도로 한다.

2-3 천장면 요철 표현하기

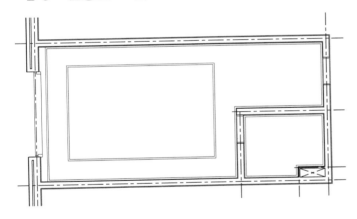

- 우물천장처럼 천장면에 요철부분이 있으면 적절한 크기로 작도한다.

2-4 조명 배치하기

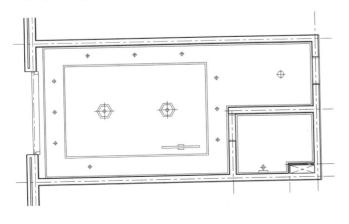

- 조명기구를 설치할 곳에 위치를 설정한 후 모양에 맞게 표시한다. 조명기구의 간격, 벽체와의 이격거리 등은 소요조도에 의한 계산에 의해 정확히 하여야 한다.

2-5 기타 설비 표현하기

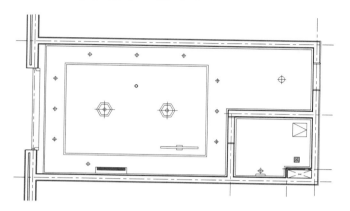

- 공조 설비, 전기 설비, 소방 설
  비 등을 형상과 크기에 맞게
  작도한다.

2-6 천장 레벨표시, 재료표시하기

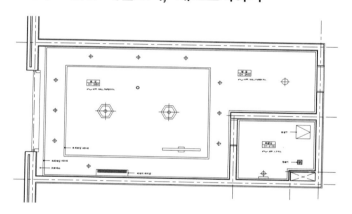

- 각 실 천장면의 레벨표시와 재
  료를 표시한다.

2-7 치수 기입하기

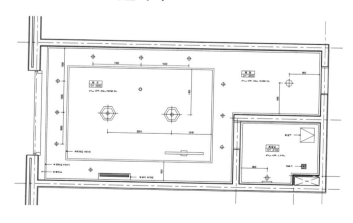

- 조명기구들 상호간의 간격, 벽
  에서의 이격거리 등을 치수로
  기입한다.

2-8 범례표 만들기

■ LEGEND

No.	Sym.	Name	Description
1		Ceiling Light	FPL 55W×2ea
2		센서등	IL. 60W
3		Down Light	Hal. 50W×10ea
4		Bracket	
5		Pendant Light	FPL 60W
6		벽부착형 에어컨	
7		Fire Sensor	

- 조명기구, 공조 설비, 기타 시설물에 대한 범례표를 만들어 형상과 기구명, 개수 등을 기입한다.

2-9 도면명, SCALE 기입하기

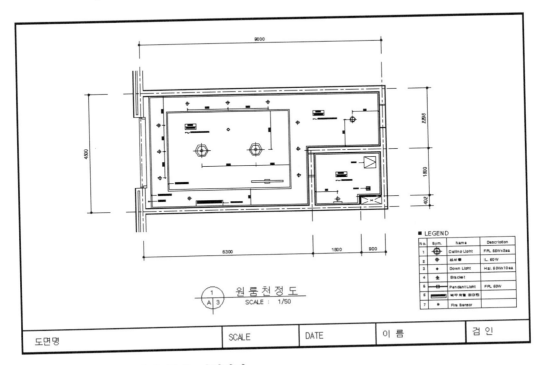

- 도면명과 스케일 등을 기입한다.

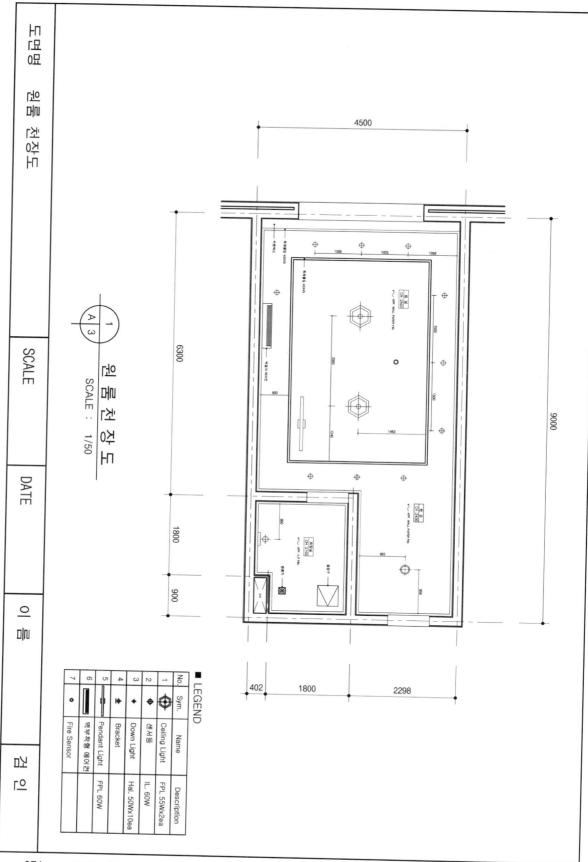

원룸 천장도
SCALE : 1/50

4500

9000

6300

1800

900

402   1800   2298

CH 2500
CH 2400
CH 2100

APP' WALL PAPER FIN.

■ LEGEND

No.	Sym.	Name	Description
1	◈	Ceiling Light	FPL 55Wx2ea
2	◈	센서등	IL. 60W
3	✦	Down Light	Hal. 50Wx10ea
4	✦	Bracket	
5	◆	Pendant Light	
6	▬	벽부착형 에어컨	FPL 60W
7	●	Fire Sensor	

Part 4

환경설정 및 활용

제1장 AutoCAD 환경설정
제2장 도면의 크기와 선의 축척
제3장 AutoCAD 단축키 만들기
제4장 이렇게 해결해요
제5장 AutoCAD에서 포토샵으로
      파일변환

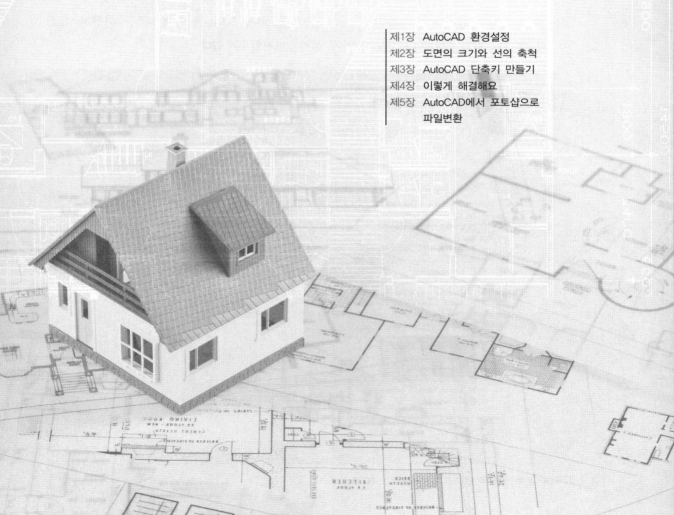

제1장

AutoCAD 환경설정

1 Options(환경설정)

Command: OPtions ↵ or PREFerences ↵ or CONFig ↵   단축키 OP

AutoCAD 2016의 초기화면, 바탕화면 색상, 커서 모양, 선택 방법 등 다양한 요소들을 사용자의 취향이나 용도에 맞게 설정, 변경할 수 있다.

1-1 Files(파일)

• AutoCAD 2016의 각종 파일의 경로를 설정한다.

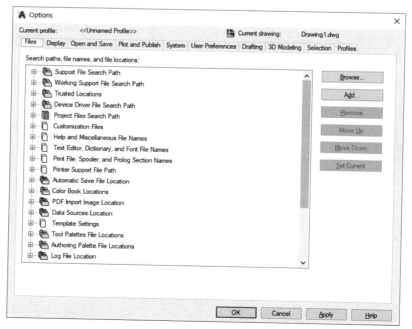

- 현재 파일 Path에 경로를 추가하고 싶으면 원하는 옵션을 클릭하거나, ⊞ 기호를 클릭 한 후, [Add...]를 선택한다.

- [Browse...]는 원하는 경로를 찾고 싶을 때 사용한다.

  ✎ AutoCAD 2020의 초기화면이 표준화면이 아닐 경우는 [Search paths]의 Customization File을 클릭
  → [Main Customization File]
  → [➡]를 더블 클릭
  → acad.CUIX을 선택
  → [Open] 클릭하면 초기화면으로 변환된다.

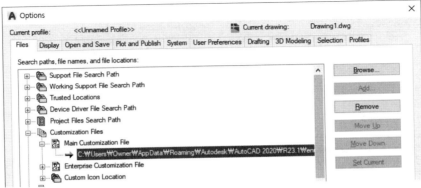

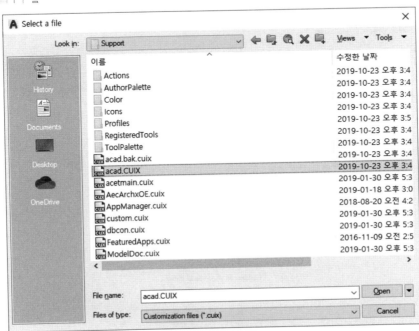

1-2 Display(화면설정)

- 화면의 색상, Screen 메뉴의 설정, Scroll bar 보기, 해상도, 커서십자 크기 등을 설정할 수 있다.

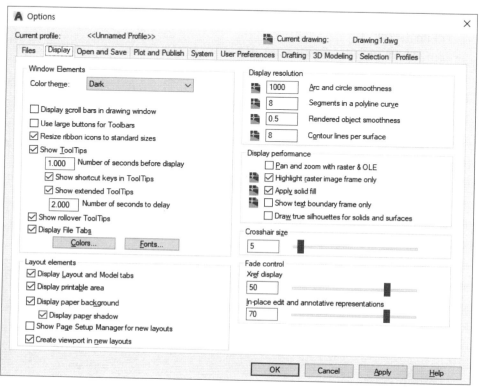

(1) Window Element(화면색상, 폰트, 화면구성요소 설정)

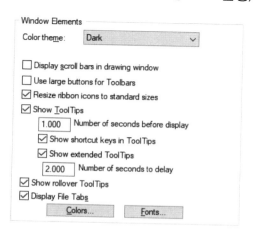

- Display scroll bars in drawing window : 화면의 스크롤바 표현 여부를 제어한다.
- Use large buttons for Toolbars : 도구막대에 큰 버튼을 사용한다.
- Resize ribbon icons to standard sizes : 리본아이콘을 표준크기로 크기를 조정한다.
- Show ToolTips : 툴팁을 표시한다.
- Show rollover ToolTips : 롤오버 툴팁을 표시한다.
- Display File Tabs : 파일 탭 표시여부를 제어한다.
- Colors... 버튼을 클릭하면 작업영역의 화면색을 설정할 수 있다.

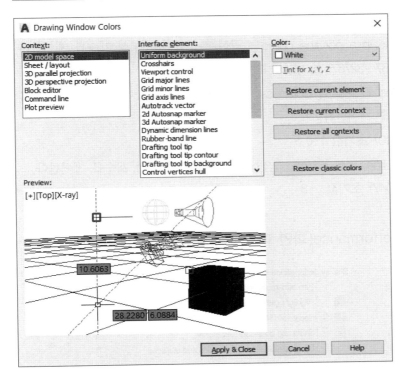

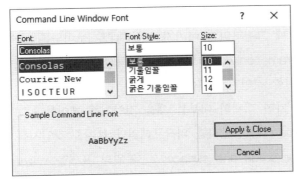

- Fonts... 버튼을 클릭하면 글자체, 글자 스타일, 글자 크기 등을 설정할 수 있다.

(2) Display resolution(화면 해상도 설정)

Display resolution

	1000	Arc and circle smoothness
	8	Segments in a polyline curve
	0.5	Rendered object smoothness
	8	Contour lines per surface

- Arc and circle smoothness : 호나 원의 부드러운 정도를 제어한다.
  - (0~20,000) 초기값 : 1,000
- Segments in a polyline curve : 곡선 폴리라인의 구성 개수를 제어한다.
  - (−32767~32767) 초기값 : 8
- Rendered Object smoothness : Shade와 Render 명령 사용 시 객체의 부드러운 정도를 제어한다.
  - (0.1~10) 초기값 : 0.5
- Contour lines per surface : Solid 객체표면의 구성 개수를 제어한다.
  - (0~2047) 초기값 : 8

(3) Display performance(화면 디스플레이 성능 설정)

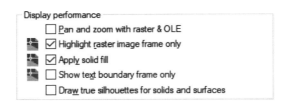

- Pan and zoom with raster & OLE : 그림파일을 raster image... 명령으로 불러와서 Zoom 기능을 실행시킬 때 그림파일의 이미지를 원래대로 보이도록 설정한다.
- Highlight raster image frame only : 그림파일의 외곽선을 점선으로 표현할 것인지, 영역을 해칭으로 표현할 것인지를 제어한다.
- Apply solid fill : 두께를 가진 객체의 내부를 채울 것인지를 제어한다.
- Show text boundary frame only : 문자를 외곽프레임만 보여줄 것인지를 제어한다.
- Draw true silhouettes for solids and surface : 3차원의 표면을 wireframe으로 보여줄 것인지 True color로 보여줄 것인지를 제어한다.

(4) Layout elements(화면배치요소 설정)

Layout elements
☑ Display Layout and Model tabs
☑ Display printable area
☑ Display paper background
　☑ Display paper shadow
☐ Show Page Setup Manager for new layouts
☑ Create viewport in new layouts

- Display Layout and Model tabs : 화면 좌측 하단의 모델영역(Model space)과 종이영역(Paper space-layout1, layout2)의 표현여부를 설정한다.
- Display printable area : 종이영역에서의 출력가능부분을 점선으로 표시여부를 제어한다.
- Display paper background : 종이영역에서의 배경의 표시여부를 제어한다.
- Display paper shadow : 종이영역에서 종이의 그림자 표시여부를 제어한다.
- Show Page Setup Manager for new layouts : 새 layout을 만들 때 화면설정 대화상자의 표시여부를 제어한다.
- Create viewport in new layouts : 새 layout을 만들 때 viewport의 생성여부를 제어한다.

(5) Crosshair size(커서 십자 크기)

Crosshair size
5

- 작업영역에서 마우스 커서의 십자 크기를 조절한다.

(6) Fade control(참조 도면의 명암조절)

Fade control
Xref display
50
In-place edit and annotative representations
70

- 참조도면의 명암을 조절한다.

1-3 Open and Save(파일 열기와 저장)

- 파일의 저장과 외부참조 도면에 관한 사항들을 설정할 수 있다.

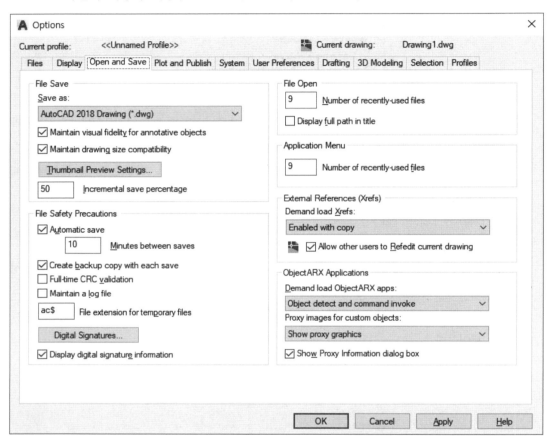

(1) File Save(파일 저장)

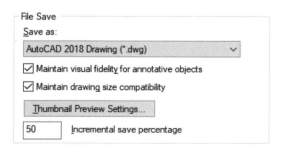

- Save as : 파일을 저장할 포맷을 설정한다.
- Thumbnail preview settings : 파일을 저장할 때 미리보기 이미지를 저장한다.
- Incremental save percentage : 파일에 함유된 불필요한 도면 데이터량을 제어한다.

(2) File Safety Precautions(파일안전 예방수단에 관한 설정)

- Automatic save : 자동저장 시간을 설정한다.
- Create backup copy with each save : 파일을 저장할 때 백업파일을 만들 것인지 여부를 제어한다.
- Full-time CRC validation : 불러오는 도면 파일의 문제점을 체크해서 보여줄 것이지를 제어한다.
- Maintain a log file : 저장 파일에 대한 기록파일(확장자 *.log)을 만들 것인지를 제어한다.
- File extension for temporary files : 자동 저장되는 파일의 확장자를 설정한다.
- Digital Signatures : 문서의 암호를 설정한다.

(3) File Open

- Number of recently-used files : 파일열기 메뉴에서 최근에 사용된 파일의 목록 개수를 지정한다.
- Display full path title : 사용 중인 파일의 파일이름에 전체 경로 제목을 표시한다.

(4) Application Menu

- Number of recently-used files : 응용프로그램 메뉴에서 최근에 사용된 파일의 개수를 지정한다.

(5) External References(외부참조 파일에 관한 설정)

- Demand load Xrefs : 외부참조 도면을 불러오기 가능(Enable), 불가능(Disable), 복사본으로 불러오기(Enable with copy) 등을 제어한다.
- Allow other users to Refedit current drawing : 현재 도면이 다른 사용자가 편집할 수 있게 할 것인지를 제어한다.

(6) ObjectARX Application

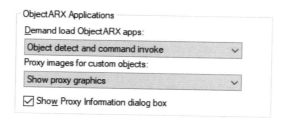

- Demand load ObjectARX apps : 응용프로그램에서 만들어진 객체를 편집할 때, 응용프로그램을 실행할 것인지를 제어한다.
- Proxy images for custom objects : Proxy image의 표시여부를 제어한다.
- Show Proxy Information dialog box : Proxy image를 열 때, Proxy image 정보를 표시할 것인지를 제어한다.

1-4 User Preferences(사용자 선택사항)

- 윈도우 표준 동작, 객체의 단위, 좌표의 우선순위, 객체의 분류방법 등을 설정할 수 있다.

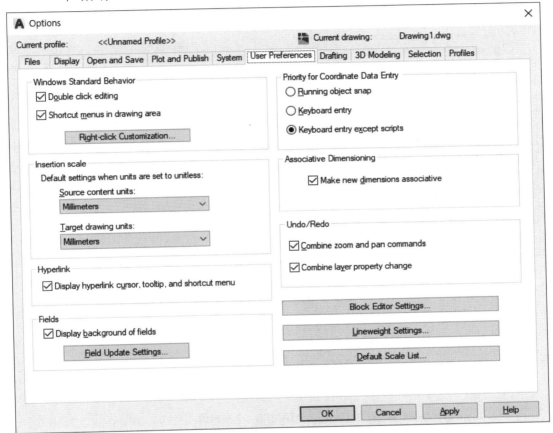

(1) Windows Standard Behavior(윈도우 표준 동작 설정)

- Double click editing : 더블클릭으로 수정할 수 있도록 제어한다.
- Shortcut menus in drawing area : 도면 영역에서 단축메뉴의 사용여부를 제어한다.
- ▣ Right-click Customization... : 마우스 오른쪽 버튼의 기능에 대한 사항을 설정한다.

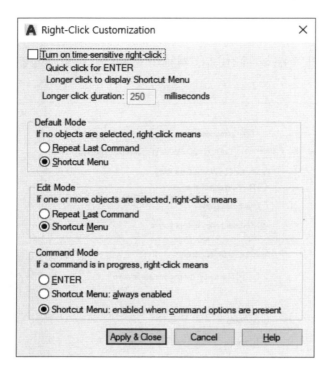

• Default Mode : 선택된 객체가 없을 경우 마우스 오른쪽 버튼의 기능 설정
• Edit Mode : 선택된 객체가 한 개 이상일 경우 마우스 오른쪽 버튼의 기능 설정
• Command Mode : 명령어를 실행 중일 때 경우 마우스 오른쪽 버튼의 기능 설정

(2) Prioty for Coordinate Data Entry(좌표값의 우선순위 설정)

- Running object snap : Osnap 설정값을 우선한다.
- Keyboard entry : Keyboard 입력값을 우선한다.
- Keyboard entry except scripts : 스크립트를 제외한 Keyboard 입력을 우선한다.

(3) Insertion scale(삽입객체 단위 설정)

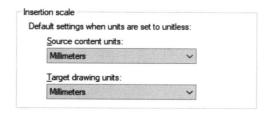

- Source content units : 원본의 단위를 설정한다.
- Target drawing units : 특정 도면의 단위를 설정한다.

(4) Associative Dimensioning(치수 자동 갱신)

- Make new dimensions associative : dimension을 유기적으로 연결시켜서 객체들의 변화에 해당하는 dimension을 자동으로 갱신시킨다.

(5) Hyperlink(하이퍼링크에 관한 설정)

- Display hyperlink cursor, tooltip, and shortcut menu : 하이퍼링크 커서, 위치(tooltip)와 단축메뉴를 보여준다.

(6) Lineweight Settings(선두께 설정)

Lineweight Settings... 버튼을 클릭하면 선두께를 설정하는 대화상자가 나타난다.

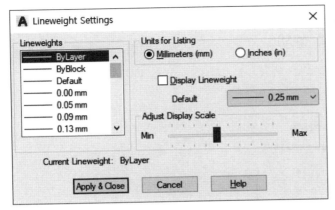

- Lineweights : 도면에서 그릴 때 사용되는 선의 두께를 설정한다.
- Units for Listing : 선두께의 단위를 설정한다.
- Display Lineweight : 화면에 디스플레이 되는 선의 두께를 설정한다.
- Adjust Display Scale : 화면에 디스플레이 되는 선의 축척을 설정한다.

1-5 Drafting(제도에 관한 설정)

- 자동스냅, 각도 추적선, 좌표설정방법, 자동스냅 마커 크기, 조준창 사각박스의 크기 등을 설정할 수 있다.

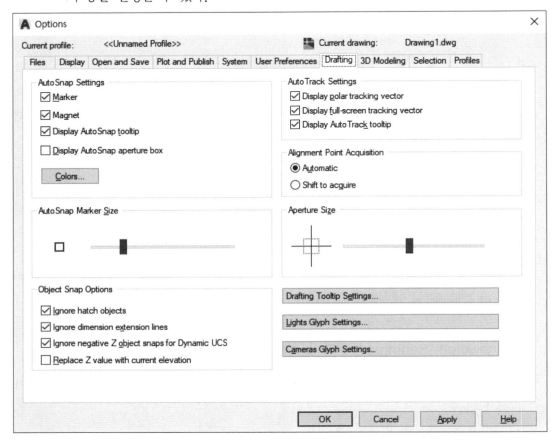

(1) Autosnap Settings(자동스냅 설정)

- Marker : Osnap Mode의 마커를 표시할 것인지의 여부를 제어한다.
- Magnet : 가장 가까운 Osnap 포인트에 마커를 고정할 것인지의 여부를 제어한다.
- Display AutoSnap tooltip : Osnap Mode의 이름을 마커 옆에 표시한다.
- Display AutoSnap aperture box : 커서의 가운데 사각박스를 Osnap 박스로 표시한다.
- Colors... : Osnap 마커의 색상을 제어한다.

(2) AutoTracking Settings(자동추적선 설정)

- Display polar tracking vector : 0°, 45°, 90° 등의 각도추적선을 나타낸다.
- Display full-screen tracking vector : 추적선을 Xline처럼 무한한 길이로 보여준다.
- Display AutoTrack tooltip : 추적선에 대한 길이와 위치 등의 정보를 표시해 준다.

(3) Alignment Point Acquisition(추가 좌표 설정)

- Automatic : 자동으로 추가좌표가 표시된다.
- Shift to acquire : Shift key를 누르면 추가좌표가 표시된다.

(4) AutoSnap Marker Size(스냅 마커 크기 설정)

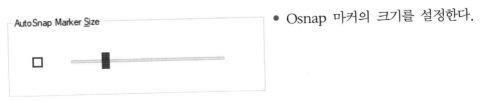

- Osnap 마커의 크기를 설정한다.

(5) Aperture Size(조준창 사각박스 크기 설정)

● 조준창 사각박스의 크기를 설정한다.

1-6 Selection(객체 선택에 관한 설정)

● 객체 선택 방법, 객체 선택 박스의 크기, 그립에 관한 사항 등을 설정할 수 있다.

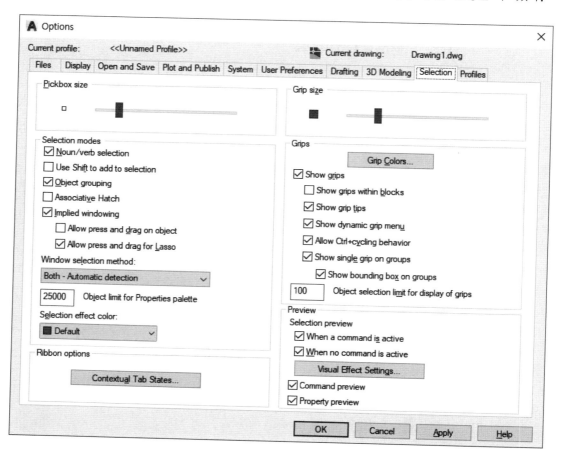

(1) Pickbox Size(객체 선택 박스 크기 설정)

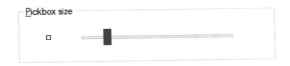

- 객체 선택박스의 크기를 설정한다.

(2) Grip Size(그립 크기 설정)

- 그립기능 사용 시 나타나는 그립의 크기를 설정한다.

(3) Selection Modes(객체 선택 방법 설정)

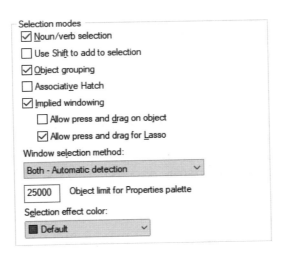

- Noun/verb selection : 명령어 실행과 객체 선택을 순서에 상관없이 행하도록 하는 것을 결정한다.
- Use Shift to add to selection : 객체를 추가 선택할 경우 [Shift] key를 누른 상태에서만 가능하도록 결정한다.

- Object grouping : 그룹으로 설정된 객체 중 한 개의 객체만 선택해도 객체 전체가 선택되도록 한다.
- Associative Hatch : 해치를 선택하면 경계선까지 선택된다.
- Implied windowing : Window나 Crossing으로 객체 선택 시 'W'나 'C'의 입력없이도 객체가 선택되도록 한다.
- Window selection method : Window나 Crossing으로 객체 선택 시 마우스를 누른 상태로 드레그 해야 객체가 선택된다.

(4) Grips(그립에 관한 설정)

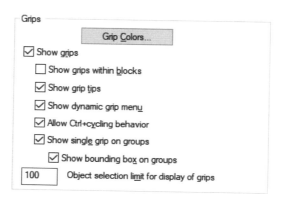

- Grip color : 그립의 색상을 제어한다.
- Show grips : 그립을 나타나도록 한다.
- Show grips within blocks : 블록 안에서도 그립이 보여서 편집이 가능하도록 한다.
- Object selection limit for display of grips : 그립으로 선택이 가능한 객체수를 설정한다.

2 AutoCAD상의 Cursor 크기 조절법

2-1 Crosshair Size(십자 커서 크기)

Command: OPtions ↵ or PREFerences ↵ or CONFig ↵ 　　　단축키 OP

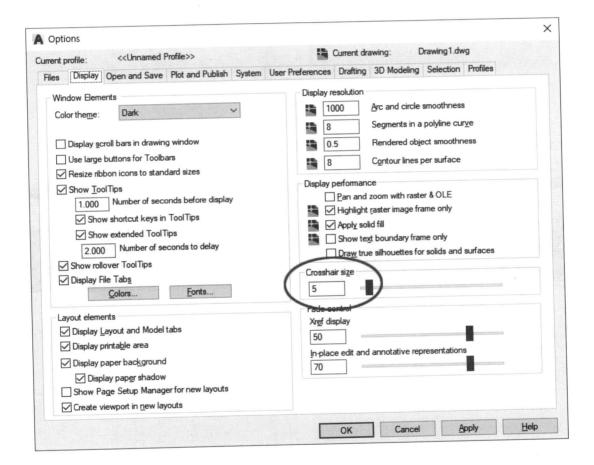

- 기본값은 "5"이고, "1"이면 화면상에 거의 나타나지 않고, "100"이면 화면상에 전체적으로 나타난다.

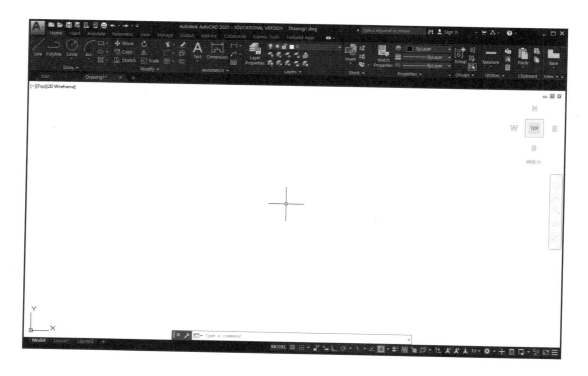

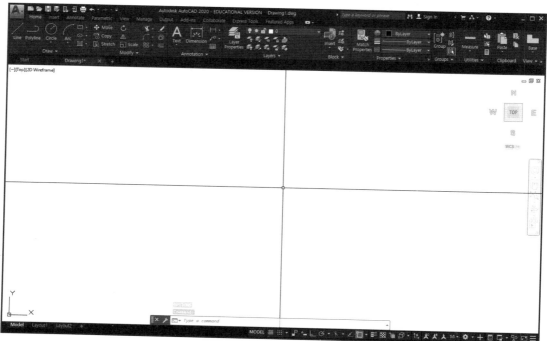

2-2 Pickbox Size(선택 박스 크기)

Command: DDSEelect ↵

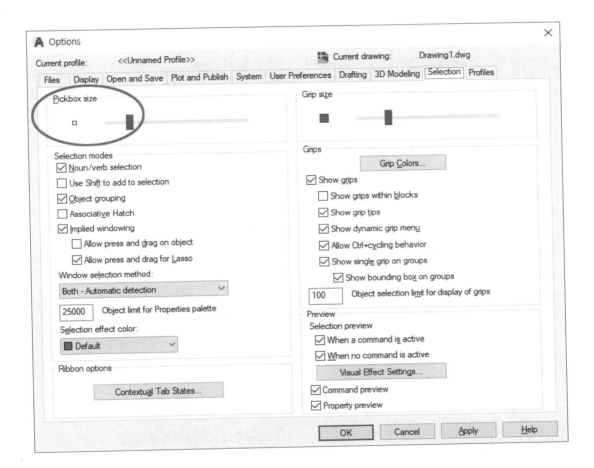

2-3 Aperture Size(조준창 크기)

Command: Osnap ↵ → Options...   단축키 OP

2-4 Osnap Maker(오스냅 마커 크기)

Command: **Osnap** ↵ → Options...   단축키 OP

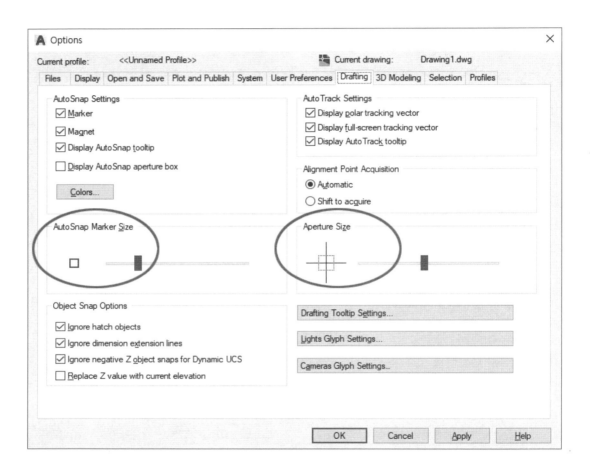

---

3 Tool Palettes의 사용법

3-1 Tool Palettes

Command: **TOOLPALETTES** ↵   단축키 Ctrl+3

블록과 해치를 포함하는 도면작업 콘텐츠를 쉽게 사용할 수 있는 팔레트이다. 사용자는 도구 팔레트에 저장과 동시에 각종 콘텐츠를 디자인 작업에 삽입하여 사용할 수 있다. 도구팔레트는 다른 대화상자와는 다르게 모델리스 대화상자 형태로 제공하여 편리하게 사용할 수 있다. 모델리스 대화상자는 대화상자가 열려있더라도 다른 작업을 할 수 있는 환경을 제공한다. AutoCAD 2006에서부터 새롭게 제공된 모델리스 대화상자는 자동숨기기, 고정, 스크롤 그리고 탭 선택의 기능을 가지고 있다. 또한 도구팔레트를 수정하여 심벌, 해치 등을 추가할 수 있다.

> **✱ 참고 : 모델리스 대화상자(modeless dialog boxes)란?**
>
> 일반적으로 어떤 대화상자가 열렸을 때 이 대화상자를 닫지 않으면 이후 작업을 할 수 없도록 되어 있다. 이러한 형식의 대화상자를 모델 대화상자라고 하는데 이에 반해 대화상자가 열려 있는 상태에서도 이후 작업을 할 수 있는 대화상자를 모델리스 대화상자라 한다. 모델리스 대화상자의 예는 AutoCAD 2000버전부터 등장한 디자인센터, 특성 대화상자 등이 있다.

(1) View option

[뷰 옵션]은 도구의 모양을 수정하여 개인의 사용 환경에 맞출 수 있게 해준다. 뷰 옵션의 자세한 도구 설명은 새 도구를 쉽게 이용 할 수 있게 해준다. 도구에 익숙해지면 단순화된 도구 아이콘 디스플레이로 전환하도록 화면 속성을 저장할 수 있다.

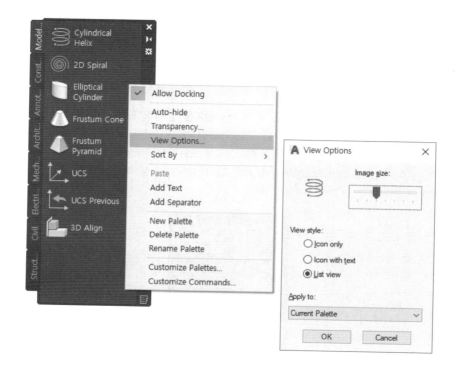

(2) 콘텐츠 추가

독자적인 도구 팔레트 작성이 용이하며, 가장 자주 이용되는 블록과 해치 패턴에 넣을 수 있다. 도구 팔레트 탭에서 원하는 만큼의 도구 팔레트를 첨가할 수 있다. 도구 팔레트의 순서를 바꿀 수 있으며, 기존 도구 팔레트의 이름 바꾸기 또는 삭제를 할 수 있고, 다른 시스템에 쓰이는 도구 팔레트 구성의 "가져오기"와 "내보내기"도 할 수 있다.

자주 사용하는 블록과 해치 패턴을 디자인 센터에서 끌어놓기 방식으로 손쉽게 첨가할 수 있다.

(3) 자동숨김

자동숨김(Auto-hide) 기능으로 가끔 사용하는 도구들의 손쉬운 접근을 유지하는 한편 디자인과 제도의 화면 영역을 확대 할 수 있다. 커서를 최소화된 타이틀 바 와 전체 대화 상자 디스플레이 위에 단지 올려놓기만 하면 된다. 커서가 대화 상자에서 떨어지자마자 자동적으로 최소화 된다. 고정핀은 모델리스 대화상자의 펼쳐진 상태를 유지하며, 가장 많이 사용되는 도구 팔레트를 항상 확장시켜 언제든지 접근할 수 있게 한다.

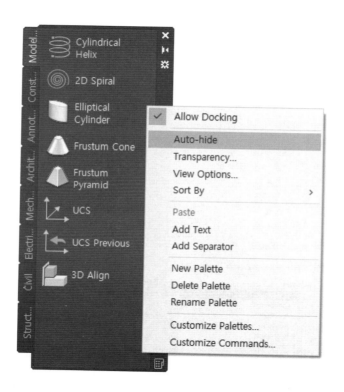

활성창의 ⬛ 버튼 과 ⬛ 버튼으로 상호 변환된다.

(4) 투명도

투명도는 도구 팔레트 아래에 있는 도면 내용을 볼 수 있게 해주며, AutoCAD 명령
창의 투명도를 적용할 수도 있다. 모델리스 대화상자의 각 투명도 단계는 완전 불투
명에서 간신히 보이게 하는 정도까지 조절할 수 있고, 간단히 한 번의 클릭으로 투명
도 끄기를 할 수 있어 시스템의 향상된 디스플레이 성능을 제공한다.

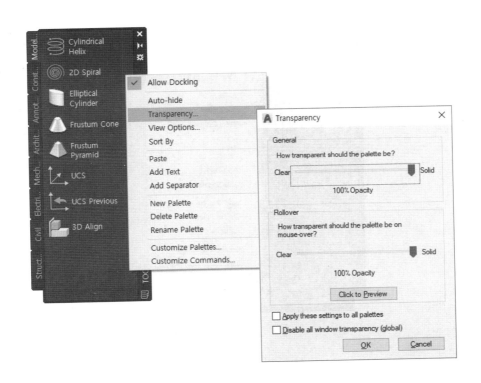

(5) 콘텐츠 스크롤 검색

모델리스 대화 상자에서 한 페이지의 내용이 너무 많아서 한꺼번에 다 보이지 않는다
면, 스크롤 막대가 대화상자의 가장자리 가까운 곳에 자동으로 나타난다. 스크롤 막
대를 사용하여 위아래로 검색하거나 손모양의 커서로 간단히 화면이동을 할 수 있다.
목차 스크롤은 도구의 손쉬운 접근을 유지하는 한편 모델리스 대화상자의 크기조절과
화면속성 증대를 할 수 있다.

(6) 고정(Docking)

모델리스 대화상자의 Docking 기능을 설정해두면 대화상자가 화면을 이동함에 따라 해당 위치에 맞게 형태가 자동으로 변화하면서 고정된다. Docking 기능을 설정해두지 않으면 모델리스 대화상자는 화면의 어느 위치에 있든지 대화상자의 형태로 존재한다.

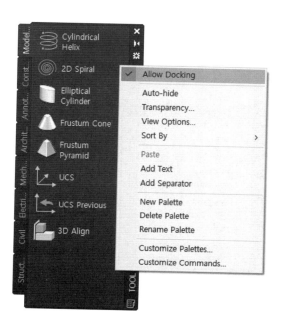

4 DesignCenter 사용법

4-1 DesignCenter

Command: DC ↵ 또는 ADCENTER ↵   단축키 Ctrl+2

AutoCAD 2006 버전 이후에서부터 DesignCenter는 자동 숨김 및 고정 기능을 포함하여 모델리스 대화상자에서 사용가능한 일부 새로운 기능을 활용할 수 있도록 재설계

되었다. 세 개의 탭에서 폴더에 대한 빠른 접근(Folders), 도면열기(Open Drawings), 내역(History) 을 제공한다.

DesignCenter 기능을 사용하여 콘텐츠에 접근하고, 블록 라이브러리를 기반으로 하는 도구 팔레트를 빠르게 작성할 수 있다. 파일 또는 파일 디렉토리를 기반으로 하여 한 번의 클릭으로 도구 팔레트를 작성할 수 있다.

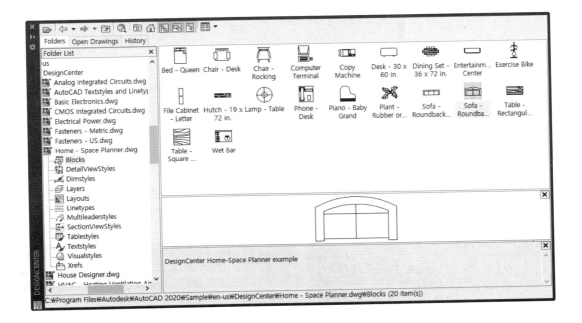

(1) DesignCenter 사용법

방법1. 그리고자 하는 Block 이미지를 드래그하여 작업영역으로 가져오면 해당 Block을 바로 삽입할 수 있다.

방법2. 그리고자 하는 Block 이미지를 더블클릭하면 Insert 대화상자가 나타난다. 적절한 설정값을 주고 삽입시킬 수 있다.

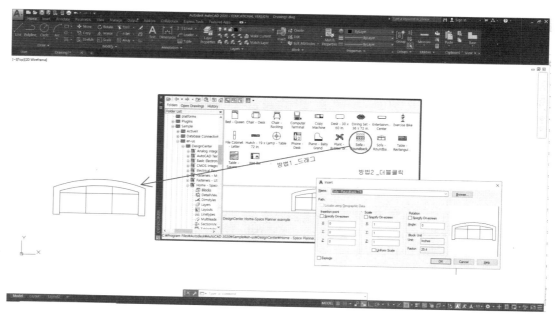

DesignCenter를 본격적으로 사용할 때는 대화상자를 화면 가운데 두는 것보다는 아래 화면처럼 좌측에 팔레트형태로 붙여놓고 사용하는 것이 편리하다.

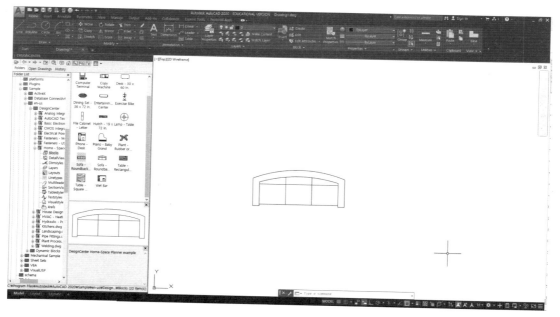

또한 여러 도면을 열었다면, DesignCenter를 사용하여 도면 사이에서 Layer, Layout, Font Style 등을 복사하고 붙여 넣을 수 있다.

5 Layout 사용법

5-1 Layout 사용법

Layout space는 Model space에서 제작된 도면을 출력하기 위해 여러 가지 모양으로 적절하게 배치하는 공간이다. Layout space를 사용하면 제작된 도면의 내용을 보다 쉽게 전달할 수 있다.

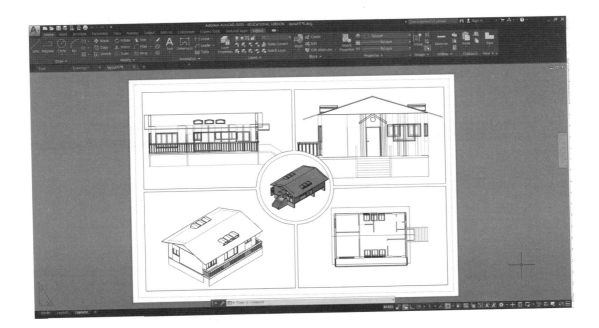

(1) Vports 명령을 이용한 화면 분할

Vports는 한 개의 화면에 여러 가지 뷰를 제공하는 명령으로 Model space와 Layout space에서 모두 사용이 가능하다.

① 먼저 Layout1 탭을 눌러서 기본적으로 보이는 배치선을 삭제한다.

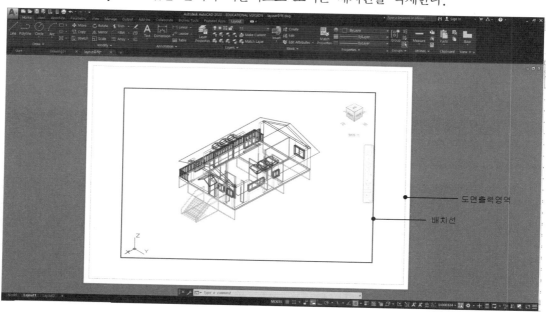

② 화면분할을 위해 Vports 명령으로 분할하려는 화면배치 모양을 선택한다.

Command: Vports ↵

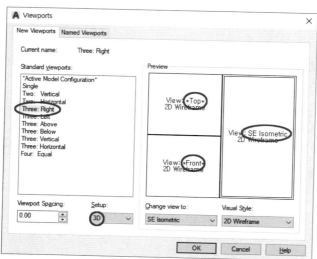

Standard viewports : Three: Right
선택

⇨ Setup : 3D 설정

⇨ Preview : Top View, Front
View, SE Isometric View를
선택

⇨ OK 버튼을 클릭

③ 도면의 배치영역을 지정하기 위해 도면출력영역 내부에 배치영역을 지정한다. 전
단계에서 지정한 Top View, Front View, SE Isometric View로 Layout이 설
정된다.

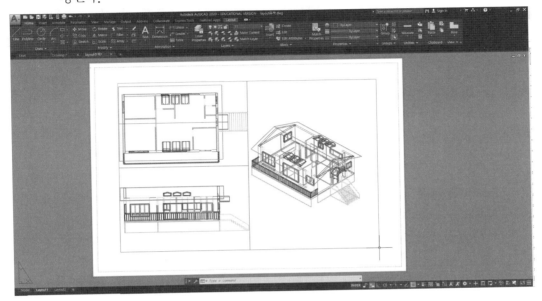

④ 각 화면 뷰에서 명령을 실행하고자 하는 경우에는 해당 View 화면에 마우스를
더블클릭 하면 View테두리가 두꺼운 선으로 바뀐다.

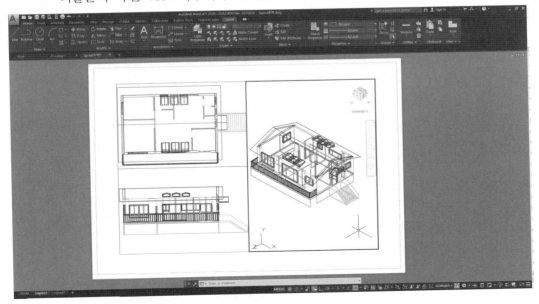

(2) MVIEW 명령을 이용한 뷰포트 생성

Mview 명령은 Layout space에서 새로운 뷰포트를 생성하는 명령이다.

> Command: MVIEW ↵   **단축키** MV
> Specify corner of viewport or [ON/OFF/Fit/Shadeplot/Lock/Object/Polygonal/Restore/
> LAyer/2/3/4] ⟨Fit⟩: 화면의 좌측상단과 우측하단 클릭

 OPTION

- **ON** : 뷰포트 내부의 도면을 보이게 한다.
- **OFF** : 뷰포트 내부의 도면을 보이지 않게 한다.
- **Fit** : 인쇄영역과 동일한 크기의 뷰포트가 생성된다.
- **Shadowplot** : 3D 객체 출력 시 음영처리해서 출력하게 한다.
- **Lock** : 뷰포트 내부의 축척을 고정시킨다.
- **Object** : 일반 객체(닫힌 폴리라인 종류만 가능)를 뷰포트로 변환한다.
- **Polygonal** : 뷰포트를 다각형 형태로 생성한다.
- **Restore** : 저장된 뷰포트가 있는 경우 지정하여 뷰포트를 만든다.
- **2/3/4** : 2, 3, 4개의 뷰포트를 한 번에 생성한다.

① Layout2를 클릭하면 기본적으로 하나의 뷰포트가 생성된다. 이 기본 뷰포트에 새로운 뷰포트를 추가한다.

② Mview 명령을 실행하여 새로운 뷰포트를 원하는 모양으로 생성한다. 뷰포트를 추가할 경우에는 Mview 명령을 반복해서 실행한다.

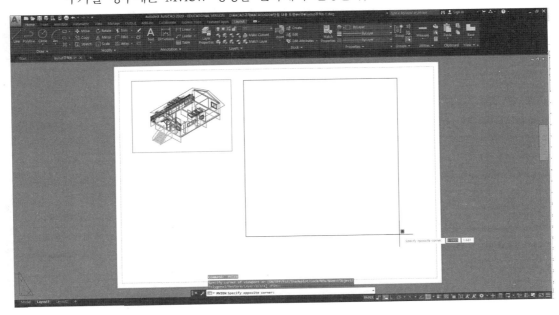

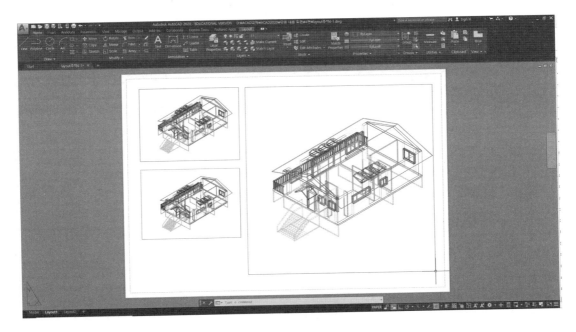

③ 각각의 뷰포트에 명령을 실행하고자 하는 경우에는 해당 View 화면에서 마우스를 더블클릭을 하면 해당 화면의 View테두리가 두꺼운 선으로 변환된다.

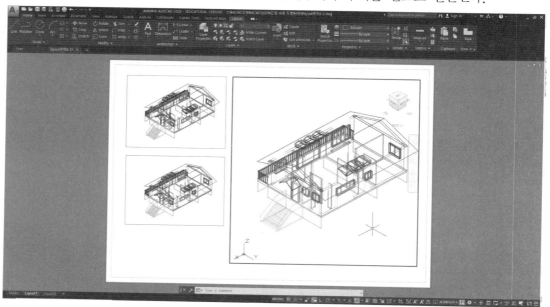

④ 원하는 배치 레이아웃이 있을 경우에는 객체생성/수정 명령어들(그리기명령어, 수정명령어 등)을 이용하여 레이아웃을 그린다.

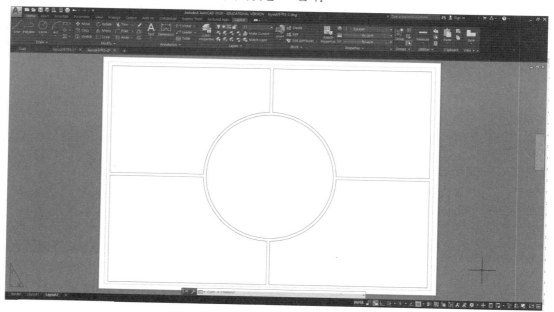

⑤ Boundary 명령을 이용하여 각 영역을 폴리라인으로 변환한다. 폴리라인 생성 후
에는 기존 라인은 지워서 MView 명령 수행을 용이하게 하도록 한다.

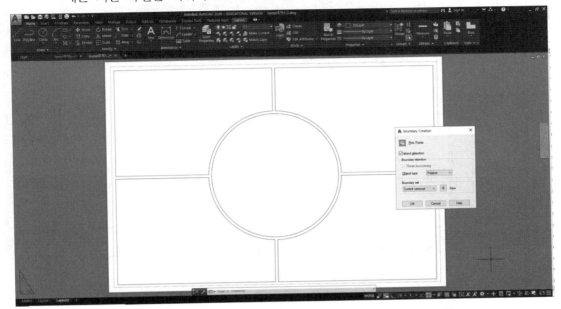

⑥ Boundary 명령으로 생성된 각각의 뷰포트에 MView 명령으로 뷰포트에 객체가
보이도록 한다.

Command: MVIEW ↵   단축키 MV
Specify corner of viewport or [ON/OFF/Fit/Shadeplot/Lock/Object/Polygonal/Restore/
LAyer/2/3/4] ⟨Fit⟩: O ↵
Select object to clip viewport: 해당 뷰포트 클릭
Regenerating model.

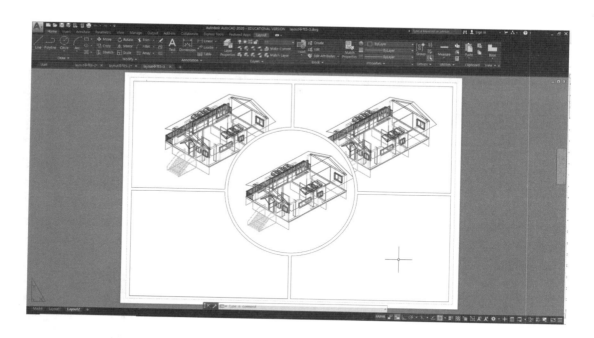

⑦ 반복해서 모든 뷰포트에 객체가 보이도록 한다.

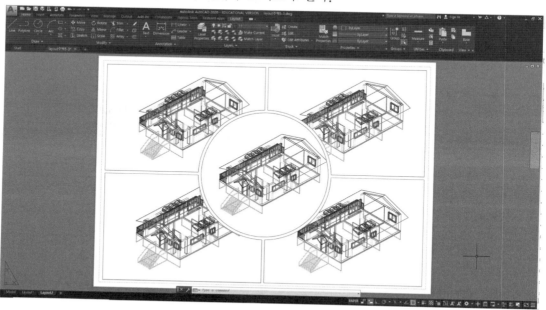

⑧ 각각의 뷰포트에 뷰포인트, 비주얼스타일 등을 지정한다.

⇨ Workspace Switching을 3D Modeling으로 변환하여 Visual styles, 3D Navigation을 지정해준다.

⇨ Visualize Tab을 이용하여 3D Navigation, Visual style을 지정해준다.

⑨ Plot 명령을 실행해서 Layout 배치를 출력한다.

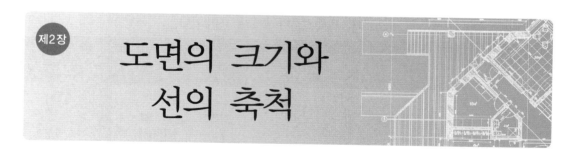

1 도면의 크기

● 종이의 크기

A계열	호칭	A0	A1	A2	A3	A4
	크기	841×1189	594×841	420×594	297×420	210×297
B계열	호칭	B0	B1	B2	B3	B4
	크기	1090×1456	728×1030	515×728	364×515	257×364

● 도면의 외곽선 크기

종이 호칭			A0	A1	A2	A3	A4
종이 크기			841×1189	594×841	420×594	297×420	210×297
외곽선과 테두리의 간격	상·하·우측		20	20	10	5	5
	좌측	철하지 않을 때	20	20	10	5	5
		철할 때	25	25	25	25	25

2 선의 용도

- 실선 : 사물이 실제로 존재하여 보이는 부분의 모양을 표시한다.
  - 굵은 실선 : 외형선, 단면선(0.2~0.35mm, 가는 실선 굵기의 2배 이상)
  - 보통 실선 : 사물이 실제로 보이는 부분의 선(0.1~0.2mm)
  - 가는 실선 : 치수선, 해칭선, 지시선(0.2mm 이하) 등의 보조선(0.05~0.1mm)

굵은 실선	————————————
보통 실선	————————————
가는 실선	————————————

- 쇄선 : 사물이 실제로는 없는 선을 나타낸다.
  - 일점쇄선 : 중심선, 절단선, 기준선, 경계선 등에 사용
  - 이점쇄선 : 가상선, 일점쇄선과 구별할 때 사용
  - 절단부쇄선 : 단면도를 그릴 때, 평면도상에 절단위치 표시

일점쇄선	— · — · — · — · —
이점쇄선	— ·· — ·· — ·· —
절단부쇄선	↑ — · — · — · — ↑

- 파단선 : 실선의 일종으로 계속 이어지는 부재를 잘라서 나머지 부분을 생략할 때 사용한다. 긴 벽체가 계속 이어질 때, 바닥재의 재료표시 패턴을 일부분만 표시할 때 사용한다.
- 파선 : 실제로 존재하나 보이지 않는 부분의 외형선이나 가상의 물체를 표현할 때 사용한다. 건물의 지붕처럼 평면도에서는 보이지 않는 라인을 표시한다.
- 점선 : 격자, 배선, 배관 등의 각종 부호에 사용한다.

파단선	～∧～ ～∩～
파선	— — — — — —
점선	··················

3 선의 스케일 조정

- Ltscale : 실선 이외의 모든 선들은 Linetype scale의 영향을 받으며, 일반적으로 작업 스케일과 같은 값으로 설정한다.
  - Ltscale 지정 방법 : 명령어 LTS를 실행한 후 값을 직접 입력한다.

```
Command: LTS ↵
LTSCALE Enter new linetype scale factor ⟨1.0000⟩: 100 ↵
Regenerating model.
```

- Celtscale : 객체에 따라 각각 다르게 스케일 값을 지정하는 명령어이다.
  - Celtscale 지정 방법 : Properties 대화상자에서 [Linetype Scale] 값을 조정한다.

```
Command: CELTSCALE ↵
CELTSCALE Enter new value for CELTSCALE ⟨1.0000⟩: 10 ↵
```

LTSCALE=1

LTSCALE=2

LTSCALE=0.5

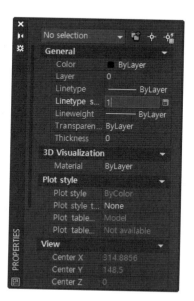

AutoCAD 단축키 만들기

1 단축키 위치 및 생성

(1) 단축키 창 실행

Tap Menu: [Manage] → [Edit Aliases] → [Edit Aliases(PGP)]

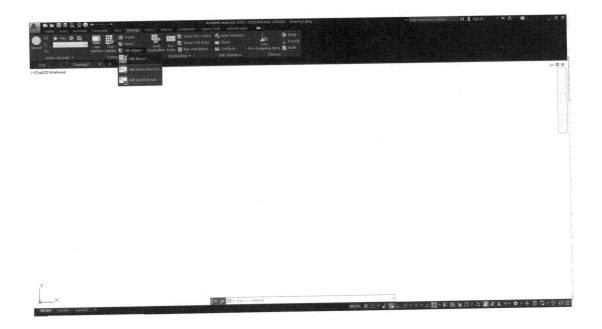

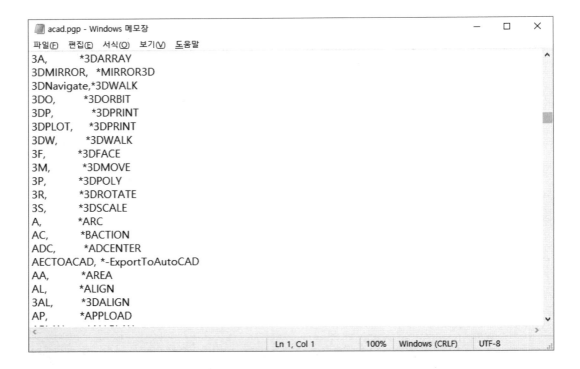

(2) 단축키 수정 및 저장

▣ 단축키 정의 시 유의사항 ▣

- 앞쪽에는 '단축키', 뒤쪽에는 단축키에 대한 '실행명령어'를 기록한다.
- 이때 반드시 단축키 다음에는 콤마(,)가 삽입되어야 하고, 실행명령어 앞에는 '*'
  가 붙어야 한다.

  (예) A, *ARC

- 같은 단축키에서 앞의 "−" 기호는 대부분 대화상자의 유무를 나타낸다.

  (예) I, *DDINSERT : 파일이나 블록의 삽입

  　　−I, *INSERT : 파일이나 블록의 삽입(대화 상자 없이)

  ✎ AutoCAD가 실행된 상태에서 acad.pgp를 수정하였을 경우는 AutoCAD를 종료하고 다시
  실행하거나, 다음과 같이 PGP파일을 Reloading 시켜준다.

Command: REINIT(Re−initialization) ⏎ → PGP File 클릭 → [OK] 클릭

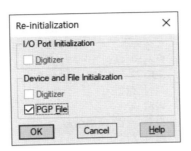

📎 **유의** : 자신만의 acad.pgp 를 만들 경우, AutoCAD의 Support 디렉토리에 원본 acad.pgp의 이름을 바꾸어 보관하는 것이 좋다.

2 단축키(Shortcut Key)

2-1 알파벳순 단축키

단축키	명령어	설 명
3A	*3DARRAY	3차원 배열복사
3DO	*3DORBIT	3차원 관찰설정
3F	*3DFACE	3차원 면만들기
3M	*3DMOVE	3차원 이동
3P	*3DPOLY	3차원 폴리라인
3R	*3DROTATE	3차원 회전
3S	*3DSCALE	3차원 축척
A	*ARC	호 그리기
AC	*BACTION	블록 액션 설정
ADC	*ADCENTER	디자인센터 불러오기
AA	*AREA	면적 계산
AL	*ALIGN	3차원 정렬
AP	*APPLOAD	애플리케이션 불러오기
AR	*ARRAY	배열복사
AT	*DDATTDEF	속성의 정의
−AT	*ATTDEF	속성의 정의(대화상자 없이)
ATE	*DDATTE	속성의 편집
−ATE	*ATTEDIT	속성의 편집(대화상자 없이)
B	*BLOCK	블록 만들기
−B	*BLOCK	블록 만들기(대화상자 없이)
BH	*BHATCH	경계 해칭
BO	*BOUNDARY	경계선 만들기
BR	*BREAK	직선이나 곡선 끊기
C	*CIRCLE	원 그리기
CH	*DDCHPROP	물체의 특성 바꾸기

단축키	명령어	설 명
−CH	*CHANGE	물체의 특성 바꾸기
CHA	*CHAMFER	모따기
COL	*DDCOLOR	색상 정하기
CO, CP	*COPY	복사
D	*DIMSTYLE	치수 기입 대화상자
DAL	*DIMALIGNED	경사 치수
DAN	*DIMANGULAR	각도 치수
DAR	*DIMARC	호 치수
DBA	*DIMBASELINE	기준선 치수
DC	*ADCENTER	디자인센터 불러오기
DCE	*DIMCENTER	중심표시
DCO	*DIMCONTINUE	연속 치수
DDEDIT	*TEXTEDIT	문자 수정
DDI	*DIMDIAMETER	지름 치수
DED	*DIMEDIT	치수 편집
DI	*DIST	길이, 각도측정
DIV	*DIVIDE	일정 개수로 나누기
DLI	*DIMLINEAR	수직, 수평 치수 기입
DO	*DONUT	도넛(두께 있는 원)
DOR	*DIMORDINATE	x, y 좌표 치수
DOV	*DIMOVERRIDE	치수변수 덮어쓰기
DRA	*DIMRADIUS	반지름 치수
DST	*DIMSTYLE	치수 스타일 설정
DT	*TEXT	문자 쓰기
DV	*DVIEW	투시도 만들기
E	*ERASE	물체 지우기
ED	*TEXTEDIT	문자 편집(오타 수정)
EL	*ELLIPSE	타원 그리기
EX	*EXTEND	물체의 연장
EXIT	*QUIT	ACAD의 종료
EXP	*EXPORT	파일 내보내기(다른 포맷으로 저장)
EXT	*EXTRUDE	물체의 돌출
F	*FILLET	라운딩
FI	*FILTER	필터 사용하기
G	*GROUP	그룹 만들기, 설정하기
−G	*GROUP	그룹 만들기(대화상자 없이)
GR	*DDGRIPS	그립 설정하기
H	*HATCH	해치하기
−H	*−HATCH	해치하기(대화상자 없이)
HE	*HATCHEDIT	해치 편집하기
HI	*HIDE	은선의 제거
I	*INSERT	파일이나 블록 삽입
−I	*INSERT	파일이나 블록 삽입(대화상자 없이)

단축키	명령어	설 명
IAD	*IMAGEADJUST	이미지 재정의
IAT	*IMAGEATTACH	이미지 도면 속에 저장하기
ICL	*IMAGECLIP	이미지 자르기
IM	*IMAGE	그림 불러오기
−IM	*−IMAGE	그림 불러오기(대화상자 없이)
IMP	*IMPORT	파일 불러오기(다른 포맷에 파일)
IN	*INTERSECT	교집합 만들기(초기 물체 없어짐)
INF	*INTERFERE	교집합 만들기(초기 물체 남아있음)
IO	*INSERTOBJ	꾸러미 개체 삽입
J	*JOIN	폴리라인 만들기
L	*LINE	선 그리기
LA	*LAYER	레이어 설정
−LA	*−LAYER	레이어 설정(대화상자 없이)
LE	*QLEADER	빠른 지시선 만들기
LEA	*LEADER	지시선 만들기
LEN	*LENGTHEN	물체의 길이, 사이각 변경
LI, LS	*LIST	물체의 데이터 리스트를 보여줌
LT	*LINETYPE	라인타입의 설정
−LT	*−LINETYPE	라인타입의 설정(대화상자 없이)
LTS	*LTSCALE	라인타입스케일
M	*MOVE	물체의 이동
MA	*MATCHPROP	물체의 특성 변경
ME	*MEASURE	일정한 간격으로 나누기
MI	*MIRROR	물체의 대칭복사
ML	*MLINE	다중선 그리기
MO	*DDMODIFY	물체의 편집
MS	*MSPACE	모델영역으로 변경
MT	*MTEXT	문장입력하기
MV	*MVIEW	종이영역에서 화면 나누기
O	*OFFSET	일정 간격으로 물체 복사
OP	*OPTIONS	환경설정 변경하기
OS	*DDOSNAP	특정점 설정하기
−OS	*−OSNAP	특정점 설정하기(대화상자 없이)
P	*PAN	화면이동(실시간 이동)
−P	*−PAN	화면이동(좌표나 변위입력)
PA	*PASTESPEC	선택하여 붙여넣기
PE	*PEDIT	폴리라인의 편집
PL	*PLINE	폴리라인
PO	*POINT	점찍기
POL	*POLYGON	정다각형 그리기
PR	*PROPERTIES	특성값 변경하기
PRE	*PREVIEW	미리보기
PRINT	*PLOT	출력하기

단축키	명령어	설 명
PS	*PSPACE	종이영역설정
PU	*PURGE	불필요한 요소제거(스타일, 레이어 등)
R	*REDRAW	화면정리
RA	*REDRAWALL	전체 화면정리
RE	*REGEN	화면재생성
REA	*REGENALL	전체 화면재생성
REC	*RECTANGLE	사각형 그리기
REG	*REGION	면 만들기
REN	*RENAME	기본 설정값 이름바꾸기
−REN	*−RENAME	기본 설정값 이름바꾸기(대화상자 없이)
REV	*REVOLVE	회전 솔리드 만들기
RO	*ROTATE	회전하기
RPR	*RPREF	렌더링 설정하기
RR	*RENDER	렌더링하기
S	*STRETCH	물체의 연장 혹은 축소
SC	*SCALE	물체의 스케일 바꾸기
SCR	*SCRIPT	연속화면 보기
SE	*DDSELECT	물체 선택하기
SEC	*SECTION	솔리드 물체의 단면 만들기
SET	*SETVAR	시스템변수 설정하기
SHA	*SHADE	쉐이딩하기(색칠하기)
SL	*SLICE	솔리드 물체의 자르기
SN	*SNAP	스냅(커서의 이동간격 설정하기)
SO	*SOLID	속이 찬 다각형 만들기
SP	*SPELL	스펠링 검사하기
SPL	*SPLINE	스플라인 그리기
SPE	*SPLINEDIT	스플라인의 편집
ST	*STYLE	문자 스타일 정하기
SU	*SUBTRACT	솔리드 물체의 차집합 만들기
T	*MTEXT	문장 만들기
−T	*−MTEXT	문장 만들기(대화상자 없이)
TA	*TABLET	타블렛 설정하기
TH	*THICKNESS	두께 정하기
TI	*TILEMODE	종이, 모델영역의 변환
TO	*TOOLBAR	툴바 설정하기
TOL	*TOLERANCE	심볼 정하기
TOR	*TORUS	토러스 만들기
TR	*TRIM	물체의 절단, 끊기
UC	*DDUCS	좌표계의 설정
UN	*UNITS	방위각, 치수단위 등의 설정
−UN	*−UNITS	방위각, 치수단위 등의 설정(대화상자 없이)
UNI	*UNION	솔리드 물체의 합집합
V	*VIEW	화면 설정하기

단축키	명령어	설 명
–V	*–VIEW	화면 설정하기(대화상자 없이)
VP	*VPOINT	시점 설정하기
–VP	*–VPOINT	시점 설정하기(대화상자 없이)
W	*WBLOCK	블록으로 저장하기
–W	*–WBLOCK	블록으로 저장하기(대화상자 없이)
WE	*WEDGE	쐐기 만들기
X	*EXPLODE	블록이나 메쉬의 분해
XA	*XATTACH	외부파일 참조(불러오기)
XB	*XBIND	외부파일 현도면에 추가하기
–XB	*–XBIND	외부파일 현도면에 추가하기(대화상자 없이)
XC	*XCLIP	외부파일 잘라내기
XL	*XLINE	무한선 그리기
XR	*XREF	외부파일 참조
–XR	*–XREF	외부파일 참조(대화상자 없이)
Z	*ZOOM	화면의 확대 및 축소

; The following are alternative aliases and aliases as supplied in AutoCAD Release 13.

AV	*DSVIEWER	공중 뷰 설정
CP	*COPY	물체의 복사
DIMALI	*DIMALIGNED	경사 치수
DIMANG	*DIMANGULAR	각도 치수
DIMBASE	*DIMBASELINE	기준 치수
DIMCONT	*DIMCONTINUE	연속 치수
DIMDIA	*DIMDIAMETER	지름 치수
DIMED	*DIMEDIT	치수 편집
DIMTED	*DIMTEDIT	치수문자 편집
DIMLIN	*DIMLINEAR	수평, 수직 치수
DIMORD	*DIMORDINATE	X, Y 좌표 치수
DIMRAD	*DIMRADIUS	반지름 치수
DIMSTY	*DIMSTYLE	치수스타일 설정
DIMOVER	*DIMOVERRIDE	치수변수 덮어쓰기
LEAD	*LEADER	지시선 기입
TM	*TILEMODE	종이, 모델영역의 변환

2-2 기능별 단축키

① 작도(Drawing) 명령

단축키	명령어	기능 설명
L	LINE	선 그리기
A	ARC	호(원호)그리기
C	CIRCLE	원 그리기
REC	RECTANGLE	사각형 그리기
POL	POLYGON	다각형 그리기
EL	ELLIPSE	타원 그리기
XL	XLINE	무한선 그리기
PL	PLINE	연결선 그리기
ML	MLINE	다중선 그리기
BO	BOUMDARY	경계영역 다중선 그리기
DO	DONUT	도넛 그리기
PO	POINT	점 찍기

② 편집(Edit) 명령

단축키	명령어	기능 설명
Ctrl+Z, U	UNDO	이전 명령 취소
Ctrl+Y	MREDO	UNDO 취소
E	ERASE	지우기
EX	EXTEND	선분 연장
TR	TRIM	선분 자르기
O	OFFSET	등간격 복사
CO	COPY	객체 복사
M	MOVE	객체 이동
AR	ARRAY	배열 복사
MI	MIRROR	대칭 복사
F	FILLET	모깍기(라운드)
CHA	CHAMFER	모따기
RO	ROTATE	객체 회전
SC	SCALE	객체 축척 변경
S	STRETCH	선분 늘리고 줄이기
LEN	LENGTHEN	선분 길이 변경
BR	BREAK	선분 대충 자르기
X	EXPLODE	객체 분해
J	JOIN	PLINE 만들기
PE	PEDIT	PLINE 편집

③ 문자 쓰기 및 편집 명령

단축키	명령어	기능 설명
T, MT	MTEXT	다중문자 쓰기(문서작성)
DT	DTEXT	다이나믹문자 쓰기
ST	STYLE	문자 스타일 변경
ED	DDEDIT	문자, 치수문자 수정

④ 드로잉 환경설정 및 화면 설정

단축키	명령어	기능 설명
OS, SE, DS	OSNAP	오브젝트 스냅 설정
Z	ZOOM	도면 부분 축소확대
P	PAN	화면 이동
RE	REGEN	화면 재생성
R	REDRAW	화면 다시그리기
OP	OPTIONS	AutoCAD 환경설정
UN	UNITS	도면 단위변경

⑤ 도면 특성 변경

단축키	명령어	기능 설명
LA	LAYER	도면층 관리
LT	LINETYPE	도면선분 특성관리
LTS	LTSCALE	선분 특성 크기 변경
COL	COLOR	기본 색상 변경
MA	MATCHPROP	객체속성 일치
MO, CH	PROPERTIES	객체속성 변경

⑥ 블록 및 삽입 명령

단축키	명령어	기능 설명
B	BLOCK	객체 블록 지정
W	WBLOCK	객체 블록화 도면 저장
I	INSERT	도면 삽입
BE	BEDIT	블록 객체 수정
XR	XREF	참조도면 관리

⑦ 도면 패턴

단축키	명령어	기능 설명
H	HATCH	도면 해치패턴 넣기
BH	BHATCH	도면 해치패턴 넣기
HE	HATCHEDIT	해치 편집
GD	GRADIENT	그래디언트 패턴넣기

⑧ 도면특성 및 객체정보

단축키	명령어	기능 설명
DI	DIST	길이 체크
LI	LIST	객체 속성 정보
AA	AREA	면적 산출

⑨ 치수기입 및 편집명령

단축키	명령어	기능 설명
QDIM	QDIM	빠른 치수기입
DLI	DIMLINEAR	선형 치수기입
DCO	DIMCONTINUE	끝점 연속치수기입
DBA	DIMBASELINE	첫점 연속치수기입
DAL	DIMALIGNED	사선 치수기입
DAR	DIMARC	호길이 치수기입
DOR	DIMORDINATE	좌표 치수기입
DRA	DIMRADIUS	반지름 치수기입
DJO	DIMJOGGED	꺽인 반지름 치수기입
DDI	DIMDIAMETER	지름 치수기입
DAN	DIMANGULAR	각도 치수기입
MLD	MLEADER	다중 치수보조선 작성
MLE	MLEADEREDIT	다중 치수보조선 수정
LE	QLEADER	지시선 작성
DCE	DIMCENTER	중심선 작성
DED	DIMEDIT	치수형태 편집
D	DIMSTYLE, DDIM	치수스타일 편집

⑩ Function Key

단축키	명령어	기능 설명
F1	HELP	도움말 보기
F2	TEXT WINDOW	커맨드 창 띄우기
F3	OSNAP On/Off	객체스냅 사용유무
F4	TABLET On/Off	태블릿 사용유무
F5	ISOPLANE	2.5차원 방향 변경
F6	DYNAMIC UCS On/Off	자동 UCS변경 사용유무
F7	GRID On/Off	그리드 사용유무
F8	ORTHO On/Off	직교모드 사용유무
F9	SNAP On/Off	스냅 사용유무
F10	POLAR On/Off	폴라 트레킹 사용유무
F11	OSNAP TRACKING On/Off	객체스냅 트레킹 사용유무
F12	DYNAMIC INPUT On/Off	다이나믹 입력 사용유무

⑪ Ctrl+숫자 Key

단축키	명령어	기능 설명
Ctrl+1	PROPERTIES / PROPERTIESCLOSE	속성창 On/Off
Ctrl+2	ADCENTER / ADCLOSE	디자인센터 On/Off
Ctrl+3	TOOLPALETTES /TOOLPALETTESCLOSE	툴팔레트 On/Off
Ctrl+4	SHEETSET / SHEETSETHIDE	시트셋 매니져 On/Off
Ctrl+5	−	기능없음
Ctrl+6	DBCONNECT / DBCCLOSE	DB접속 매니져 On/Off
Ctrl+7	MARKUP / MARKUPCLOSE	마크업 셋트 매니져 On/Off
Ctrl+8	QUICKCALC / QCCLOSE	계산기 On/Off
Ctrl+9	COMMANDLINE	커멘드 영역 On/Off
Ctrl+0	CLENASCREENOFF	화면툴바 On/Off

이렇게 해결해요

1 **자동저장 방법**

컴퓨터가 갑자기 다운되었을 때 캐드 데이터 복원에 사용하는 기능이 SAVETIME이다. SAVETIME 시스템 변수의 초기 값은 10(분)이다. 안정적인 저장시간은 1∼5정도이다.

(1) **기능 :** 정해진 시간마다 도면을 자동으로 저장하게 한다.

설정 값의 단위는 분(minute)이며, 0은 자동저장을 취소한다.(초기값 : 10 분)
저장되는 파일명은 작업을 할 때마다 변하며, 현재 파일명 뒷부분에 숫자가 추가되어 생성된다.(예 : Drawing1_1_1_6334.sv$)
자동저장 파일의 확장자는 *.sv$이며, 확장자를 "*.dwg"의 형태로 바꾸면 Open할 수 있다.
자동저장 파일은 컴퓨터가 작업도중에 다운될 경우만 유지되며, 정상적으로 프로그램을 끝내면 자동으로 삭제된다.

(2) **명령**

```
Command: SAVETIME ↵
Enter new value for SAVETIME ⟨10⟩: 1~5(분) 정도로 지정
```

Options 명령을 실행하여 'Open and Save' 탭의 좌측 중간에 있는 자동저장 시간을 조정해준다.

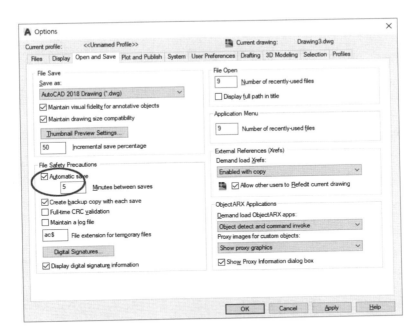

(3) 저장 경로

Options 명령을 실행하면 자동저장 파일의 경로를 확인할 수 있으며, 파일의 경로 수정도 가능하다.

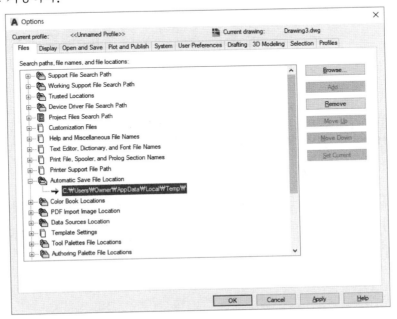

(4) 복구방법

자동 저장된 파일을 찾아서 확장자 *.sv$를 *.dwg로 변환한 후 정상적으로 Open한다. 이 때 폴더가 사용자 폴더의 하위에 있는 'Appdata' 폴더에 숨김 파일로 설정되어 있으므로, 설정을 변경하여야 자동저장 파일을 볼 수 있다.

C: \ Users \ 사용자명 \ appdata \ local \ temp \ *.sv$

위와 같은 형식의 파일을 찾으면, 확장자를 dwg로 변환한 후, 파일열기를 하면 된다.

2   Trim에서 선이 이상하게 잘릴 경우

Trim 명령에서 기준선을 잡지 않고 선을 자를 때, 자르고 싶은 부위가 모두 잘리지 않고, 가장자리가 남는 경우가 생긴다. 이때는 옵션의 확장모드를 'No extend'로 변경해주면 된다.

(1) 명령

Command : TRIM ↵

Current settings : Projection = UCS, Edge = Extend

Select cutting edges …

Select objects or 〈select all〉 : ↵

Select object to trim or shift-select to extend or [Fence/Crossing/Project/Edge/eRase/Undo] : E ↵

Enter an implied edge extension mode [Extend/No extend] 〈Extend〉 : N ↵

Select object to trim or shift-select to extend or [Fence/Crossing/Project/Edge/eRase/Undo] : 자를 선 선택

---

3 해치에서 에러가 발생하는 경우와 대처방법

해치(Hatch) 명령을 실행할 때 발생하는 에러의 사례별 대처 방법이다.

(1) 해치 영역 설정 시 다음과 같은 메시지가 나타나는 경우

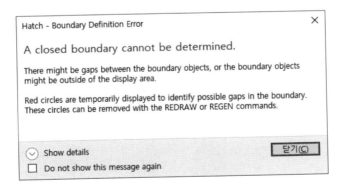

⇒ 해치 영역이 닫혀있지 않았을 경우에는 열려진 부위를 찾아서 막아주거나 폴리라인을 이용해 다시 그려준다.

⇒ 해치할 영역을 화면에 다 보이게 한 다음에 Zoom 명령을 이용해 해당 부위를 확대하여 선택한다. 일반적으로 도면 데이터가 작을 경우에는 선택이 가능하지만 메모리가 클 때는 해치 명령을 실행하기 전에 영역을 화면에 전부 보이게 하여야 한다.

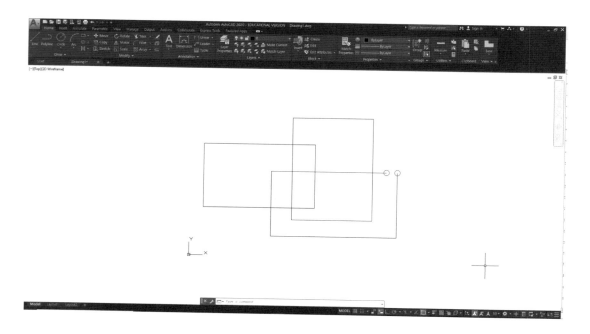

⇒ 해치할 영역이 닫혀 있지 않을 경우에는 경계선의 끝점을 붉은 원으로 표시한다. 붉은 원은 일시적으로 표시된 것이며, REDRAW 또는 REGEN 명령으로 제거할 수 있다.

(2) 굴림체 같은 트루타입 폰트가 해치 영역에 걸친 경우

⇒ 트루타입 폰트의 레이어를 Off한 상태에서 작업한다.

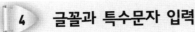

4 글꼴과 특수문자 입력

(1) 글꼴(Font)의 종류

캐드에서의 글자 폰트는 확장자에 따라서 매우 다른 특성을 가지고 있다.

① TTF : Windows의 시스템에서 사용하는 '트루타입(Truetype) 글꼴'

마이크로소프트의 윈도 운영체제 속에 포함된 글꼴(C:\Windows\Fonts)로 아웃라인 글꼴이라 아름다운 형태를 가지고 있다. 그러나 캐드에서 사용하면 메모리 소모와 계산의 부담을 많이 주므로, 주로 설계 작품이나 자격시험에서 사용한다.

② SHX : 캐드에서만 사용되는 'AutoCAD 글꼴'

설계사무소에서 가장 많이 사용하는 글꼴로 캐드를 설치하면 기본적으로 깔리는 Font이다. 벡터방식의 글꼴(C:\Programs Files\Autodesk\AutoCAD 2016\fonts)로 선으로 구성되어 예쁘지는 않지만 메모리의 소모가 적어 도면을 그릴 때 원활하다. 특히 복사해서 다른 프로그램으로 그림을 옮기면 깔끔하게 이동된다. 또한 출력할 때 위치변동 등의 문제가 발생하지 않는다.

AutoCAD 글꼴은 영문 Font와 한글 Font로 나눠지며, 한글 Font를 큰 글꼴(Big Font)이라 한다. AutoCAD 글꼴 중 한글 글꼴은 〈큰 글꼴 사용(Use big font)〉을 선택해야 사용할 수 있다. 이때 ☑Use Big Font 를 선택하면 투르타입(TTF) 글꼴을 사용할 수 없다.

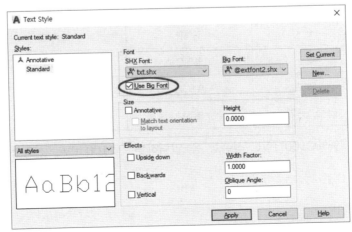

(2) 특수문자 입력

도면을 그리다보면 키보드에 없는 특수 문자를 입력해야 하는 경우가 많다.

① Text 명령 실행화면에서 특수문자 입력

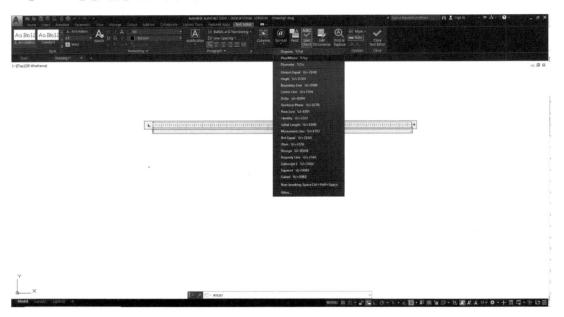

② AutoCAD 글꼴(*.SHX)에서 특수 문자의 입력 %

기 호	입력방법	입력 예	표 시
°	%%D	45%%D	45°
±	%%P	%%P10	±10
∅	%%C	%%C30	∅30
%	%%%	100%%%	100%
밑줄 긋기	%%U	%%U평면도	평면도

(예) "%%C100 PVC 선홈통"을 입력하면 "∅100 PVC 선홈통"이 된다.

③ 트루타입 글꼴에서 특수 문자 입력

트루타입의 글꼴을 사용할 경우에는 키보드의 한자 버튼을 이용하여 특수문자로 변환할 수 있다. 예를 들어, Ø를 입력하려면 "ㄲ"을 입력하고 한자 키를 누른 후 "7"번을 입력하거나 마우스로 직접 클릭할 수 있다. 동일한 방법으로 ㄱ, ㄴ, ㄷ, ㄹ, ㅁ, ㅂ, ㅅ … 등에서도 각각의 특수문자를 볼 수 있다.

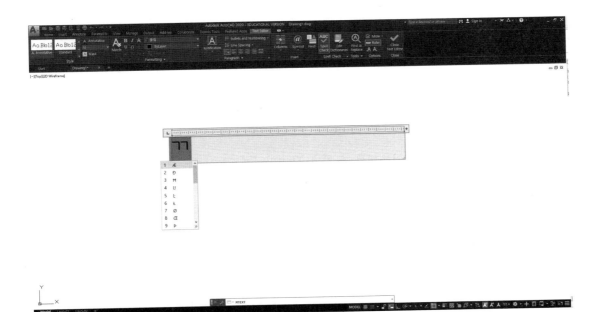

5 글꼴이 깨져 나올 경우

다른 곳에서 보내온 도면을 열어보면 글자가 ????로 깨져 보이는 경우가 있다. 한글만 그런 경우도 있고 영문, 한글 모두 그런 경우가 있다. 건축도면은 거의 대부분 [캐드폰트]를 사용하며, 사용자의 컴퓨터에 동일한 캐드폰트가 없어서 해당 폰트가 지원되지 않을 때 발생한다.

따라서 현재 사용하고 있는 컴퓨터 속에 폰트가 없는 경우, 해당 파일을 오픈할 때, 폰트지정을 묻는 창이 뜬다. 이때 적절한 폰트로 지정하지 않으면 ???로 나타난다.

해결 방법

1) 가장 좋은 해결방법은 사용하는 컴퓨터에 필요한 폰트를 설치하는 것이다.

  – 캐드폰트[*.shx]를 사용했다면 캐드 프로그램의 폰트 폴더에 설치하면 된다.
    C: \ Programs Files \ Autodesk \ AutoCAD 2016 \ fonts

  – 트루타입 폰트[*.ttf]를 사용했다면 Windows 내의 Fonts 폴더 속에 설치하면
    된다.
    C: \ Windows \ Fonts

2) 다른 방법은 Text Style〈ST〉 명령에서 해당 글꼴을 다른 폰트스타일로 변환하여
   사용할 수 있다. 하지만 도면의 장수가 많을 경우에는 필요한 폰트를 구해 설치하
   는 방법이 좋다.

   아래의 경우처럼 외부에서 유입된 도면의 [캐드폰트]를 보유하고 있지 않을 경우
   한글 폰트가 깨져 보이는 경우가 많다. 이 때 기존의 [캐드폰트]를 보유하고 있는
   폰트 또는 [트루타입 폰트]로 교체할 경우에 새로 지정하는 Font Name 하단의
   ☑ Use Big Font 를 선택취소 하여야 한글폰트의 종류를 선택할 수 있다.

AutoCAD에서
포토샵으로 파일변환

제5장

AutoCAD 프로그램이 벡터형식인 반면, 포토샵 프로그램은 대표적인 비트맵형식의 프로그램이다. 따라서 CAD도면을 포토샵에서 활용하기 위해서는 파일 변환과정이 요구된다. AutoCAD 프로그램 데이터를 포토샵으로 불러오는 방법은 여러 가지가 있으나, 출력을 위한 판넬을 제작하기 위해 사용되는 가장 기본적인 방법을 소개하도록 한다.

1 AutoCAD 파일을 EPS 파일로 저장하기

1-1 간단한 변환방법

메인 메뉴의 Export 명령을 이용하면 쉽게 EPS 포맷으로 저장할 수 있다. 하지만 Export를 사용해 작성된 EPS 파일은 해상도가 낮고, 선의 두께, 축척 등을 부여할 수 없기 때문에 특별한 경우가 아니면 사용을 권하지 않는다.

- → Export → Other Formats를 선택한다.

● 확장자를 'Encapsulated PS(*.eps)'로 선택한 후, 파일명을 입력하고 <kbd>Save</kbd>를 클릭한다.

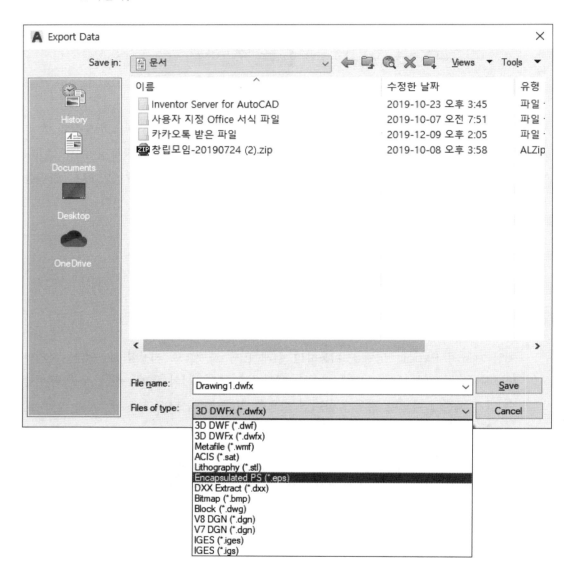

1-2 정교한 변환방법

AutoCAD 파일을 정교하게 EPS 파일로 변환시키는 방법은 AutoCAD의 일반적인 인쇄방법과 유사하다. 다만 종이에 인쇄하는 다른 플로터 대신에 Adobe사에서 만든 인쇄프로그래밍 언어로 지원되는 'PostScript Level 1.pc3'라는 PS 드라이버를 만들어서 '파일로 인쇄'를 하게 된다.

① 출력 드라이버 설치

플로터 관리자를 이용해 플로터추가 마법사를 실행시킨 후, 다음과 같이 설정하면 PostScript Level 1.pc3 드라이버가 생성된다.

- → Print → Manage Plotters를 선택한다.

- Add−A−Plotter Wizard를 실행한다.

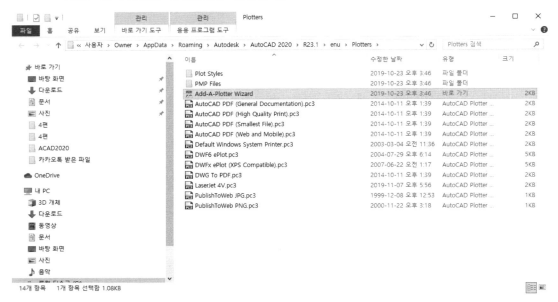

- 플로터 추가마법사를 이용해서 나타난 대화상자를 다음과 같이 설정한 후 드라이버를 추가 설치한다.

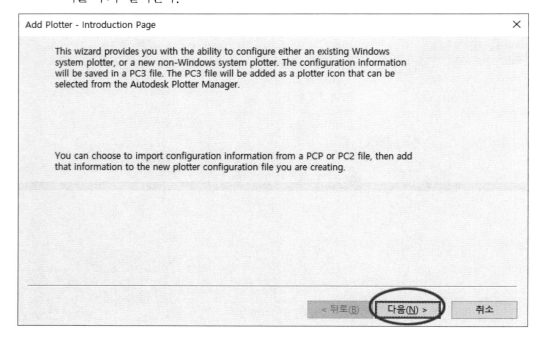

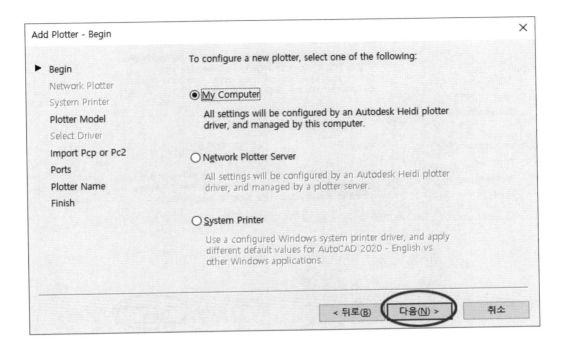

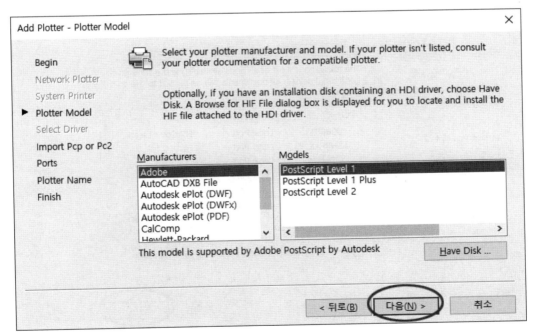

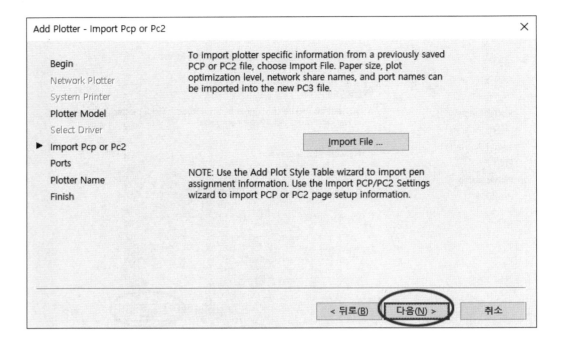

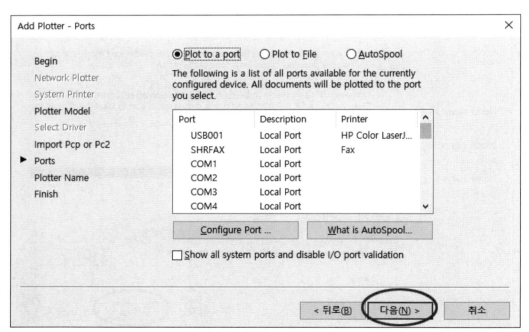

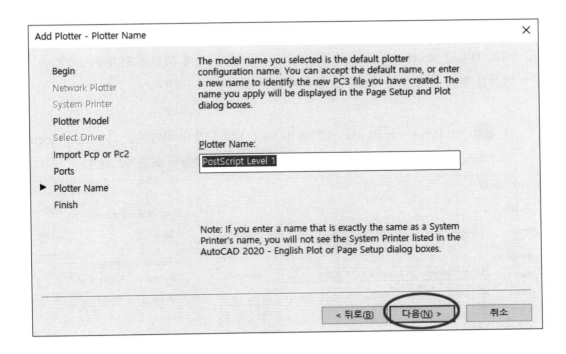

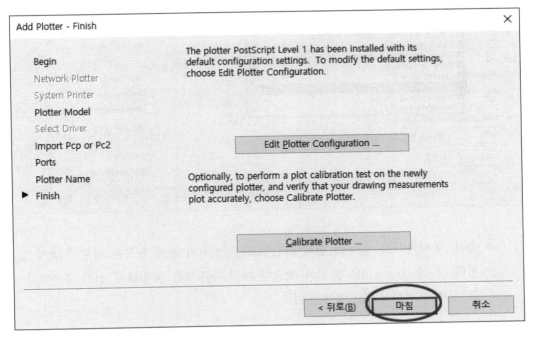

② EPS 파일로 저장하기

새로 설치된 PostScript Level 1.pc3 드라이버를 이용해 파일로 인쇄하는 방법은 일반적인 인쇄 방법과 유사하나 2가지 차이점이 있다.

- 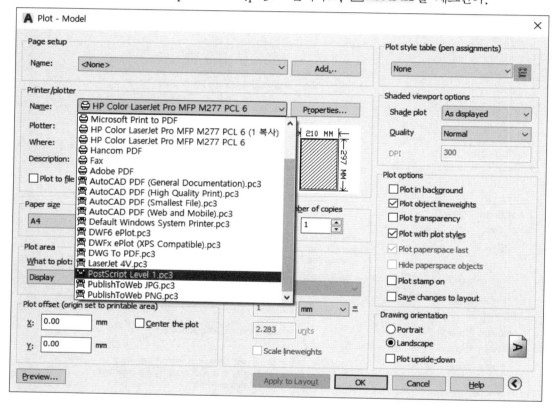 → Print → Plot을 선택해서 Plot 대화상자가 나타나면, Printer/Plotter Name을 PostScript Level 1.pc3로 선택하고, ☑ Plot to file 을 체크한다.

- 축척, 종이사이즈, 펜두께 인쇄영역, 도면 정렬위치 등의 항목은 상황에 맞게 설정한다. 특히 AutoCAD 도면의 색깔에 따라 펜두께를 조절해서 선의 종류마다 다른 두께로 변환시키는 것이 좋다.

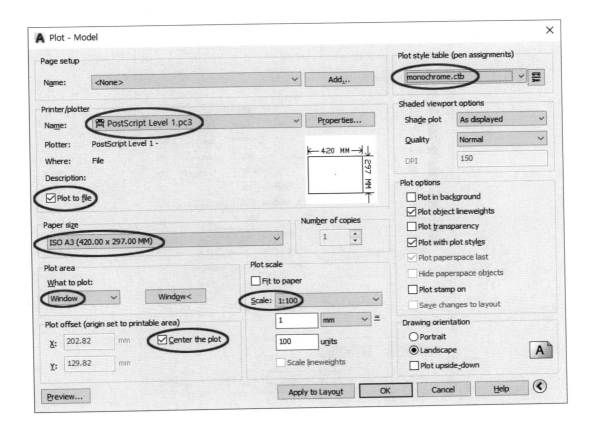

- 종이사이즈는 판넬에서 사용되는 AutoCAD 도면의 크기를 미리 추정해서 적절한 크기를 선택하면 된다. 일반적으로 AutoCAD 도면이 판넬에서 A3 크기보다 작기 때문에 A3 또는 A4 크기로 설정한다.
- 인쇄 영역은 도면 전체 또는 치수선을 제외한 필요한 도면영역만을 선택한다.
- 도면 정렬위치는 종이가 아닌 파일로 인쇄하기 때문에 항상 'Center the plot'을 선택해야 한다.
- 출력 스케일은 종이크기에 맞게 하거나, 원하는 축척으로 종이사이즈에 적절하게 설정한다.
- 선색깔이나 선두께는 일반적인 AutoCAD 인쇄방법과 유사하게 해야 하나, 경우에 따라서는 판넬에서 사용되는 크기가 작기 때문에 선두께를 일일이 조절할 필요가 없을 때도 있다. 'monochrome'을 이용해 도면을 검정색으로 출력되게 한다.

- 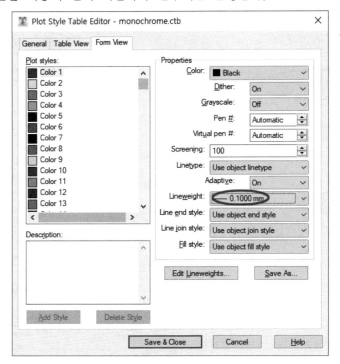 버튼을 이용해 선의 색깔마다 선두께를 설정한다.

- 선 종류에 따른 펜두께는 축척, 종이사이즈와 관계가 있으나 일반적으로 다음과 같이 설정하면 적절하다. 종이에 인쇄하는 것보다 약간 두껍게 하는 것이 유리하다.

Layer 요소	Layer name	Color		선두께(mm)	
				1/30~1/60	1/100
중심선	CEN	빨 강	Red		
마감선	FIN	파 랑	Blue	0.1	0.05
해 치	HAT	진분홍	Magenta		
도면 Box	0	흰 색	White		
치 수	DIM	녹 색	Green		
가 구	FUR	하늘색	Cyan		
기 호	SYM	흰 색	White	0.2	0.15
문 자	TXT	녹 색	Green		
창 호	WID	하늘색	Cyan		
벽	WAL	노 랑	Yellow	0.3	0.25

● 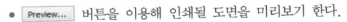 버튼을 이용해 인쇄될 도면을 미리보기 한다.

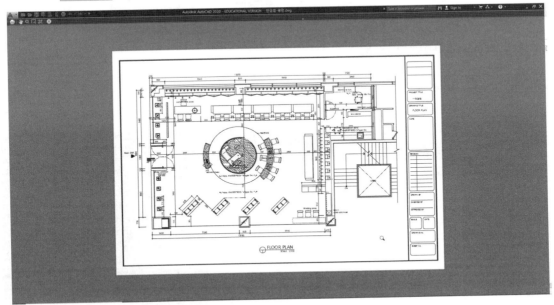

● OK 버튼을 누르면 저장위치를 나타내는 대화상자가 나타난다.

● Save 버튼을 눌러서 저장하면 정해진 위치에 EPS 파일이 생성된다.

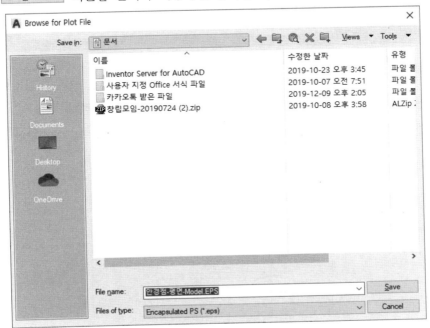

2 Photoshop에서 EPS 파일 불러오기

2-1 Open 명령으로 불러오기

- 포토샵을 실행시킨 후 File → Open 명령을 클릭하여 확장자를 EPS(Generic EPS)로 설정한다.

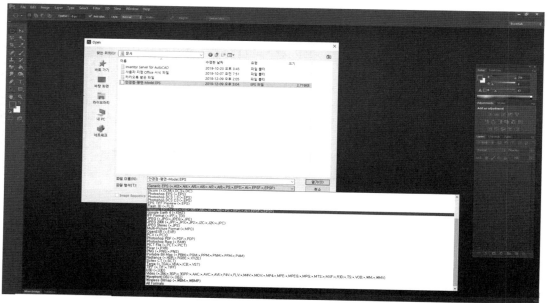

- Image Size는 AutoCAD에서 저장한 종이크기대로 A3 크기가 설정되어 있다. 해상도는 최소 150PPI(Pixels Per Inch) 이상으로 설정한다. AutoCAD의 선두께가 가늘기 때문에 □Anti-aliased의 체크박스는 해제하여야 AutoCAD의 가는 선을 명확하게 볼 수 있다.

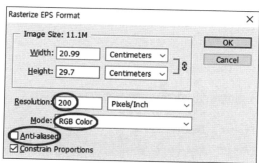

● 투명한 도면이 나타나면 배경 레이어를 만들어 도면을 확인한 후 작업을 한다.

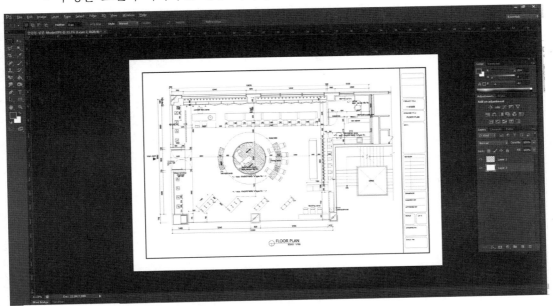

Part5

부 록

제1장 각종 예제별 도면
제2장 건물 용도별 도면

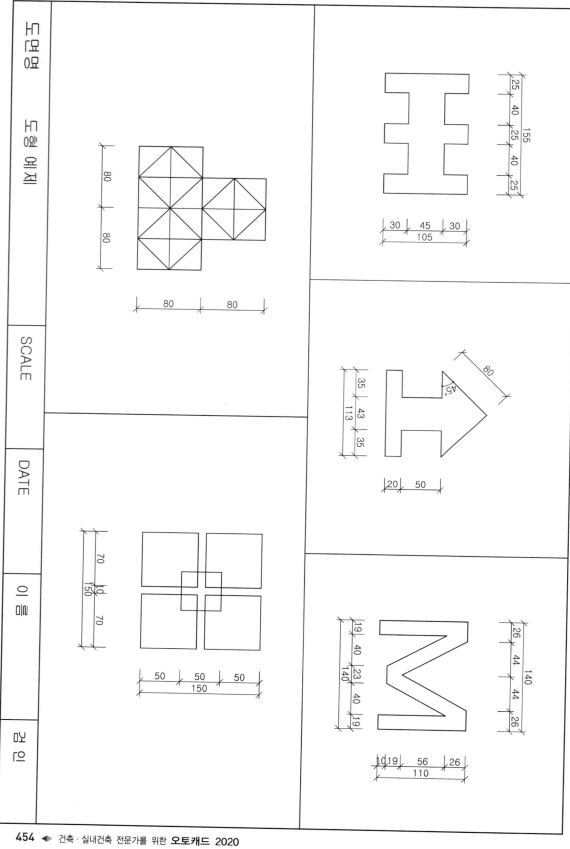

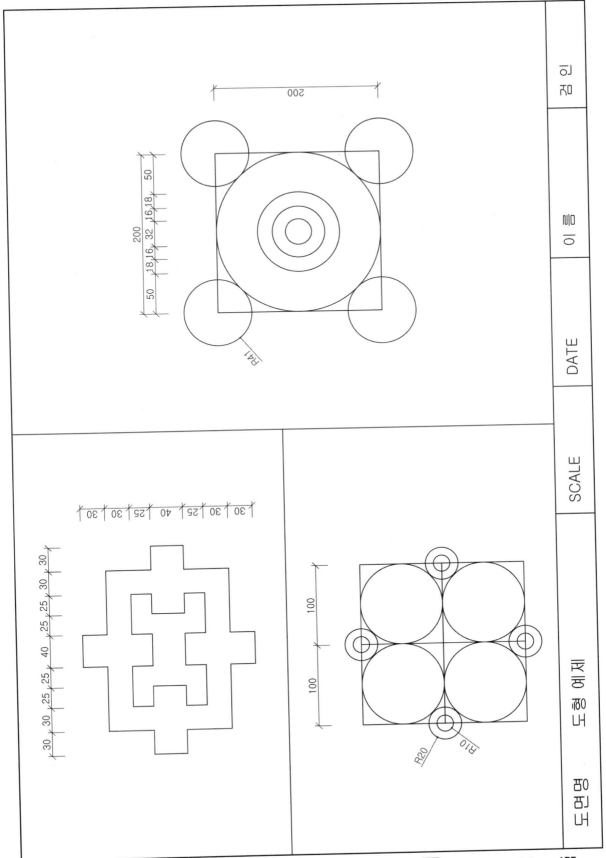

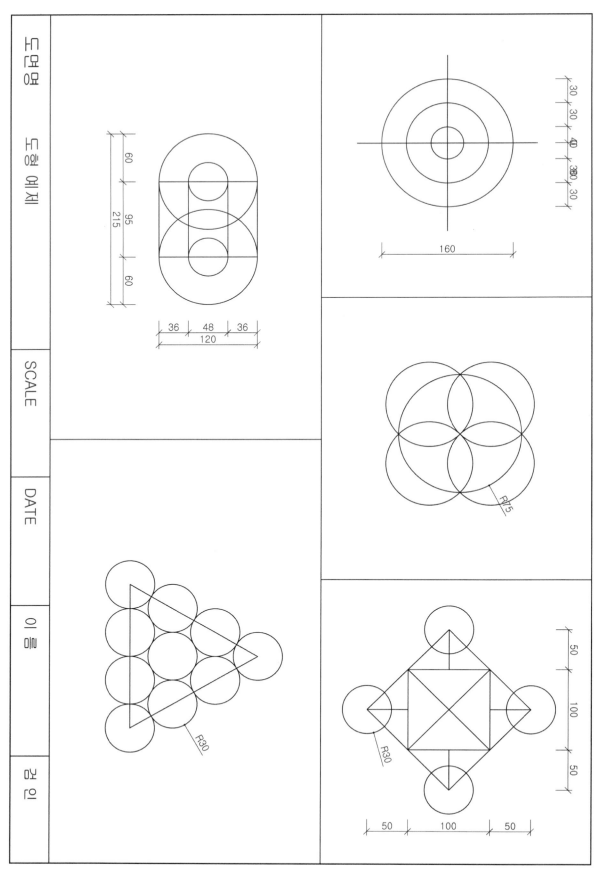

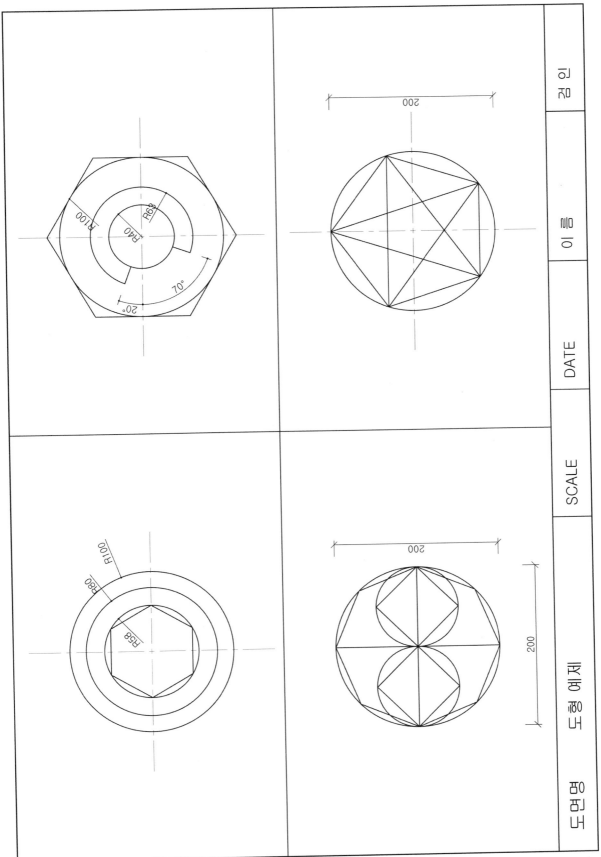

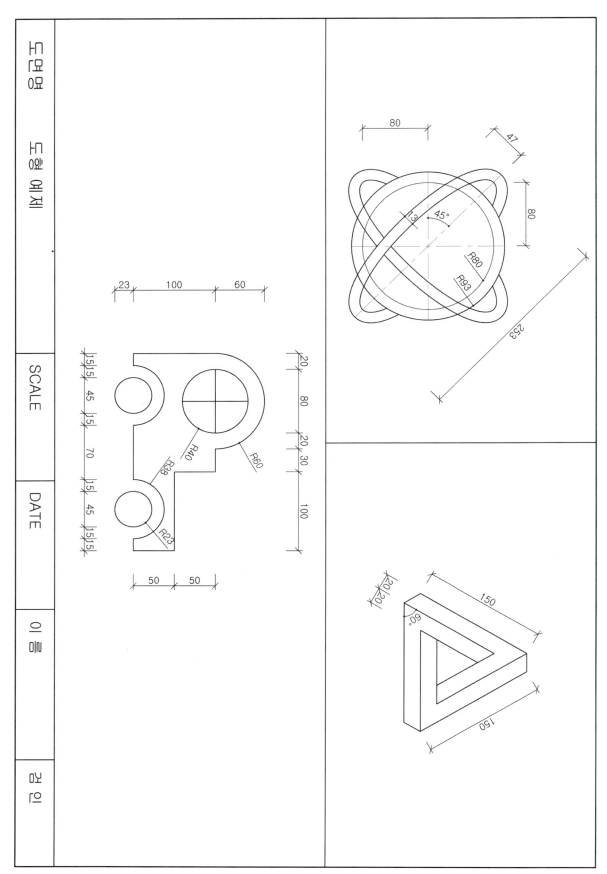

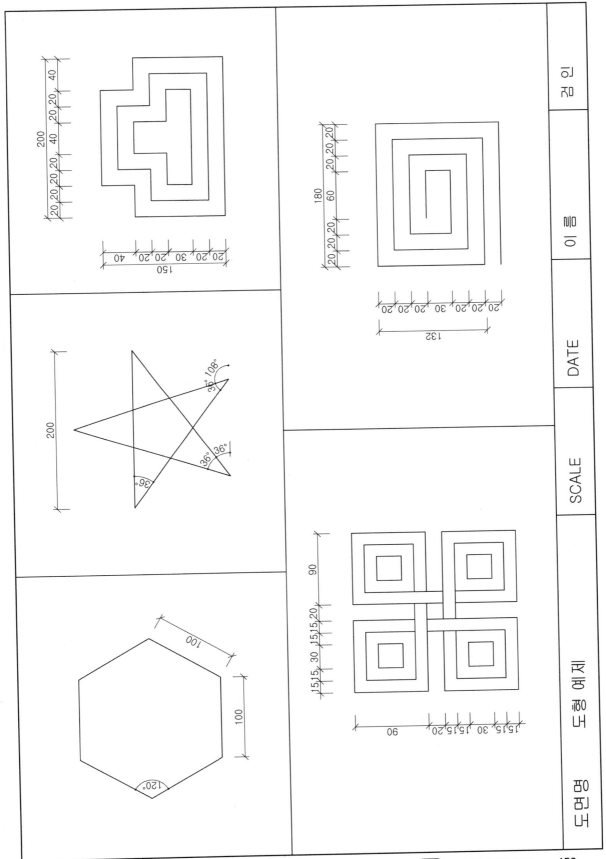

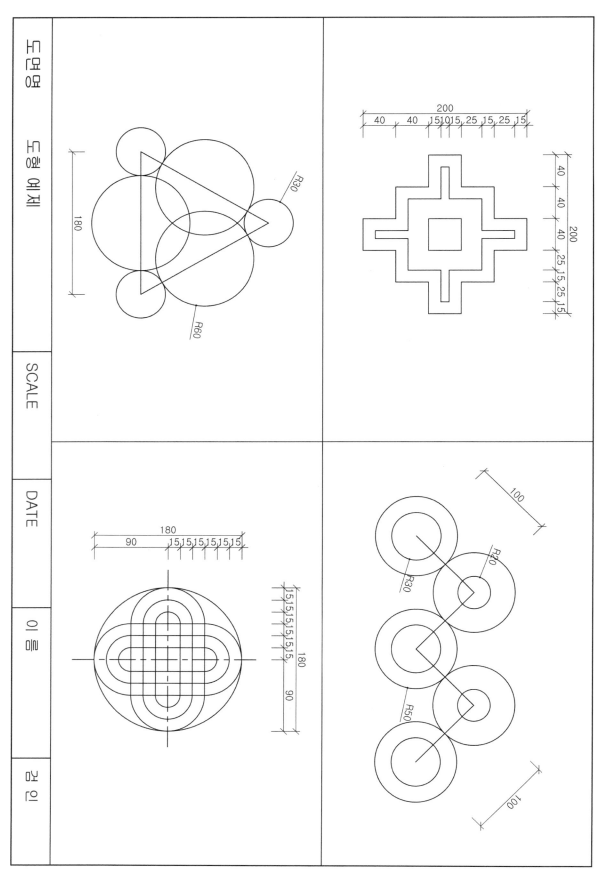

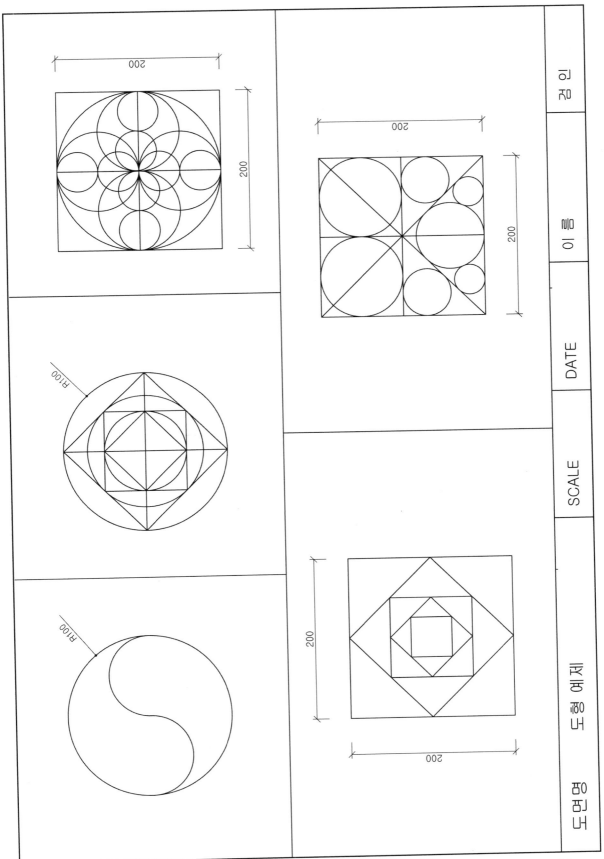

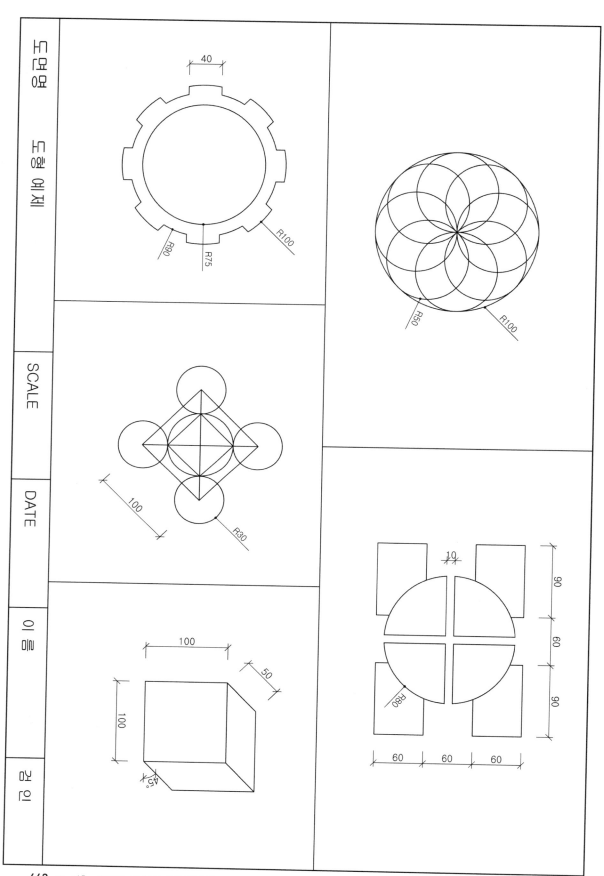

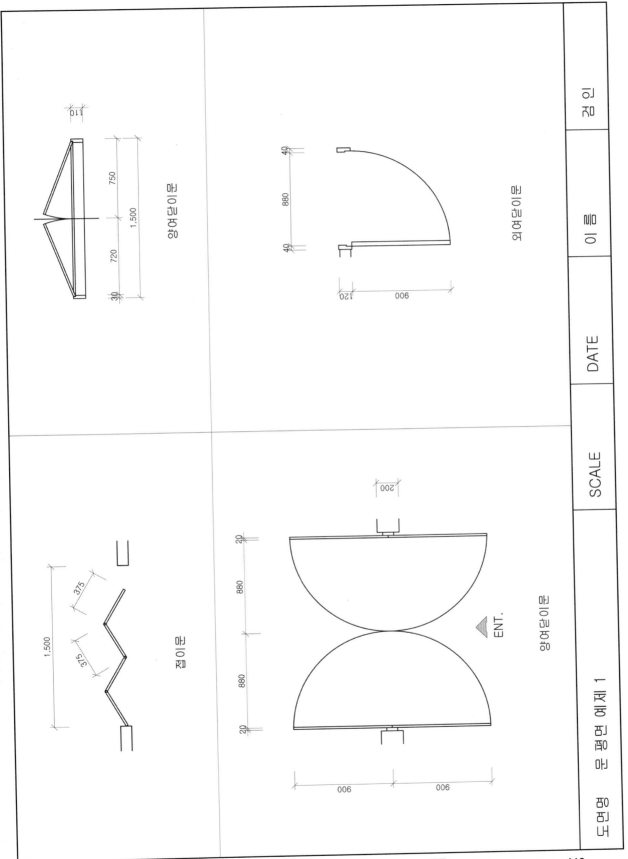

양여닫이문

외여닫이문

접이문

양여닫이문

ENT.

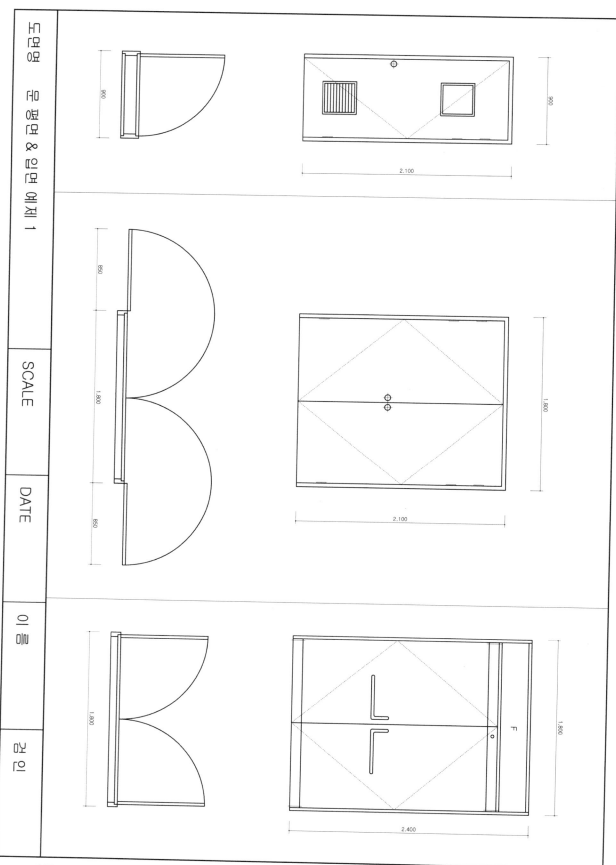

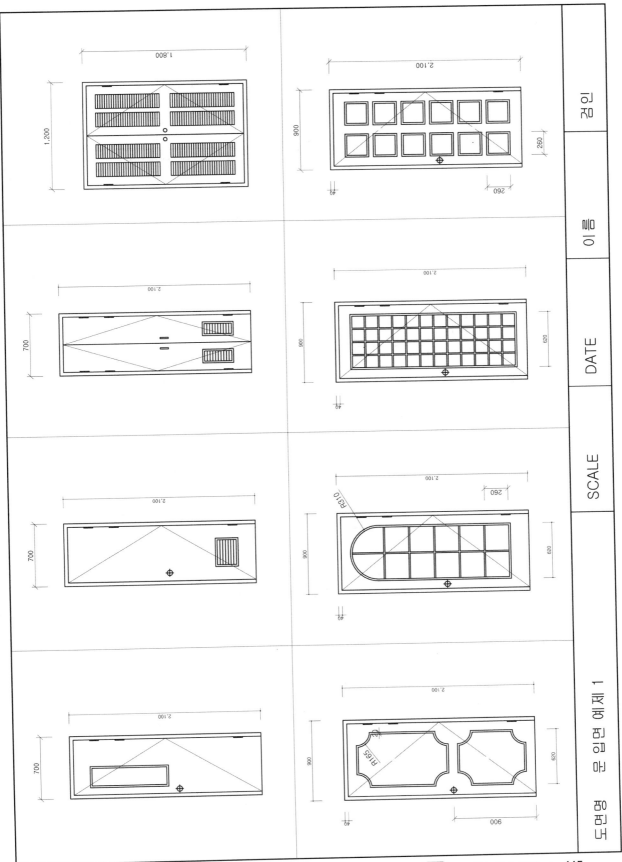

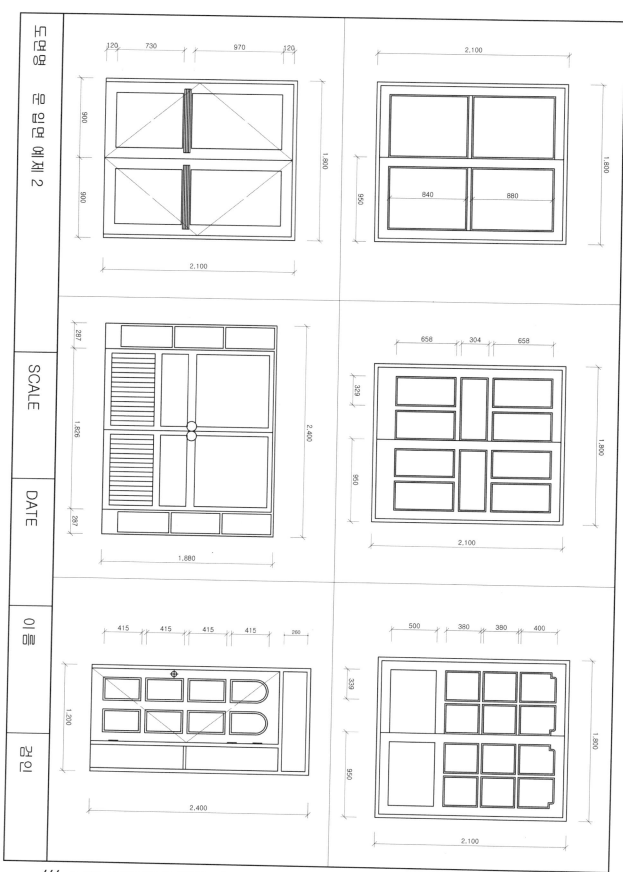

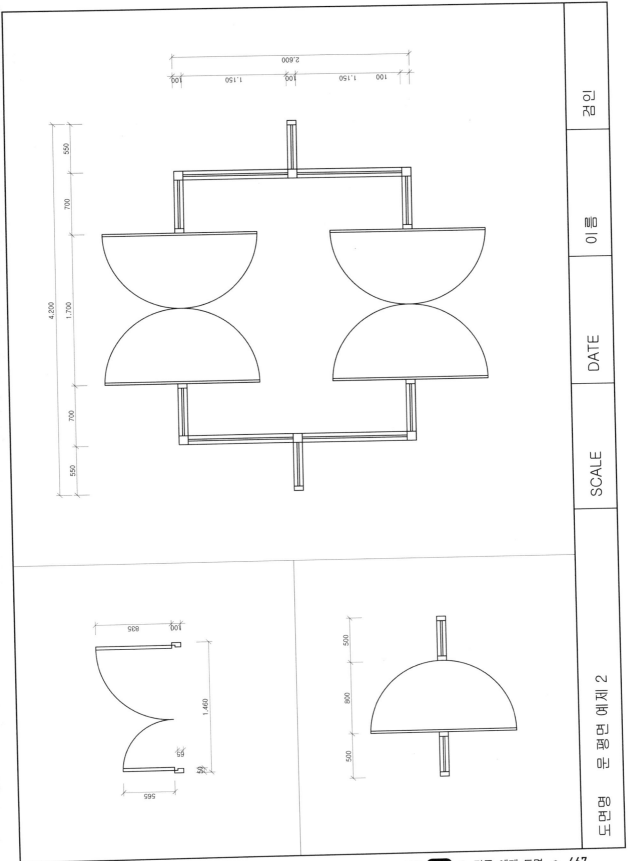

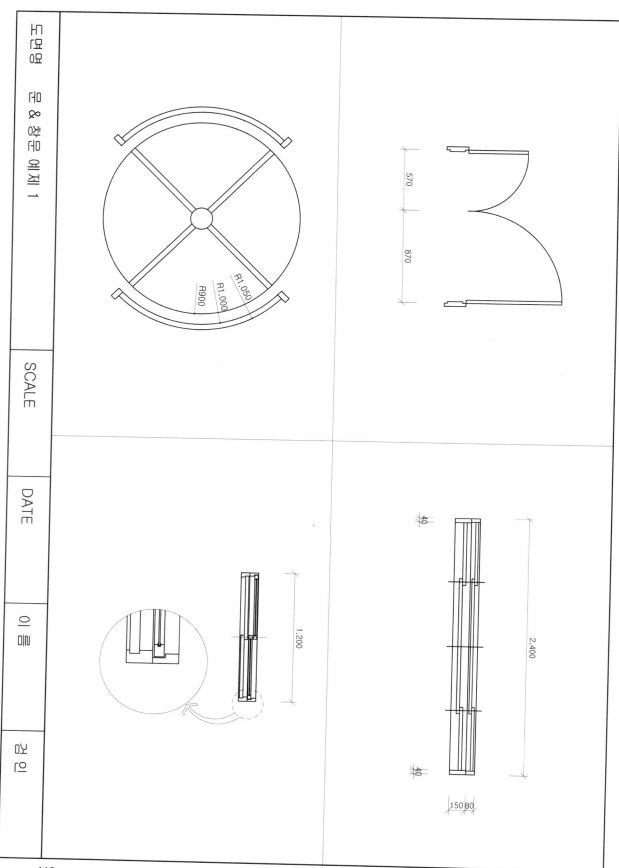

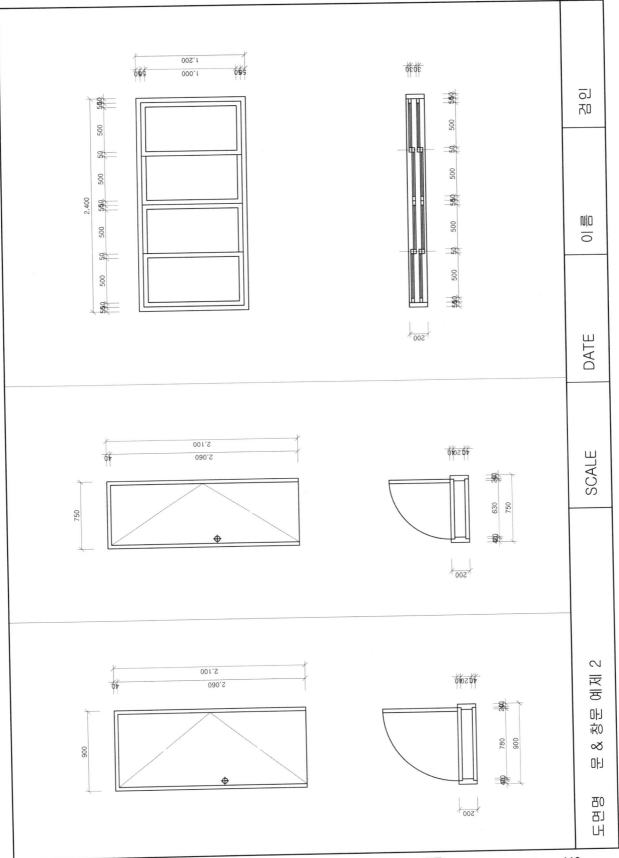

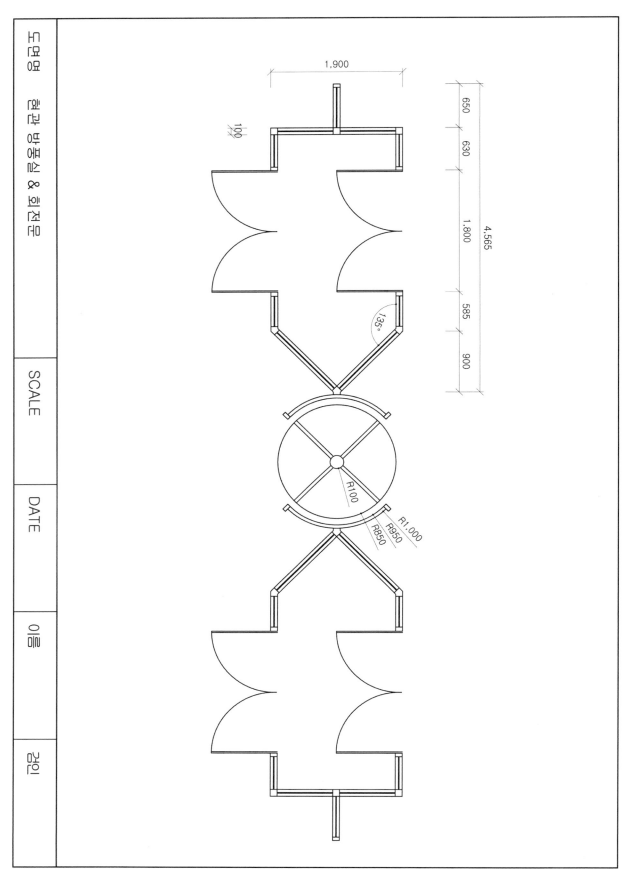

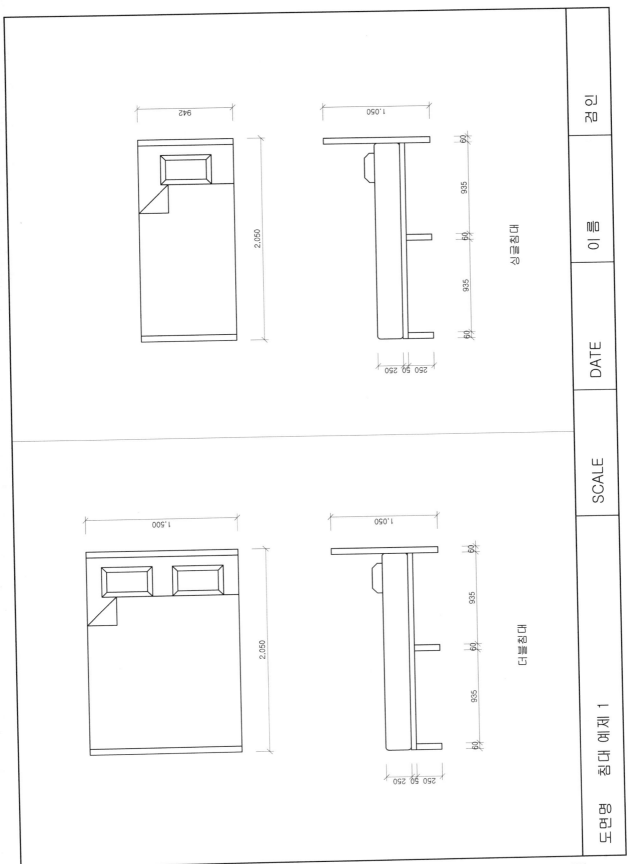

싱글침대

더블침대

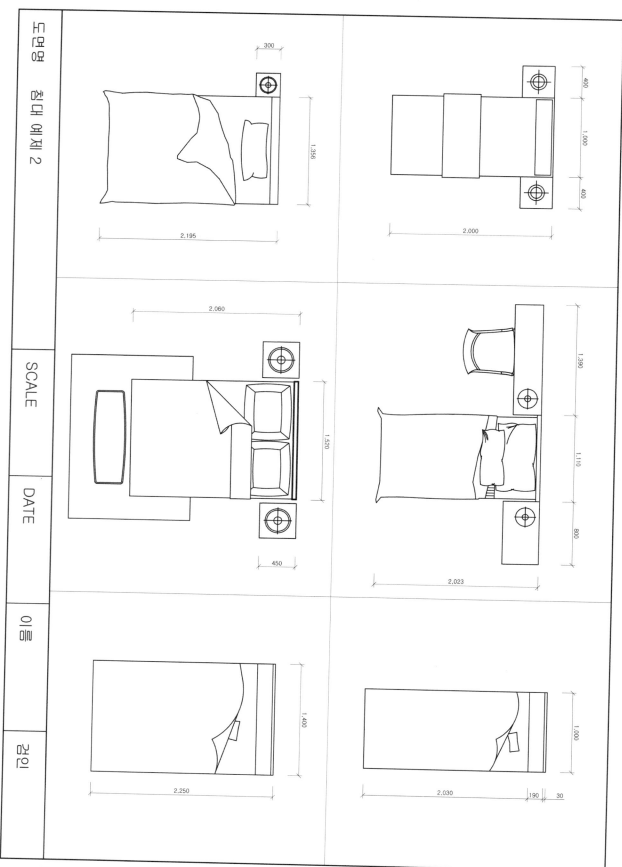

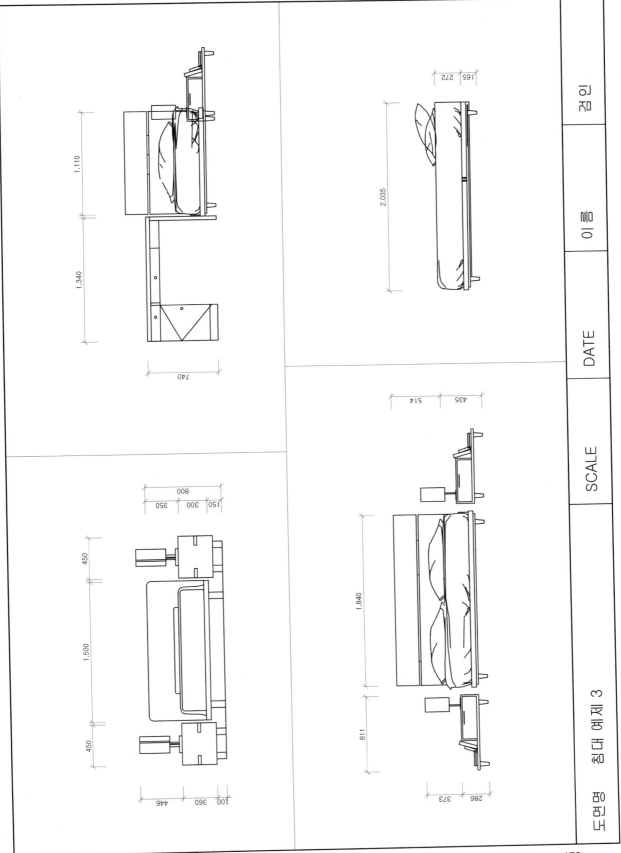

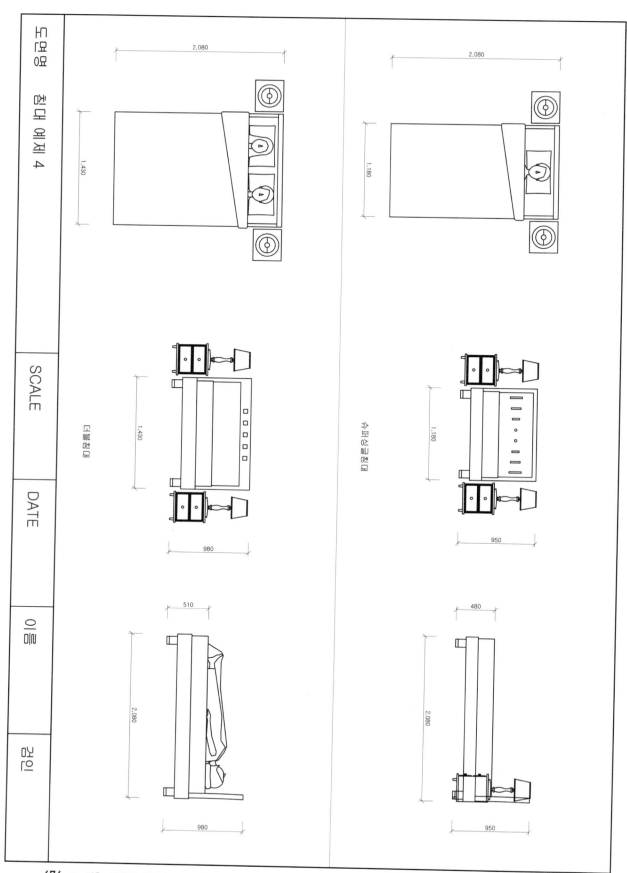

2,080

1,430

더블침대

1,430

980

510

2,080

980

2,080

2,080

1,180

슈퍼싱글침대

1,180

950

480

2,080

950

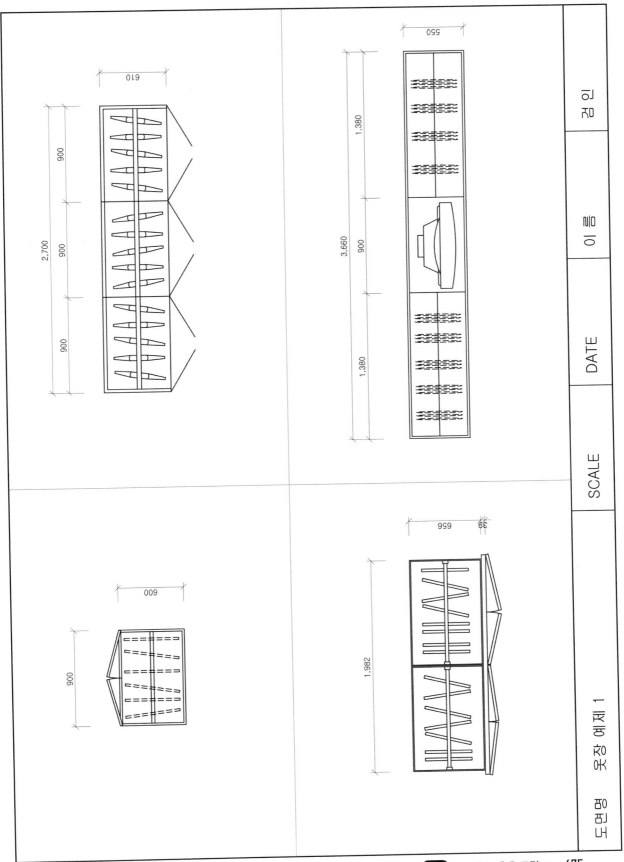

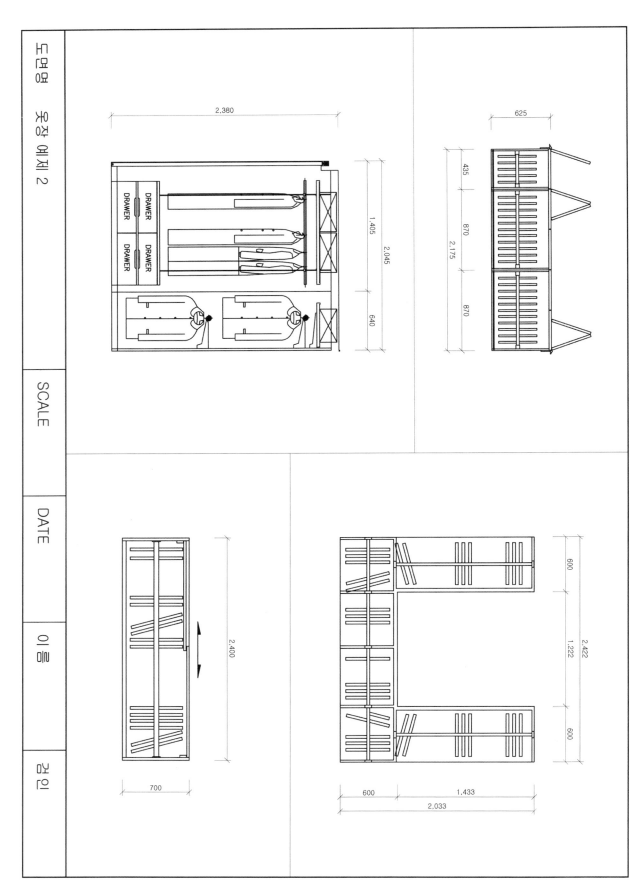

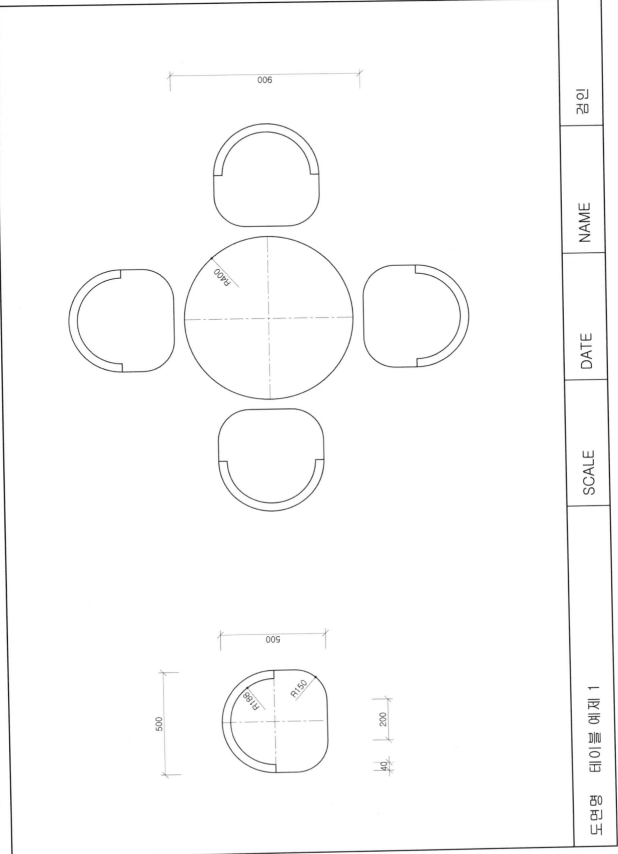

900

R400

500

R150

R188

500

200

40

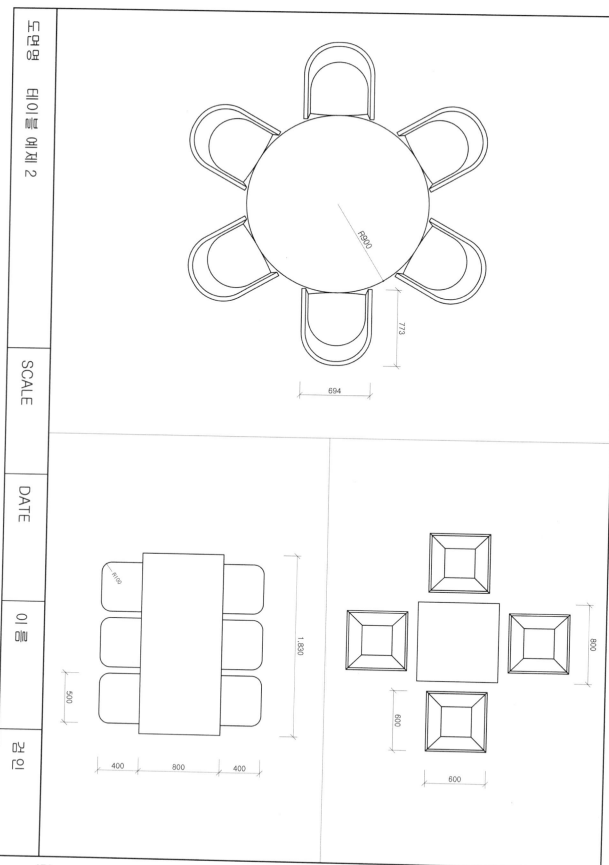

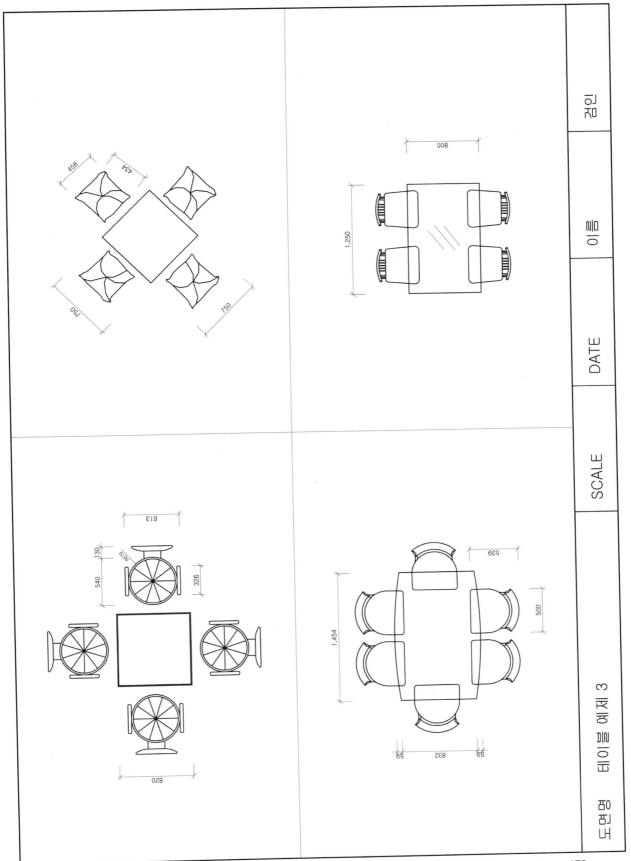

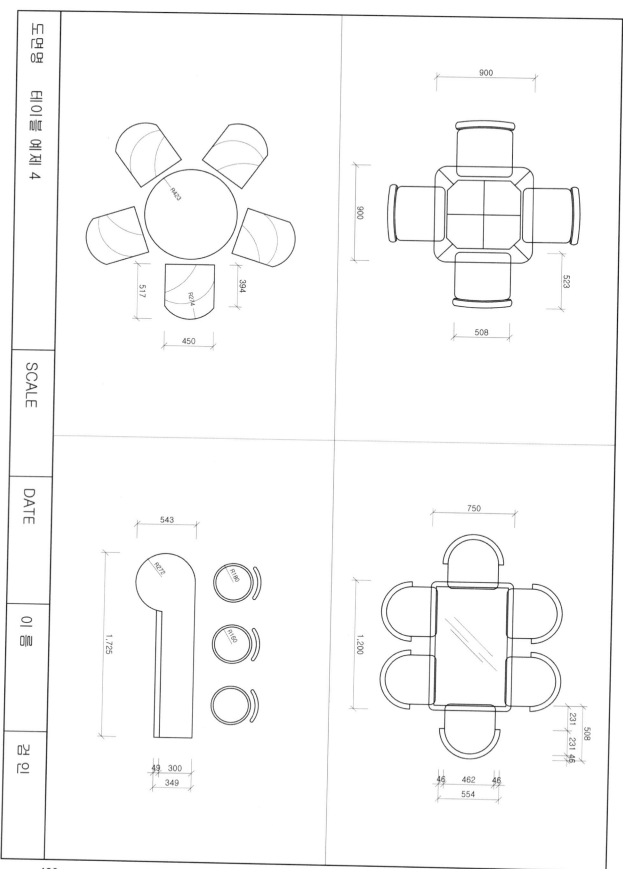

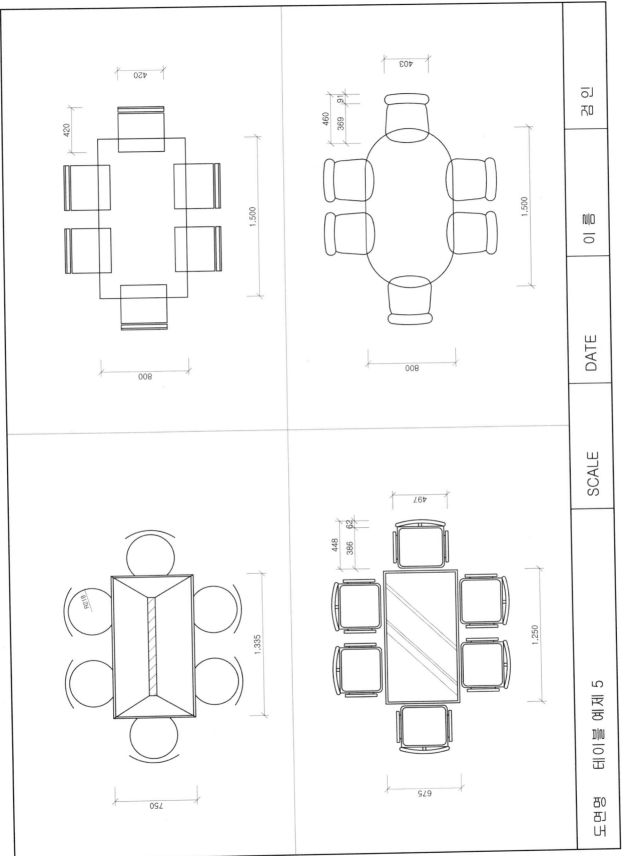

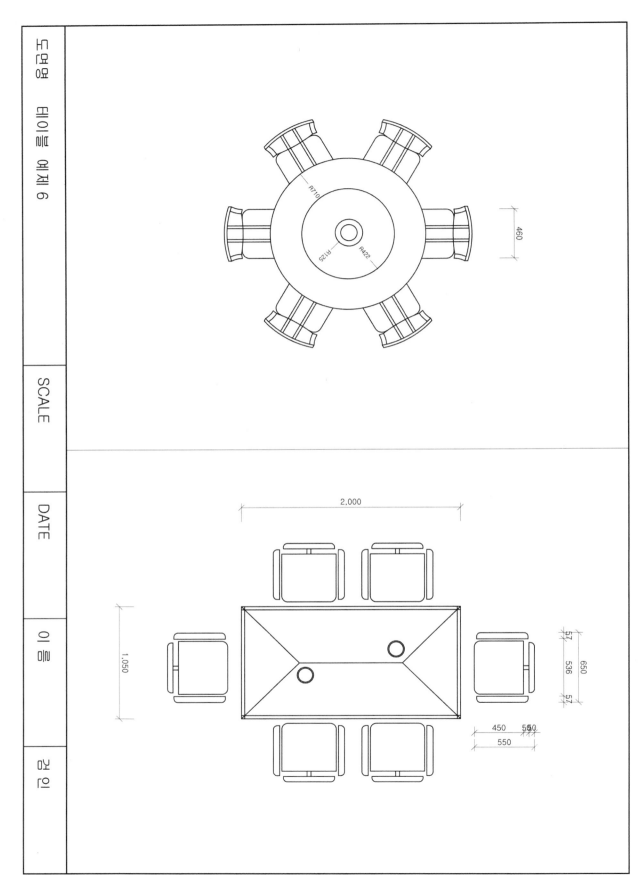

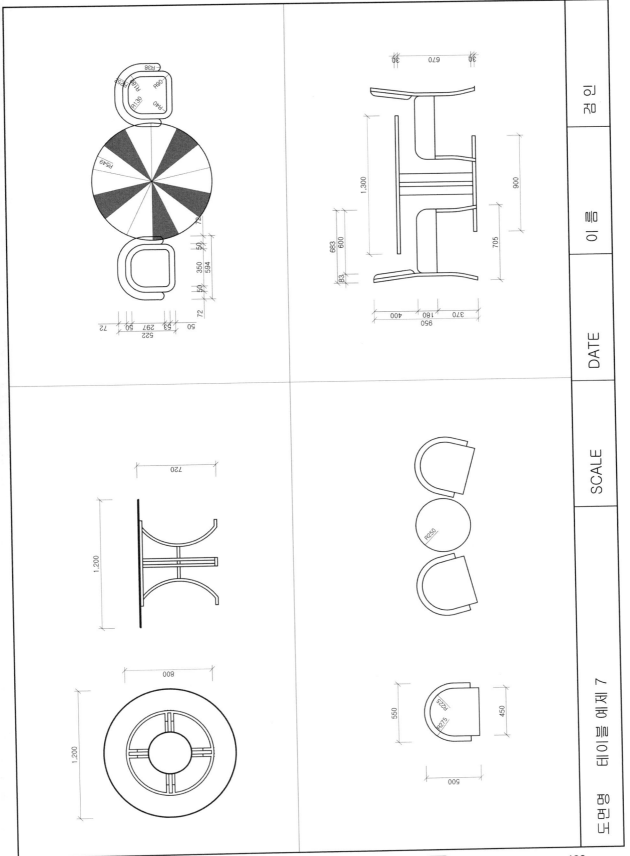

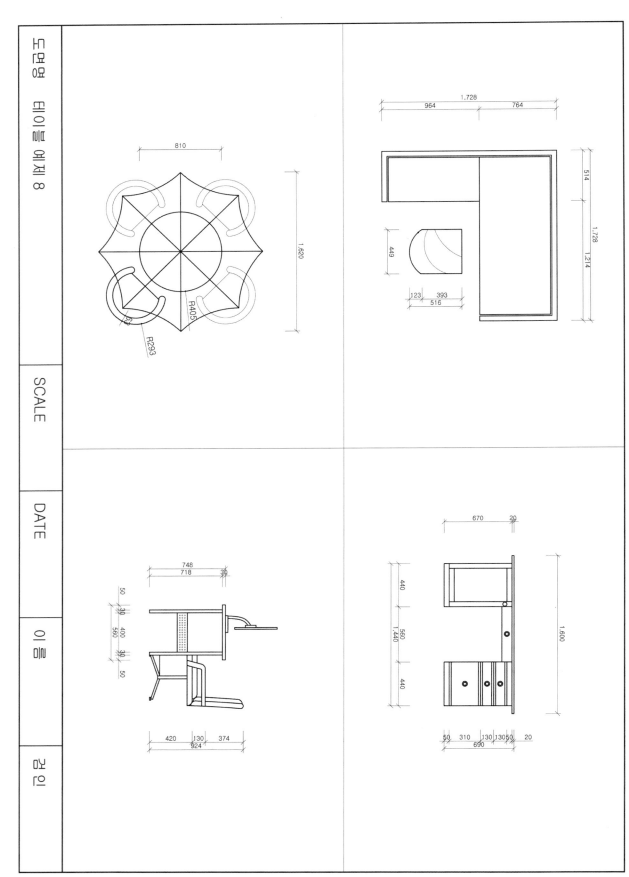

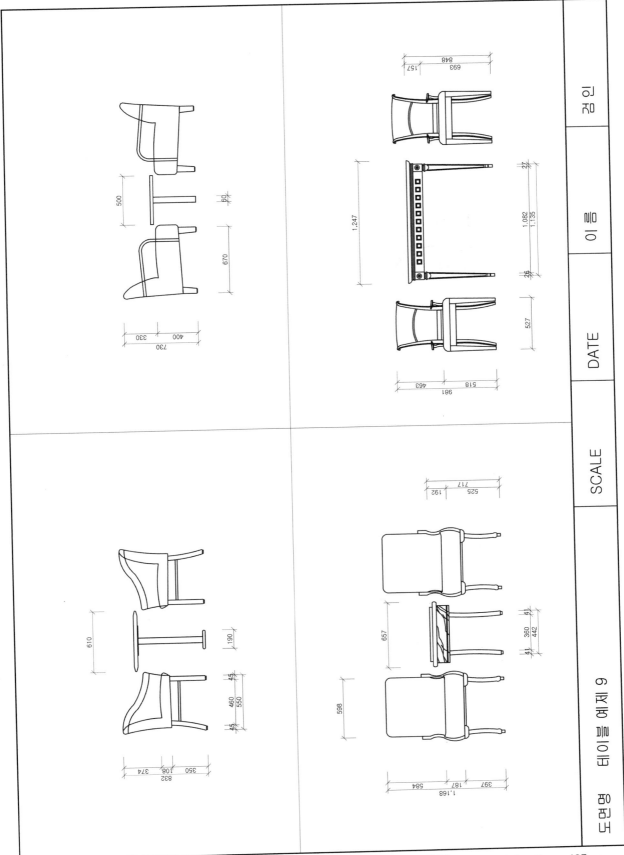

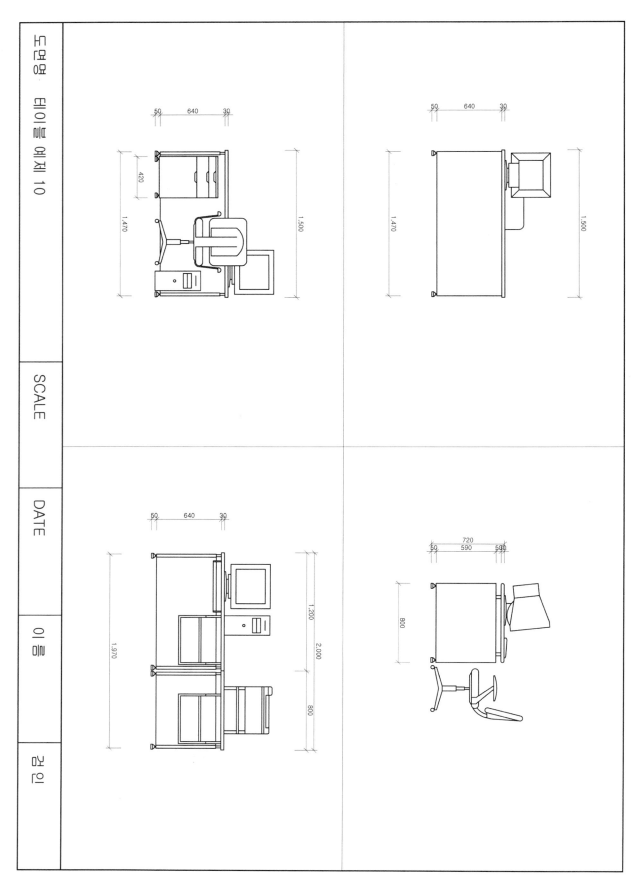

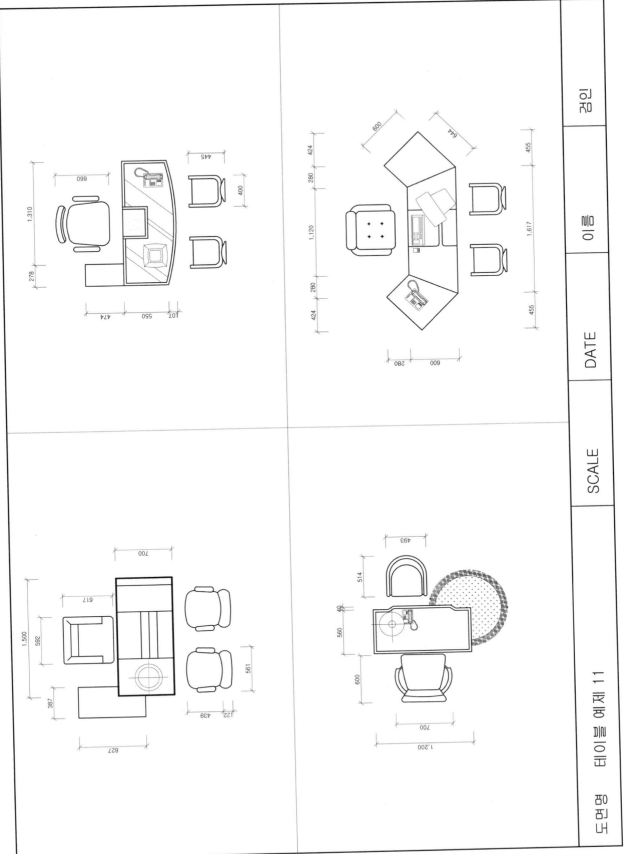

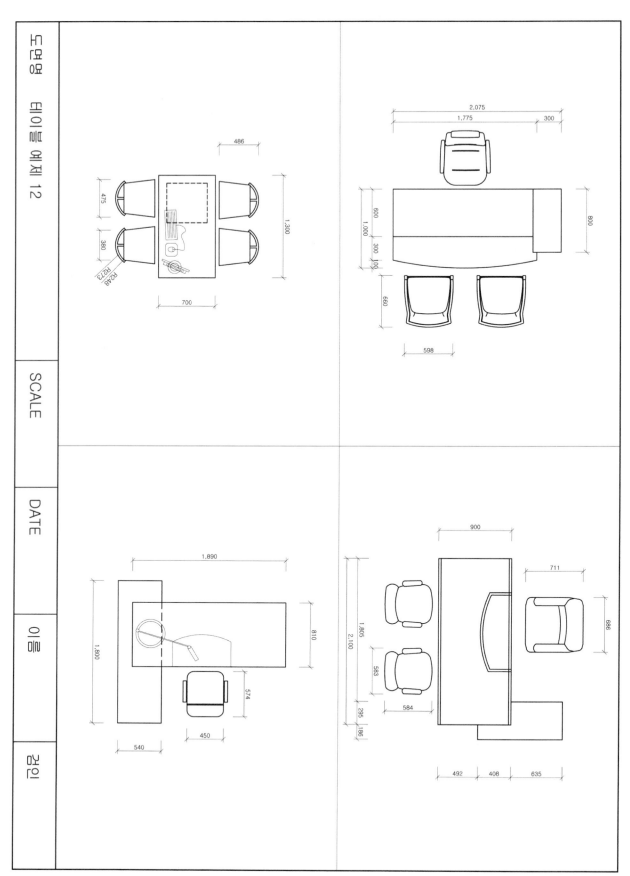

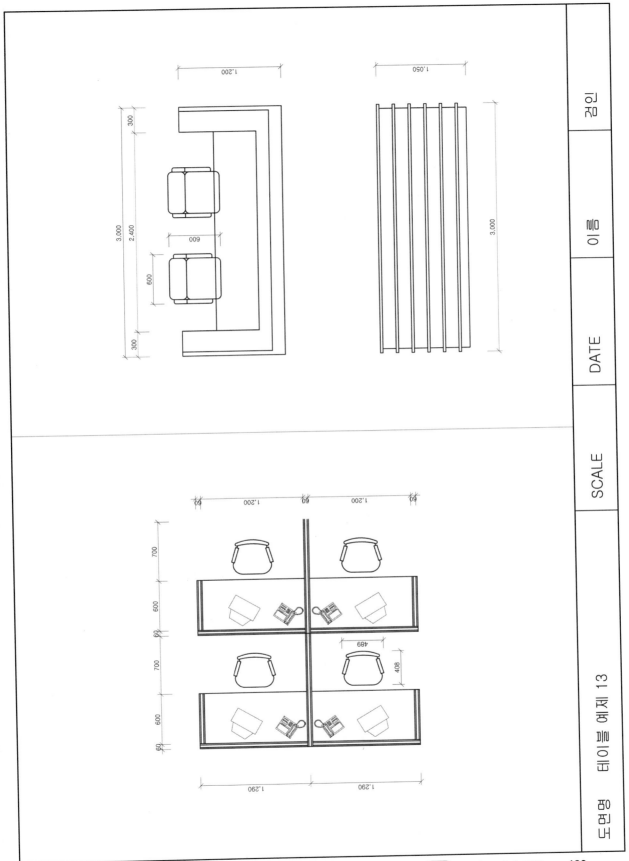

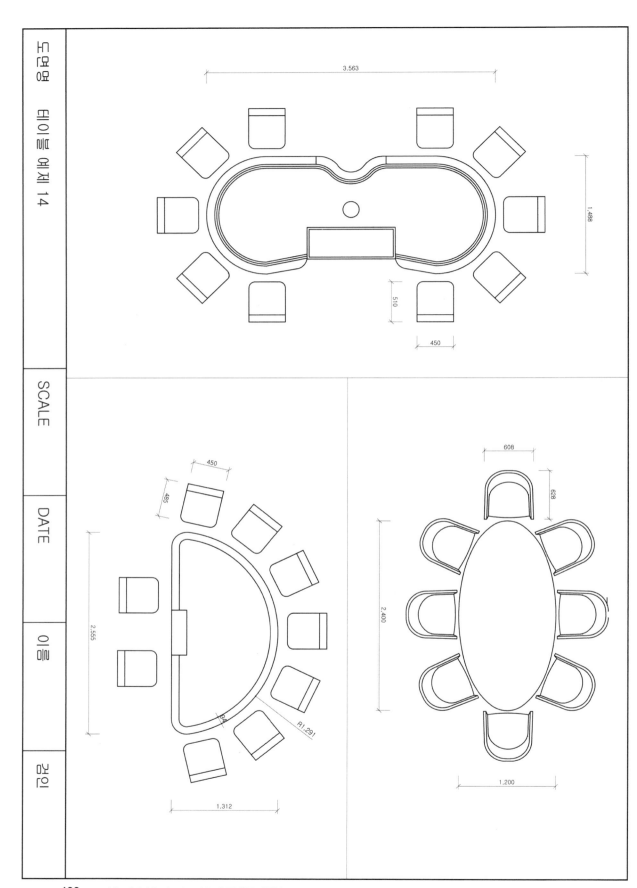

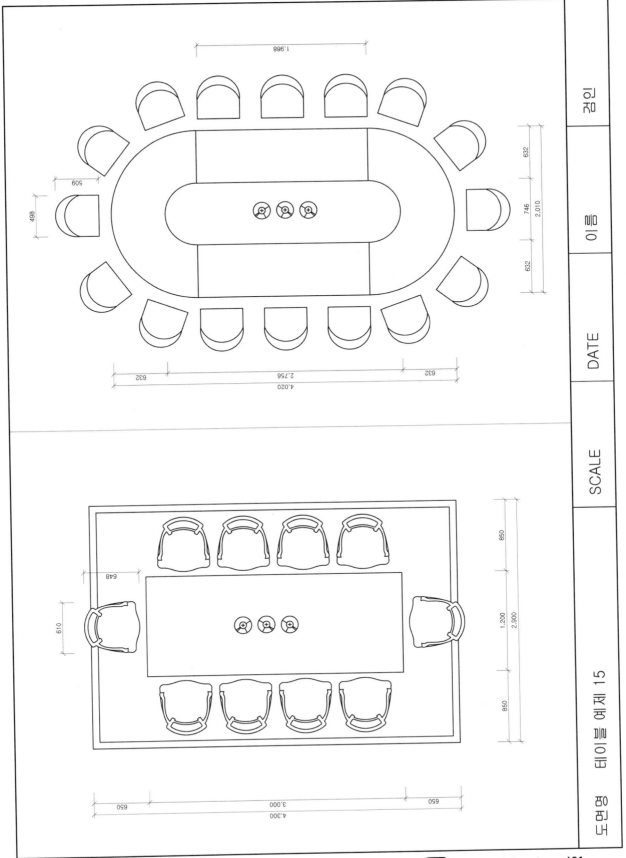

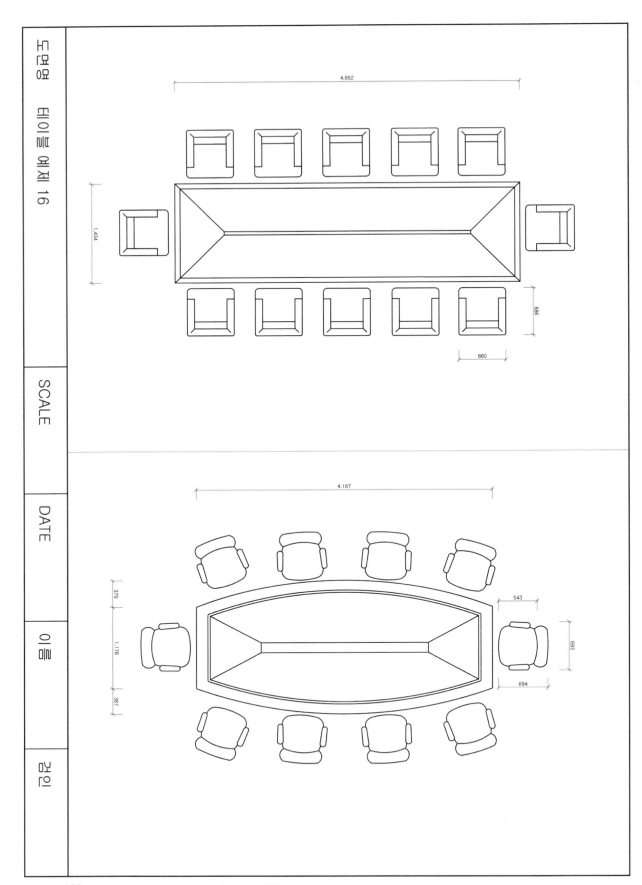

4.852

1.434

986

660

4.167

379

1.176

367

543

693

694

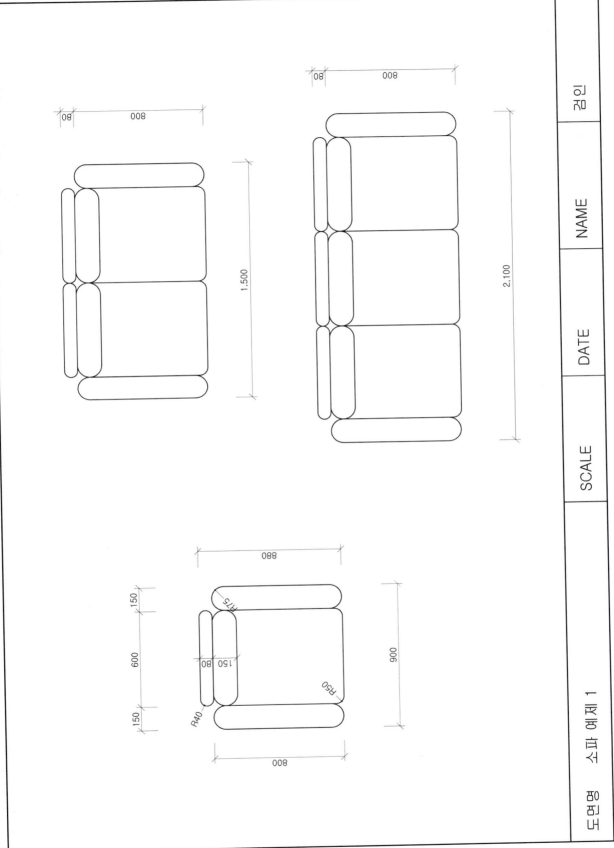

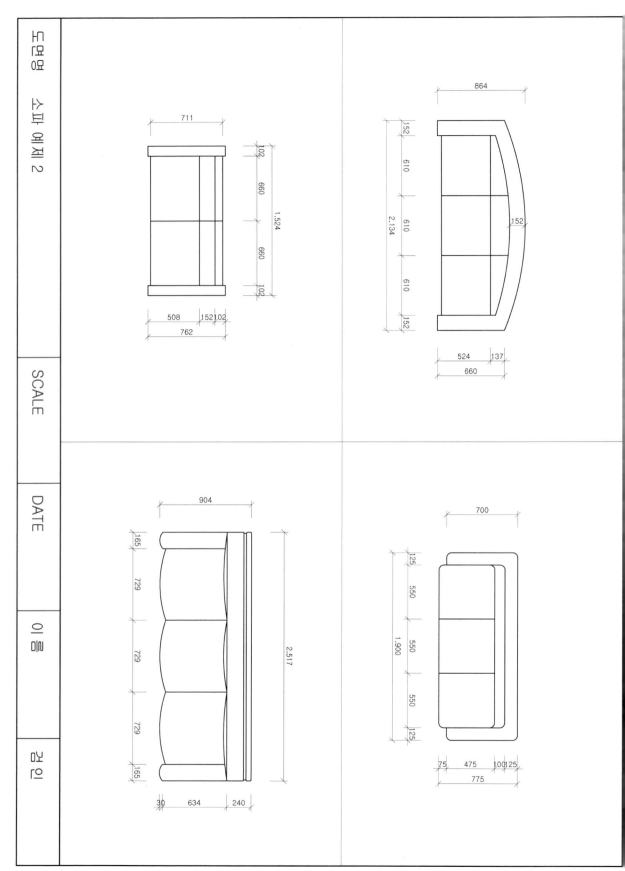

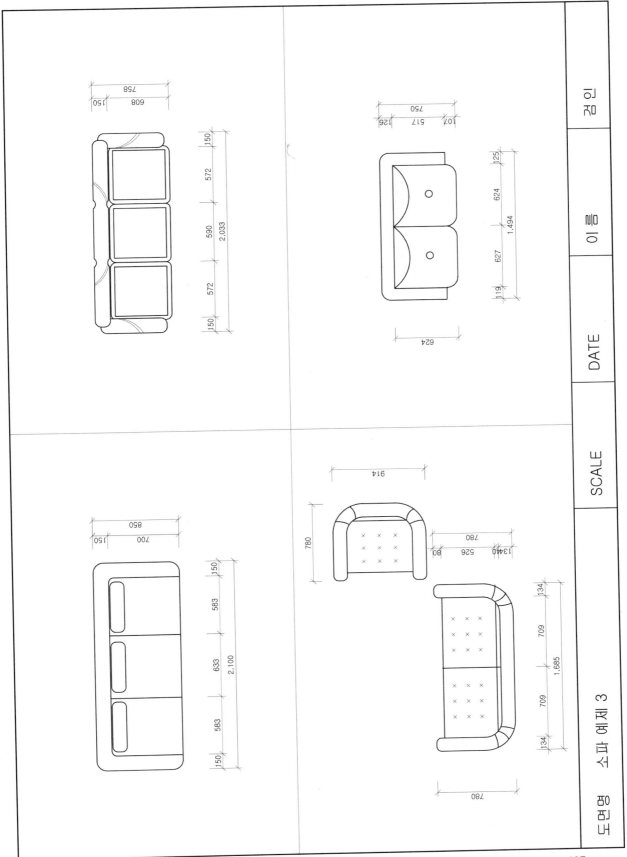

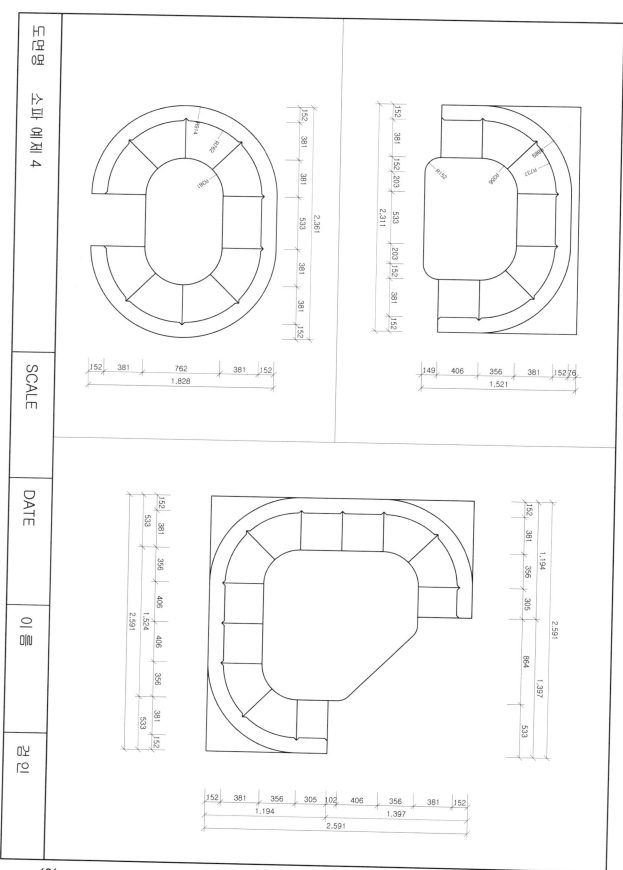

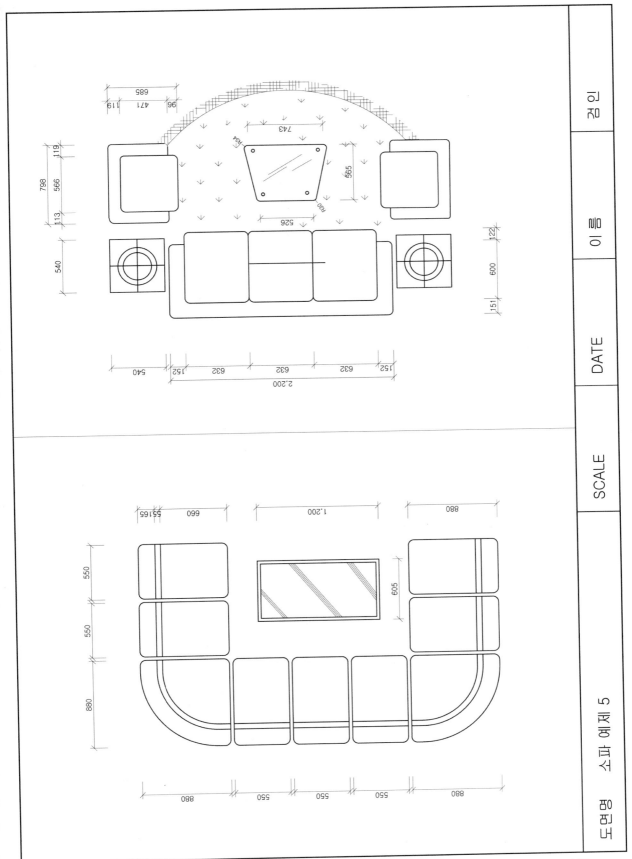

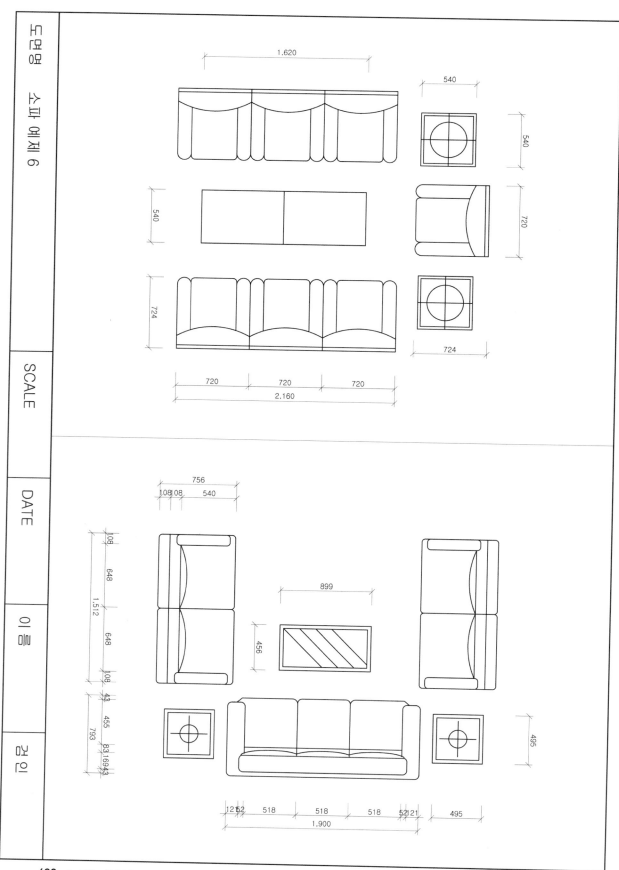

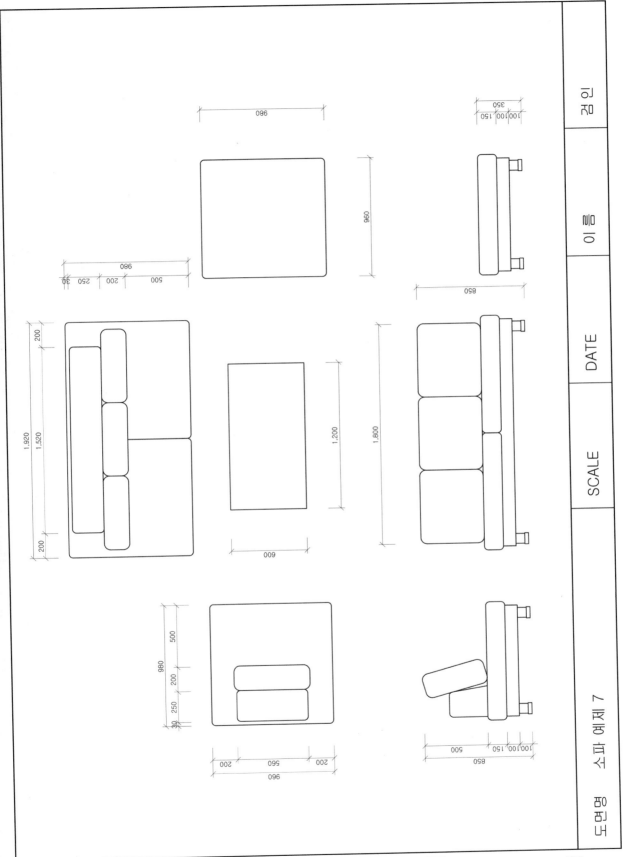

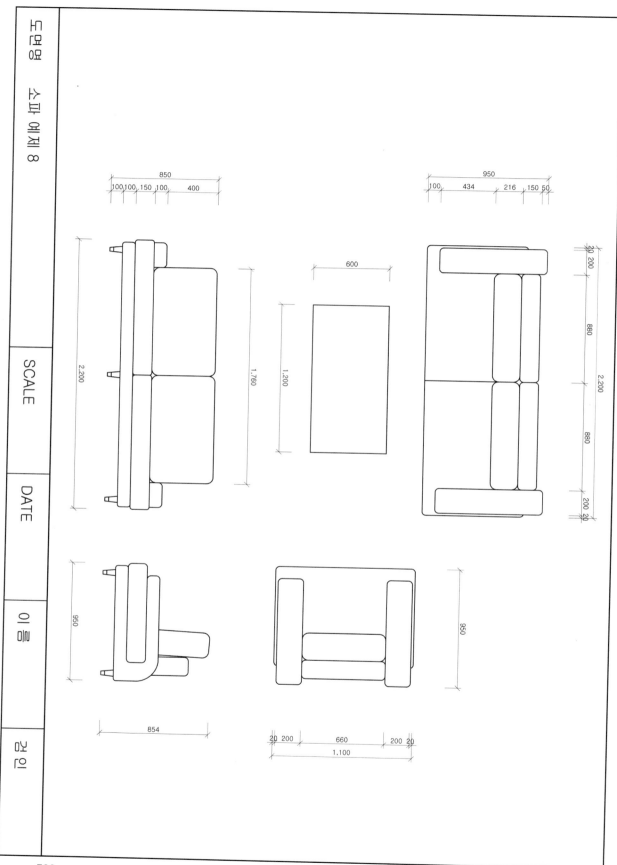

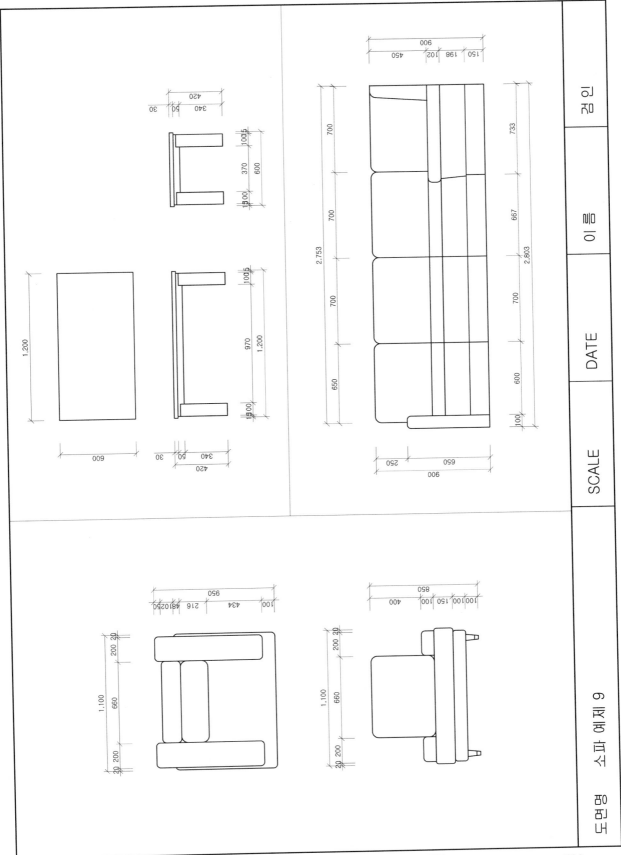

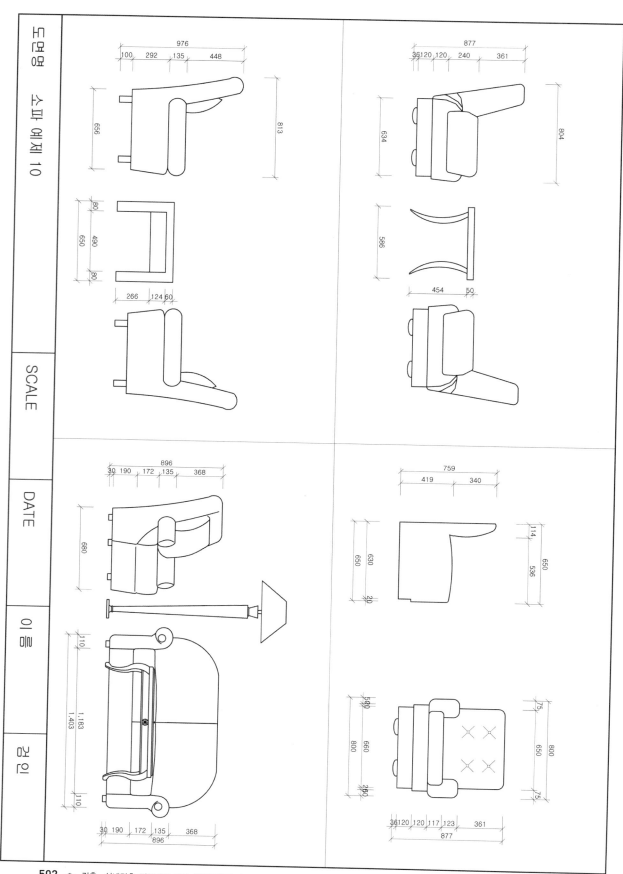

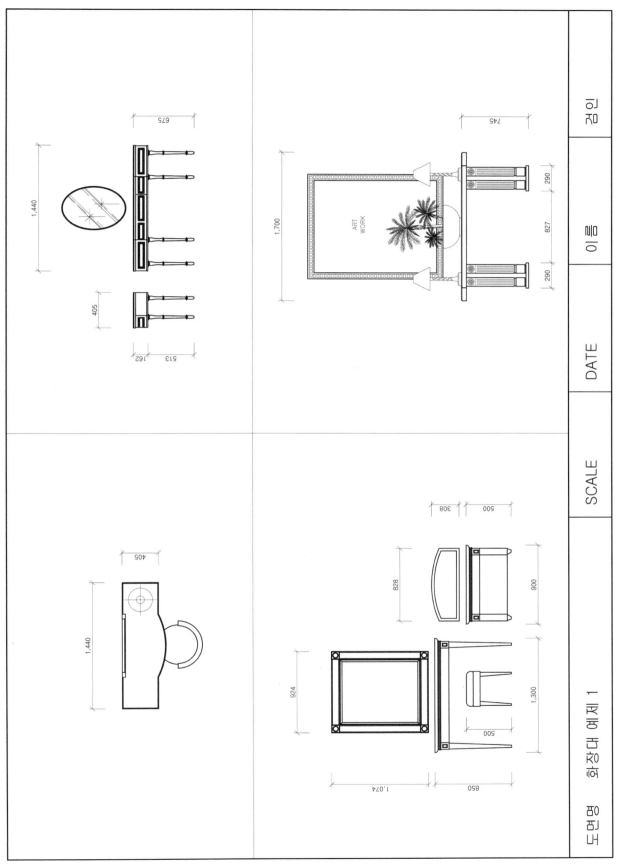

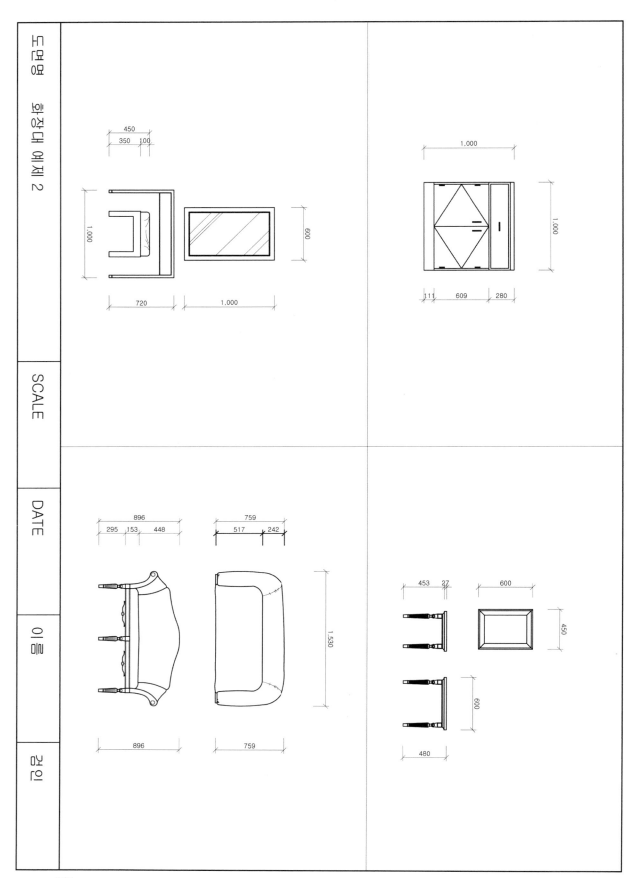

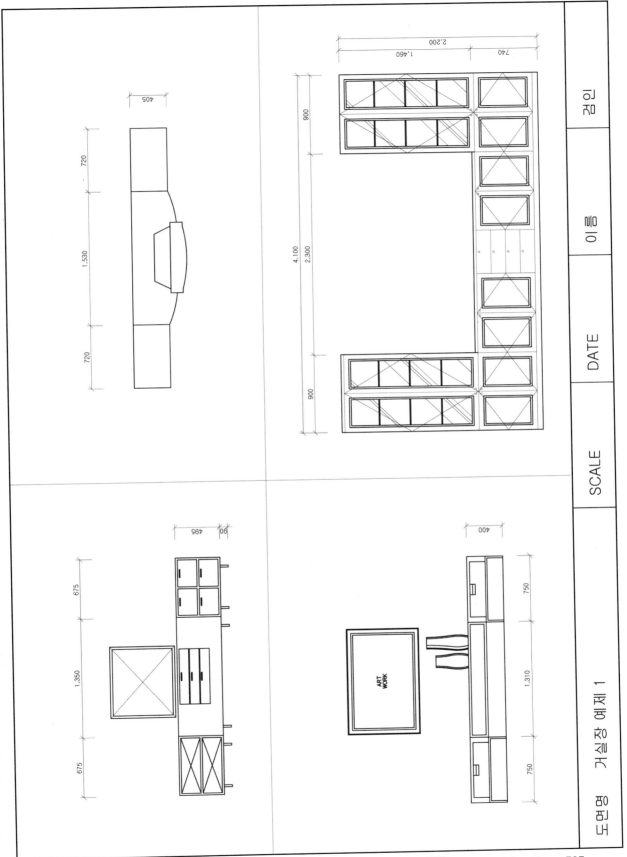

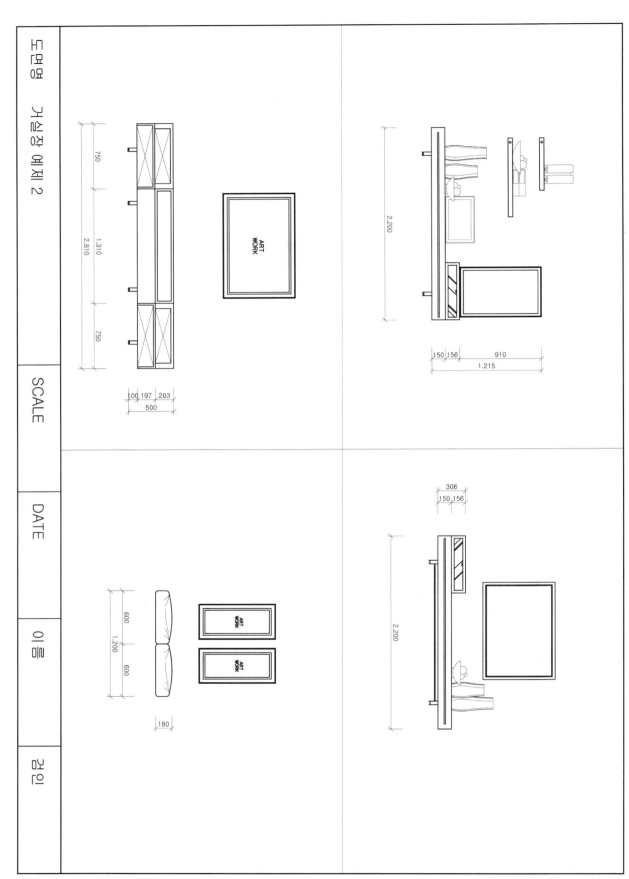

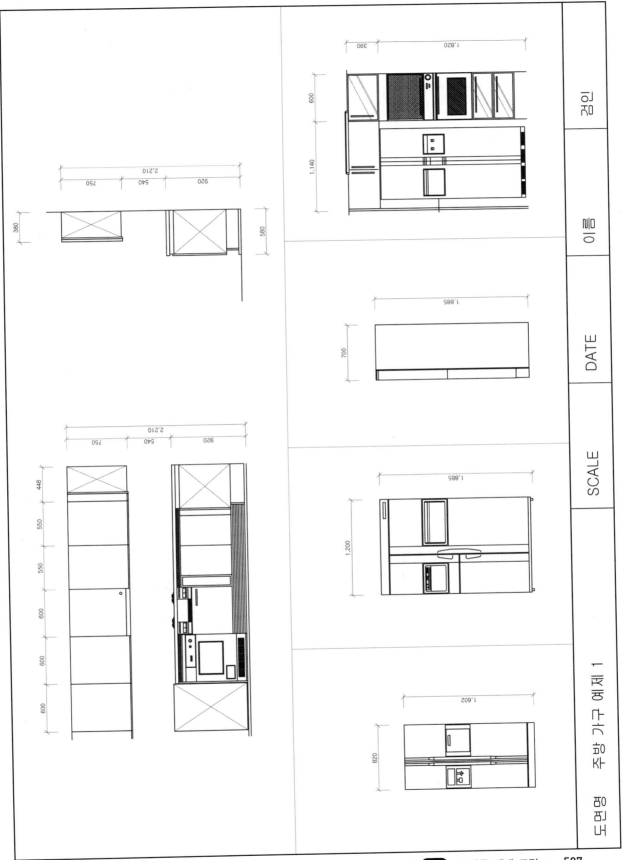

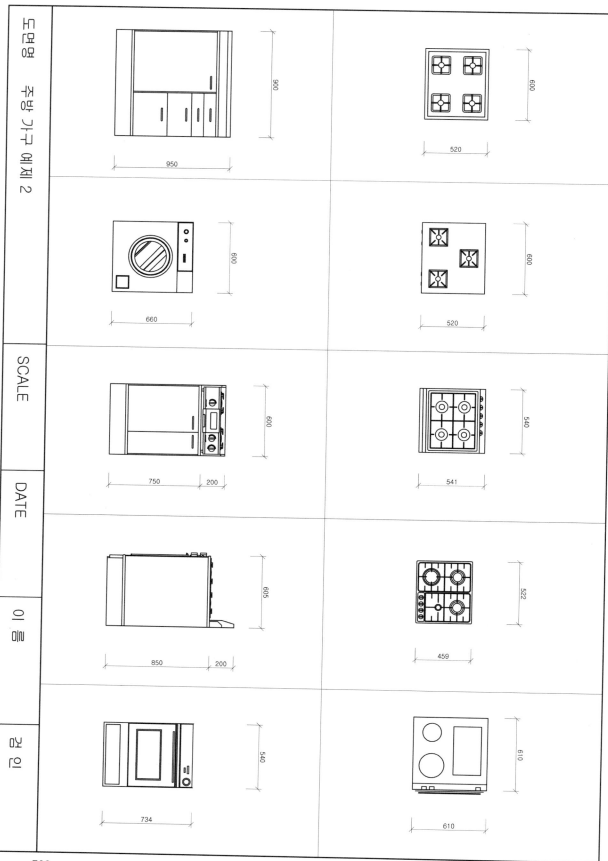

950

900

520

600

660

600

520

600

750 200

600

541

540

850 200

605

459

522

734

540

610

610

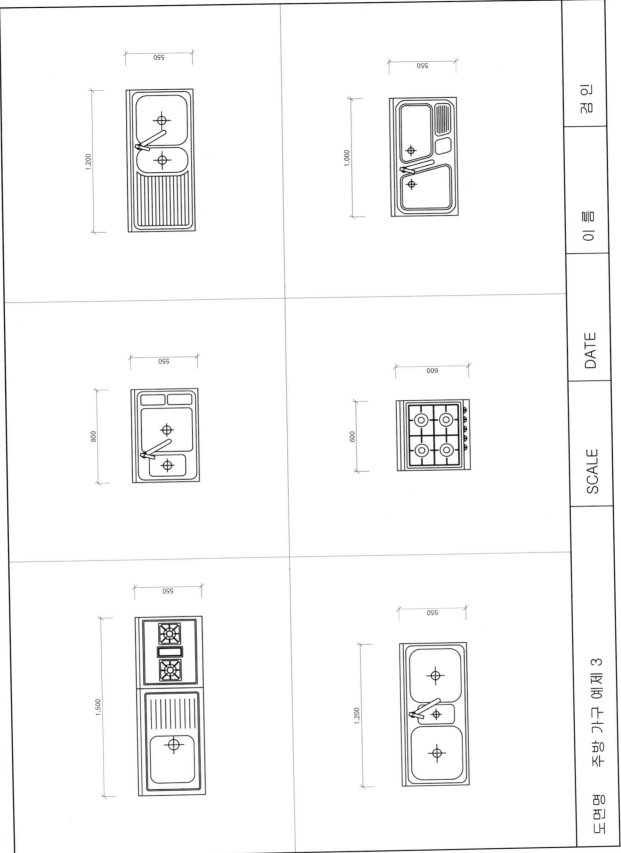

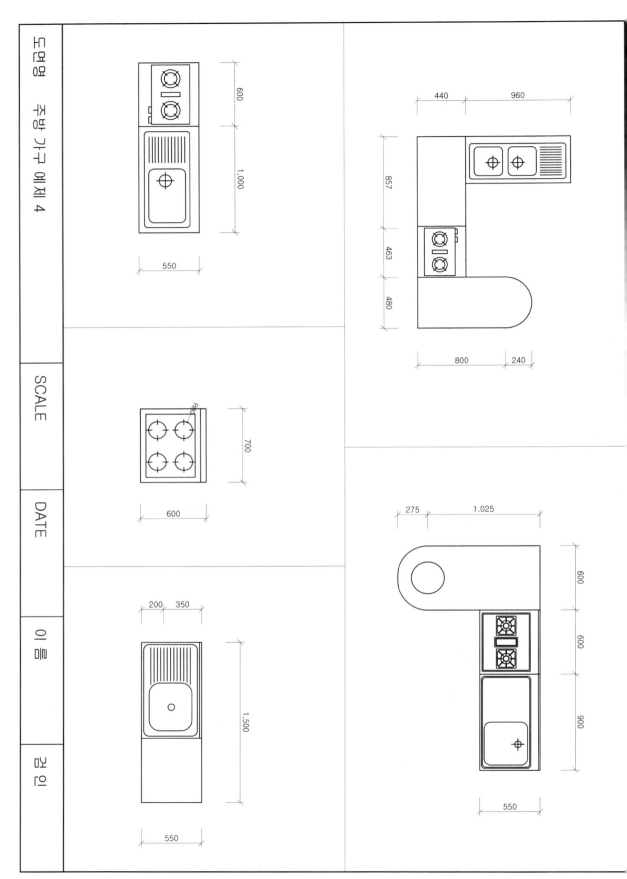

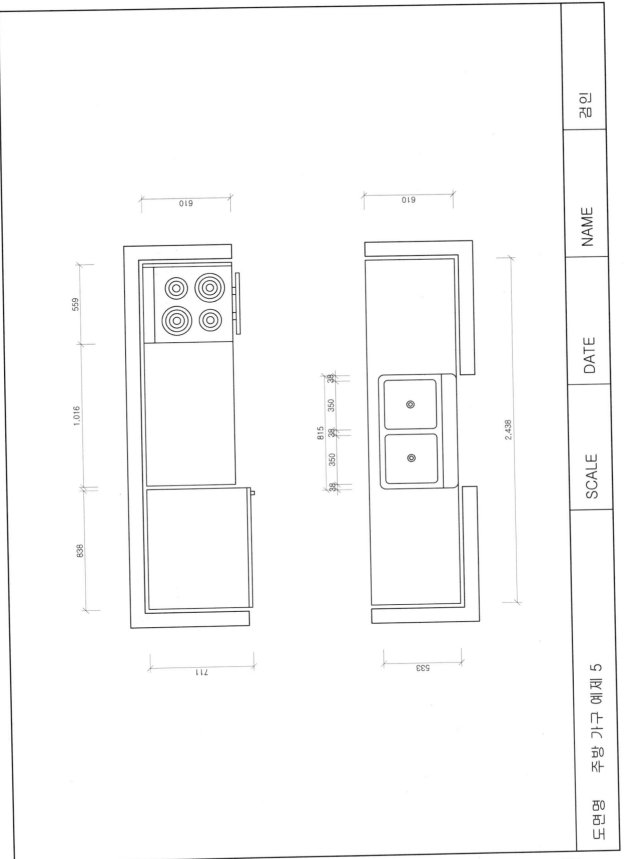

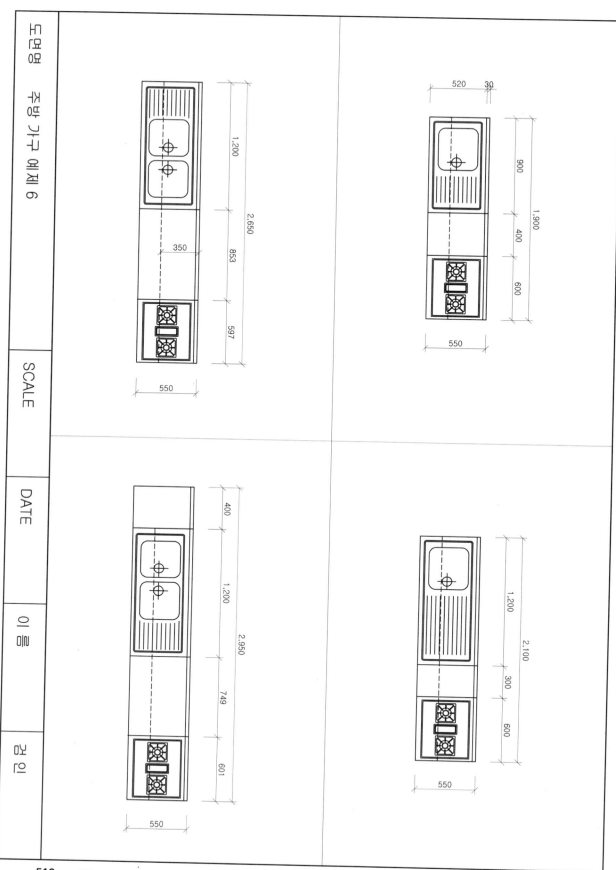

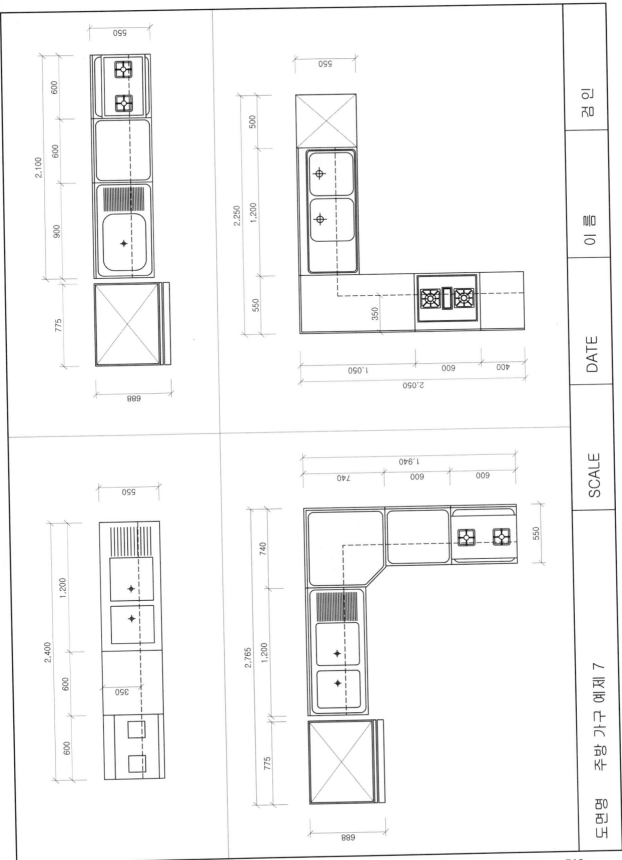

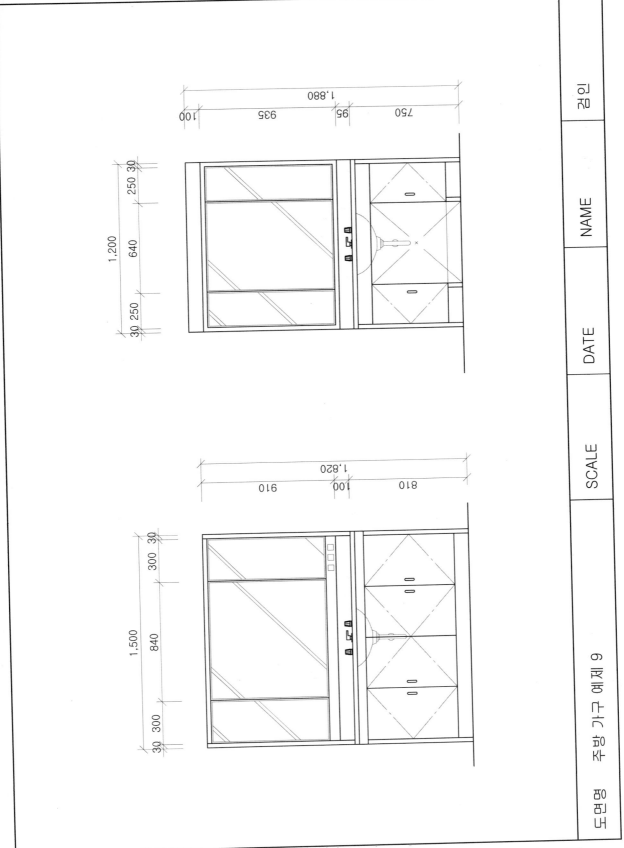

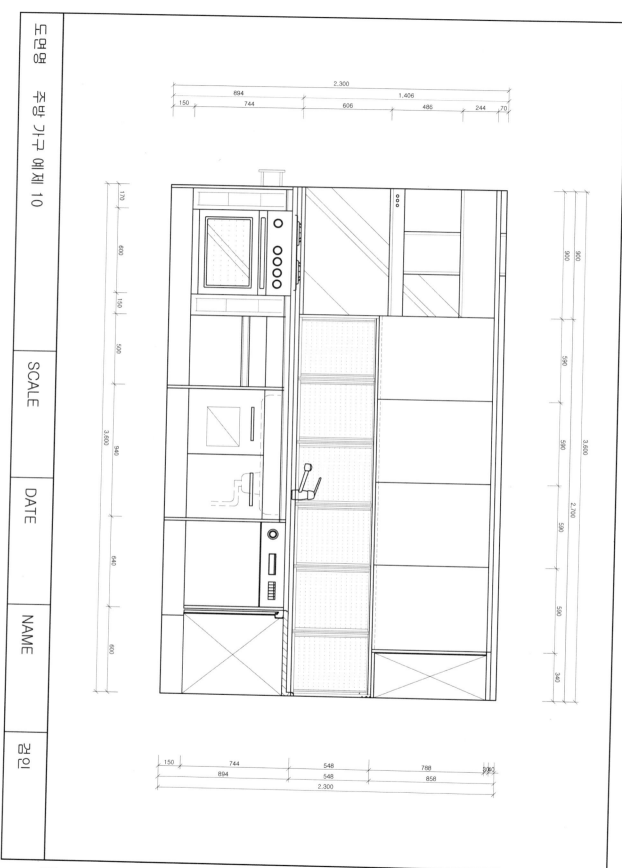

2.300
894 1.406
150 744 606 486 244 70

170
600
150
500
3.600
940
640
600

900
900
590
3.600
590
2.700
590
590
340

150 744 548 788 30 40
894 548 858
2.300

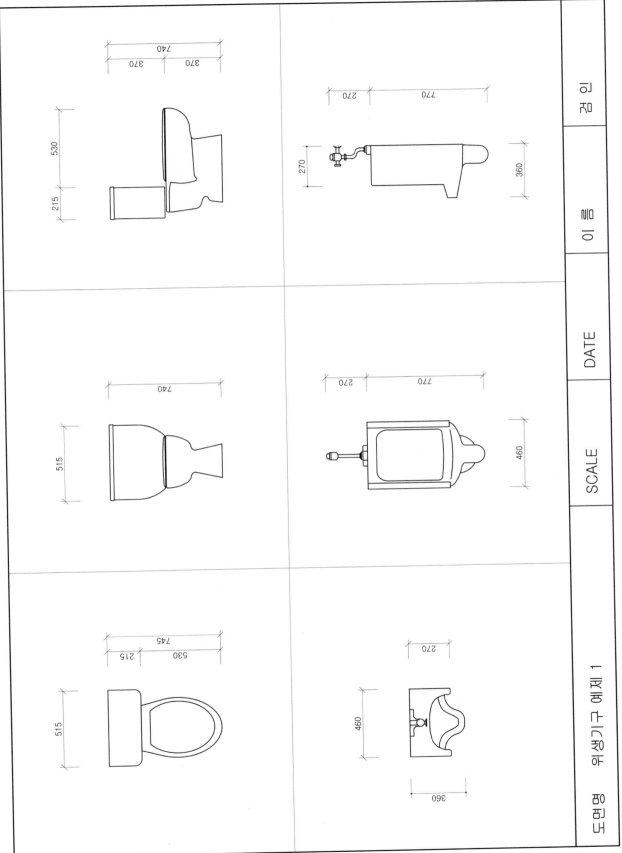

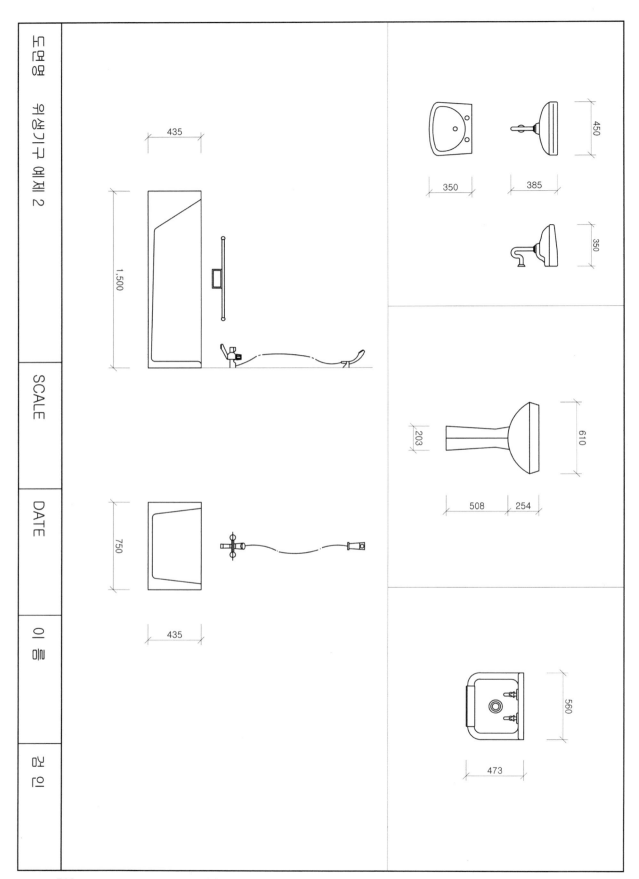

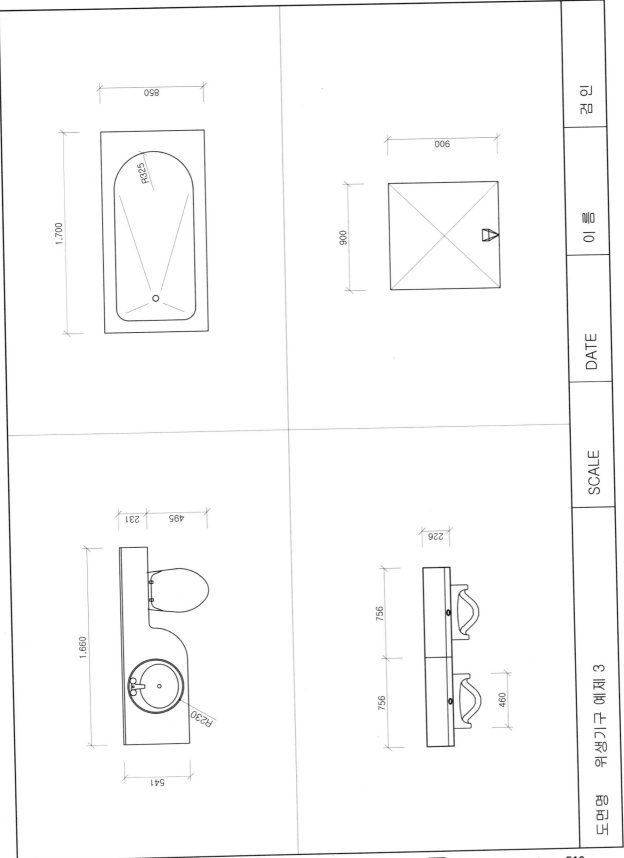

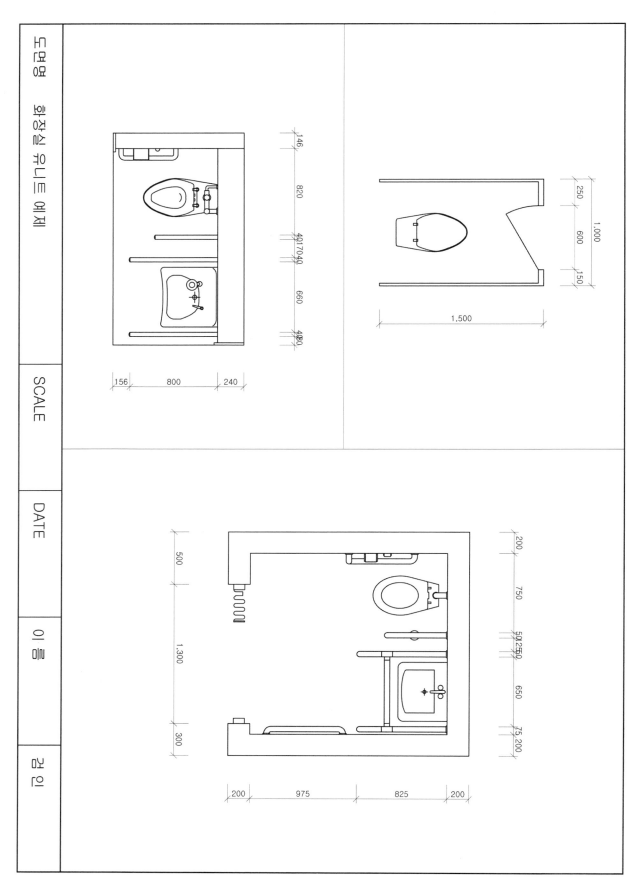

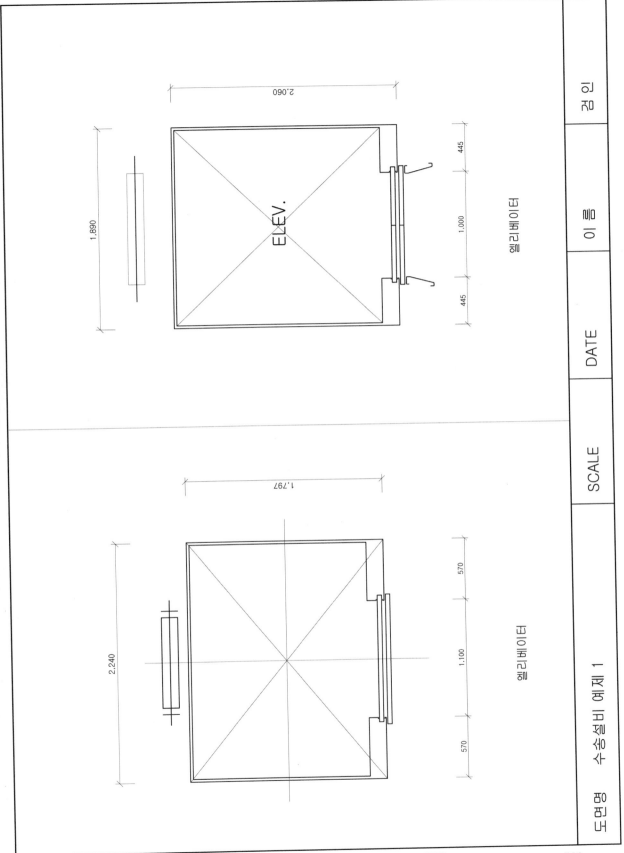

2.060

1.890

ELEV.

445

1.000

445

헬리베이터

1.797

2.240

570

1.100

570

헬리베이터

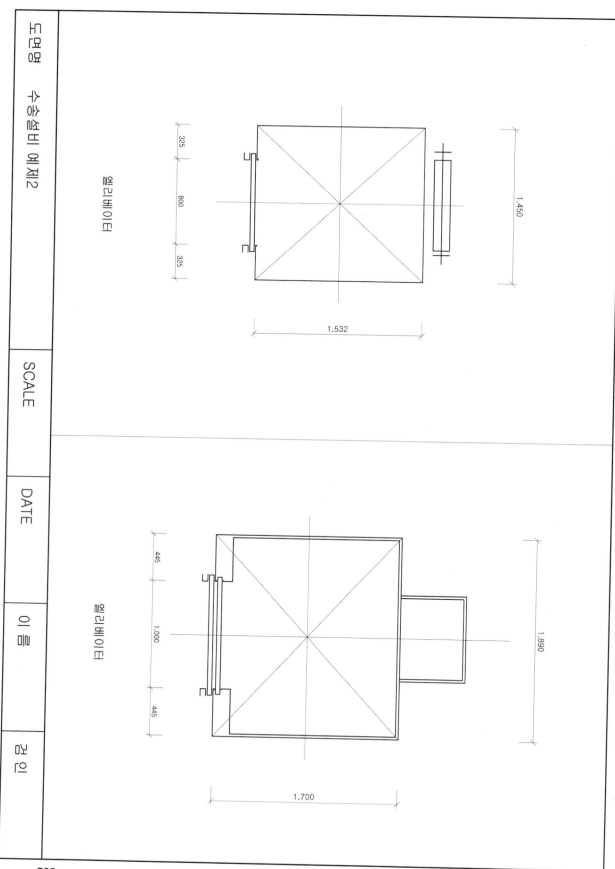

올리베이터

1,450

325
800
325

1,532

올리베이터

445
1,000
445

1,890

1,700

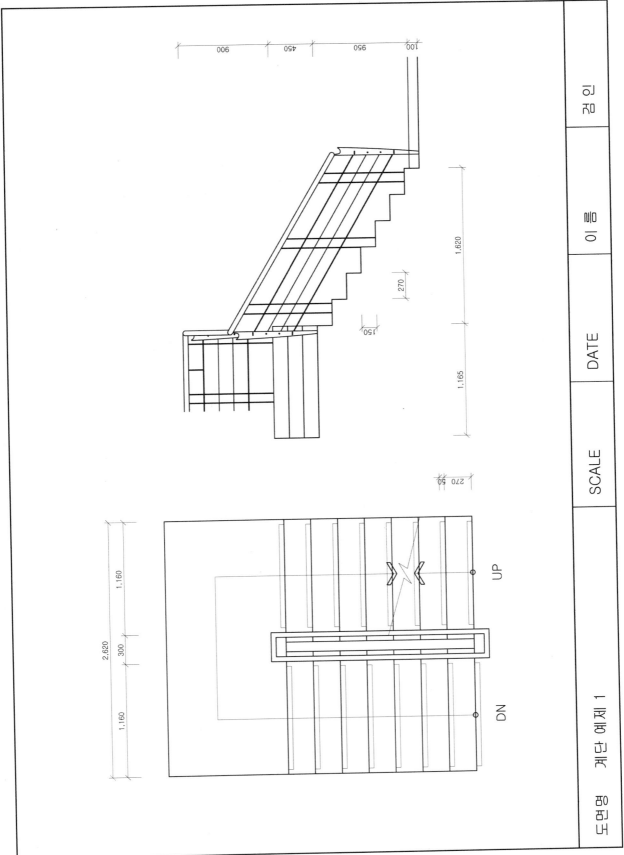

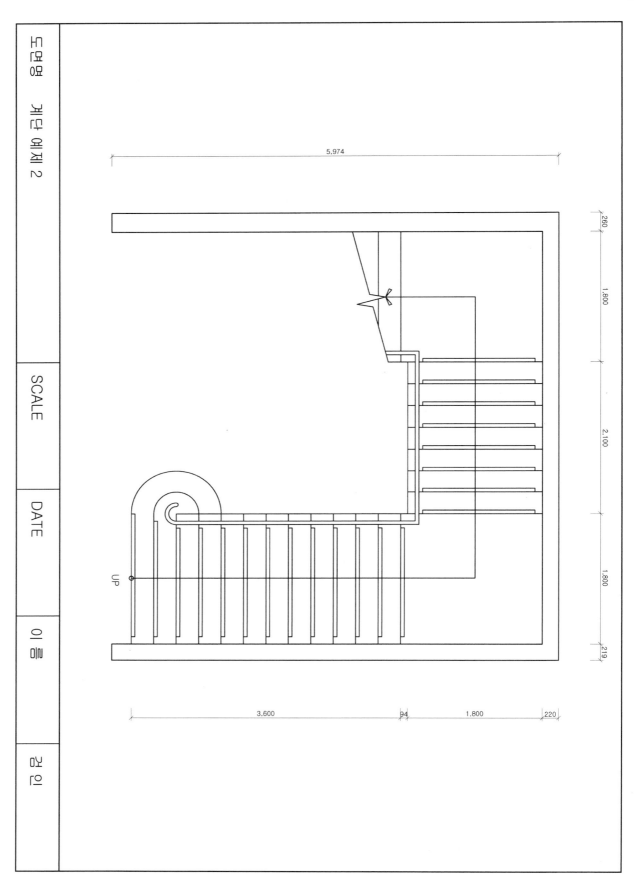

5.974

260

1,800

2,100

1,800

219

UP

3,600

94

1,800

220

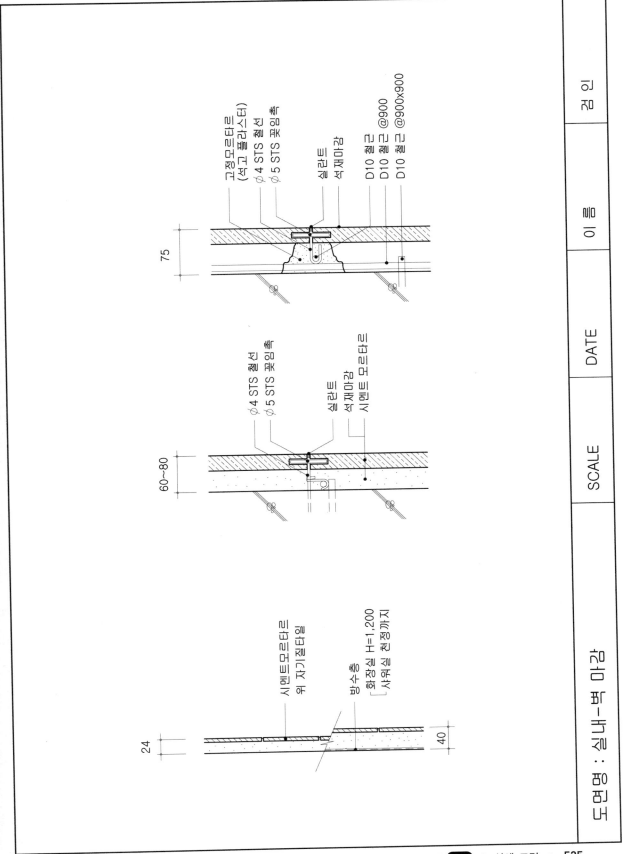

고정모르타르
(석고 플라스터)
φ4 STS 횡선
φ5 STS 꽃임촉

실란트
석재마감

D10 철근
D10 철근 @900
D10 철근 @900x900

75

φ4 STS 횡선
φ5 STS 꽃임촉

실란트
석재마감
시멘트 모르타르

60~80

시멘트모르타르
위 자기질타일

방수층
[화장실 H=1,200
샤워실 천정까지]

24

40

도면명 : 실내-벽 마감

SCALE   DATE   이 름   검 인

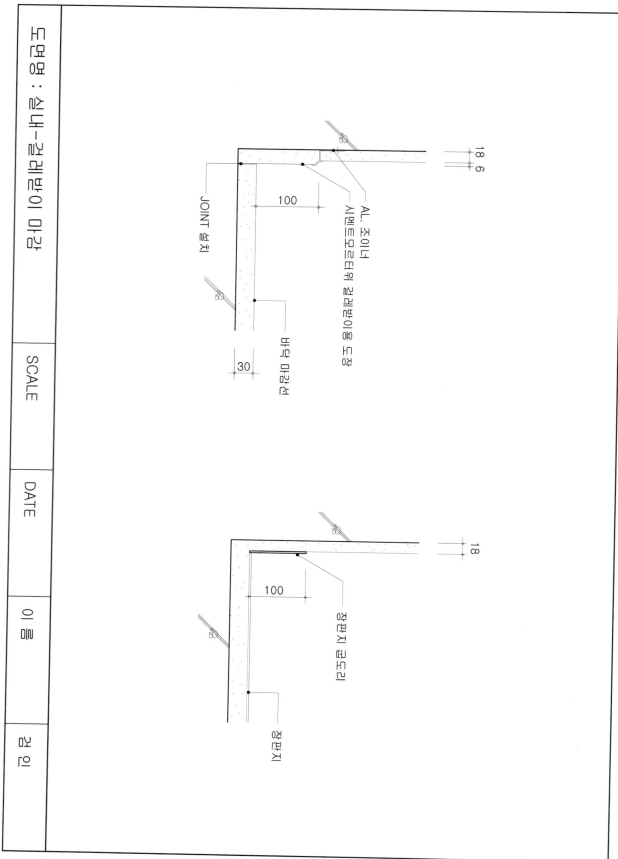

도면명 : 실내-걸레받이 마감

SCALE | DATE | 이름 | 검인

JOINT 설치

100

AL. 조이너
시멘트모르타위 걸레받이용 도장

18
6

바닥 마감선

30

18

100

경판지 굽도리

경판지

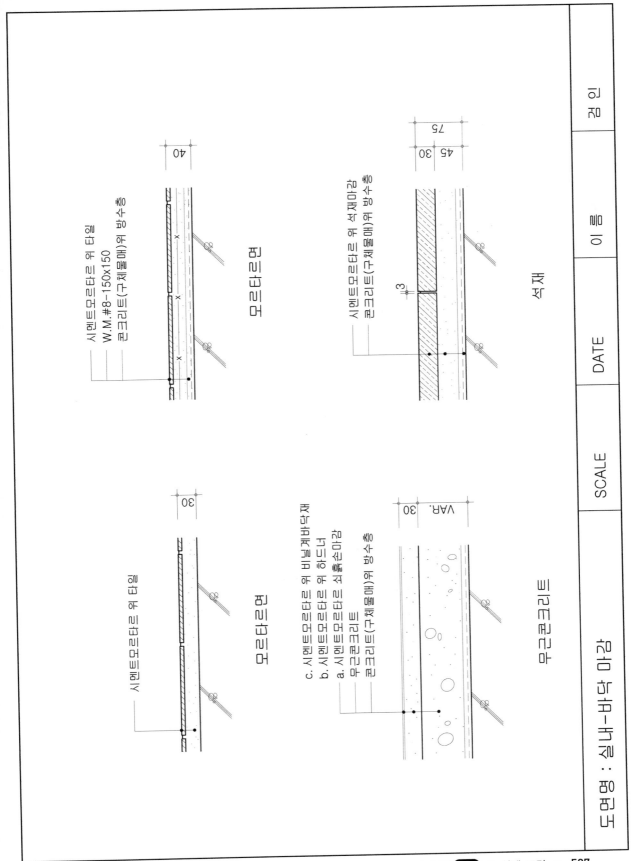

모르타르면

시멘트모르타르 위 타일
W.M.#8-150x150
콘크리트(구체물매)위 방수층

석재

시멘트모르타르 위 석재마감
콘크리트(구체물매)위 방수층

모르타르면

시멘트모르타르 위 타일

무근콘크리트

c. 시멘트모르타르 위 비닐계바닥재
b. 시멘트모르타르 위 하드너
a. 시멘트모르타르 쇠흙손마감
   무근콘크리트
   콘크리트(구체물매)위 방수층

점 인	이 름	DATE	SCALE

도면명 : 실내-바닥 마감

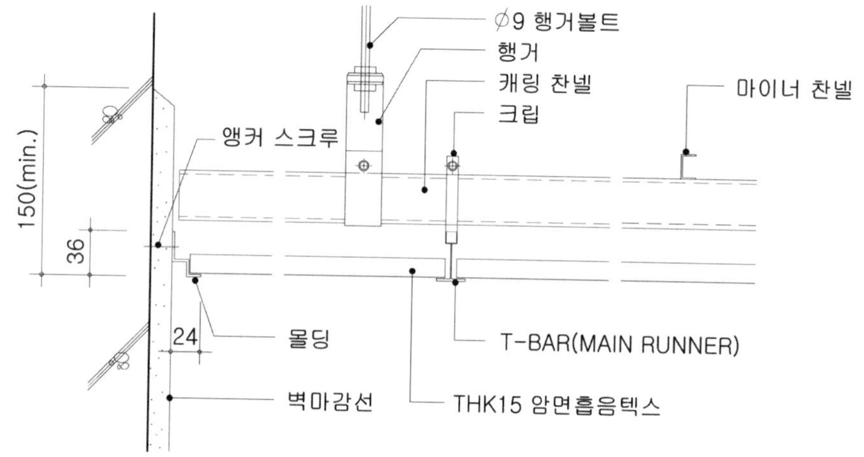

도면명 : 실내-천정(T-BAR 노출)

SCALE	DATE	이 름	검 인

150(min.)

36

24

앵커 스크루

벽마감선

몰딩

THK15 암면흡음보드

T-BAR(MAIN RUNNER)

크립

캐링 찬넬

행거

∅9 행거볼트

마이너 찬넬

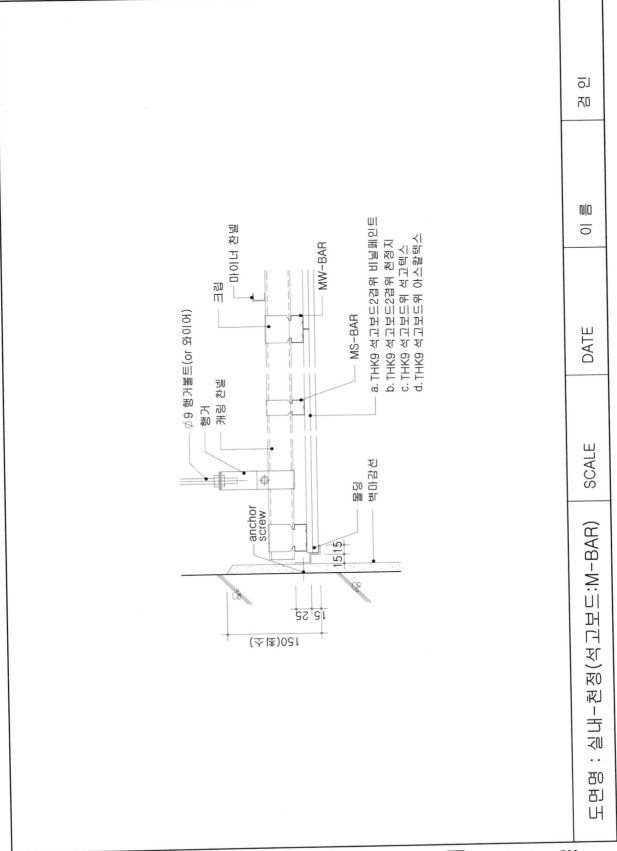

도면명 : 실내-천정(석고보드:M-BAR)

검 인	이 름	DATE	SCALE

∅9 행거볼트(or 와이어)

행거

캐링 찬넬

마이너 찬넬

크립

anchor
screw

몰딩

벽마감선

MS-BAR

MW-BAR

a. THK9 석고보드2겹위 비닐페인트
b. THK9 석고보드2겹위 천정지
c. THK9 석고보드위 석고텍스
d. THK9 석고보드위 아스칼텍스

15 15

15 25

150(최소)

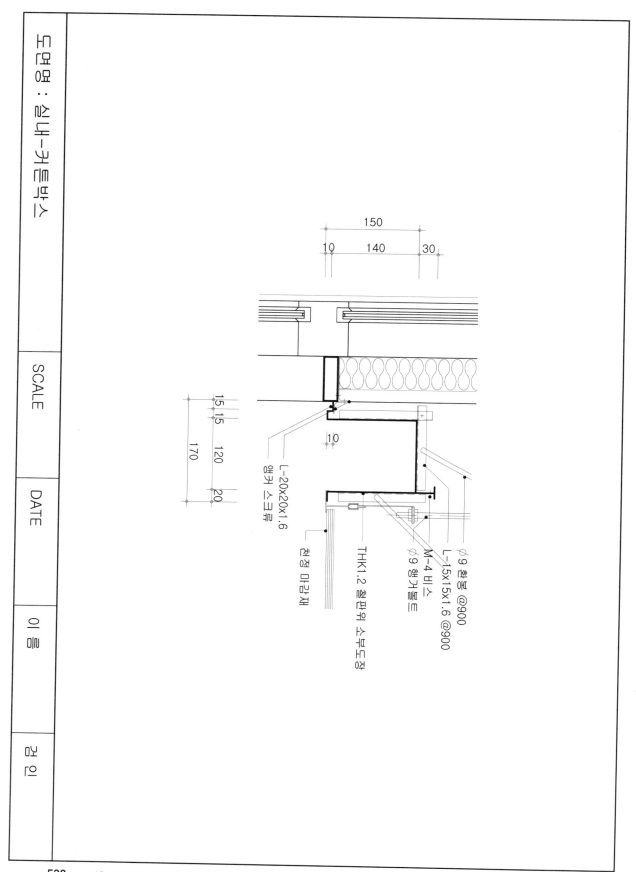

150
10 140 30

15 15
170 120
20

10

L-20x20x1.6
앵커 스크류

천정 마감재

THK1.2 철판위 소부도장

∅9 헹거볼트
M-4 비스
L-15x15x1.6 @900
∅9 헹거볼트 @900

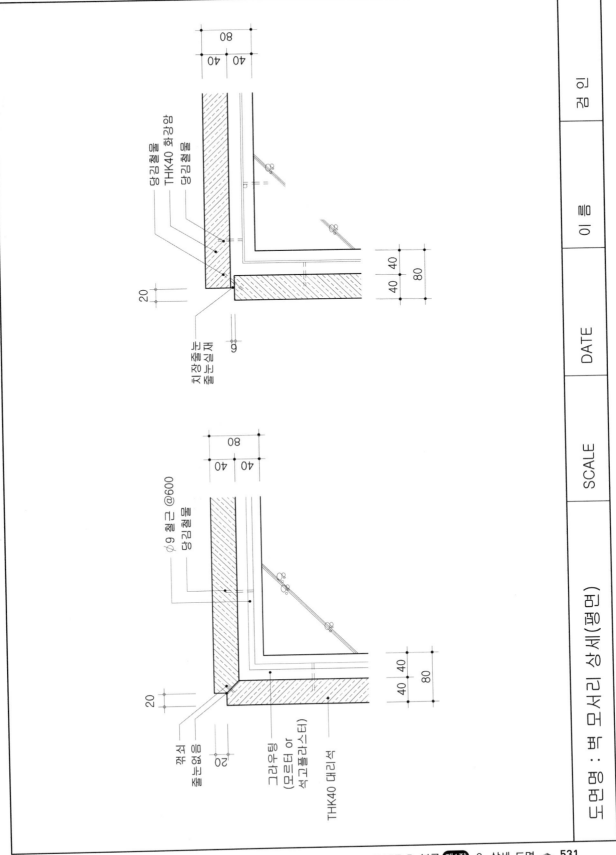

도면명 : 벽 모서리 상세(평면)

당김철물
THK40 화강암
당김철물

치장줄눈
줄눈실재

20

40 40
80

40 40
80

ϕ9 철근 @600
당김철물

꺽쇠
줄눈없음

20

그라우팅
(먼드타 or
석고플라스터)

THK40 대리석

20

40 40
80

40 40
80

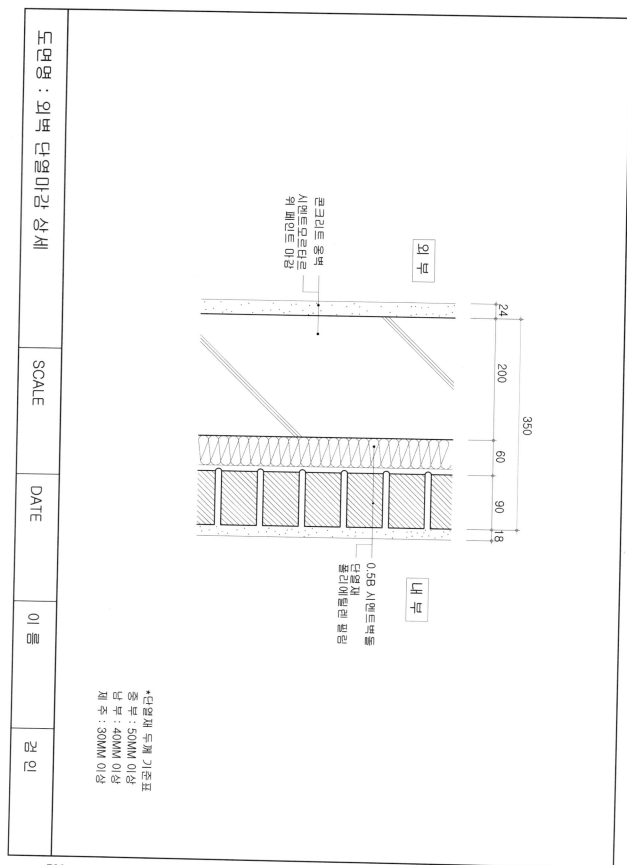

도면명 : 외벽 단열마감 상세

SCALE	DATE	이름	검인

외부

콘크리트 옹벽
시멘트모르타르
위 페인트 마감

내부

0.5B 시멘트벽돌
단열재
롤 비닐플라임

24
200
350
60
90
18

*단열재 두께 기준표
중부 : 50MM 이상
남부 : 40MM 이상
제주 : 30MM 이상

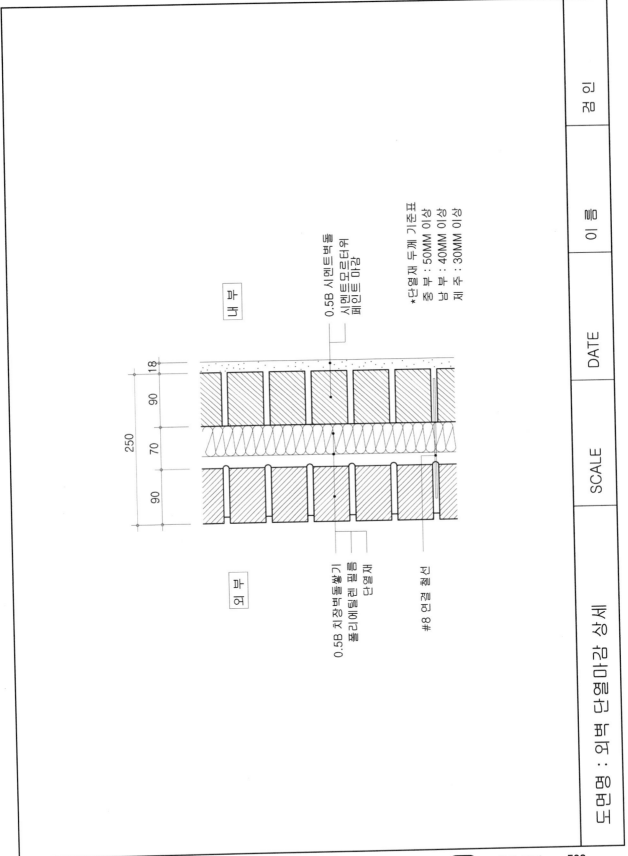

내부

0.5B 시멘트벽돌
시멘트모르터위
페인트 마감

★단열재 두께 기준표
중부 : 50MM 이상
남부 : 40MM 이상
제주 : 30MM 이상

18
90
250
70
90

외부

0.5B 치장벽돌쌓기
폴리에틸렌 필름
단열재

#8 연결 철선

도면명 : 외벽 단열마감 상세

검 인

이 름

DATE

SCALE

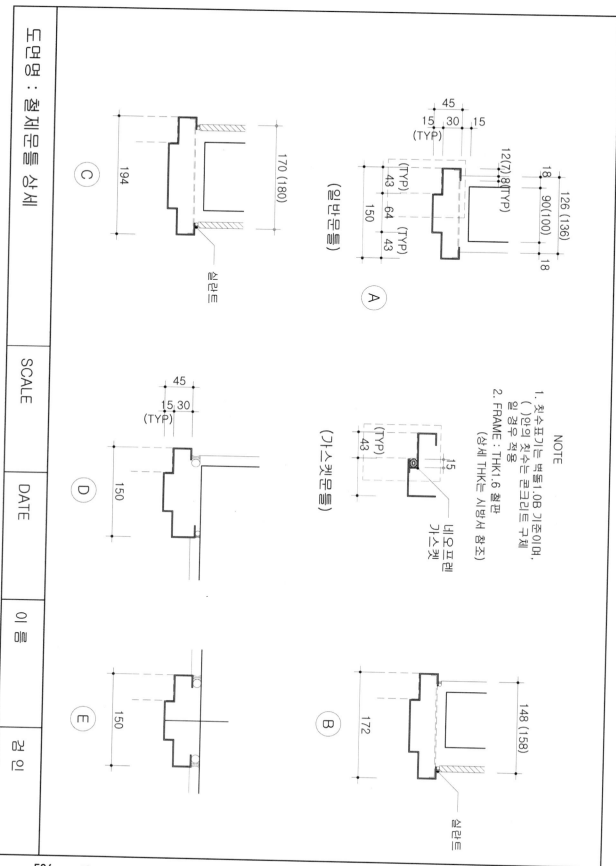

도면명 : 철제문틀 상세

SCALE | DATE | 이름 | 검인

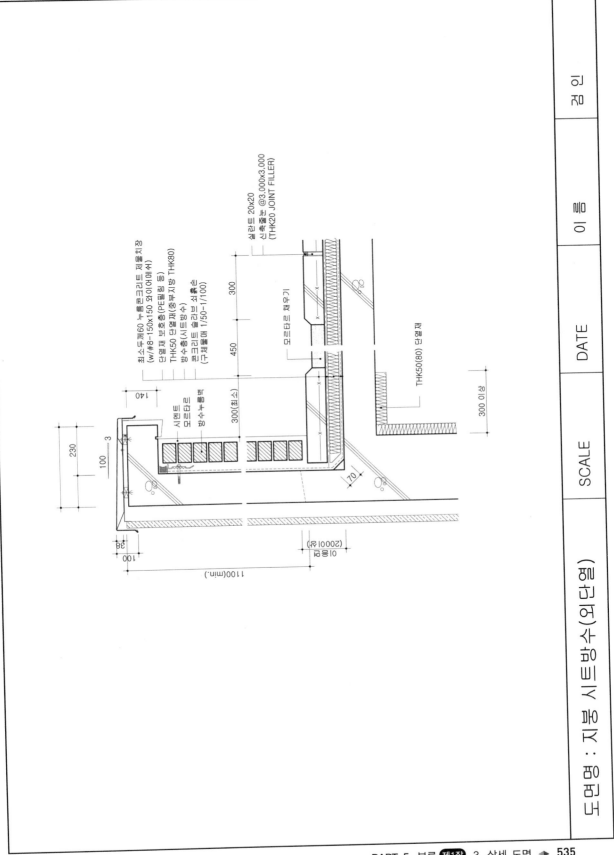

실란트 20x20
신축줄눈 @3,000x3,000
(THK20 JOINT FILLER)

최소두께60 누름콘크리트 제물치장
(w/#8-150x150 와이어메쉬)
단열재 보호층(PE필름 등)
THK50 단열재(중부지방 THK80)
방수층(시트방수)
콘크리트 슬라브 서촉손
(구체물매 1/50~1/100)

모르타르 채우기

THK50(80) 단열재

140

시멘트
모르타르
방수누름벽

300(최소)

300

450

시멘트
모르타르
방수누름벽

230

100

3

38

100

70

1100(min.)

이음봉
(2000이상)

300 이상

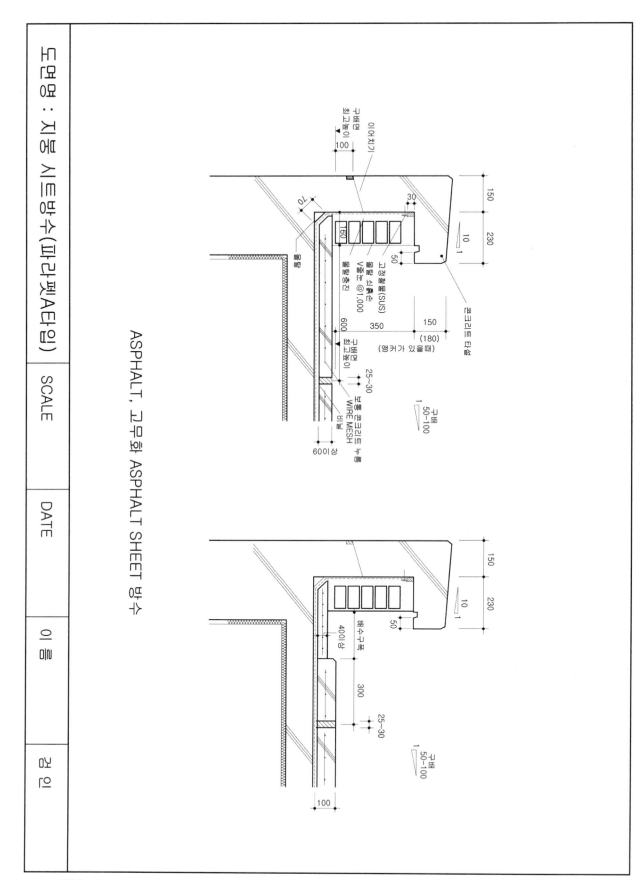

ASPHALT, 고무화 ASPHALT SHEET 방수

도면명 : 지붕 시트방수(파라펫A타입)

SCALE	DATE	이 름	검 인

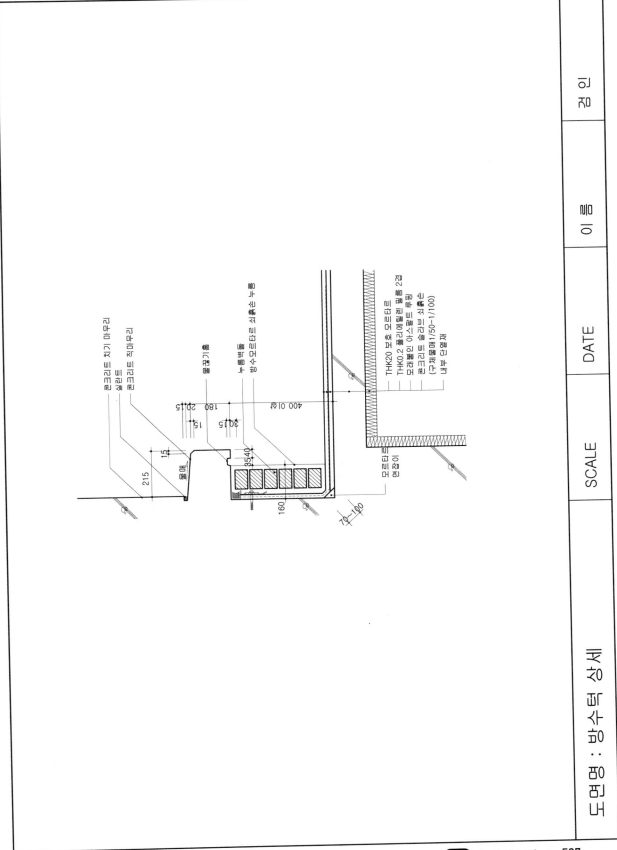

콘크리트 치기 마우리
실란트
콘크리트 직마무리

물매기름

누름벽돌
방수모르타르 쇠손눈 누름

215

15

180 20 15

30 15

3540

160

70~100

물매

물매

400 이상

THK20 보호 모르타르
THK0.2 폴리에틸렌 필름 2겹
모래붙인 아스팔트 루핑
콘크리트 슬라브 쇠손
(구체물매1/50~1/100)
내부 단열재

모르타르
연장이

도면명 : 방수턱 상세

SCALE DATE 이 름 검 인

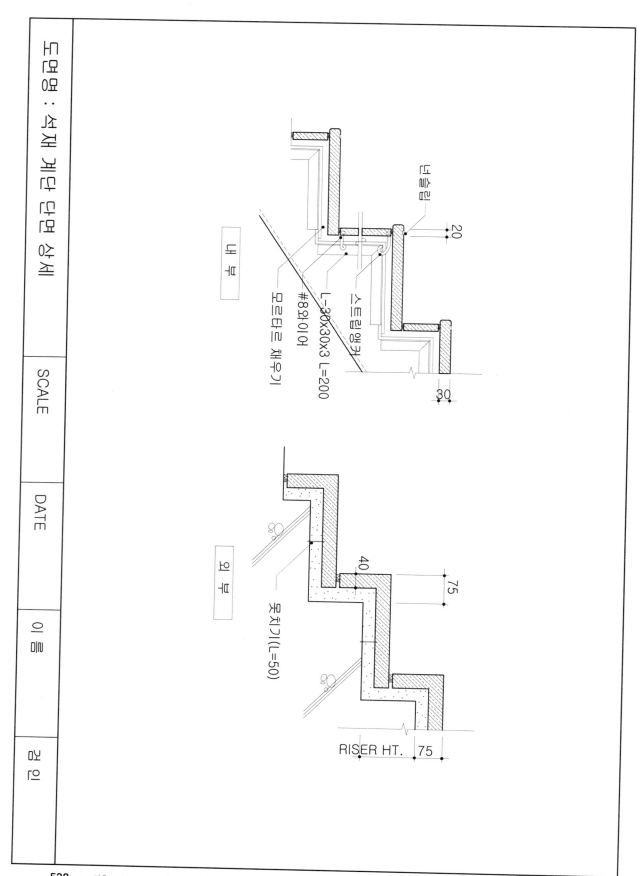

도면명 : 석재 계단 단면 상세

내부

모르타르 채우기
#8와이어
L-30x30x3 L=200
스트링앵커
널름

20
30

외부

못치기(L=50)

40
75

RISER HT. 75

SCALE	DATE	이 름	결 인

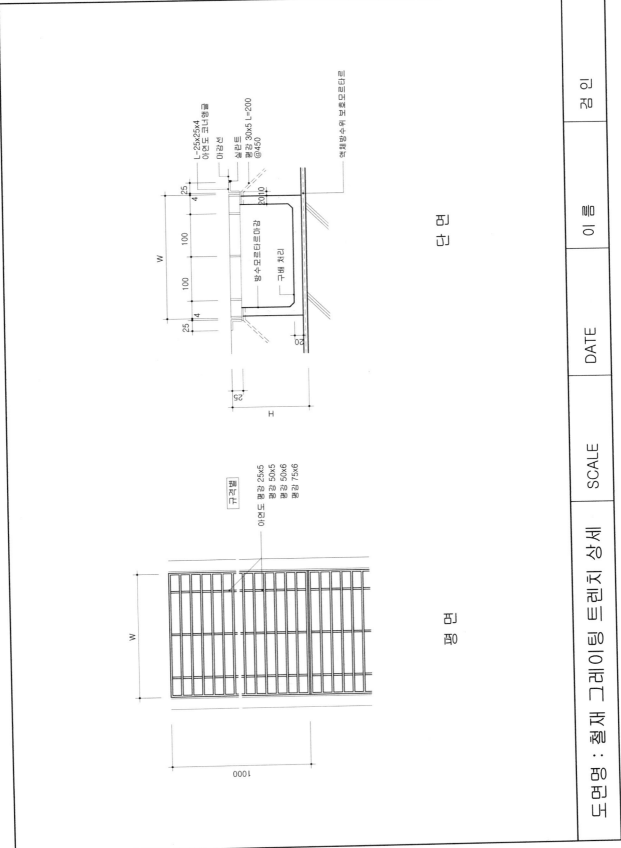

L-25x25x4
아연도 코너앵글
마감선
실란트
평강 30x5 L=200
@450

옆체방수위 보호모르타르

25
4
W
100
100
25
4

2010

방수모르타르마감
구배 처리

25
H

20

단 면

규격표

아연도 평강 25x5
평강 50x5
평강 50x6
평강 75x6

W

1000

평 면

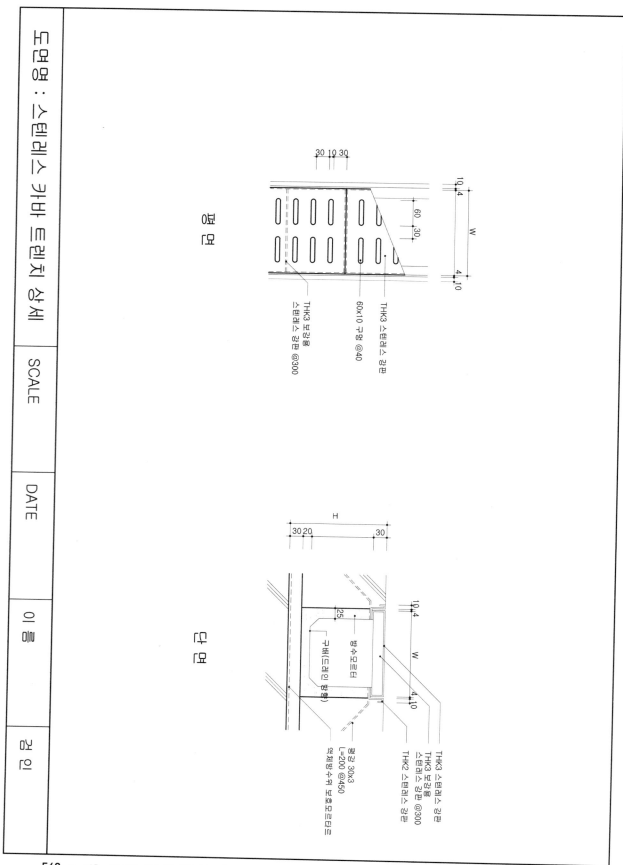

평면

30 10 30

10 4

60 30

W

4 10

THK3 보강용
스텐레스 강판 @300

60x10 구멍 @40

THK3 스텐레스 강판

단면

H

30 20

30

25

방수모르타

구배(드레인 방향)

10 4

W

4 10

THK3 스텐레스 강판
THK3 보강용
스텐레스 강판 @300
THK2 스텐레스 강판

평철 30x3
L=200 @450
익체방수위 보호모르타르

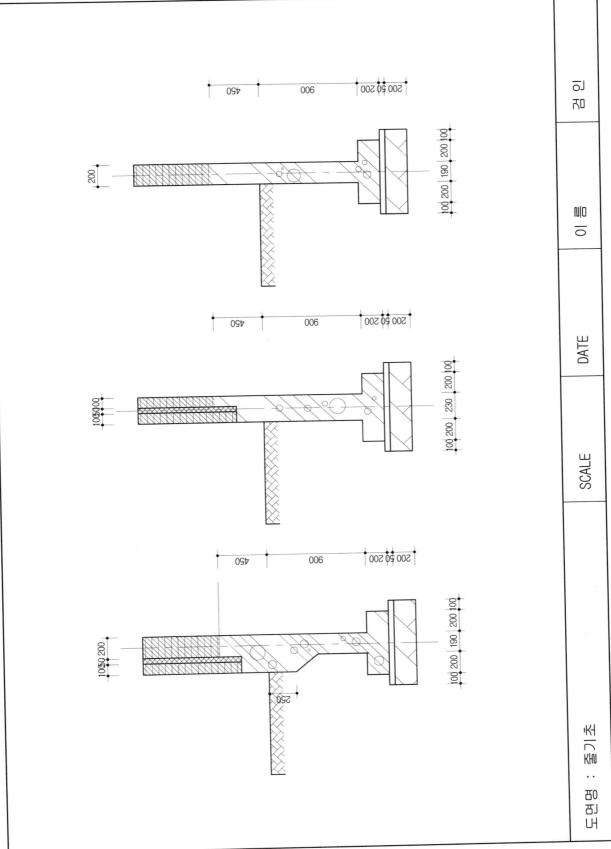

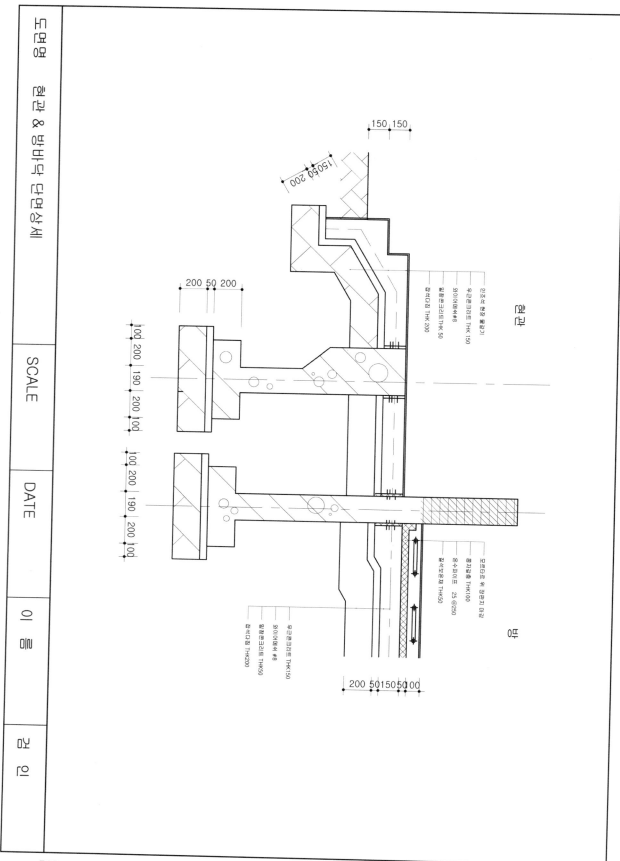

함간

인조석 현장갈기
무근콘크리트 THK 150
와이어메쉬#8
일반콘크리트THK 50
잡석다짐 THK 200

150 150

15050 200

200 50 200

100 200 190 200 100

100 200 190 200 100

방

온돌마루 위 장판지 마감
온자갈층 THK100
온수파이프 25 @250
잡석보온재 THK50

무근콘크리트 THK150
와이어메쉬 #8
일반콘크리트 THK50
잡석다짐 THK200

200 50150 50100

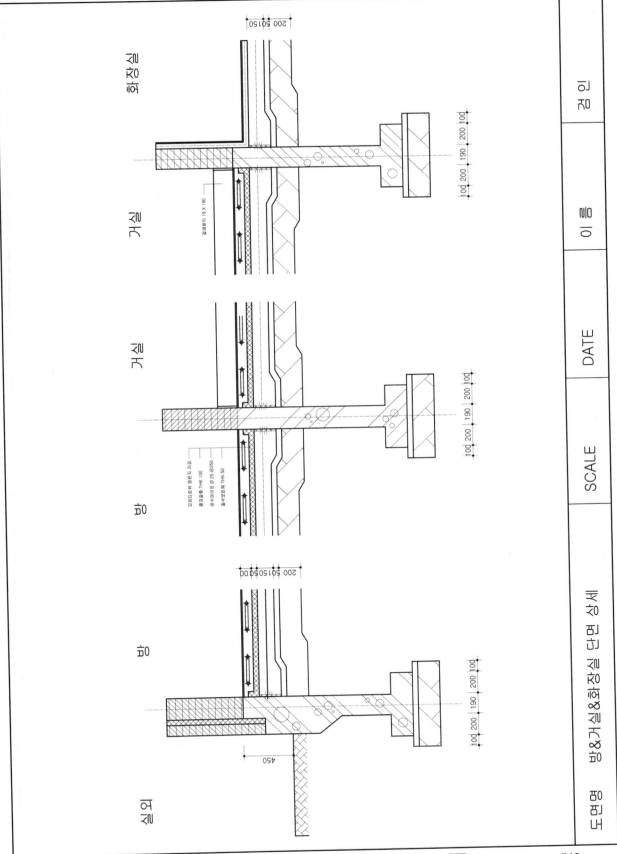

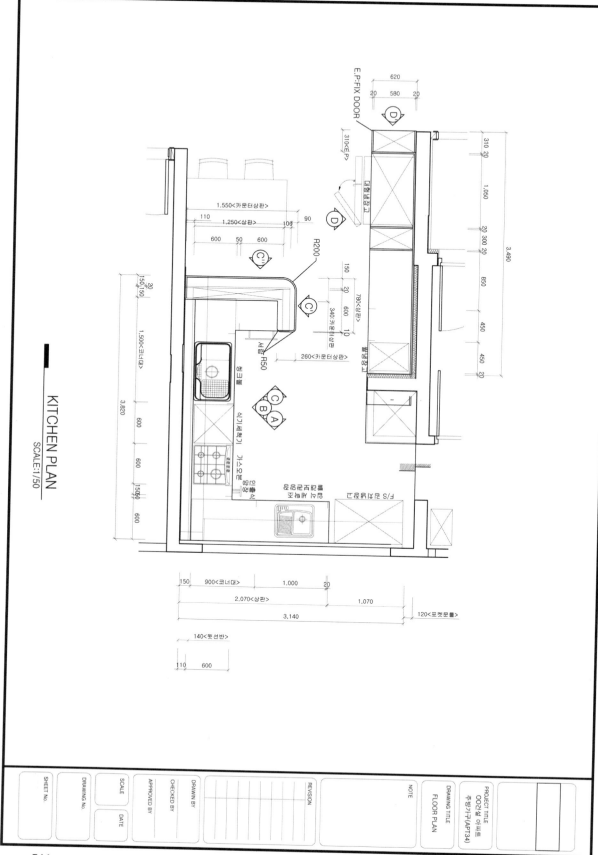

KITCHEN PLAN
SCALE:1/50

E.P.FIX DOOR

310<E.P>

620
20 580 20

310 20

1,050

20 300 20

850

3,490

1,550<카운터상판>

110 1,250<상판> 100
90

600 50 600

R200

R50

150 150 20

1,500<코너대>

3,820

600

600

150 50

600

150<E.P>

79<E.P>
20 600
340<카운터상판> 10
260<카운터상판>

450

450

20

150 900<코너대> 1,000 20
2,070<상판> 1,070
3,140
120<포켓문틀>

140<뒷 선반>
110 600

SHEET No.
DRAWING No.
SCALE
APPROVED BY
CHECKED BY
DRAWN BY
DATE
REVISION
NOTE
DRAWING TITLE
FLOOR PLAN
PROJECT TITLE
OO건설 이파트
주방가구(APT34)

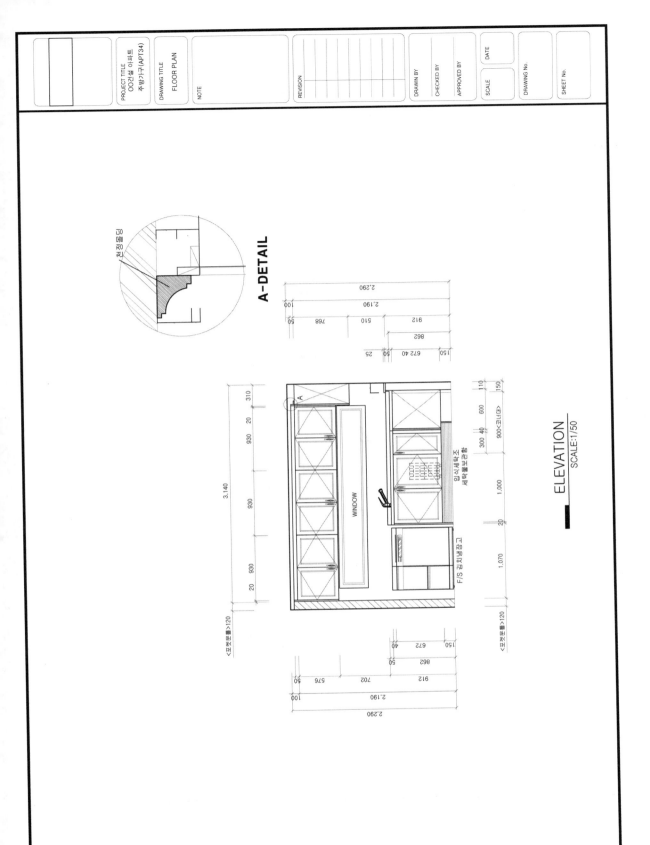

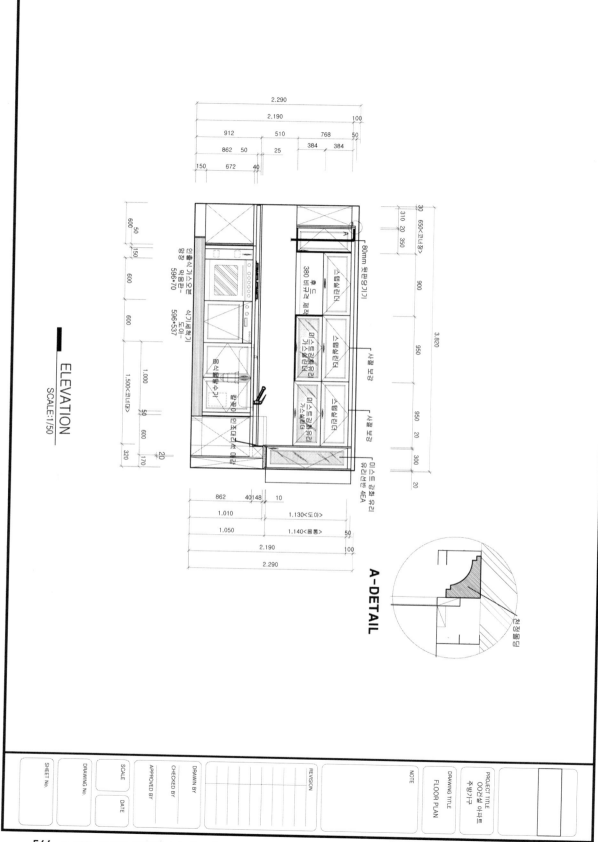

ELEVATION
SCALE:1/50

A-DETAIL

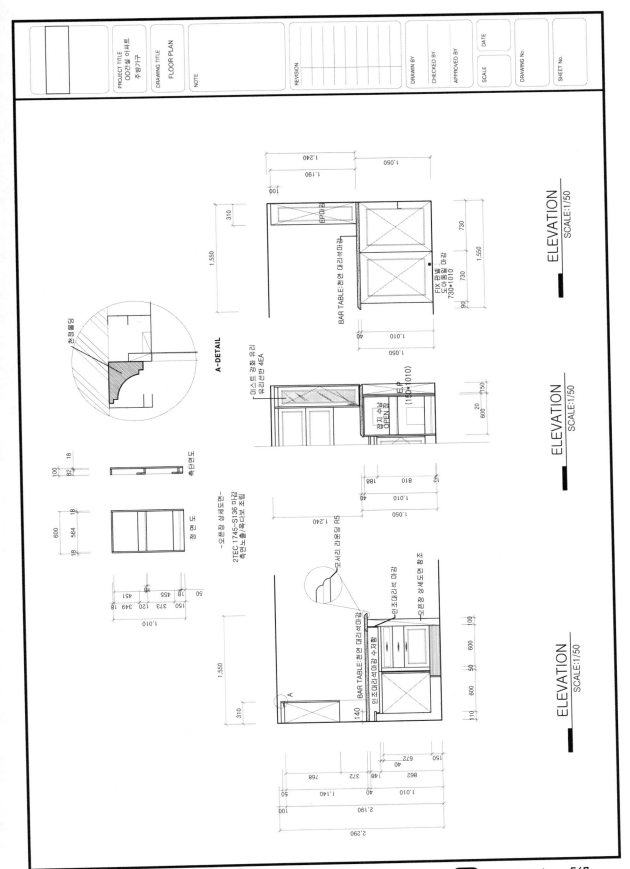

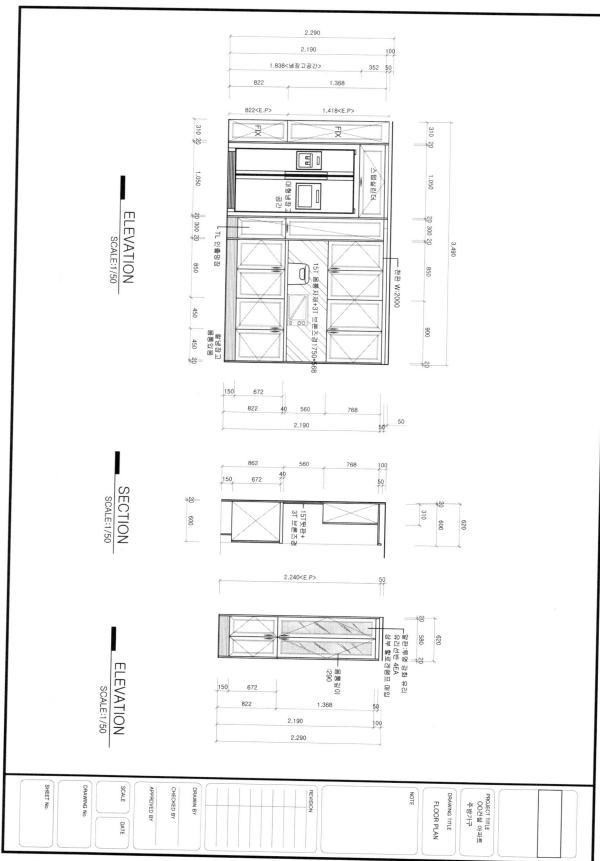

ELEVATION
SCALE:1/50

SECTION
SCALE:1/50

ELEVATION
SCALE:1/50

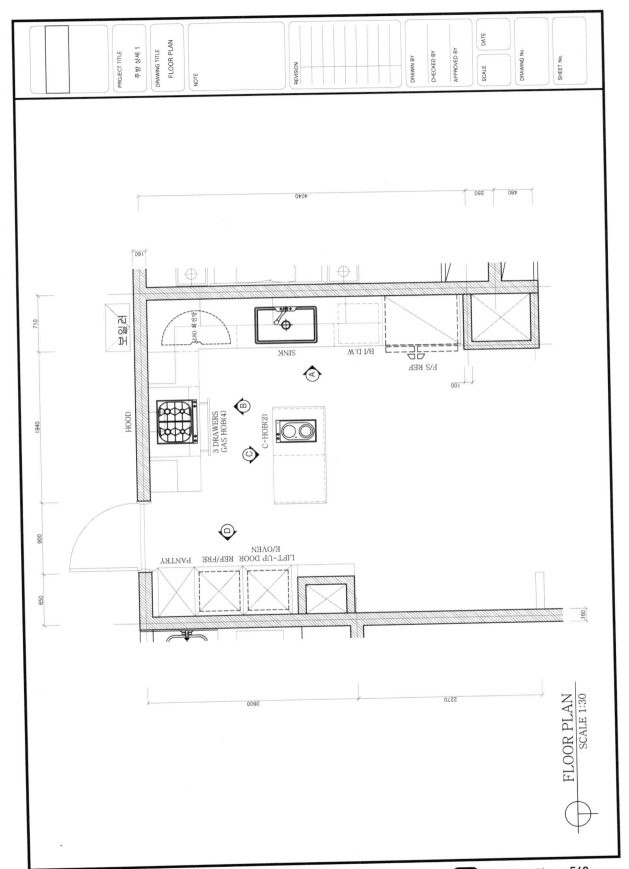

FLOOR PLAN
SCALE 1:30

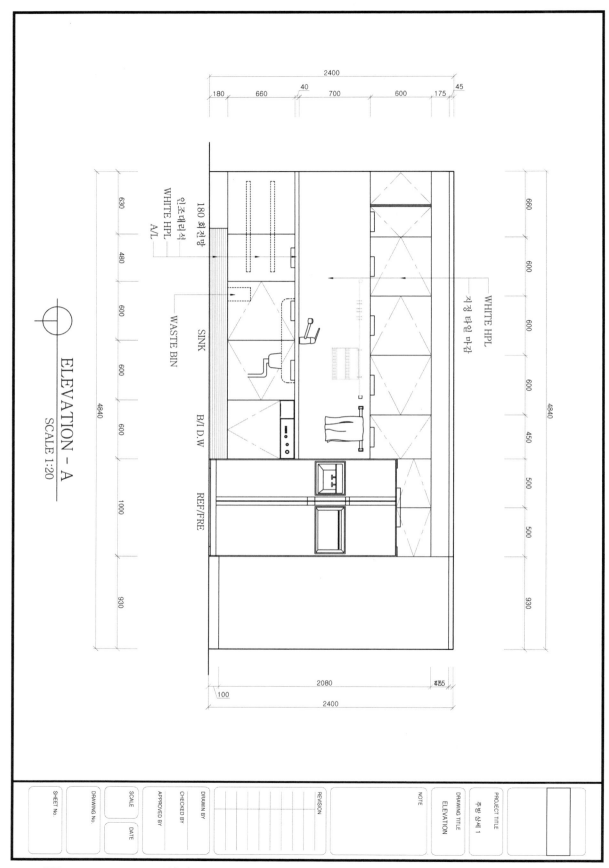

ELEVATION - A
SCALE 1:20

2400
180 660 40 700 600 175 45

630 480 600 600 600 1000 930
4840

180 회전맛
인조대리석
WHITE HPL
A/L

WASTE BIN

SINK

B/I D.W

REF/FRE

WHITE HPL
지정 타일 마감

660 600 600 600 450 500 500 930
4840

2080 #55
100
2400

PROJECT TITLE
주방 상세 1

DRAWING TITLE
ELEVATION

NOTE

REVISION

DRAWN BY
CHECKED BY
APPROVED BY

SCALE   DATE

DRAWING No.

SHEET No.

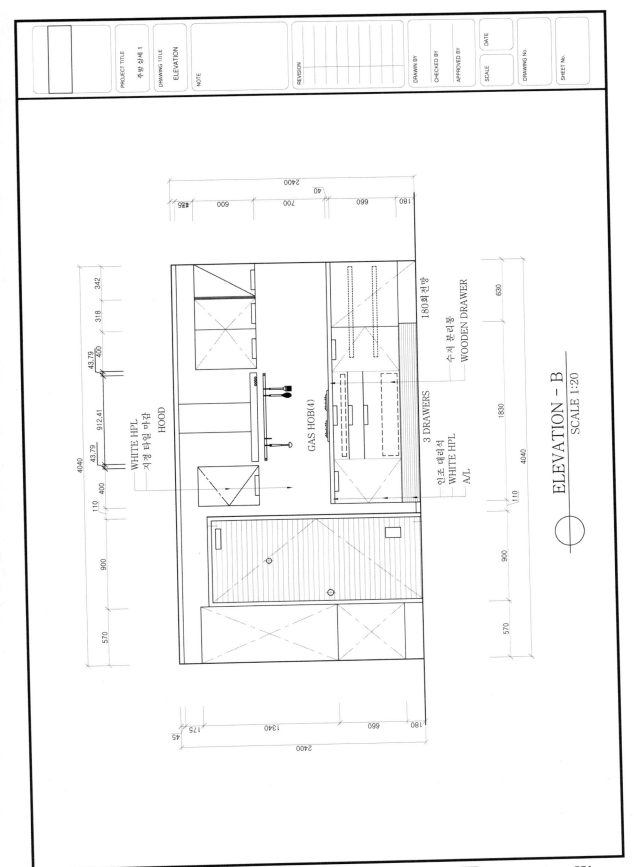

ELEVATION - B
SCALE 1:20

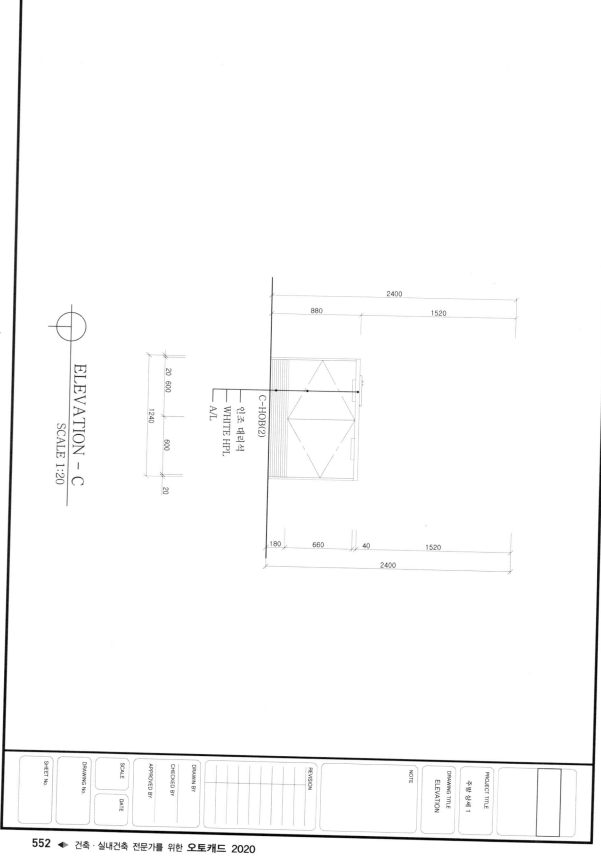

ELEVATION - C

SCALE 1:20

2400

880   1520

20 600

1240

600

20

C-HOB(2)

인조 대리석

WHITE HPL

A/L

180   660   40   1520

2400

PROJECT TITLE
주방 상세 1

DRAWING TITLE
ELEVATION

NOTE

REVISION

DRAWN BY

CHECKED BY

APPROVED BY

SCALE   DATE

DRAWING No.

SHEET No.

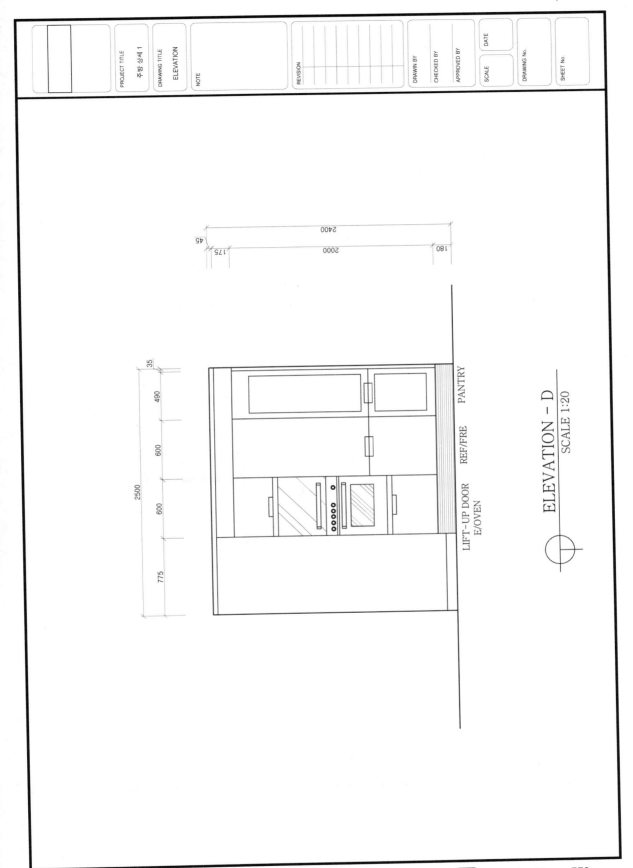

ELEVATION – D
SCALE 1:20

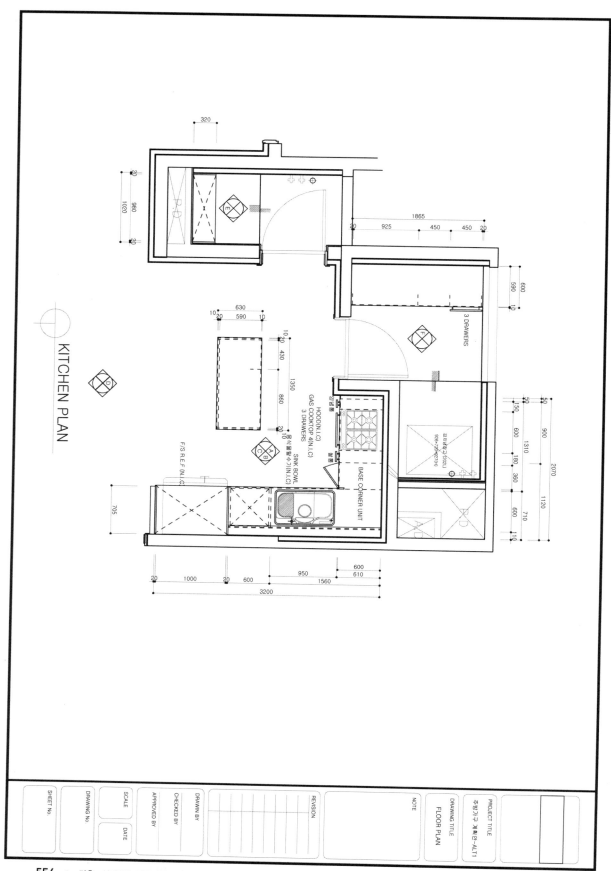

KITCHEN PLAN

320

1020
960
20
20

1865
925 450 450 20
20

600
590
20

3 DRAWERS

630
590 10
10 20

10
430
10

1350
860
20

HOOD(N.I.C)
GAS COOKTOP 4(N.I.C)
3 DRAWERS

SINK BOWL
물내림수거(N.I.C)

F/S R.E.F (N.I.C)

705

950
600
610
600

20 1000 20 600 1560
3200

BASE CORNER UNIT

김치냉장고(2인용)
90ゆ×24D×82(H)

김치냉장고(202L)

150
600
180
360
600
110
710
1120

50
50
1310
900
2070

SHEET No.

DRAWING No.

SCALE

APPROVED BY

CHECKED BY

DRAWN BY

DATE

REVISION

NOTE

DRAWING TITLE
FLOOR PLAN

PROJECT TITLE
주방가구 계획(9)-ALT1

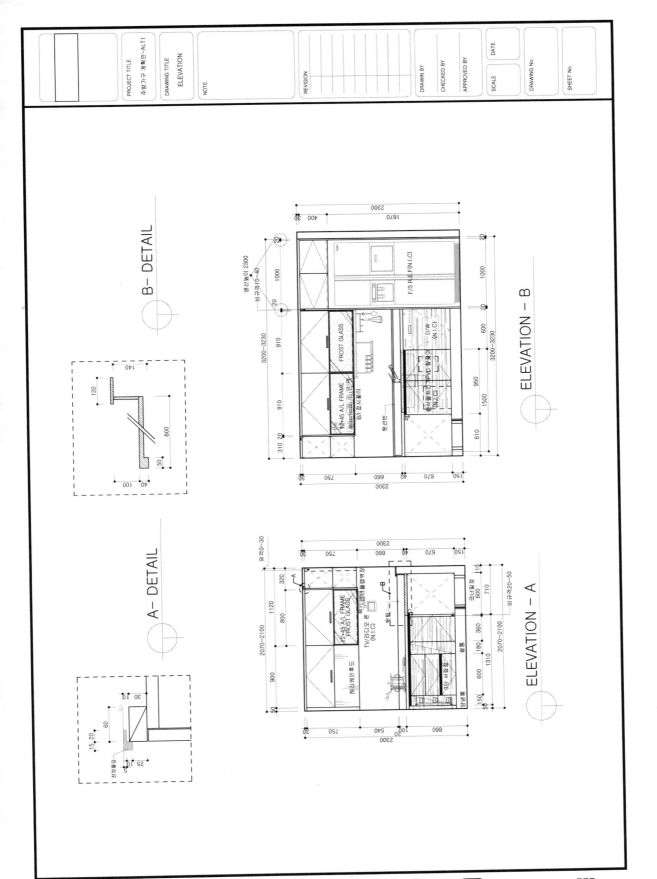

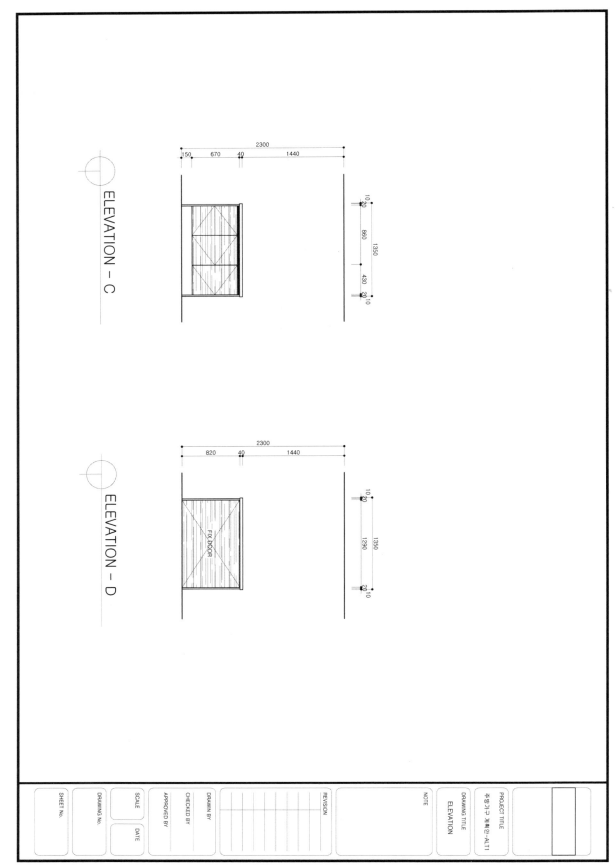

ELEVATION – C

ELEVATION – D

FIX. DOOR

PROJECT TITLE
주방가구 계획(2)-ALT.1

DRAWING TITLE
ELEVATION

NOTE

REVISION

DRAWN BY

CHECKED BY

APPROVED BY

SCALE

DATE

DRAWING No.

SHEET No.

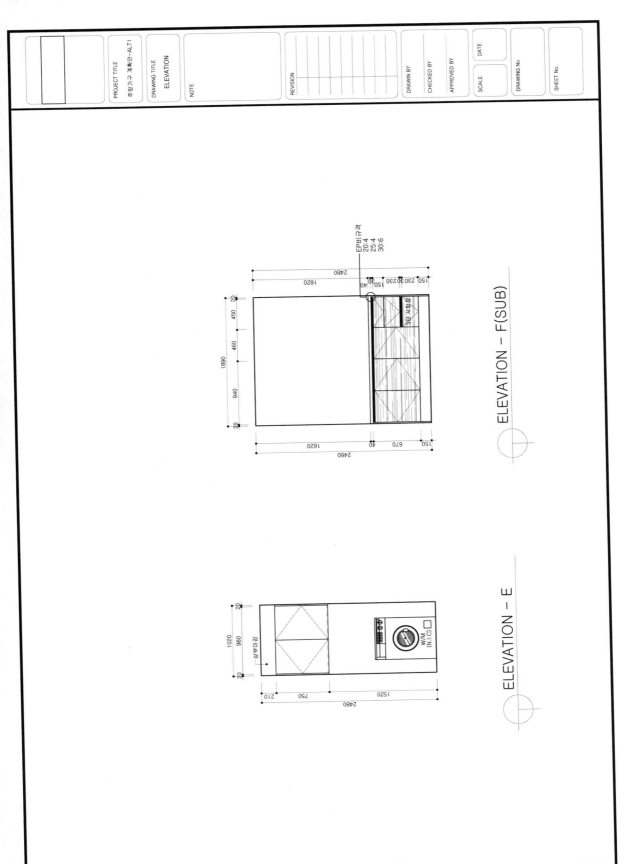

ELEVATION – F(SUB)

ELEVATION – E

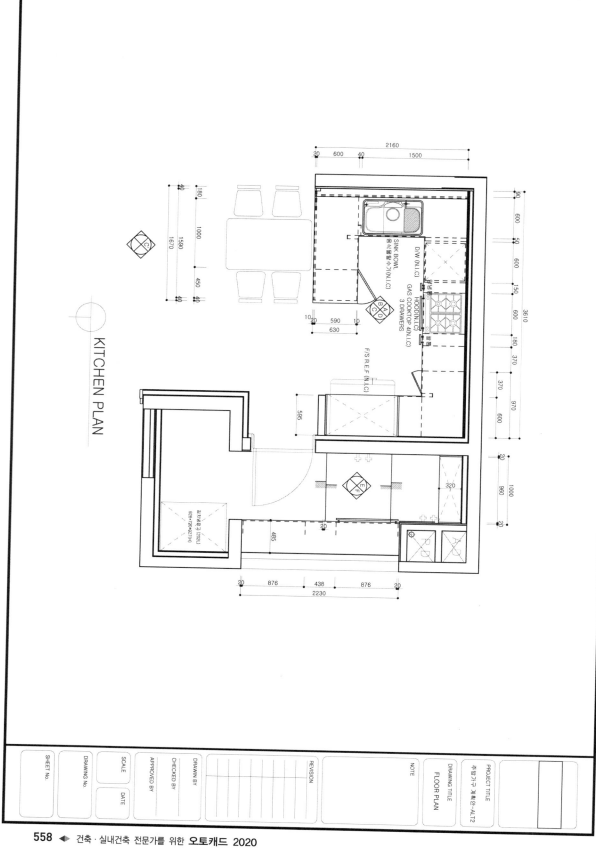

KITCHEN PLAN

2160
20 600 40 1500

90
600
50
600
150
600
180 370
370
970
600
3610

180
40 40
1000
1590
1670
450
40 40

SINK BOWL
씽크볼수가기(N.I.C)

D/W (N.I.C)

HOOD(N.I.C)
GAS COOKTOP 4(N.I.C)
3 DRAWERS

10 20 590 10
630

F/S R.E.F (N.I.C)

595

320

20
960
1000
20

928×720×827(H)
수납장자(202L)

485

20 876 438 876 20
2230

SHEET No.

DRAWING No.

SCALE

APPROVED BY
CHECKED BY
DRAWIN BY

DATE

REVISION

NOTE

DRAWING TITLE
FLOOR PLAN

PROJECT TITLE
주방가구 계획안-ALT2

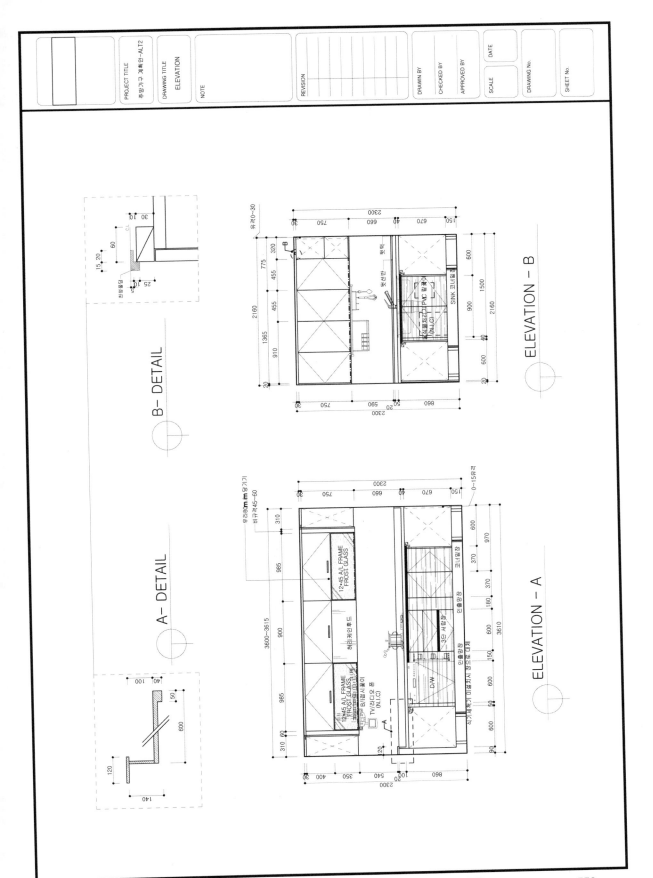

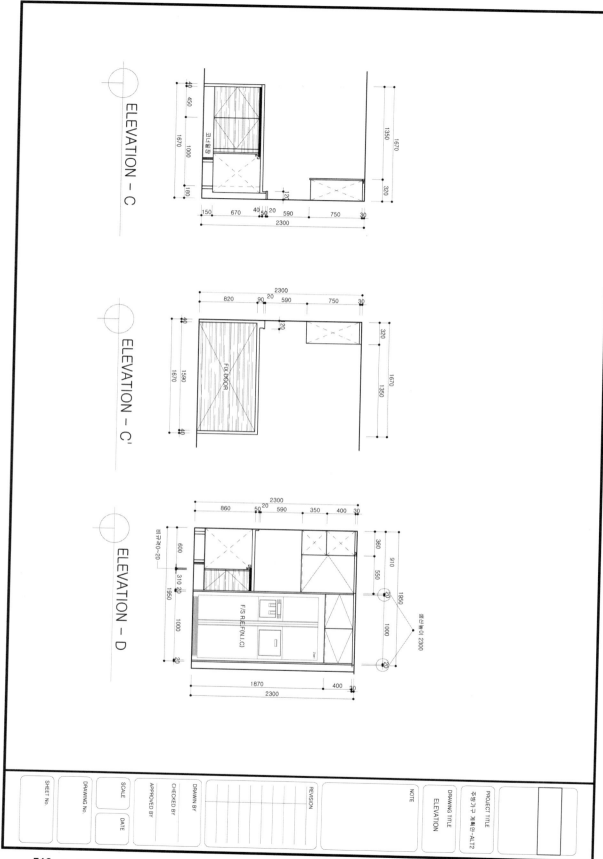

ELEVATION – C

코너밸장

40
450
1670 1000
180

150 670 40 50 20 590
2300
1350
1670
320
750 30
120

ELEVATION – C'

2300
820 90 20 590 750 30
40
1590 1670
FIX DOOR
40
20
320
1670 1350

ELEVATION – D

2300
860 50 20 590 350 400 30
비규격0-20
600
310 20
1950 1000
20
F/S REF(N.I.C)
Oven
360
910 550
1950 1000
생산놀이 2300
1870 400 20
2300

PROJECT TITLE
주방가구 계획(2)-ALT2

DRAWING TITLE
ELEVATION

NOTE

REVISION

APPROVED BY
CHECKED BY
DRAWN BY

SCALE   DATE

DRAWING No.

SHEET No.

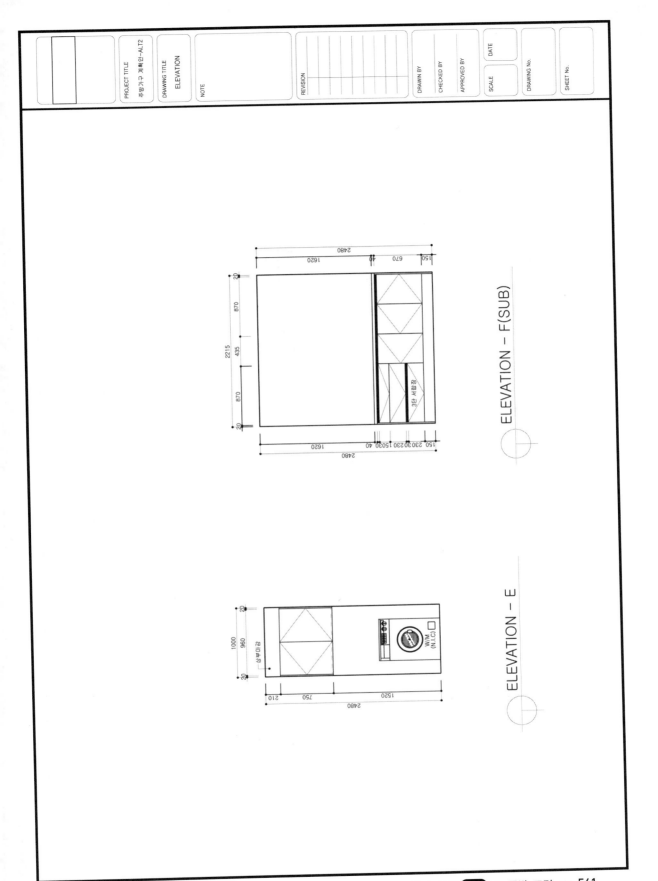

PROJECT TITLE 주방가구 계획안-ALT2
DRAWING TITLE ELEVATION
NOTE
REVISION
DRAWIN BY
CHECKED BY
APPROVED BY
DATE
SCALE
DRAWING No.
SHEET No.

ELEVATION – F(SUB)

ELEVATION – E

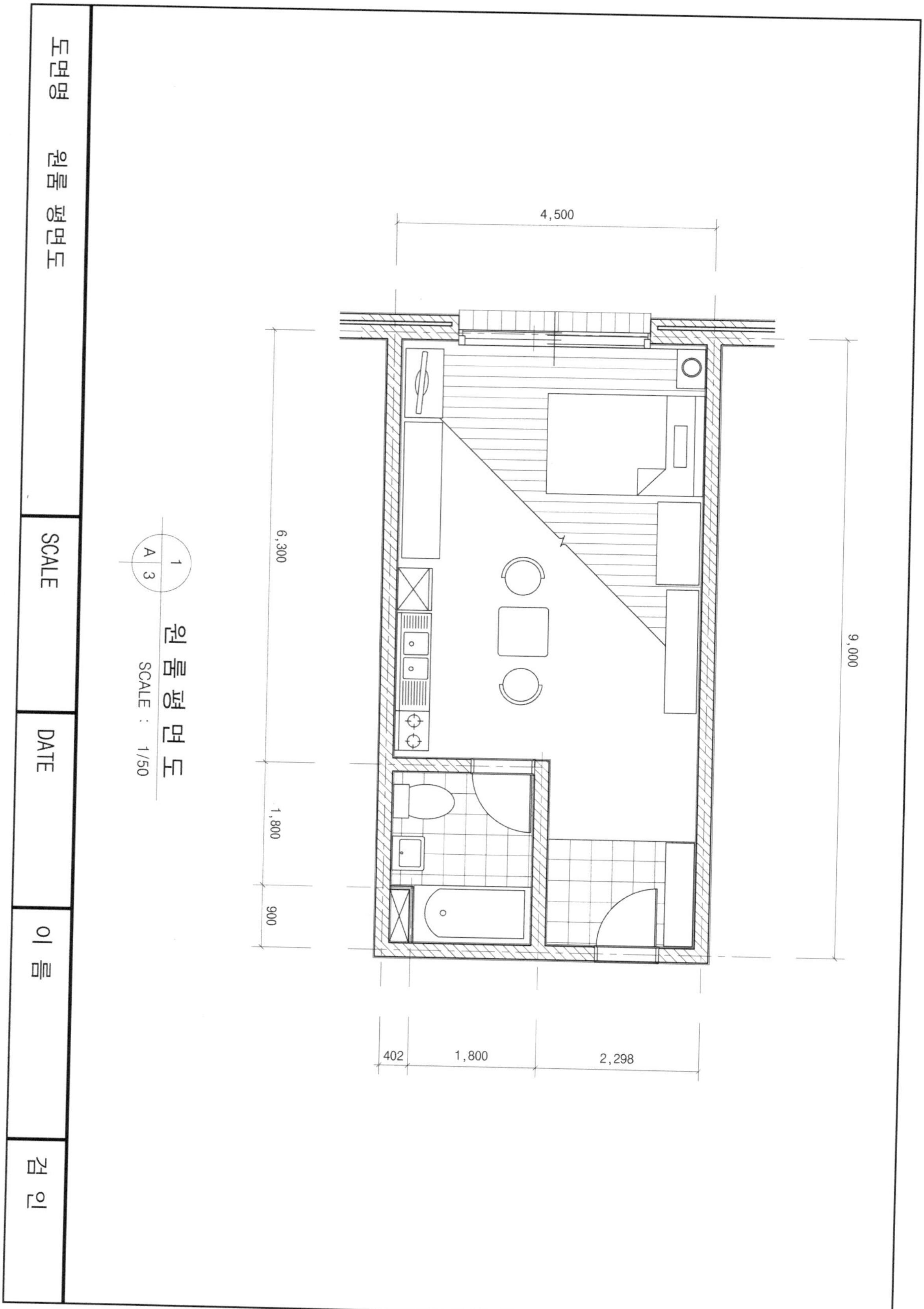

평면도

건물평면도

평면도

SCALE

DATE

이름

검인

평면도평면도

SCALE : 1/50

1
A 3

4,500

6,300

1,800

900

9,000

402   1,800   2,298

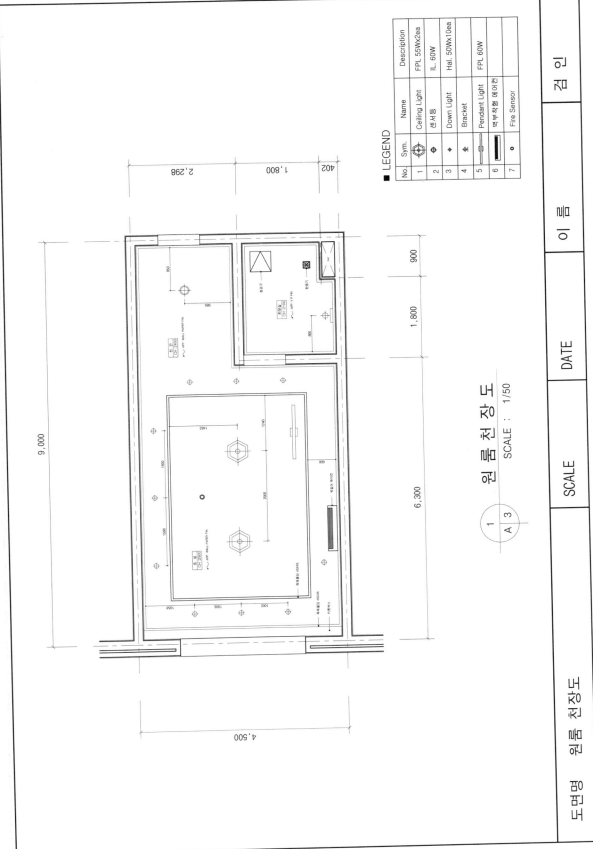

■ LEGEND

No.	Sym.	Name	Description
1		Ceiling Light	FPL 55Wx2ea
2		센서등	IL. 60W
3		Down Light	Hal. 50Wx10ea
4		Bracket	
5		Pendant Light	FPL 60W
6		벽부착형 에어컨	
7		Fire Sensor	

원 룸 천 장 도

SCALE : 1/50

검 인

이 름

DATE

SCALE

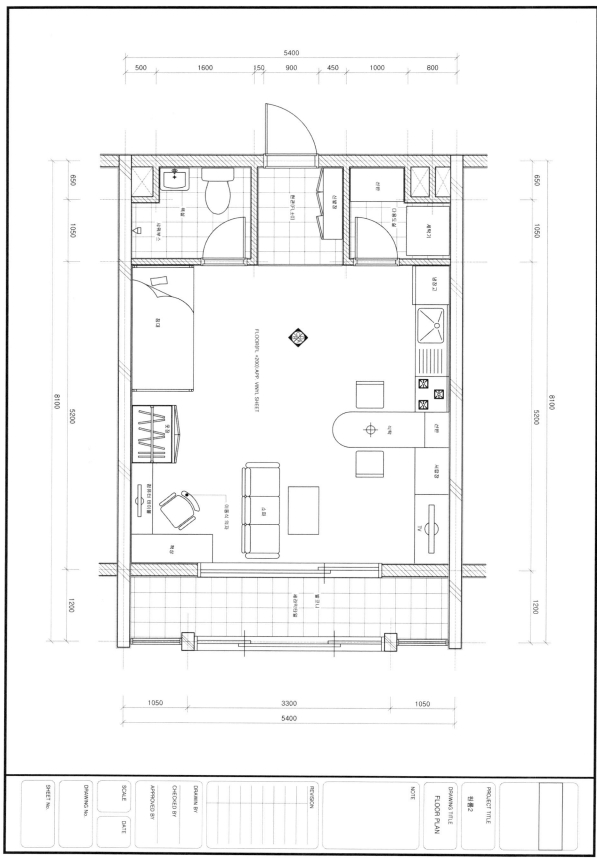

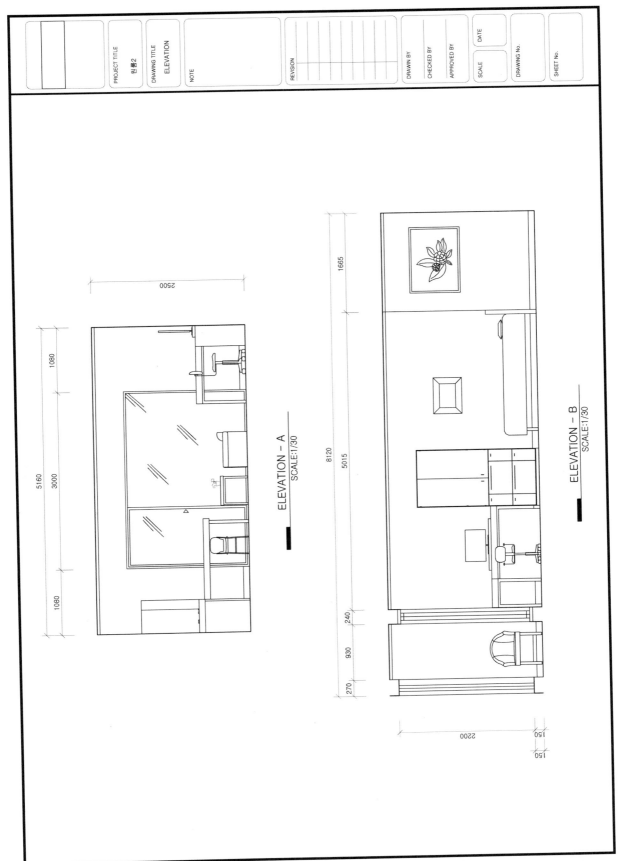

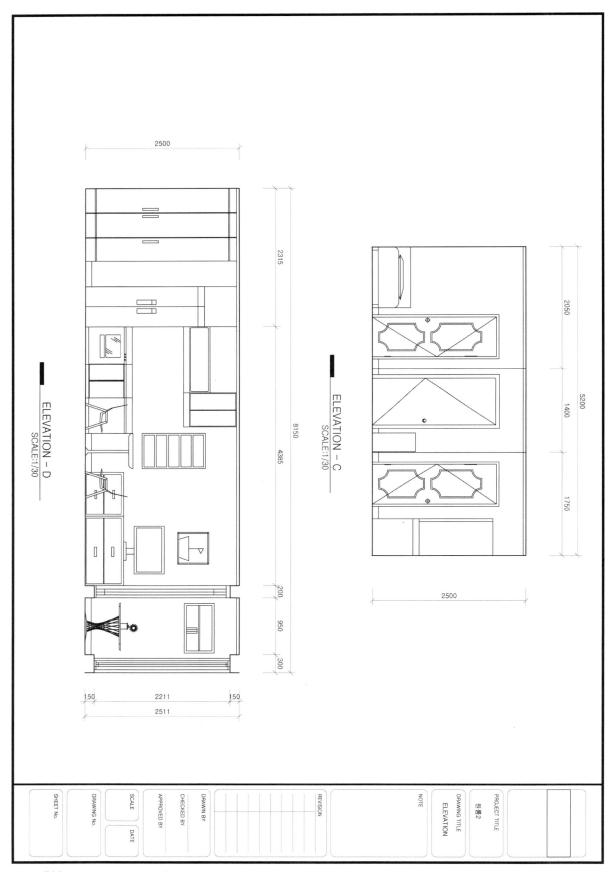

ELEVATION – D
SCALE:1/30

ELEVATION – C
SCALE:1/30

SHEET No.

DRAWING No.

SCALE

DATE

APPROVED BY

CHECKED BY

DRAWIN BY

REVISION

NOTE

DRAWING TITLE
ELEVATION

PROJECT TITLE
컬룸2

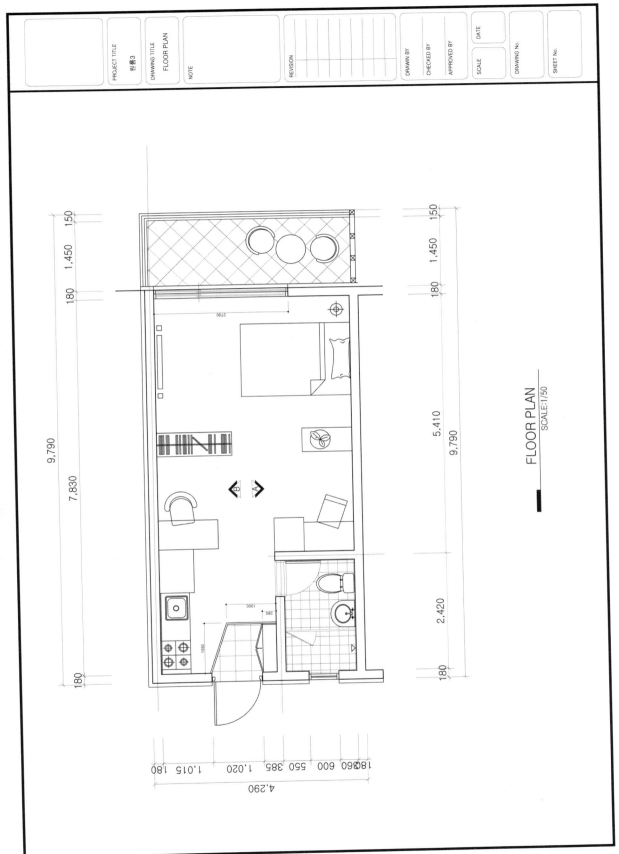

FLOOR PLAN
SCALE:1/50

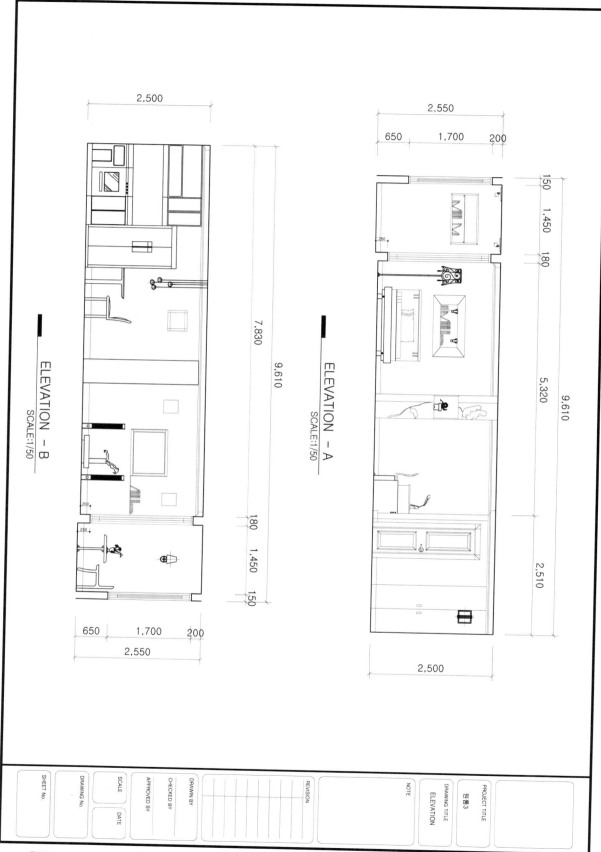

2,500

7,830

9,610

180

1,450

150

ELEVATION - B
SCALE:1/50

650   1,700   200

2,550

2,550

650   1,700   200

150

1,450

180

5,320

9,610

2,510

2,500

ELEVATION - A
SCALE:1/50

SHEET No.

DRAWING No

SCALE

APPROVED BY

CHECKED BY

DRAWIN BY

DATE

REVISION

NOTE

DRAWING TITLE
ELEVATION

PROJECT TITLE
힐周3

PROJECT TITLE
평面3

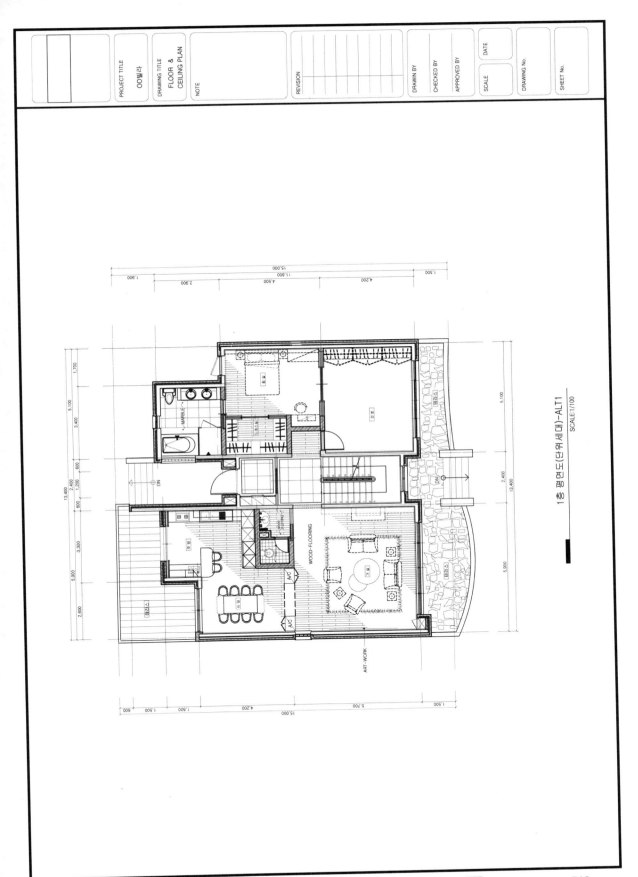

1층 평면도(단위세대)-ALT1
SCALE:1/100

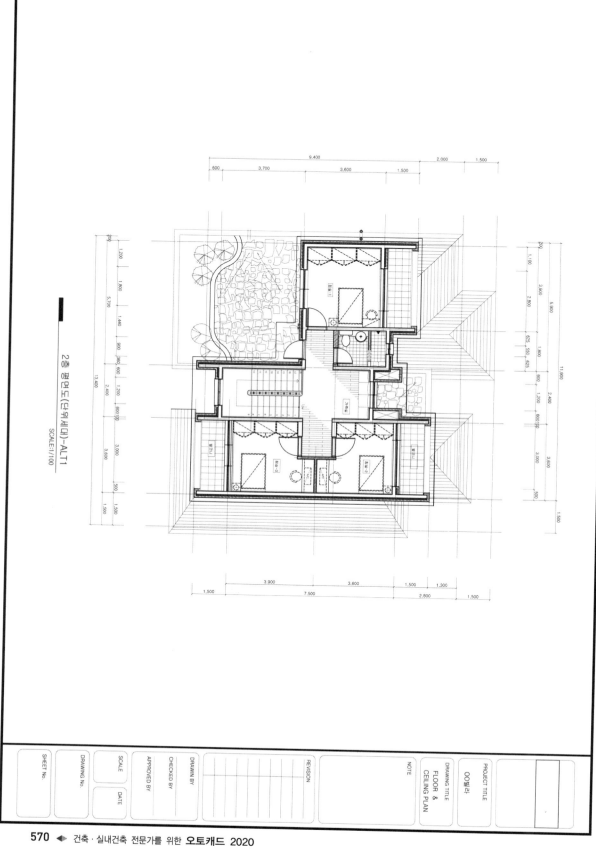

2층 평면도(단위세대)-ALT1

SCALE:1/100

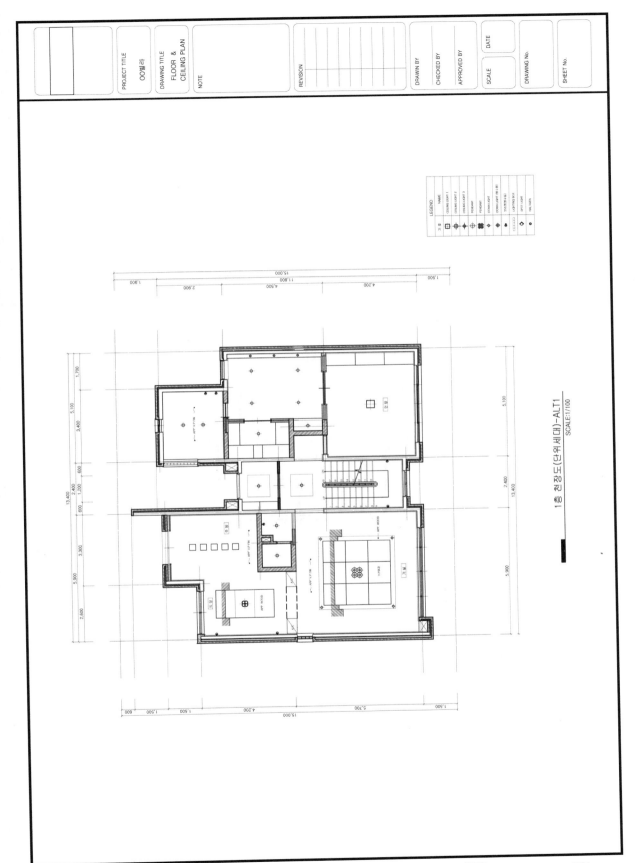

1층 천장도(단위세대)-ALT1
SCALE:1/100

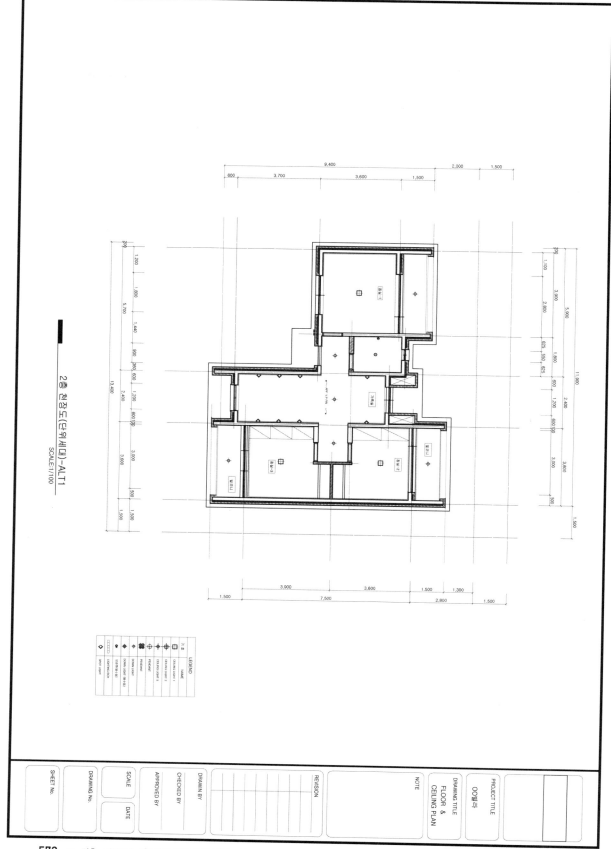

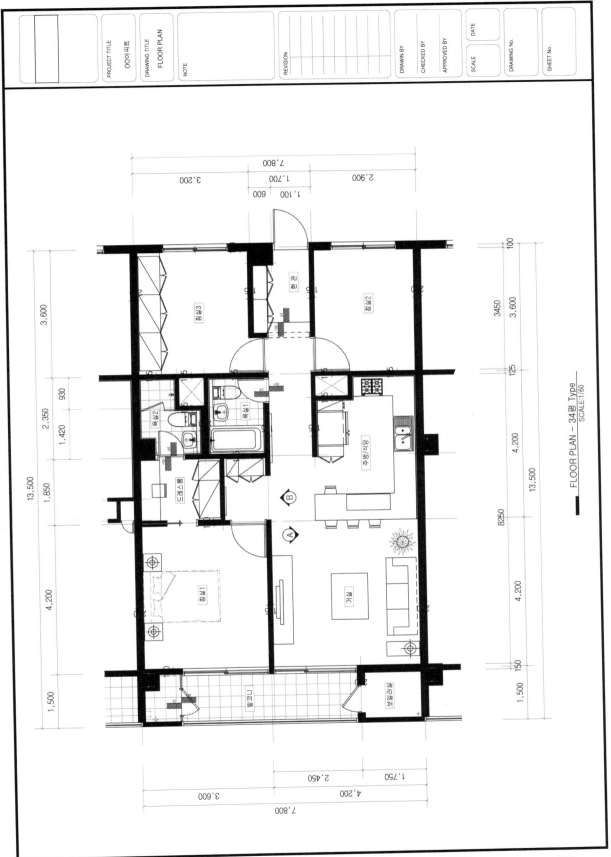

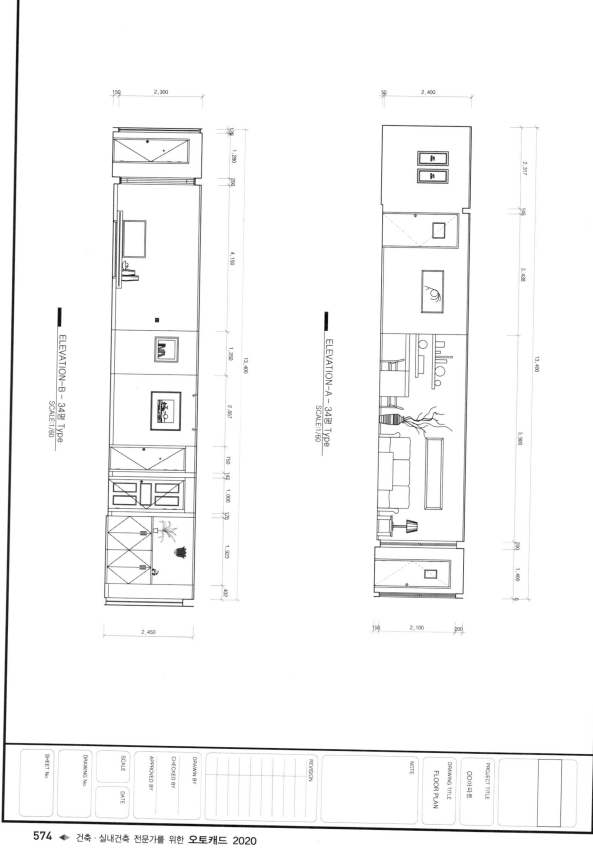

ELEVATION-B - 34평 Type
SCALE:1/60

ELEVATION-A - 34평 Type
SCALE:1/60

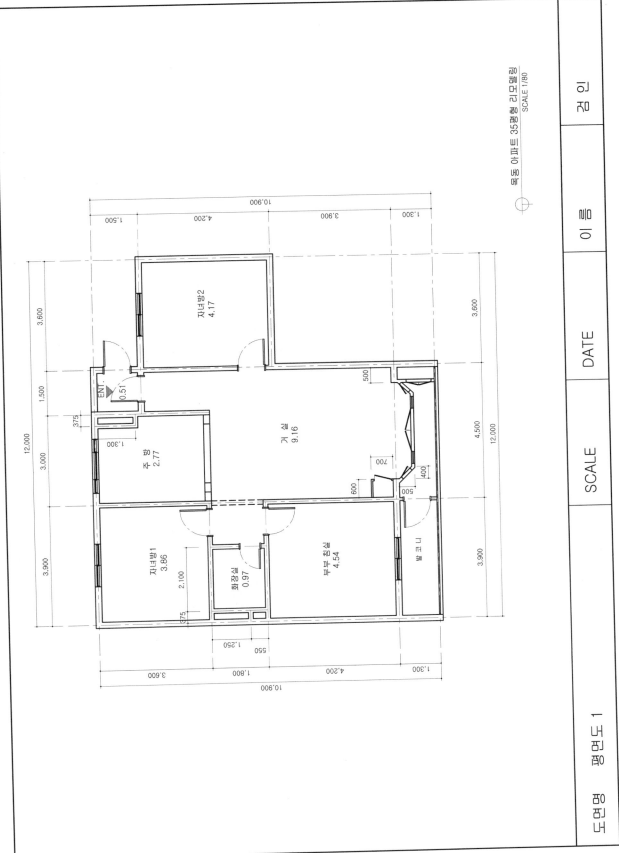

목동 아파트 35평형 리모델링
SCALE 1/80

경인

이름

DATE

SCALE

평면도 1

도면명

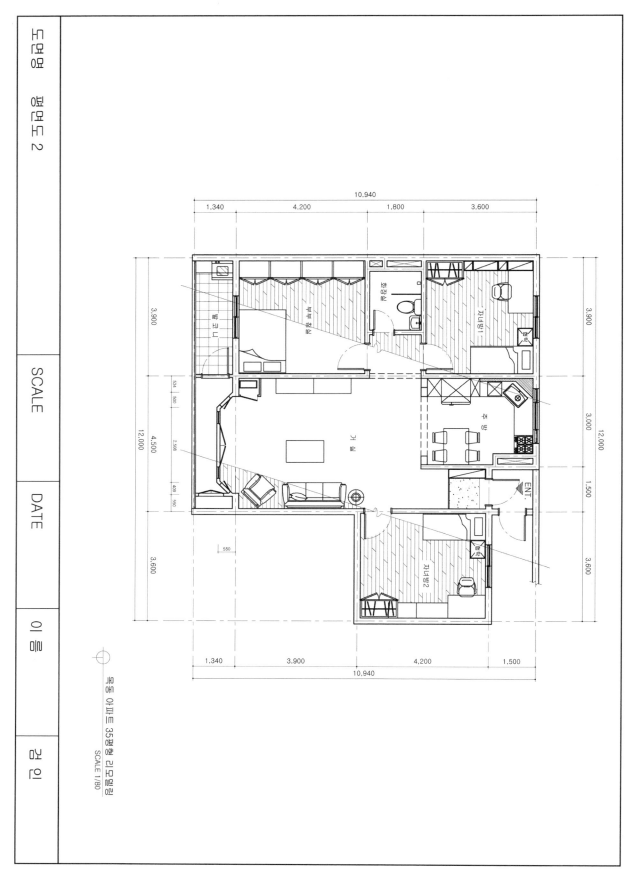

목동 아파트 35평형 리모델링
SCALE 1/80

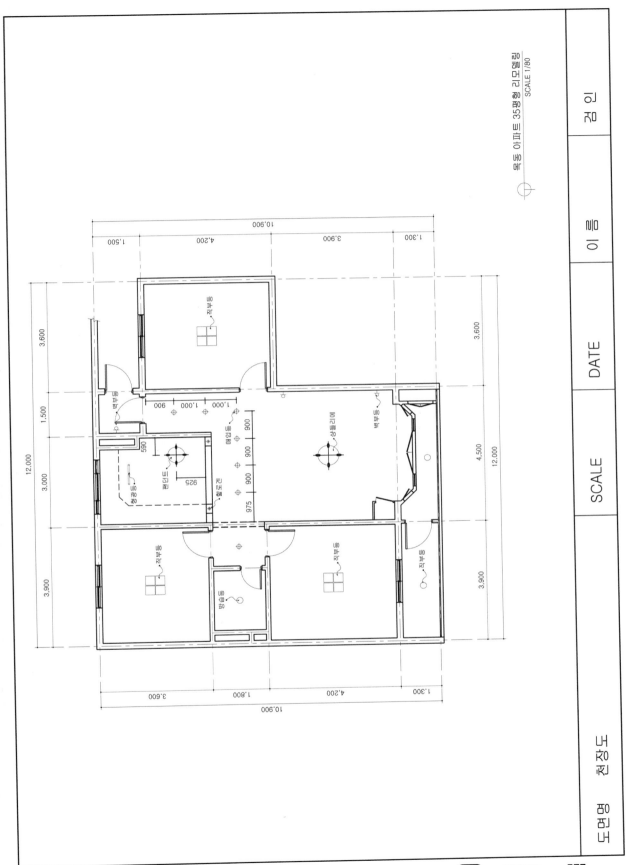

목동 아파트 35평형 리모델링
SCALE 1/80

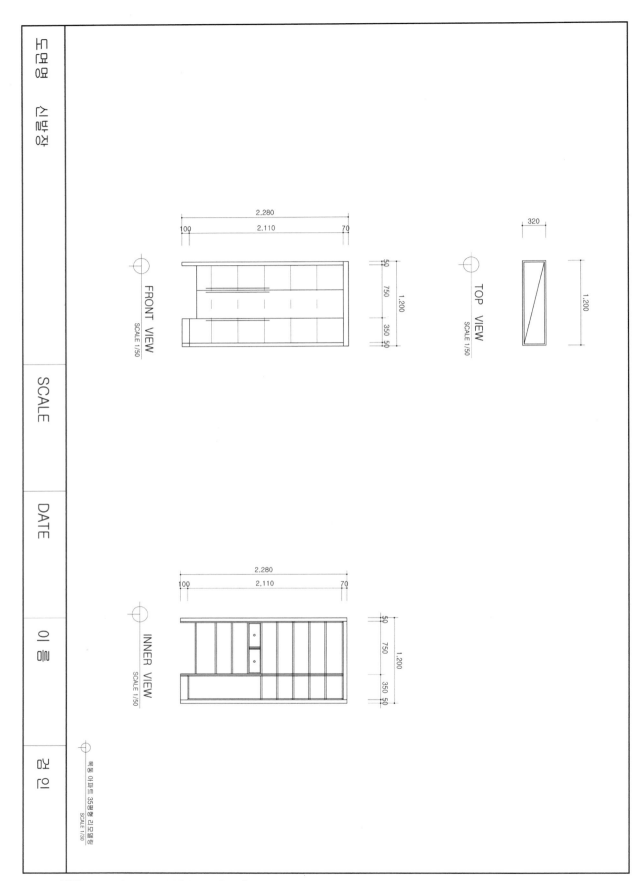

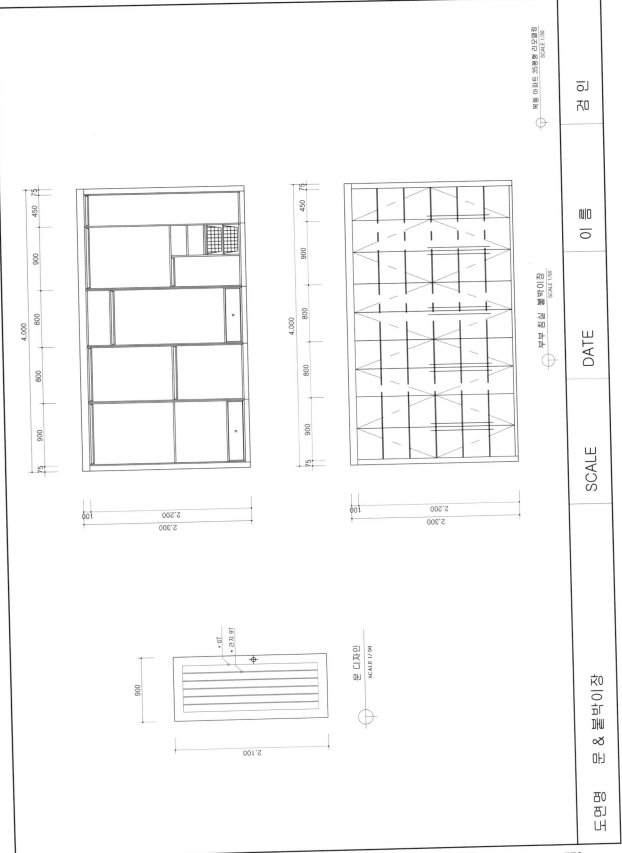

목동 아파트 35평형 리모델링
SCALE 1/30

부부 침실 붙박이장
SCALE 1/50

문 디자인
SCALE 1/50

* 2지 9T
* 19

4,000
75 450 900 800 800 900 75

2,300
100 2,200

900

2,100

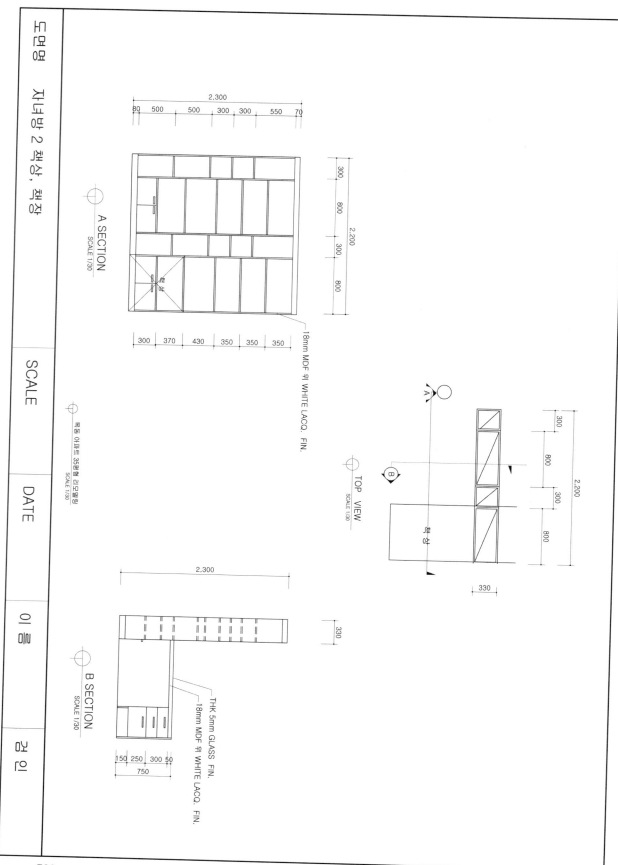

A SECTION
SCALE 1/30

TOP VIEW
SCALE 1/30

B SECTION
SCALE 1/30

목동 아파트 35평형 리모델링
SCALE 1/30

18mm MDF 위 WHITE LACQ. FIN.

THK 5mm GLASS FIN.
18mm MDF 위 WHITE LACQ. FIN.

2,300
80 500 500 300 300 550 70

2,200
300 800 300 800

300 370 430 350 350 350

2,200
300 800 300 800

330

330

2,300

150 250 300 50
750

책상

책상

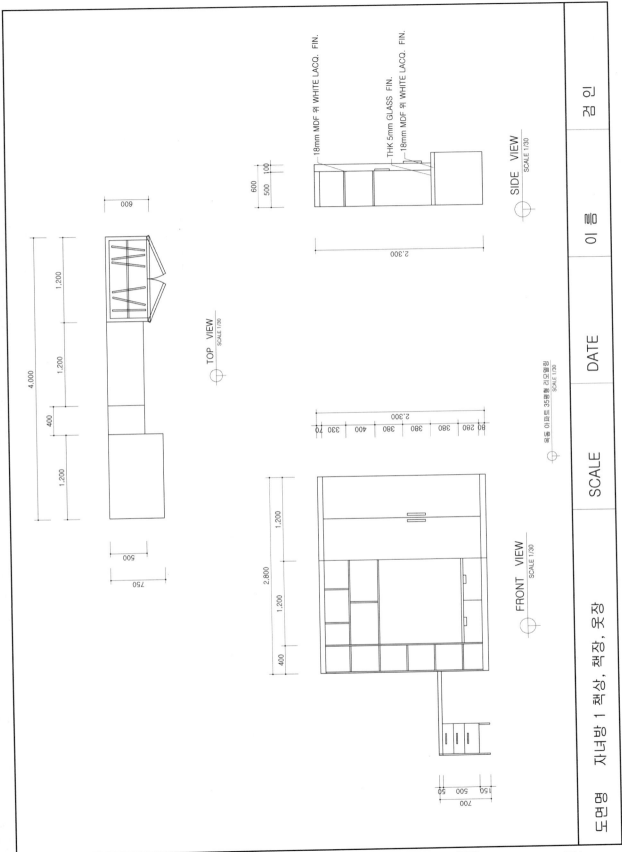

TOP VIEW
SCALE 1/30

600

4.000

1.200 · 1.200 · 400 · 1.200

500
750

18mm MDF 위 WHITE LACQ. FIN.
THK 5mm GLASS FIN.
18mm MDF 위 WHITE LACQ. FIN.

600
500 · 100

2.300

SIDE VIEW
SCALE 1/30

2.300

80 · 280 · 330 · 400 · 380 · 380 · 400 · 330 · 280 · 70

목동 아파트 35평형 리모델링
SCALE 1/30

FRONT VIEW
SCALE 1/30

1.200
2.800
1.200
400

150 · 500 · 50
700

| 도면명 | 자녀방 1 책상, 책장, 옷장 | | SCALE | DATE | 이 름 | 검 인 |

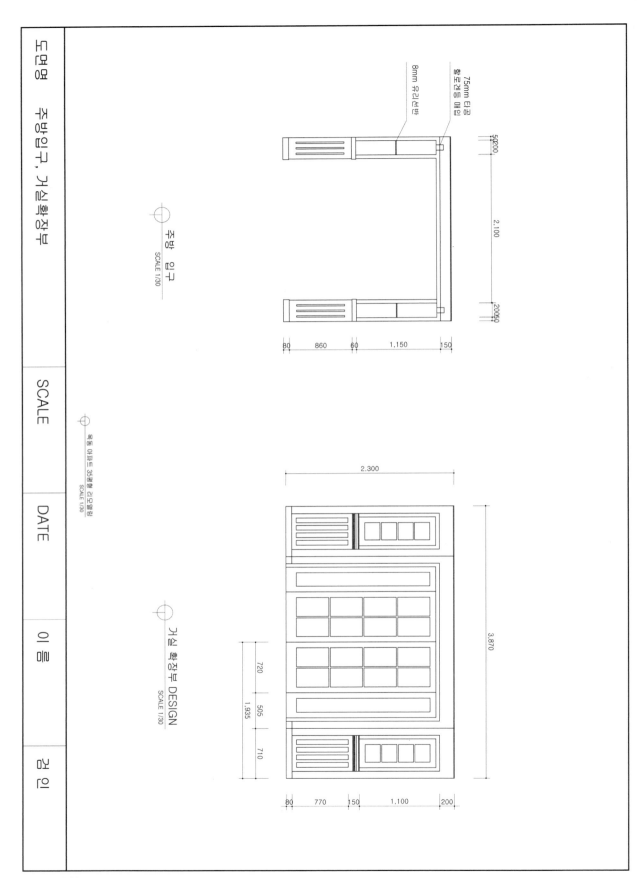

주방 입구
SCALE 1/30

목동 아파트 35평형 리모델링
SCALE 1/30

거실 확장부 DESIGN
SCALE 1/30

75mm 타공
활동레일 매입

8mm 유리선반

5,200

2,100

2,050

80 860 60 1,150 150

2,300

3,870

720

505

1,935

710

80 770 150 1,100 200

도면명 | 주방입구, 거실확장부 | SCALE | DATE | 이름 | 검인

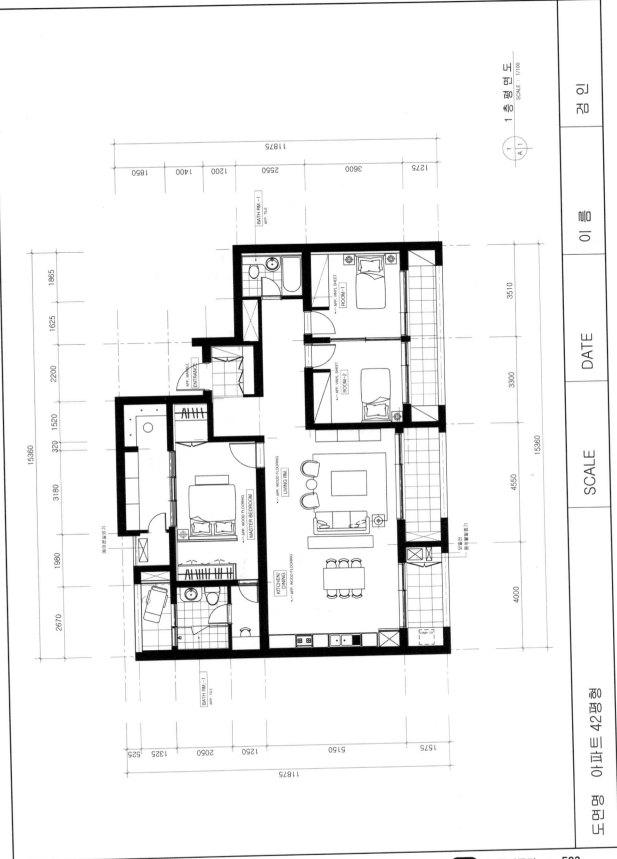

도면명 아파트 42평형

1 층 평면도
SCALE : 1/100

BATH RM.-1
APP. TILE

APP. VINYL SHEET
ROOM-1

APP. VINYL SHEET
ROOM-2

APP. MARBLE
ENTRANCE

APP. WOOD FLOORING
LIVING RM.

APP. WOOD FLOORING
MASTER BEDROOM

KITCHEN/
DINING
APP. WOOD FLOORING

BATH RM.-1
APP. TILE

11875
1275 2550 3600 1200 1400 1850
15360
3510 3300 4550 4000

11875
1575 5150 1250 2050 1325 525
15360
1865 1625 2200 1520 320 3180 1980 2670

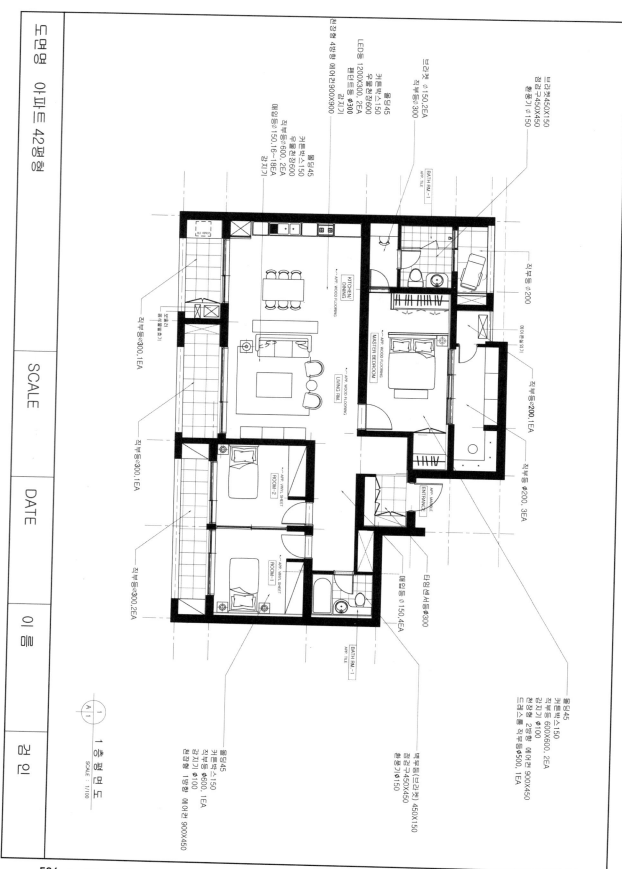

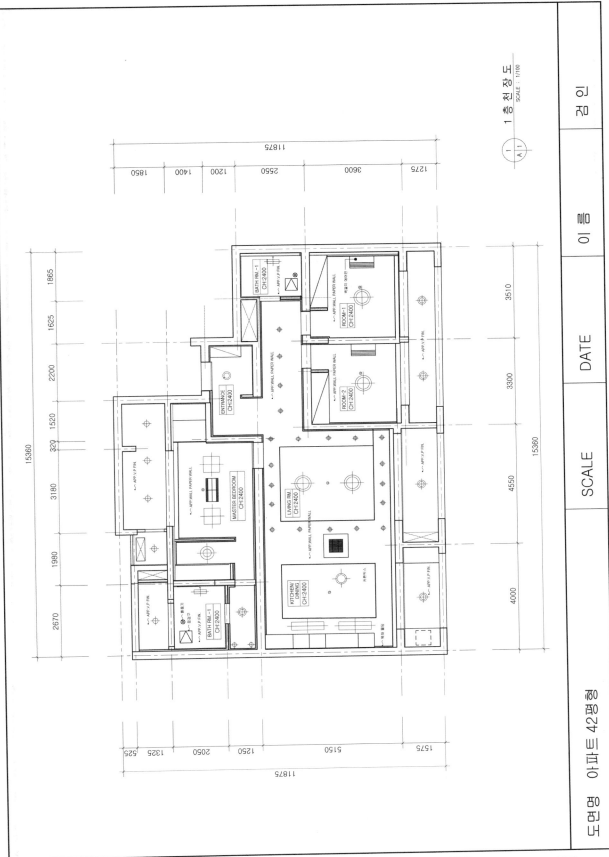

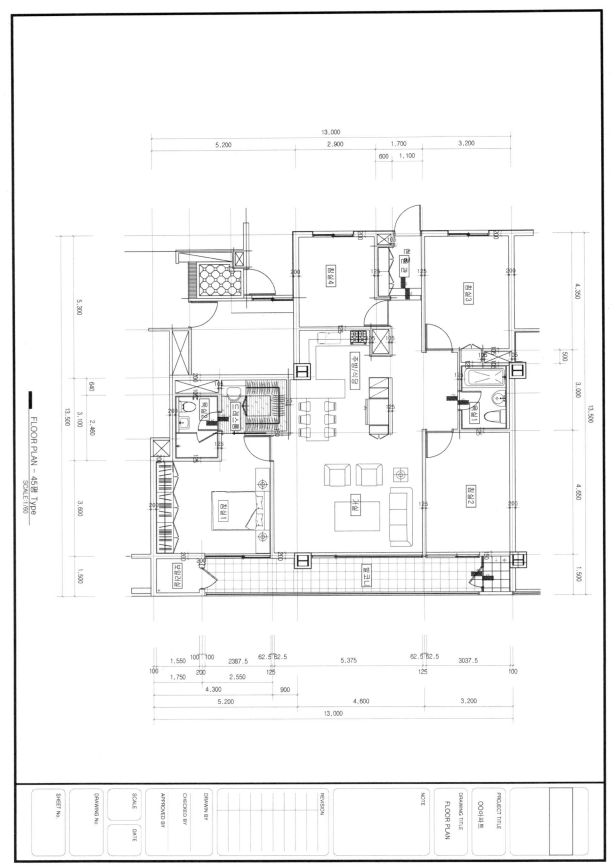

FLOOR PLAN - 45평 Type
SCALE:1/60

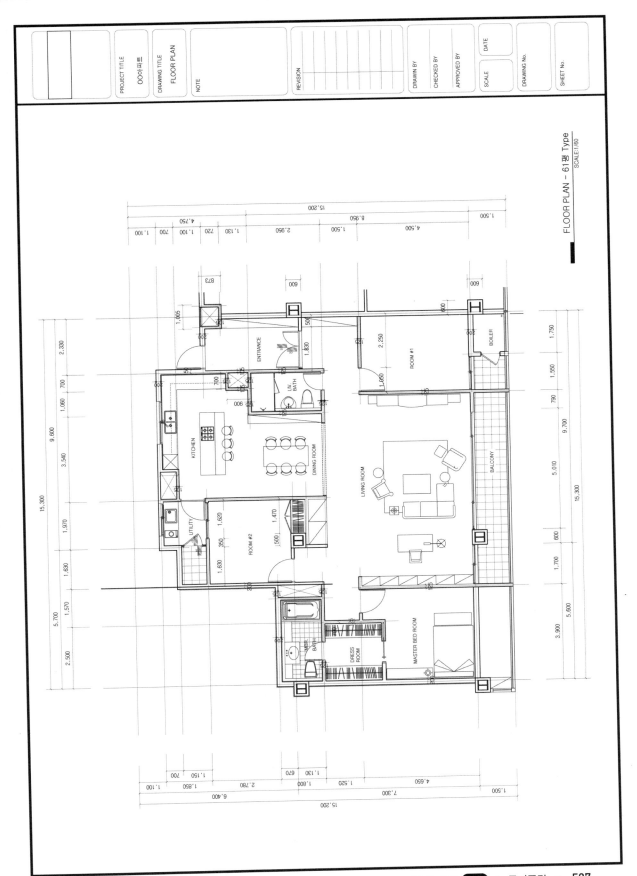

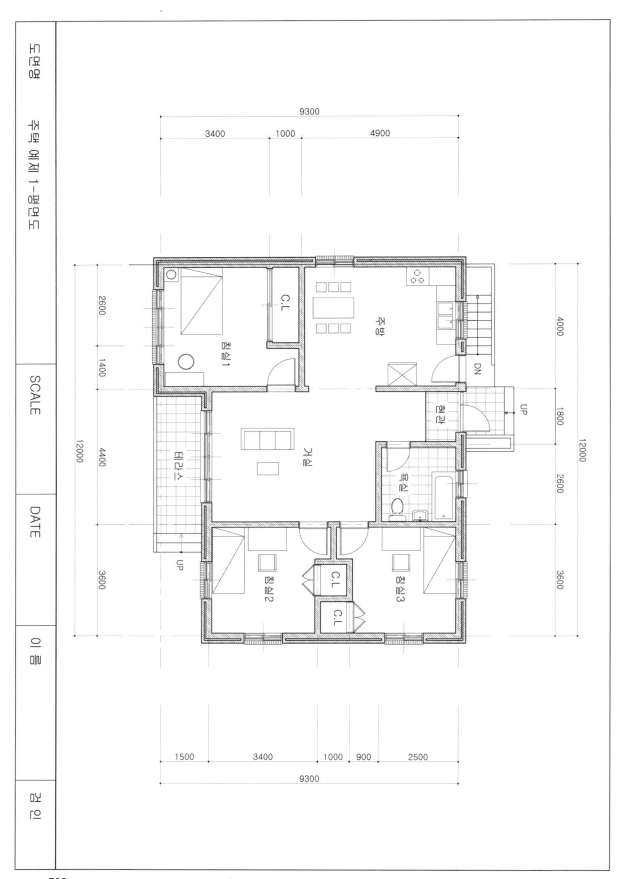

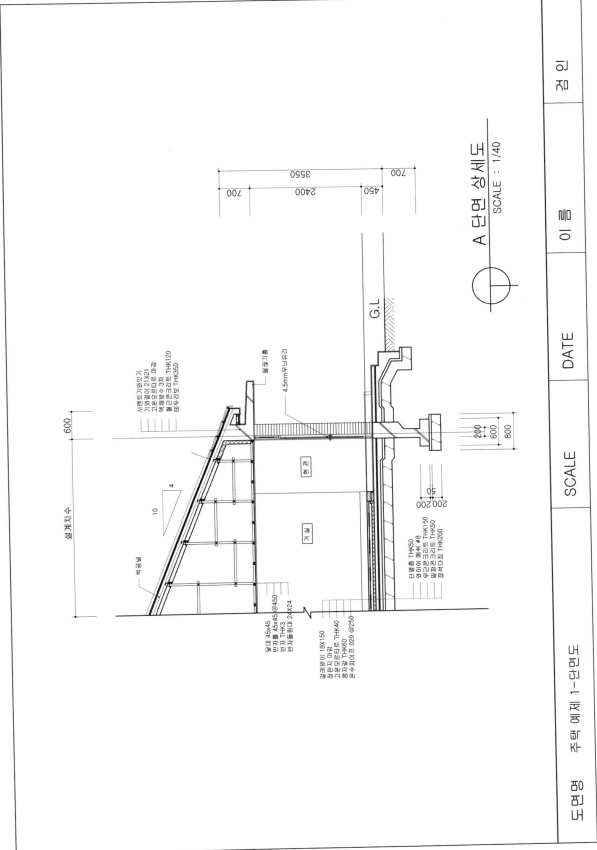

A 단면 상세도
SCALE : 1/40

설계치수

600

10
4

용마루기와잇기
기와걸이 21X21
고정모르탈르 마감
육형방수 3차
철근콘크리트 THK120
태두리보 THK350

물끊기홈
4.5mm무늬유리

연첨

루기

벽군식

달대 45x45
반자틀 45x45 @450
반자틀행갈대 24X24

천정반이이 18X150
정반자 마감
고정모르탈르 THK40
핑자철행 THK60
온수파이프 020 @250

단열통 THK50
와이어메쉬 #8
무근콘크리트 THK150
무근콘크리트 THK50
잡석다짐 THK200

200 200
450

200
600
800

G.L

700
450 2400
3550 700

도면명 주택 예제 1-단면도   SCALE   DATE   이 름   검 인

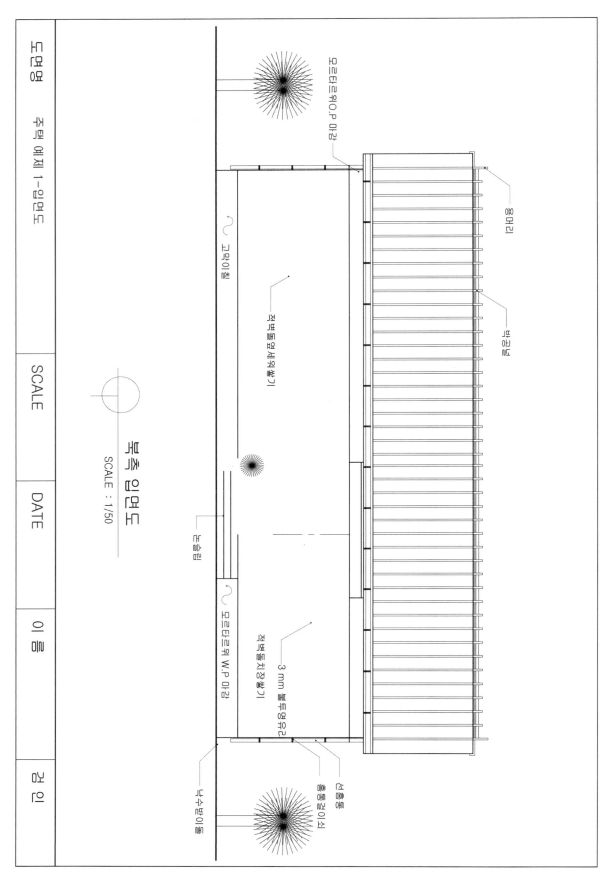

북측 입면도
SCALE : 1/50

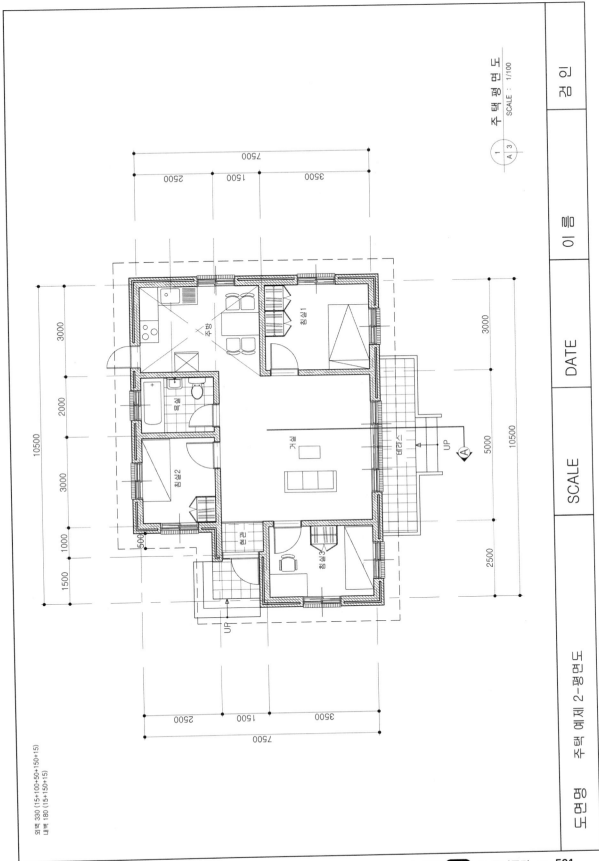

주택평면도
SCALE : 1/100

1
A
3

외벽 330 (15+100+50+150+15)
내벽 180 (15+150+15)

주방

침실1

욕실

거실

침실2

테라스

UP

A

침실3

침실

UP

7500
3500 1500 2500

7500
2500 1500 3500

3000 2000 3000 1000 1500
10500

3000 5000 2500
10500

500

도면명   주택 예제 2-평면도

접 인

이 름

DATE

SCALE

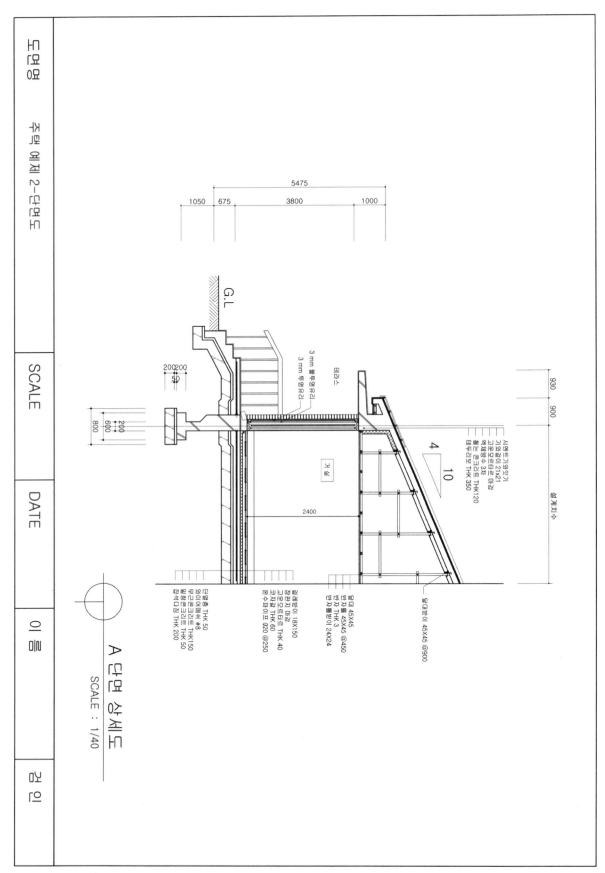

G.L.

5475

1050 | 675 | 3800 | 1000

3 mm 불투명유리
3 mm 투명유리

테라스

시멘트기와잇기
기와걸이 21x21
고운모르타르 마감
엑체방수 3차
물또는콘크리트 THK120
테두리보 THK 350

930

900

설계치수

4

10

달대받이 45X45 @900

달대 45X45
반자틀 45X45 @450
반자 THK3
반자틀받이 24X24

가설

2400

달대높이 18X150
경량천장 이음
고운모르타르 THK 40
코지갈 THK 60
흡수파이트 Ø20 @250

단열층 THK 50
와이어메쉬 #8
무근콘크리트 THK150
무광방수크리트 THK 50
잡석다짐 THK 200

200200
50

800
600
200

A 단면 상세도

SCALE : 1/40

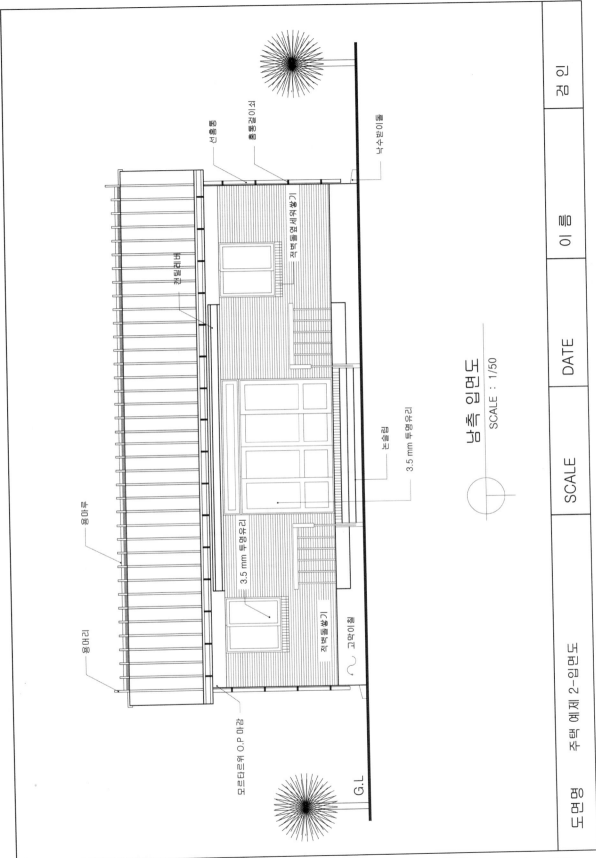

남측 입면도
SCALE : 1/50

용마루

용머리

렌털레버

선홈통

홈통걸이쇠

낙수받이돌

적벽돌영롱쌓기

3.5 mm 투명유리

본슬랩

3.5 mm 투명유리

적벽돌쌓기

고막이철

G.L

모르타르위 O.P 마감

도면명	주택 예제 2-입면도				검인
		SCALE	DATE	이 름	

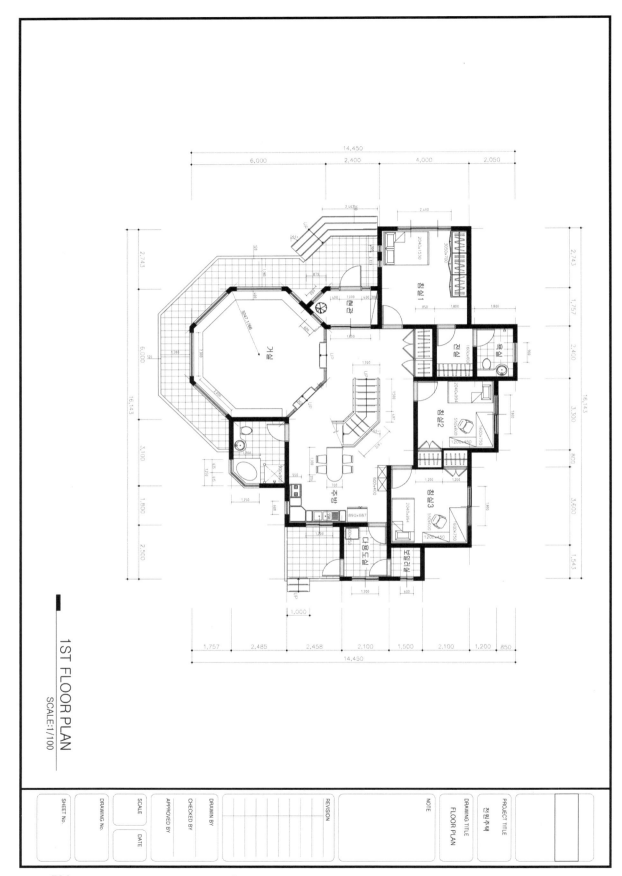

1ST FLOOR PLAN
SCALE:1/100

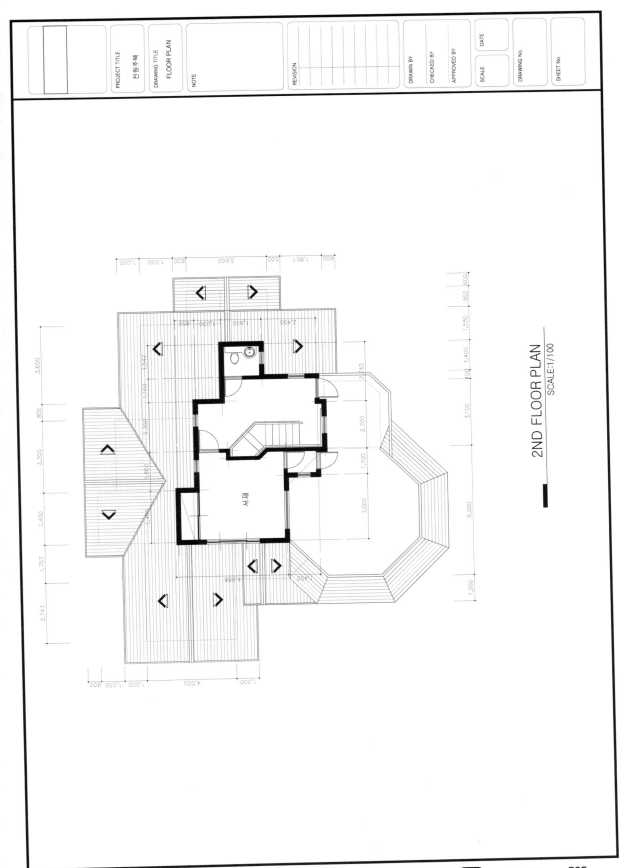

2ND FLOOR PLAN

SCALE:1/100

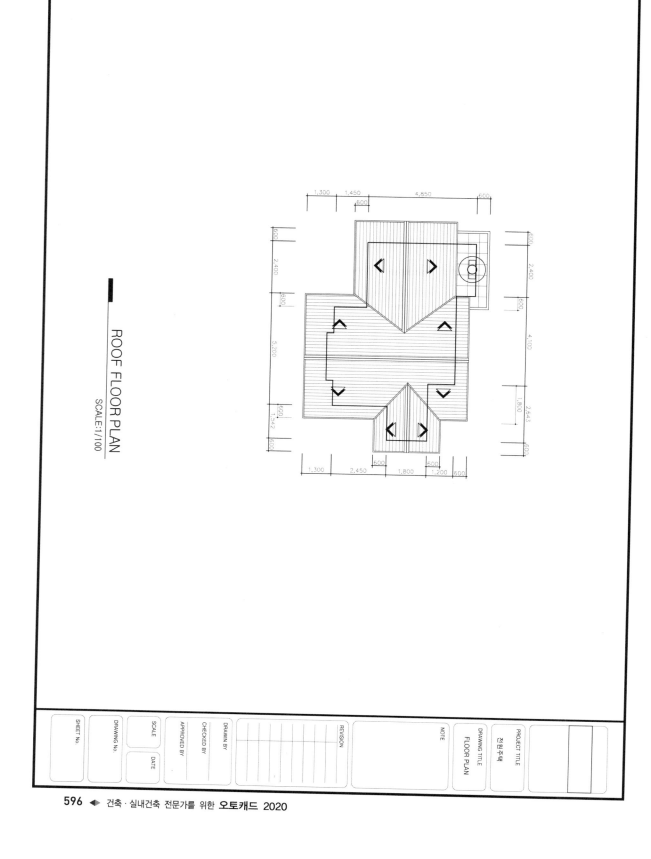

ROOF FLOOR PLAN

SCALE:1/100

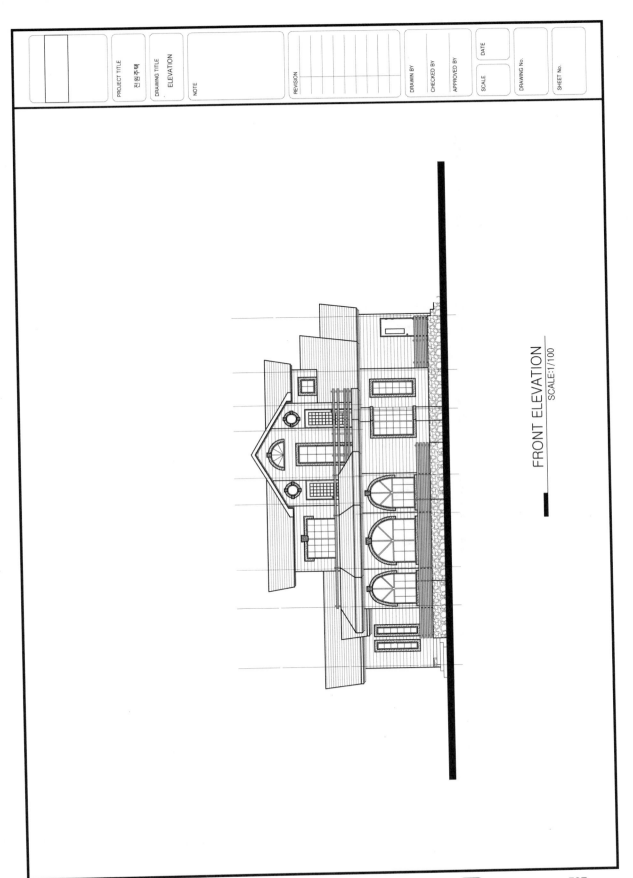

FRONT ELEVATION
SCALE:1/100

PROJECT TITLE 전원주택

DRAWING TITLE ELEVATION

NOTE

REVISION

DRAWIN BY
CHECKED BY
APPROVED BY

DATE

SCALE

DRAWING No.

SHEET No.

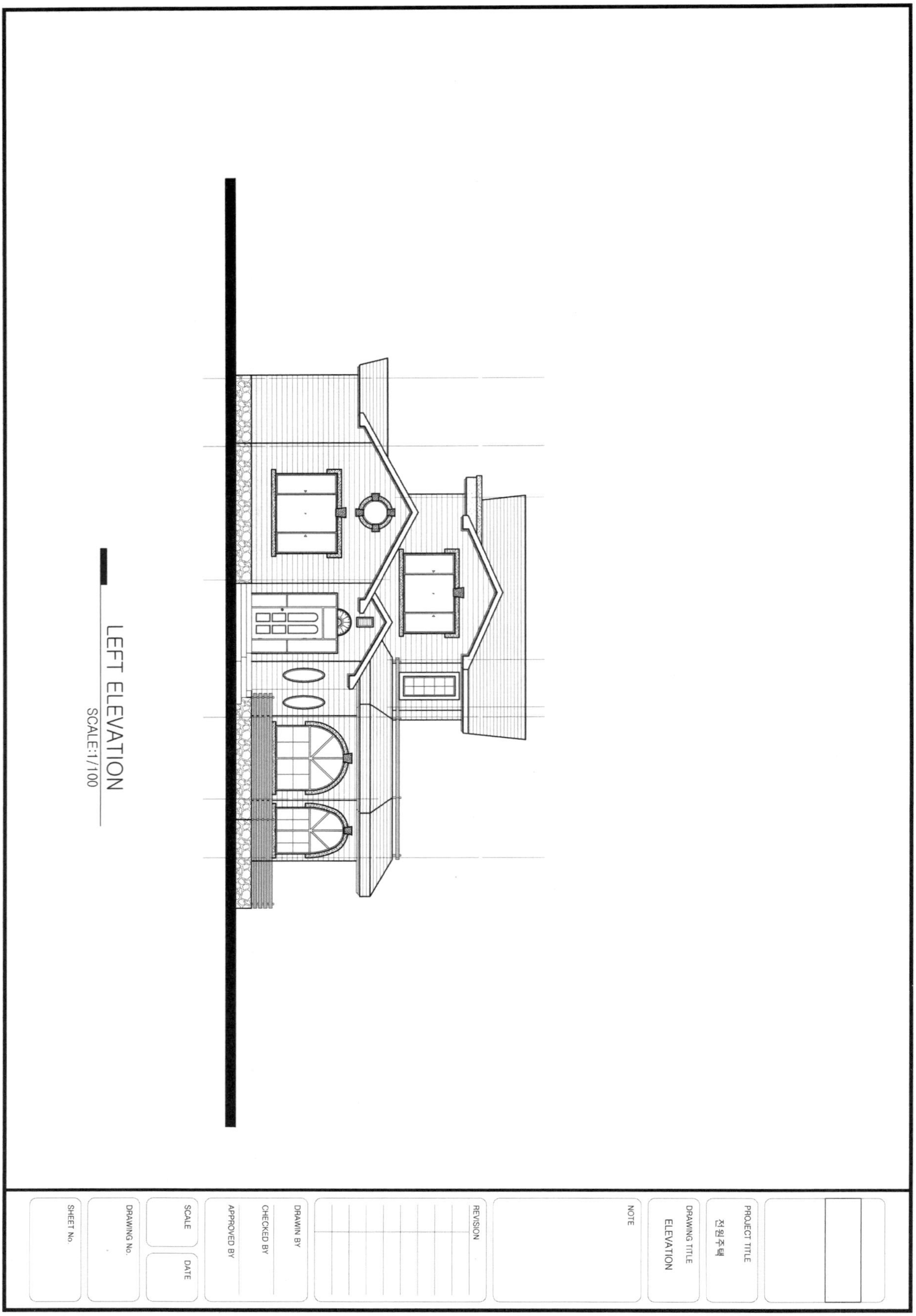

LEFT ELEVATION
SCALE:1/100

PROJECT TITLE
전원주택

DRAWING TITLE
ELEVATION

NOTE

REVISION

APPROVED BY
CHECKED BY
DRAWN BY

SCALE   DATE

DRAWING No.

SHEET No.

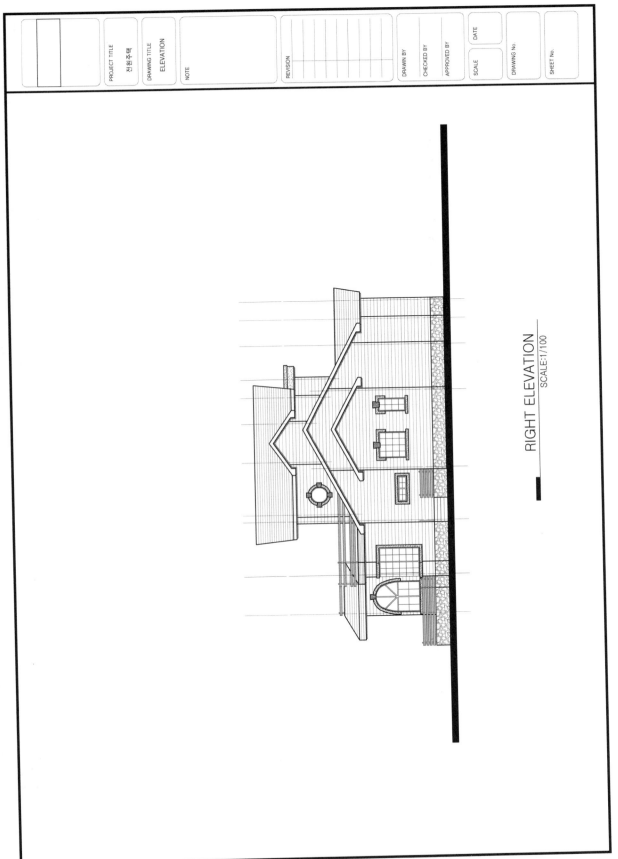

PROJECT TITLE	전원주택
DRAWING TITLE	ELEVATION
NOTE	
REVISION	
DRAWN BY	
CHECKED BY	
APPROVED BY	
DATE	
SCALE	
DRAWING No.	
SHEET No.	

RIGHT ELEVATION
SCALE:1/100

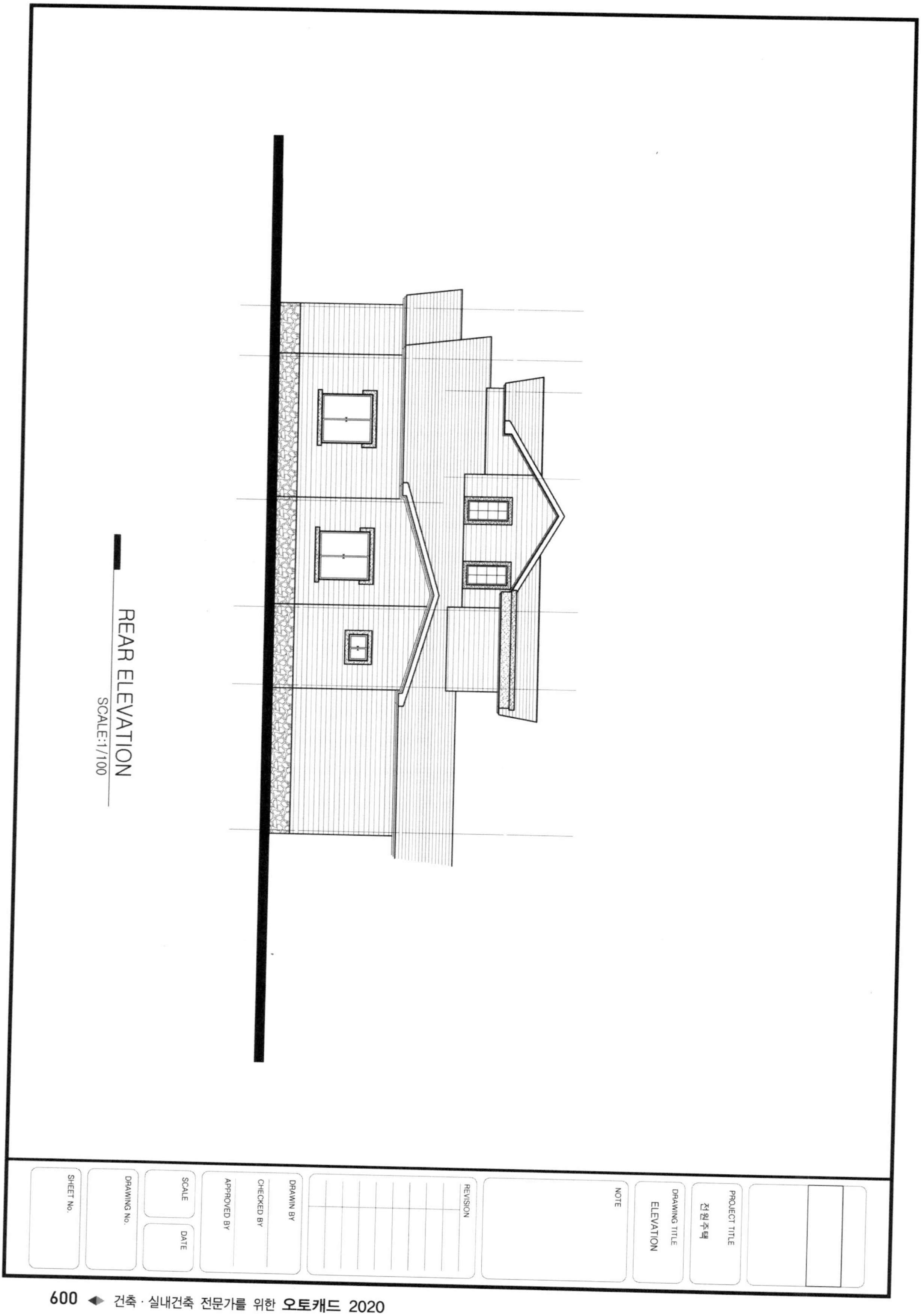

REAR ELEVATION
SCALE:1/100

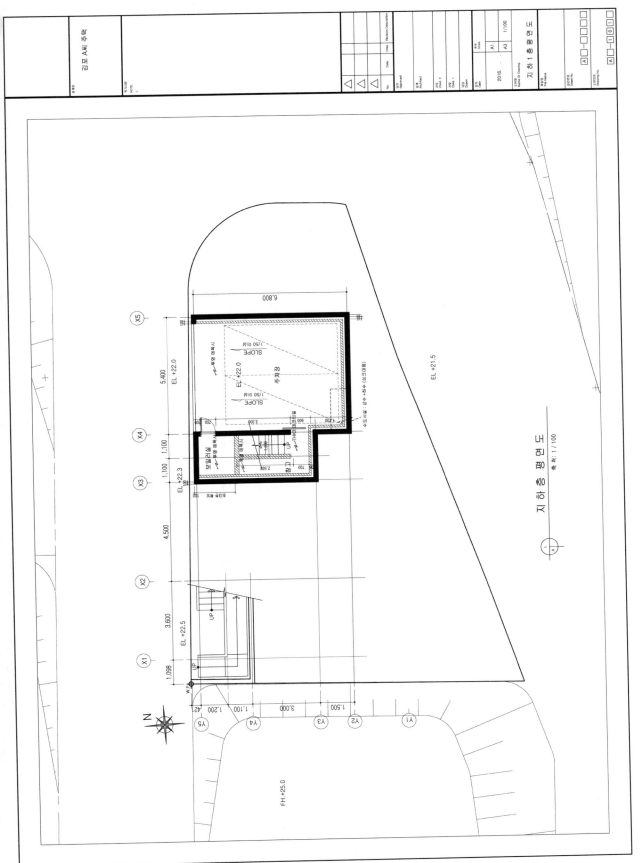

지 하 1 층 평 면 도

축척: 1 / 100

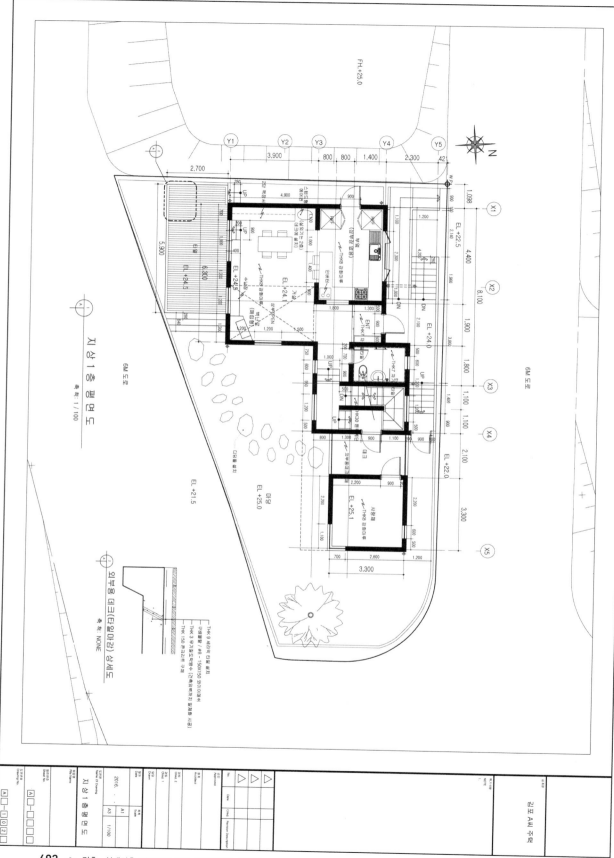

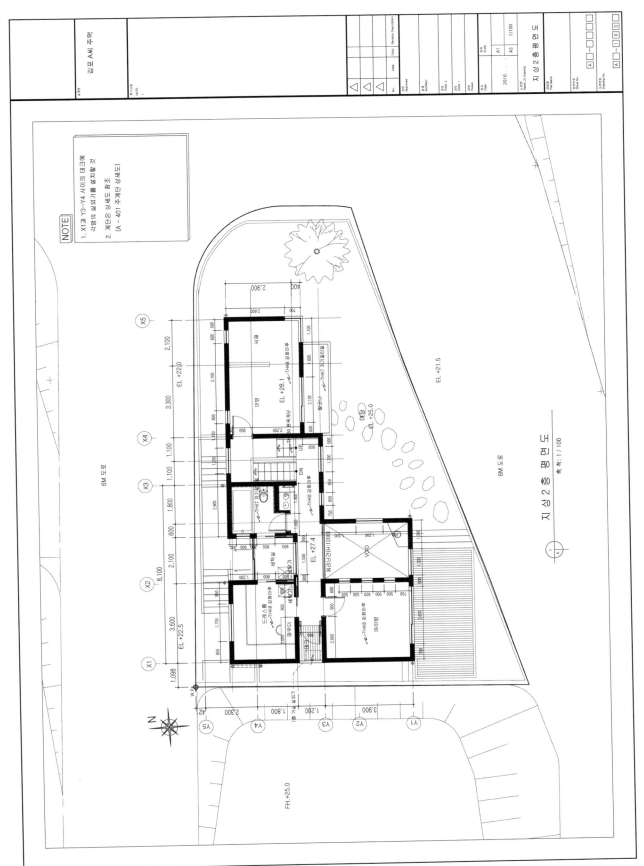

NOTE
1. X1과 Y3~Y4 사이의 데크에
   각방의 실외기를 설치할 것
2. 계단은 상세도 참조
   (A-401 주계단 상세도)

김포 A씨 주택

NOTE 1.

Revision Description

No. Date Chkd.

검토
Approved

설계
Architect

검도 2
Chkd. 2

검도 1
Chkd. 1

설계
Designed

작도
Drawn

2016. .

A1
Scale

A3   1/100

축척
Scale

지상 2층 평면도

도면명
Name Of Drawing

화일명
File Name

설계연도

도면번호
Drawing No.

A-1-0-3

지상 2층 평면도
축척 : 1 / 100

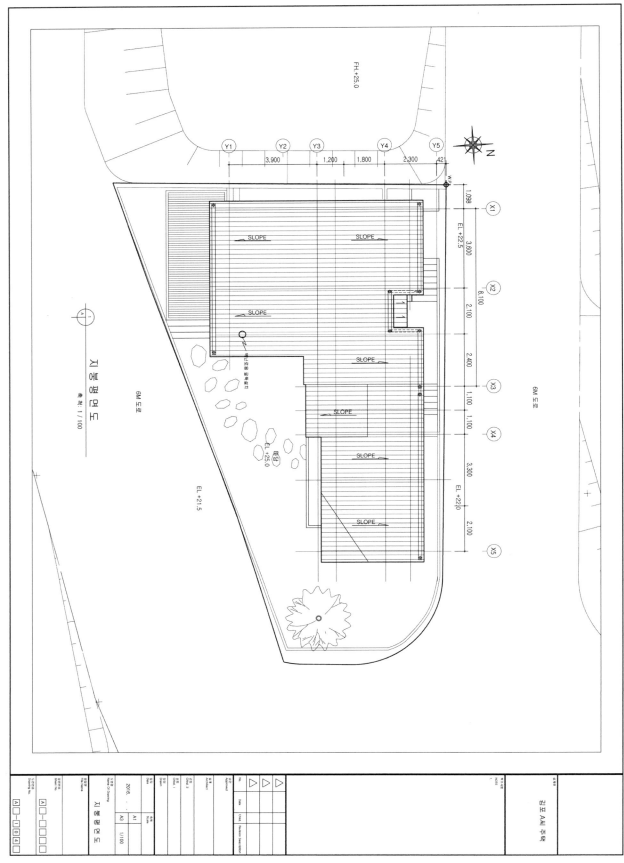

지붕평면도

축척 : 1/100

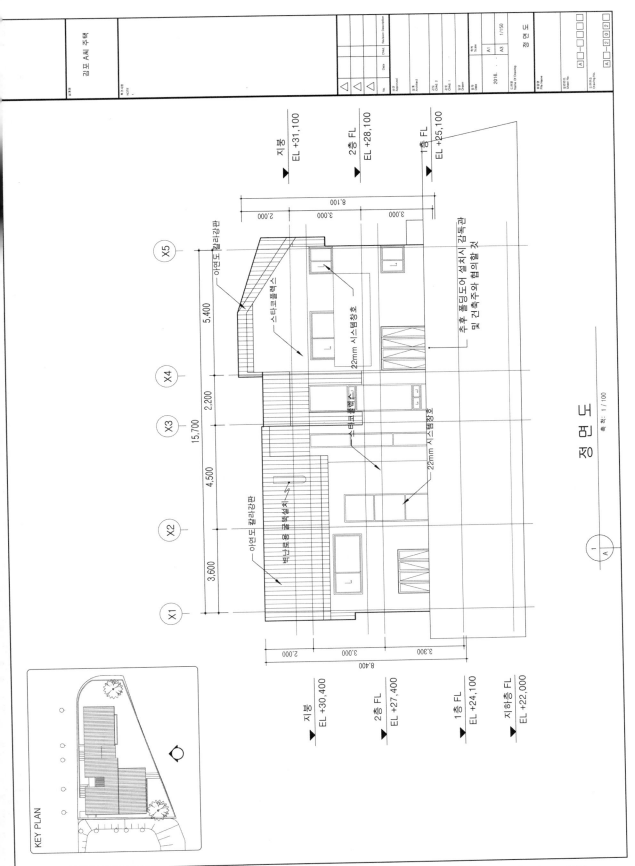

정 면 도

축 척: 1 / 100

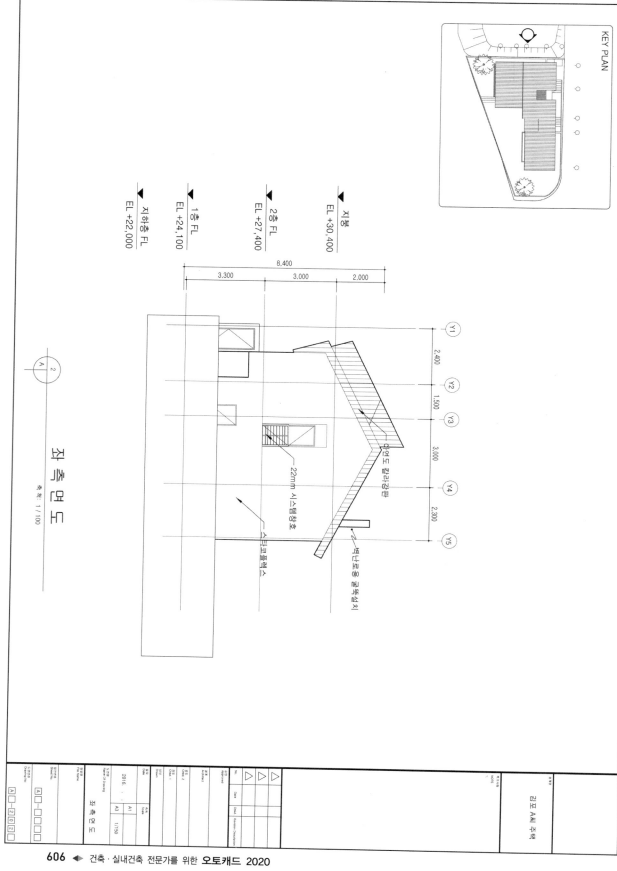

KEY PLAN

지붕
EL +30,400

2층 FL
EL +27,400

1층 FL
EL +24,100

지하층 FL
EL +22,000

8,400

3,300   3,000   2,000

22mm 시스템창호

좌 측 면 도

축척: 1/100

Y1 2,400 Y2 1,500 Y3 3,000 Y4 2,300 Y5

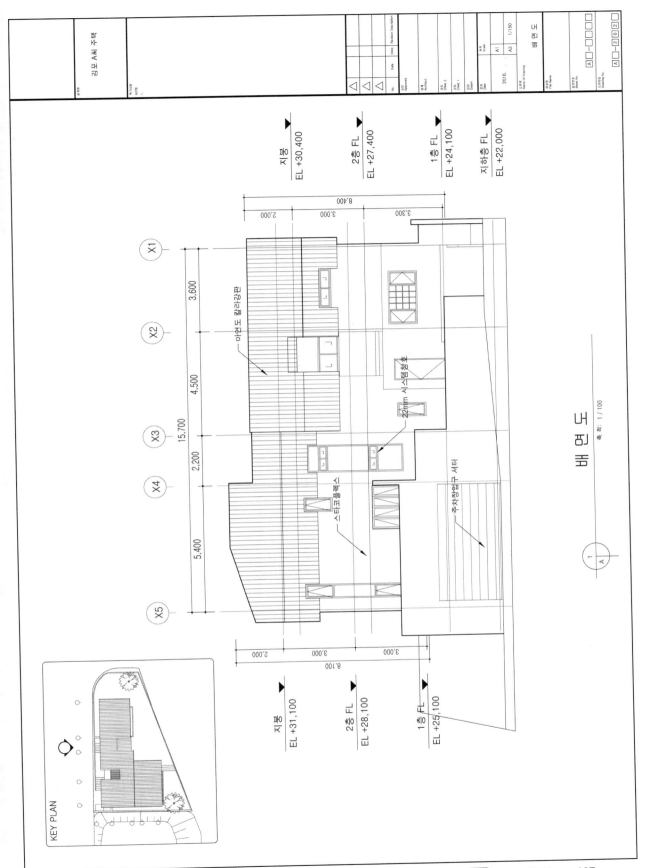

KEY PLAN

배 면 도

축척 : 1 / 100

지붕
EL +30,400

2층 FL
EL +27,400

1층 FL
EL +24,100

지하층 FL
EL +22,000

8,400

2,000

3,000

3,300

X1

3,600

X2

4,500

15,700

X3

2,200

X4

5,400

X5

아연도 컬러강판

22mm 시스템청호

스티코플렉스

주차장입구 셔터

지붕
EL +31,100

2층 FL
EL +28,100

1층 FL
EL +25,100

8,100

2,000

3,000

3,000

김포 A씨 주택

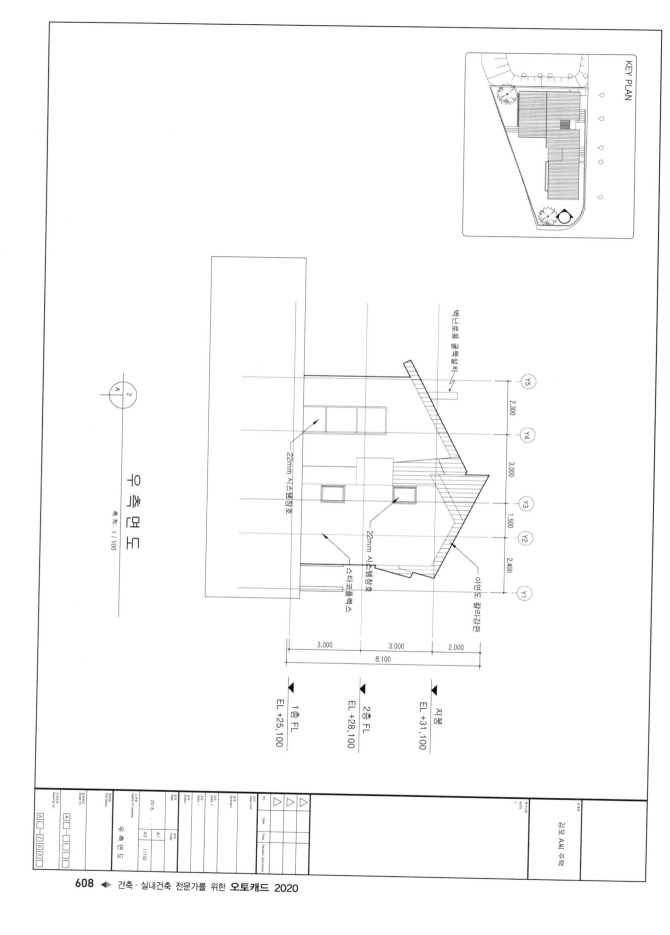

KEY PLAN

우측면도

축척 : 1 / 100

박난로용 콘쿨설치

22mm 시스템창호

22mm 시스템창호

스터코플렉스

이낌도 칼라강판

Y5　2,300　Y4　3,000　Y3　1,500　Y2　2,400　Y1

3,000　3,000　2,000
8,100

지붕
EL +31,100

2층 FL
EL +28,100

1층 FL
EL +25,100

2
A

김포 A씨 주택

NOTE

No. | Date | Chkd | Revision Description
△
△
△

승인
Approved
건축
Architect
검토1
Chkd. 1
검토2
Chkd. 2
작성
Drawn

일자
Date　2016.　.　.
도면명칭
Name Of Drawing
우측면도

도명번호
Sheet No.
도면번호
Drawing No.
파일명칭
File Name
우측면도

축척
Scale
A3　1/150
A1

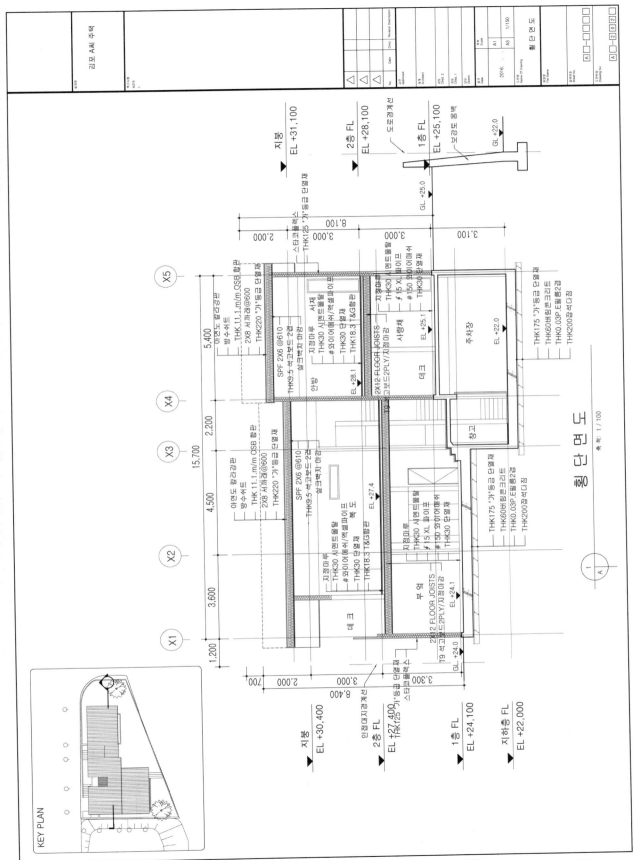

KEY PLAN

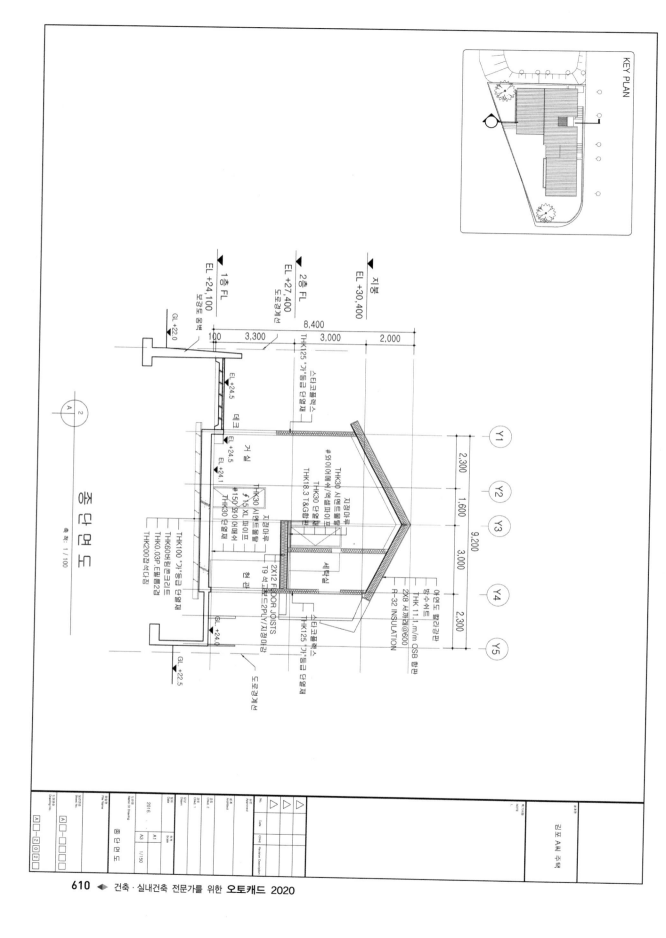

KEY PLAN

종단면도

척도 : 1 / 100

지붕
EL +30,400

2층 FL
EL +27,400
도로경계선

1층 FL
EL +24,100
보강토 옹벽

GL +22.0

8,400

100 3,300 3,000 2,000

Y1 Y2 Y3 Y4 Y5
2,300 1,600 3,000 2,300
9,200

THK125 "가"등급 단열재

스타코플렉스

THK30 시멘트몰탈
#와이어메쉬/열쓸파이프
THK18.3 T&G합판

지정마루
THK30 단열재
THK30 시멘트몰탈

THK30 시멘트몰탈
#150×15XL파이프
#와이어메쉬
THK30 단열재

THK100 "가"등급 단열재
THK60바림코팅라텍스
THK0.03P.E밀폐층2겹
THK200점착석다짐

2X12 FLOOR JOISTS
T9 석고보드 2PLY/지정마감
THK125 "가"등급 단열재

지정마루
THK30 단열재

야연도물림간판
방수시트
THK 11.1㎜/m OSB합판
2X8 서까래@600
R-32 INSULATION

스타코플렉스
THK125 "가"등급 단열재

세탁실

현관

거실

데크

EL +24.5
EL +24.5
EL +24.1

GL +24.0
GL +22.5

도로경계선

A 2

A□─2 0 2
A□─□□□
A□□□□□

S.인쇄소 Drawing No.
실인쇄소 Sheet No.
파일명 File Name
종단면도

도면명 Name Of Drawing
2016. Date
A1 A3 Scale 1/150

도급 Chkd. 1
담당 Design
검토 Chkd. 2
승인 Approved

No. Date Chkd Revision Description

김포 A씨 주택

NOTE

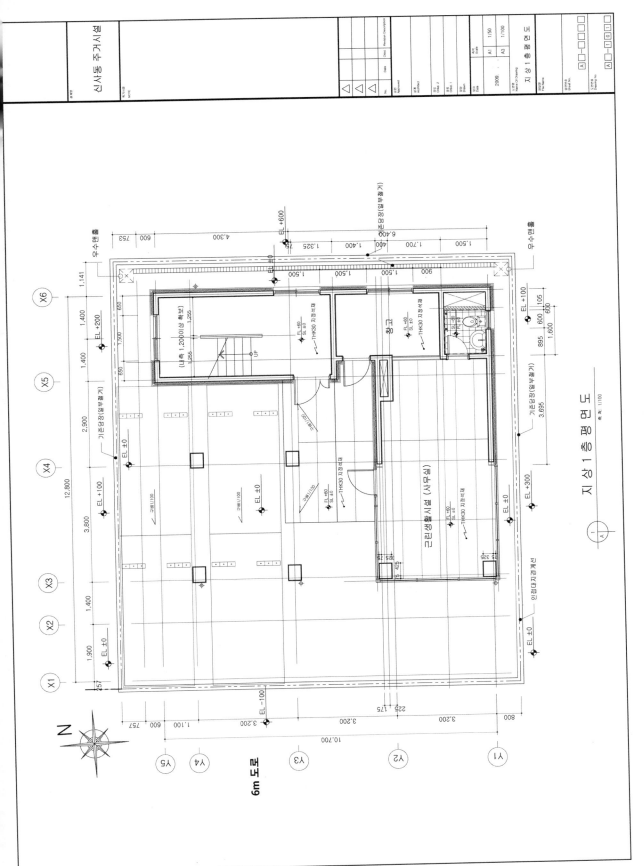

지 상 1 층 평 면 도
축도 1/100

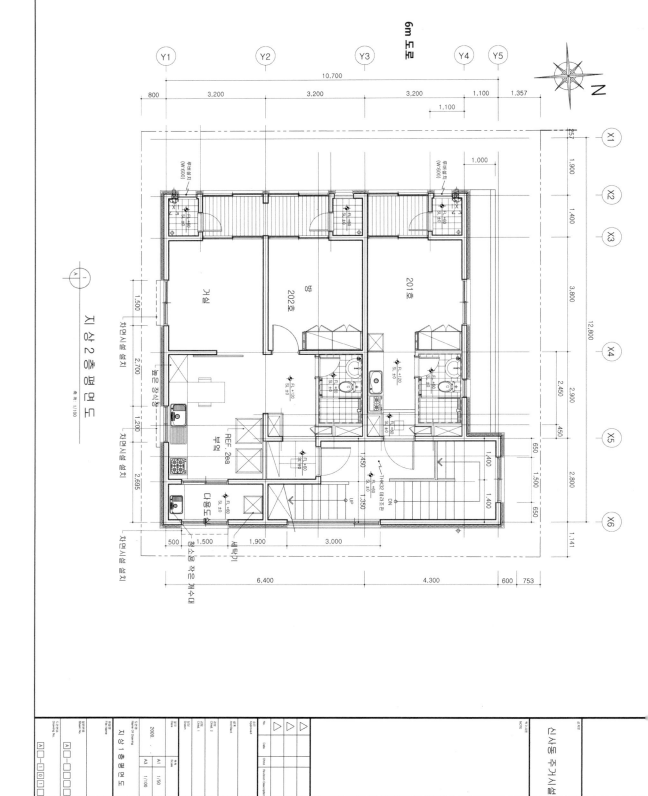

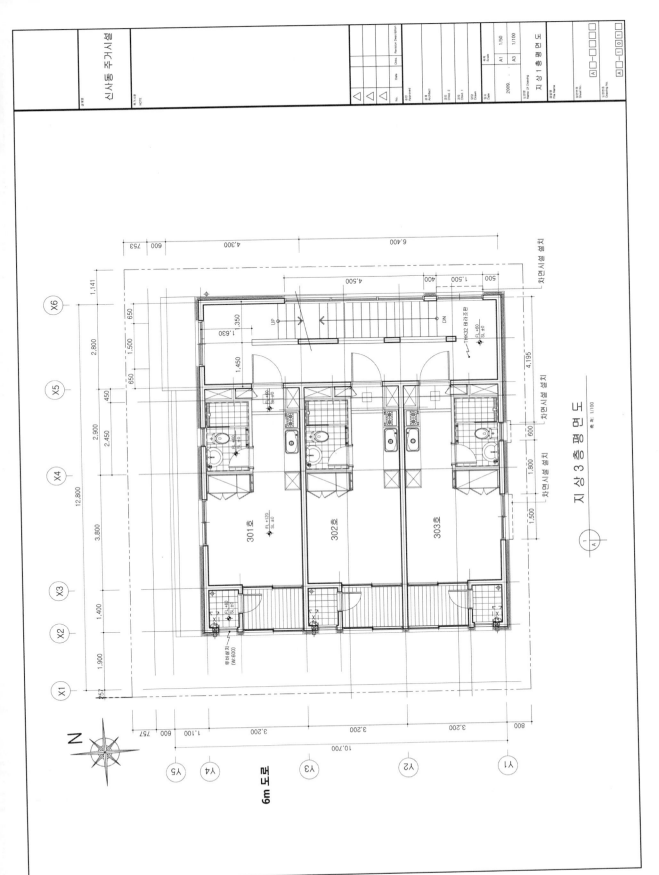

지 상 3 층 평 면 도   축척: 1/100

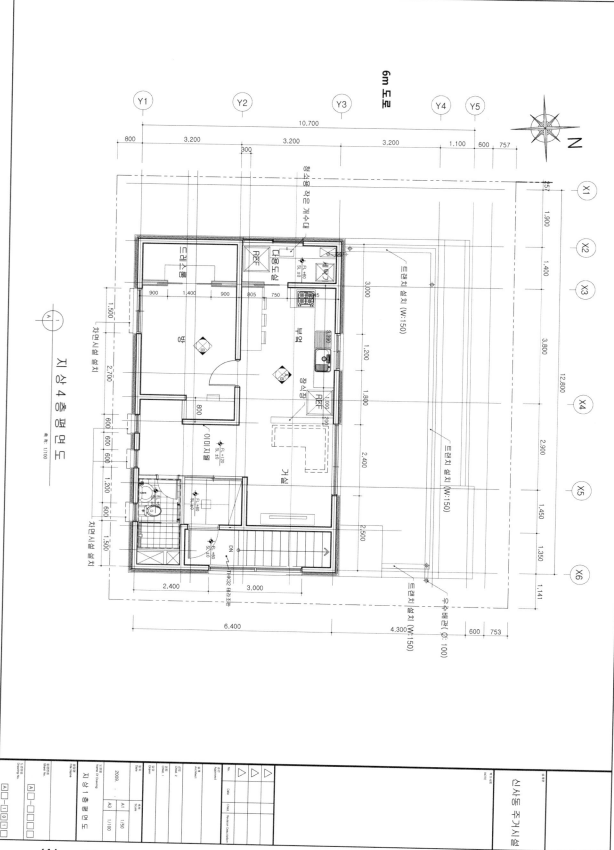

6m 도로

지상 4층 평면도
축척 1/100

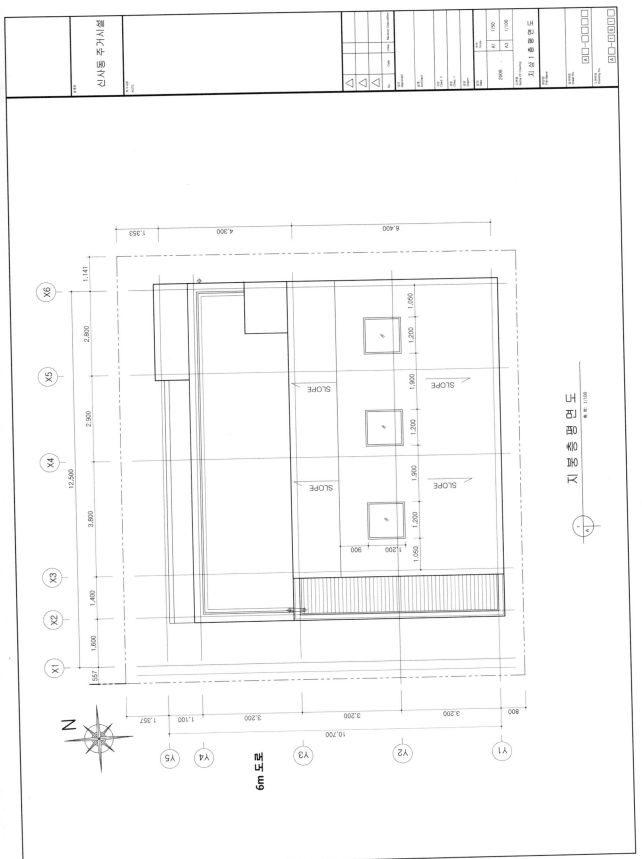

지 붕 층 평 면 도
축 척: 1/100

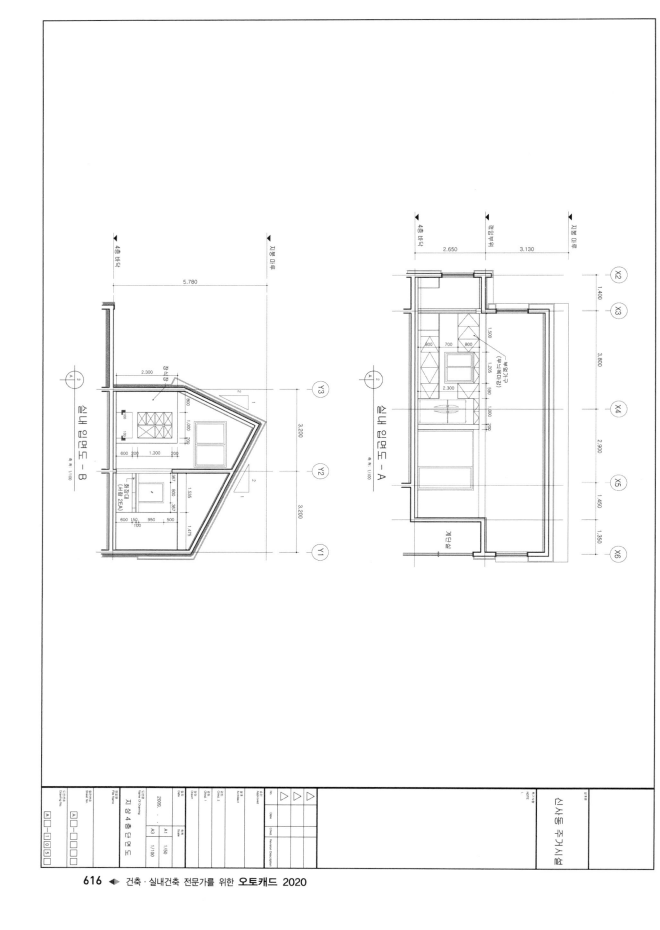

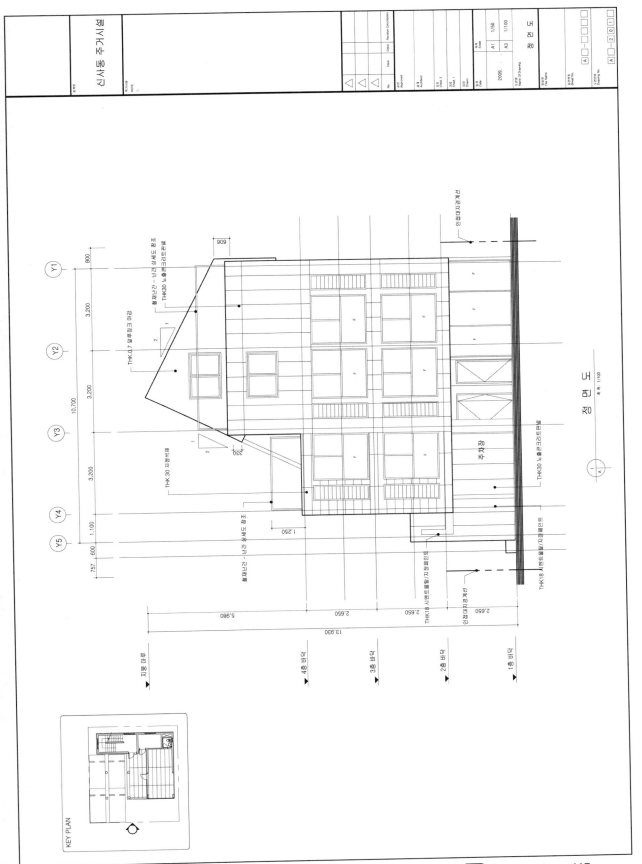

KEY PLAN

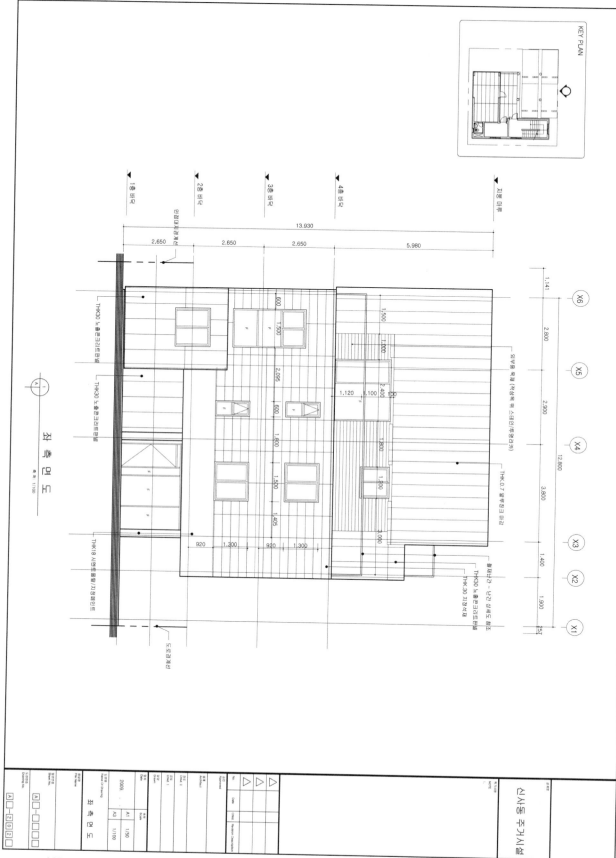

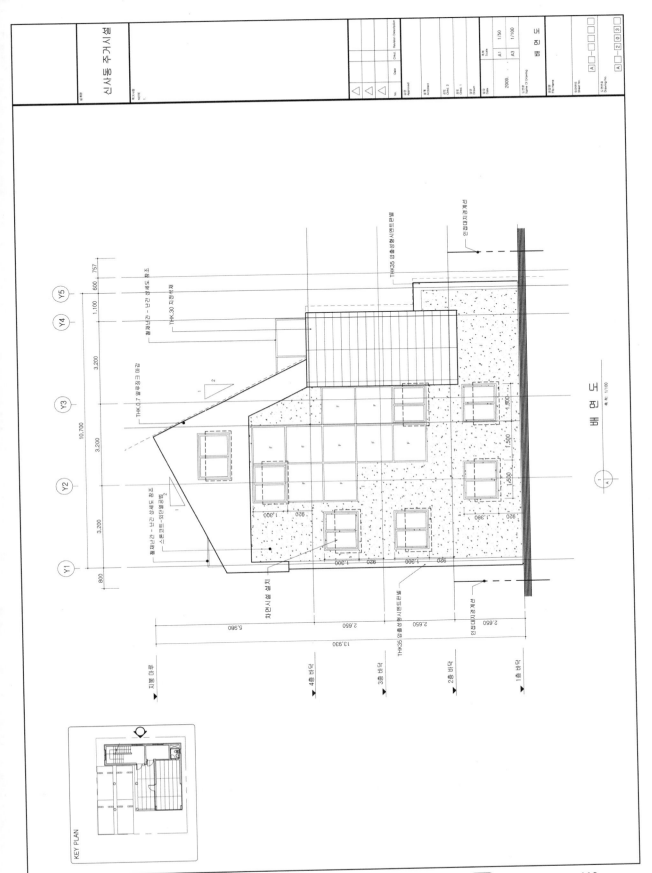

배 면 도

KEY PLAN

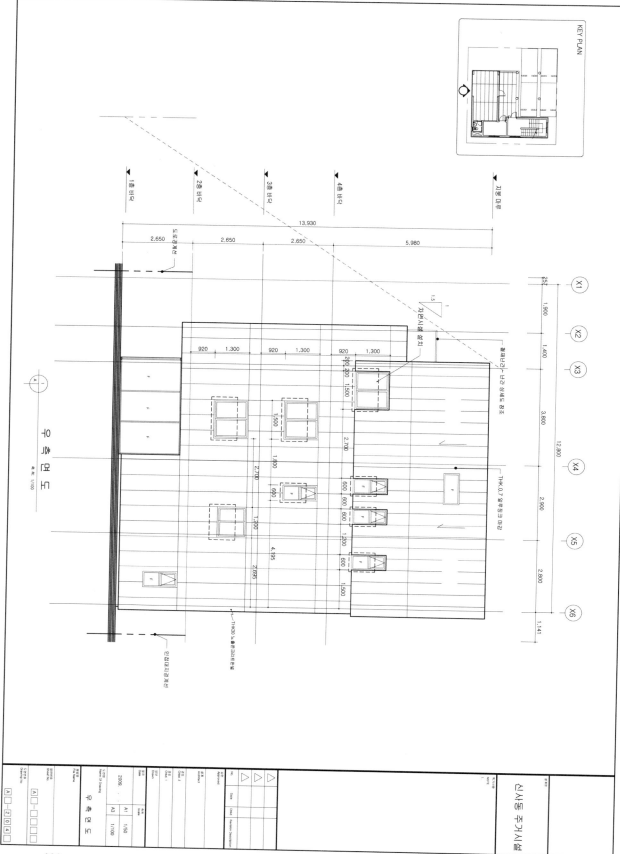

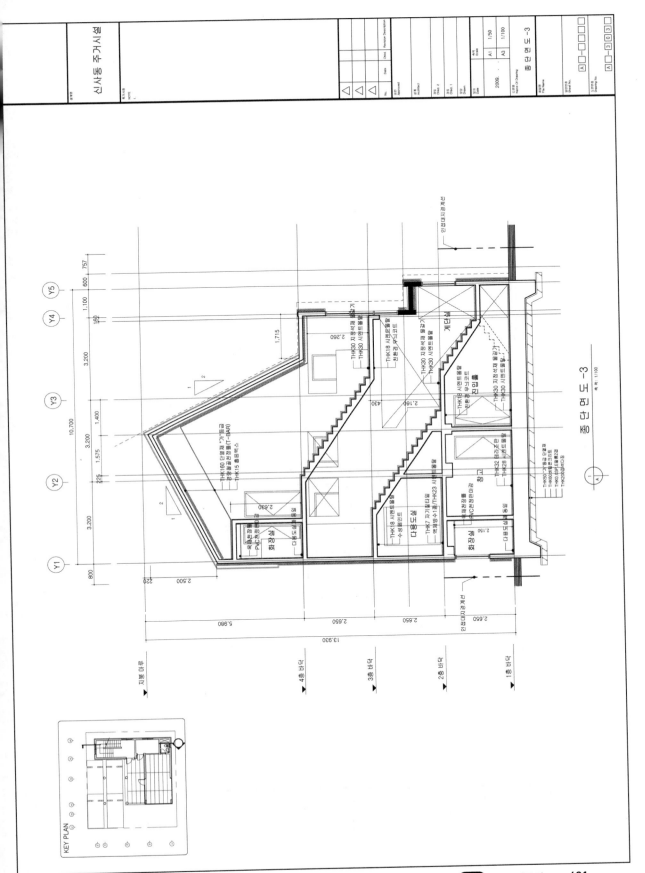

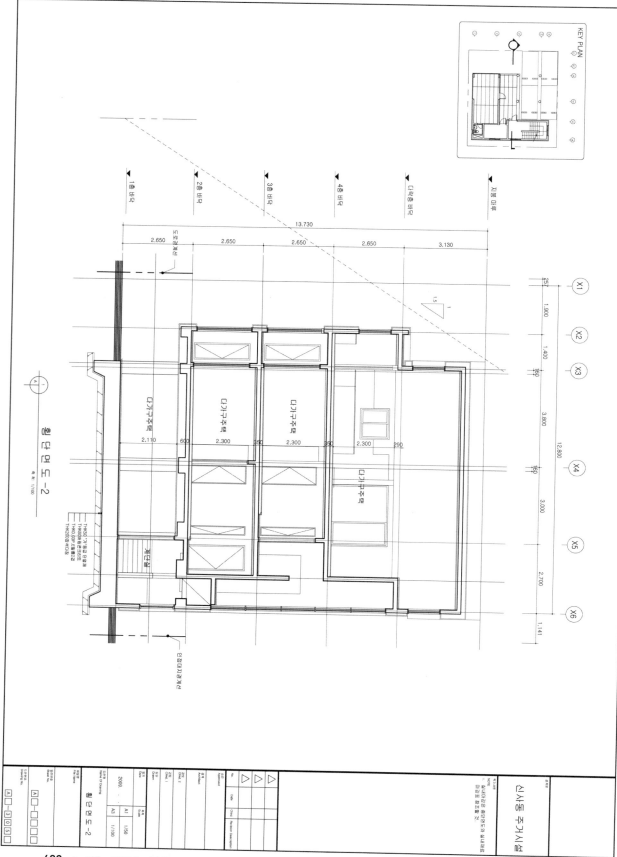

KEY PLAN

13.730

2.650   2.650   2.650   2.650   3.130

지붕 마루

다락층 바닥

4층 바닥

3층 바닥

2층 바닥

1층 바닥

1.5

X1   252
X2   1.900
X3   1.400 / 160
X4   3.800 / 160
X5   3.000
X6   2.700 / 1.141

12.800

다가구주택   2.110

다가구주택   2.300   600

다가구주택   2.300   350

다가구주택   2.300   350   290

옥탑계단

THK50 가벼운 압쇄콘크리트
THK60화 보강크리트
THK0.5SP E틀동강2겹
THK200 철근다음

설계지표면

인접대지지표면

단면도-2

축척 1/100

신사동 주거시설

배기사항
NOTE
1. 실내마감은 별도마감표에 의함
마감을 참조할 것

No.   Date   Chkd   Revision Description

확인
Approved

건축
Architect

검토
Chkd.1

검토
Chkd.2

작도
Drawn

도면명
Name Of Drawing

단면도-2

2009. .

축척
Scale   A3   A1   A0   1/50
  1/100

도면번호
Sheet No.

A □ - 3 0 5 □

관리번호
Drawing No.

A □ - □ □ □ □

파일명
File Name

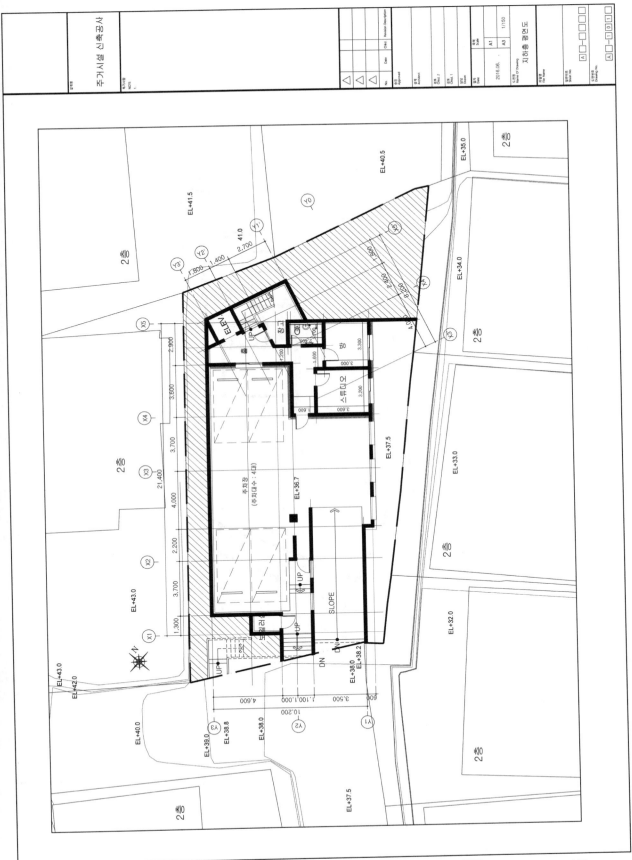

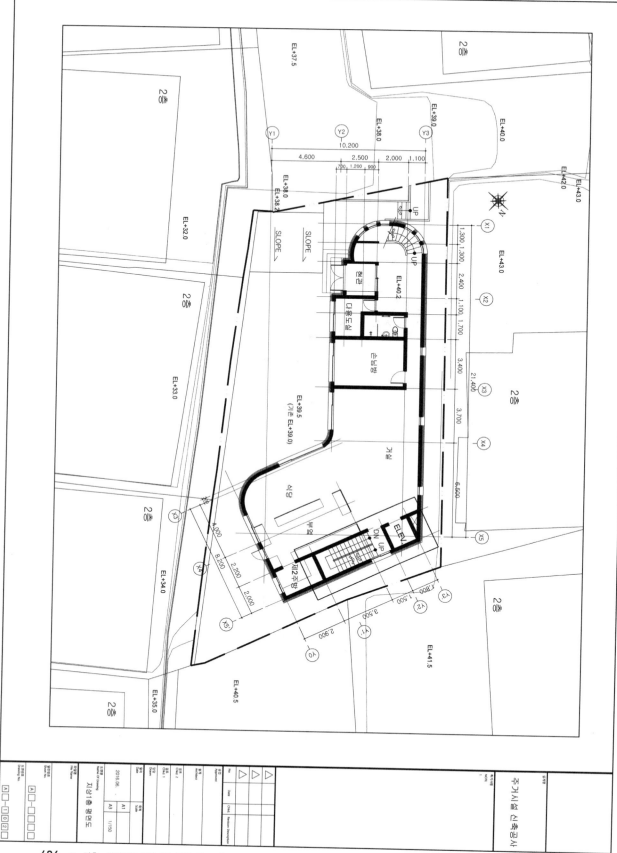

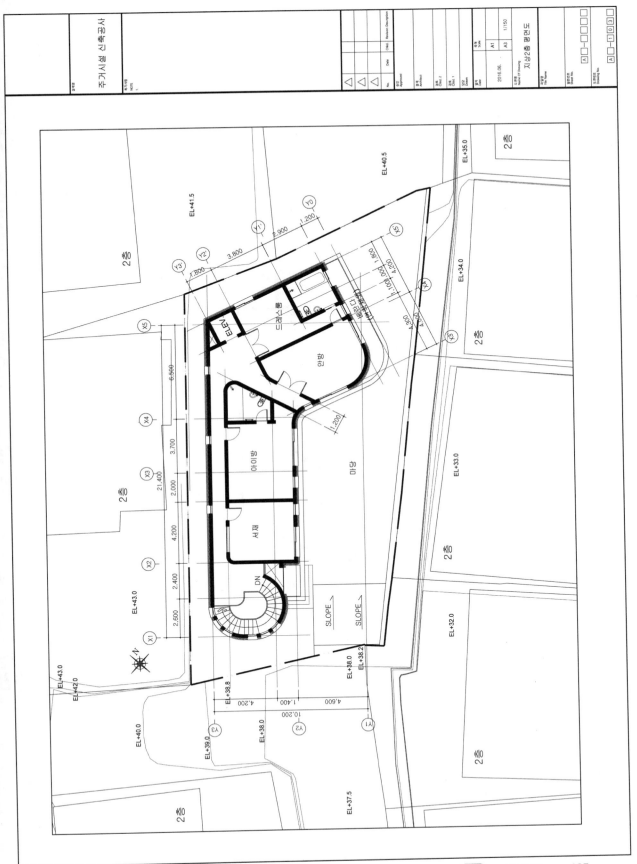

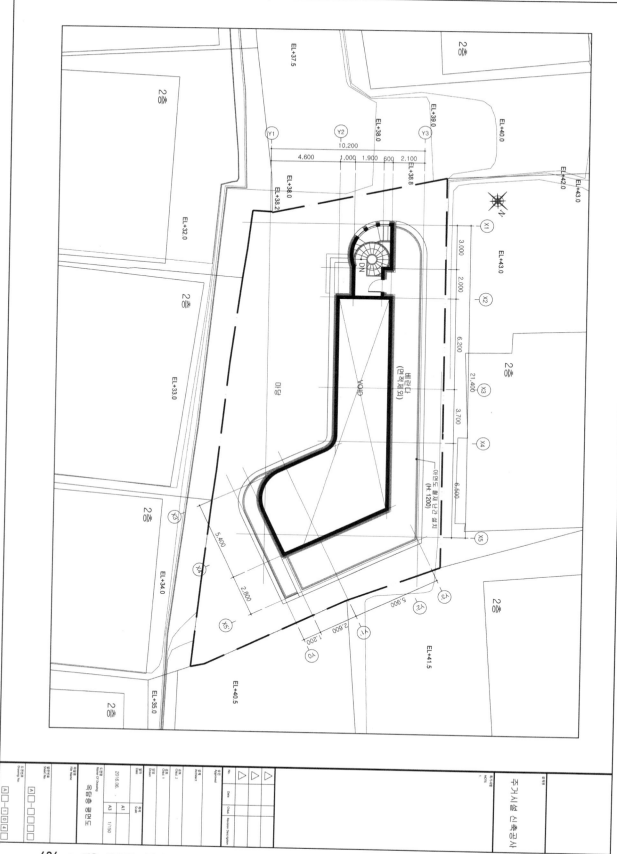

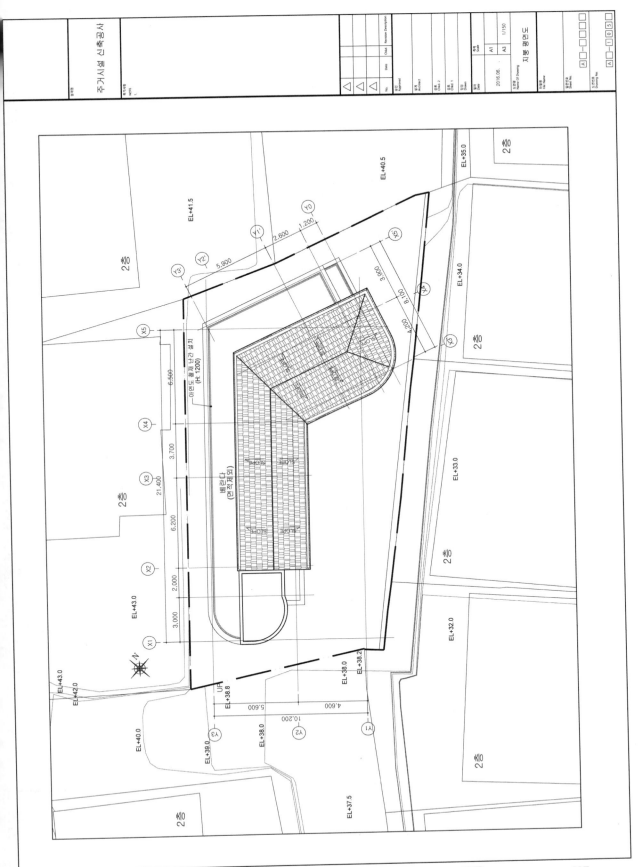

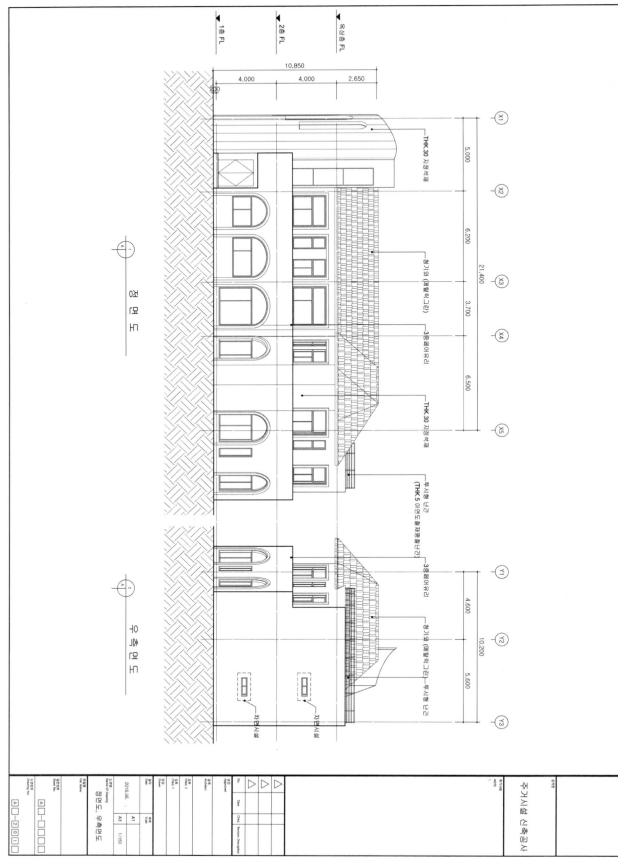

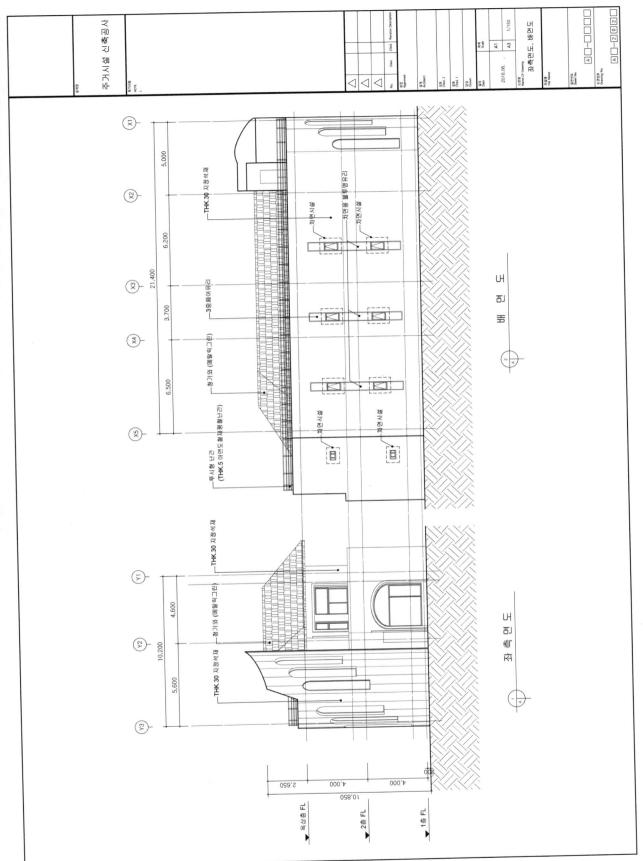

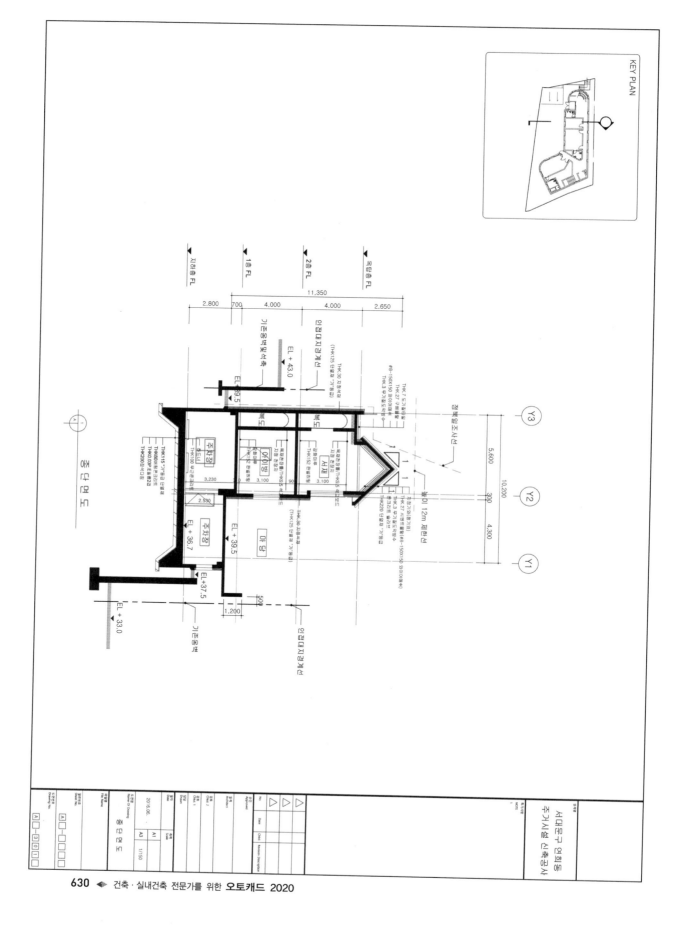

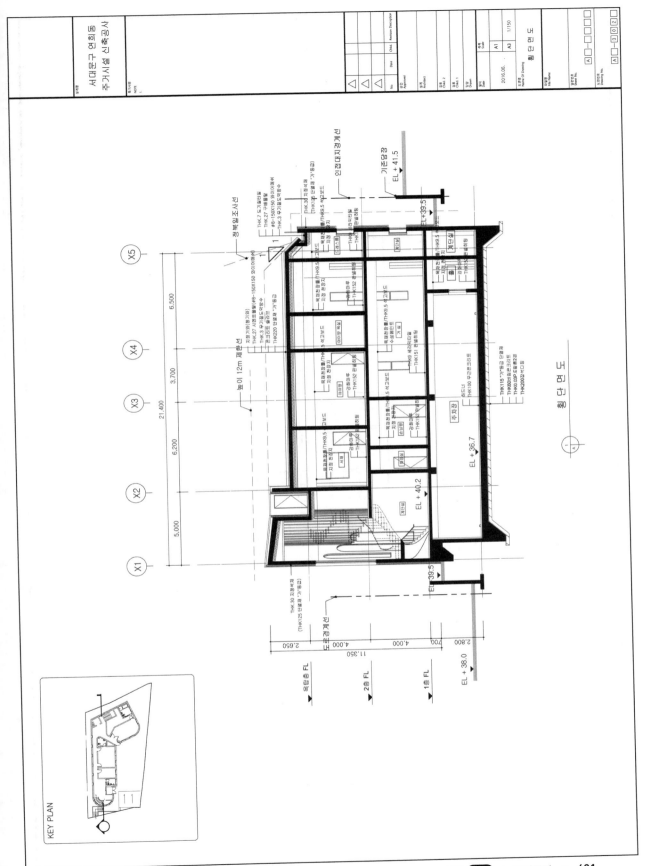

KEY PLAN

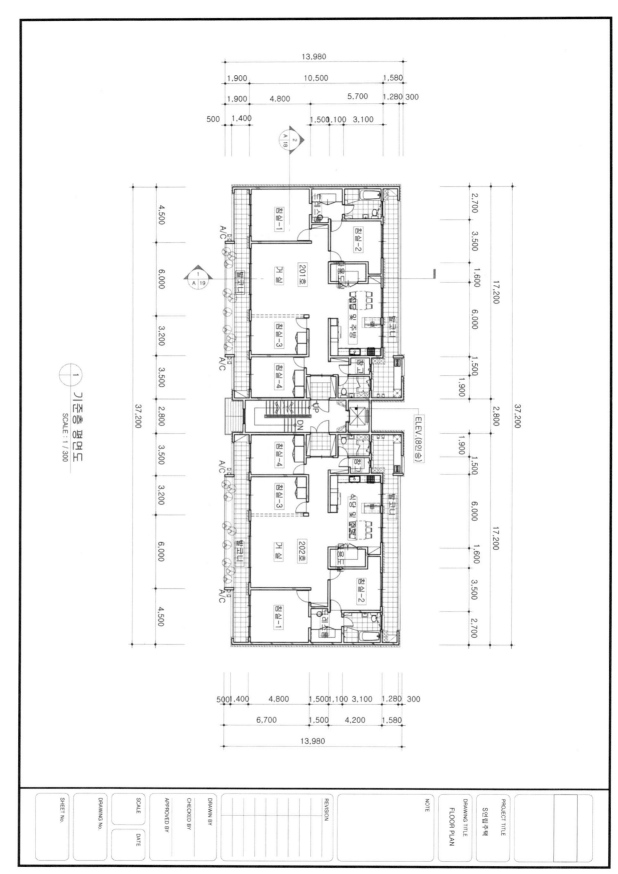

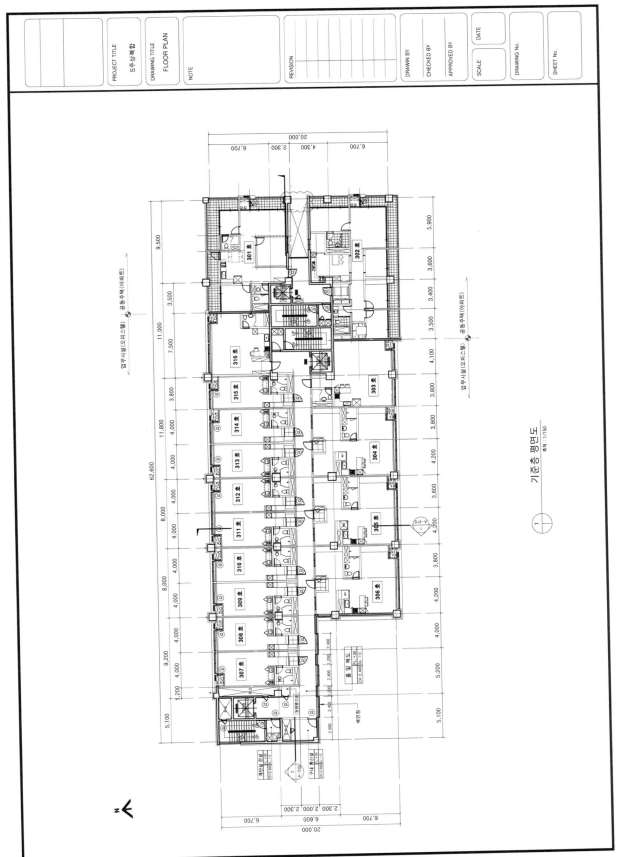

기준층 평면도
축척 : 1/150

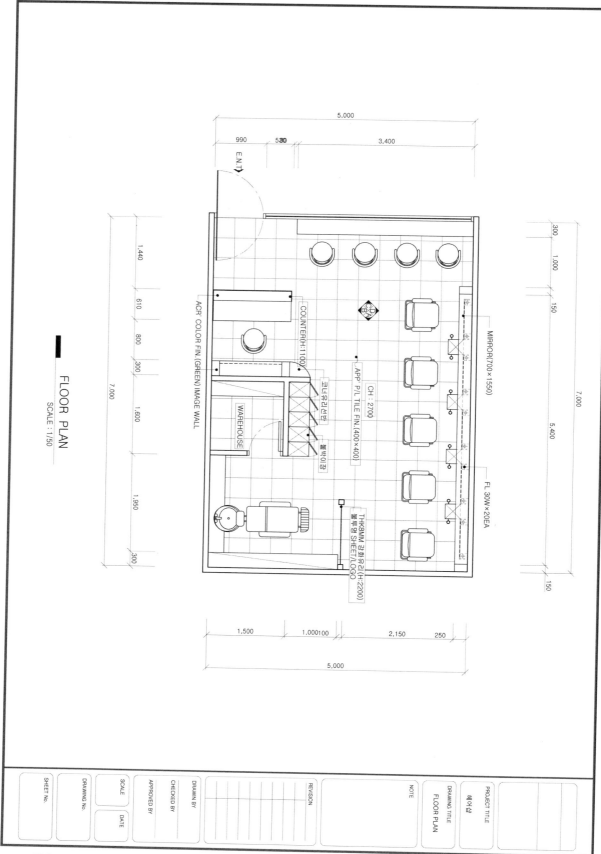

FLOOR PLAN
SCALE : 1/50

5.000

990 530 3,400

E.N.T

ACR. COLOR FIN.(GREEN) IMAGE WALL

COUNTER(H:1100)

WAREHOUSE

코너유리선반

블럭이점

MIRROR(700×1550)

APP' P/L TILE FIN.(400×400)

CH : 2700

THK8MM 강화유리(H-2200)
블투영 SHEET/LOGO

FL 30W×20EA

300
1.000
150

7.000
5.400

150

1.440
610
800
300
1.600
1.950
300

7.000

1,500
1,000 100
2,150
250

5.000

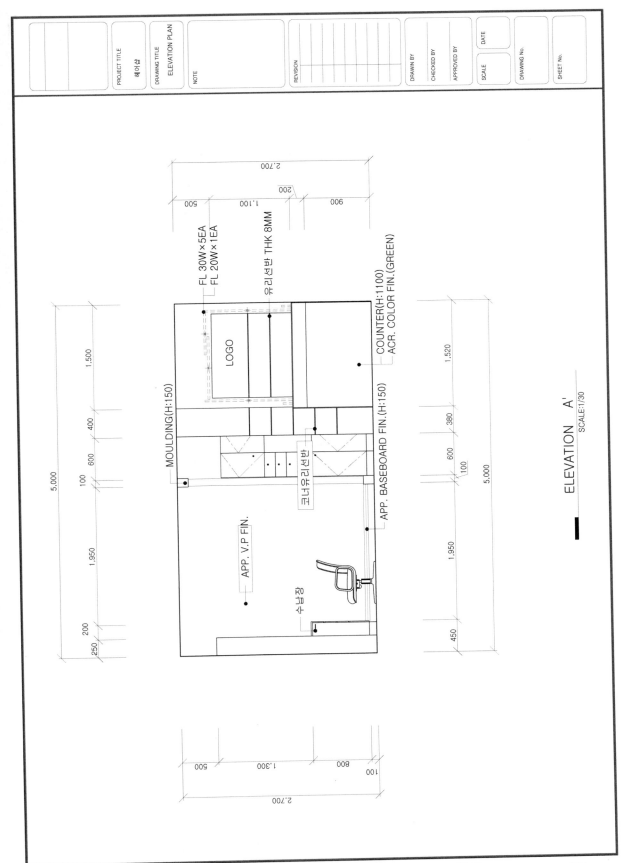

PROJECT TITLE 헤어샵
DRAWING TITLE ELEVATION PLAN
NOTE
REVISION
DRAWIN BY
CHECKED BY
APPROVED BY
DATE
SCALE
DRAWING No.
SHEET No.

FL 30W×5EA
FL 20W×1EA
유리선반 THK 8MM
COUNTER(H:1100)
ACR. COLOR FIN.(GREEN)

MOULDING(H:150)

LOGO

APP. BASEBOARD FIN.(H:150)

APP. V.P FIN.

코너유리선반

수납장

ELEVATION A'
SCALE:1/30

2.700
200
500
1.100
900

5.000
1.500
400
600
100
1.950
200
250

5.000
1.520
380
600
100
1.950
450

2.700
500
1.300
800
100

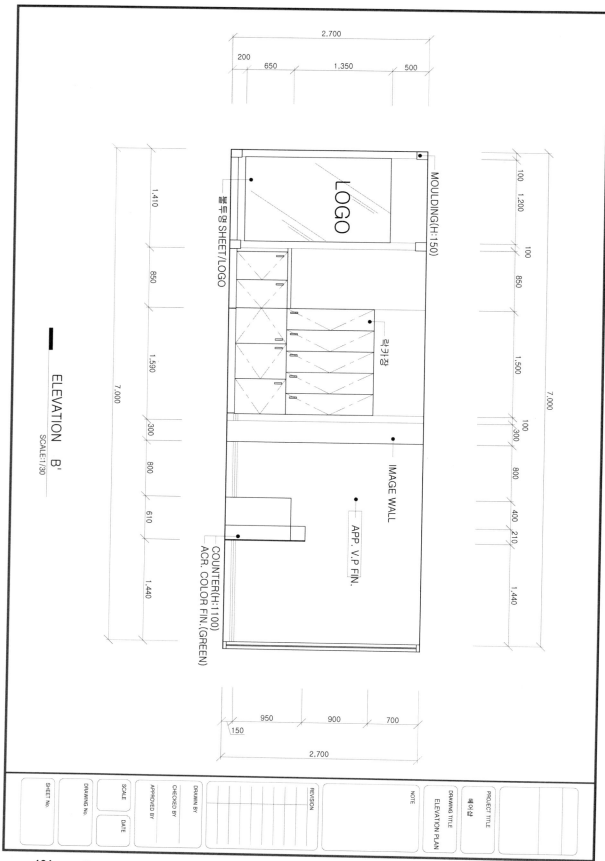

ELEVATION B'

SCALE:1/30

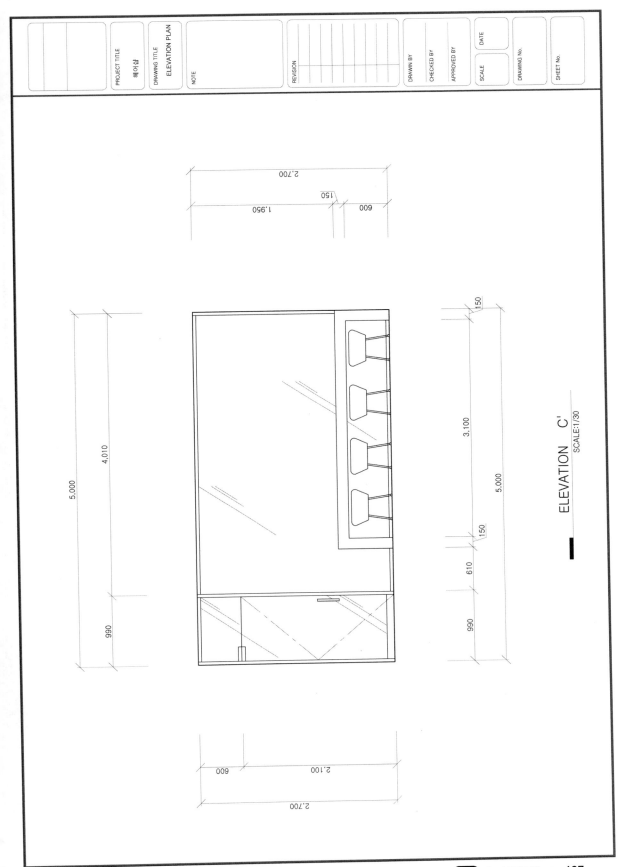

ELEVATION C'
SCALE:1/30

PROJECT TITLE 헤어샵
DRAWING TITLE ELEVATION PLAN
NOTE
REVISION
DRAWIN BY
CHECKED BY
APPROVED BY
DATE
SCALE
DRAWING No.
SHEET No.

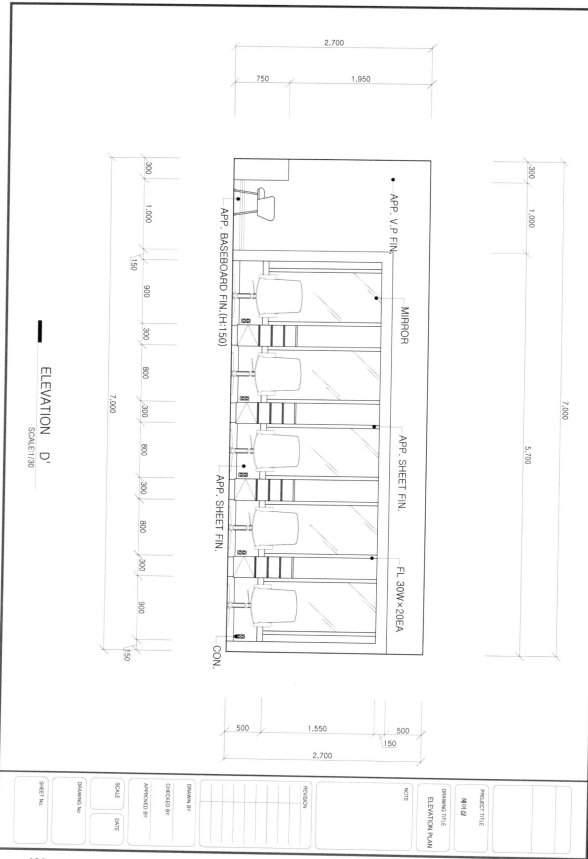

ELEVATION D'

SCALE:1/30

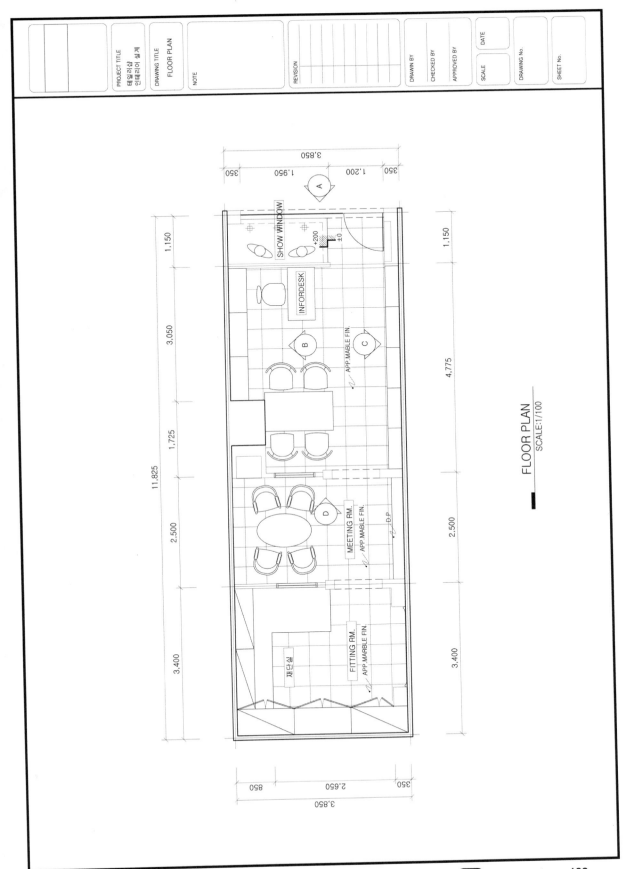

FLOOR PLAN
SCALE:1/100

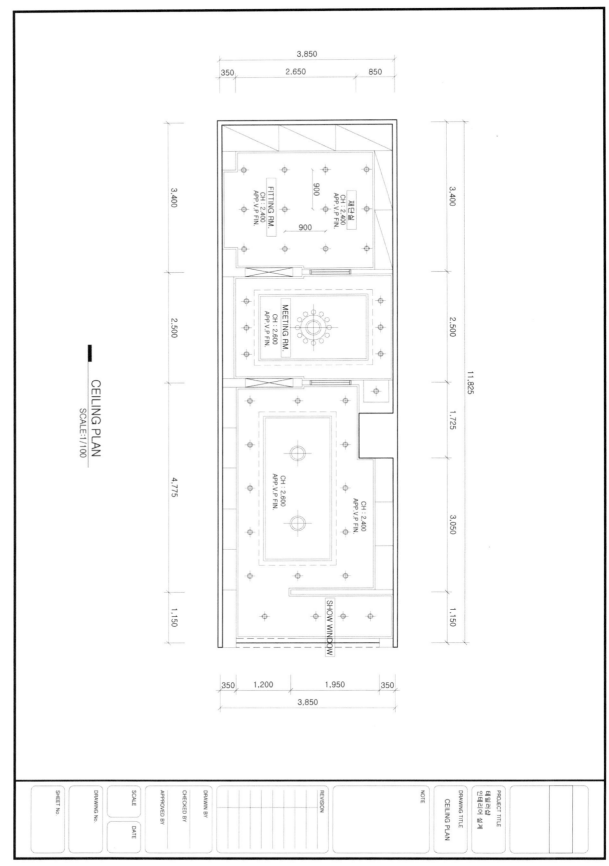

CEILING PLAN
SCALE:1/100

재단실
CH : 2,400
APP.V.P FIN.

FITTING RM.
CH : 2,400
APP.V.P FIN.

900

900

MEETING RM.
CH : 2,600
APP.V.P FIN.

CH : 2,600
APP.V.P FIN.

CH : 2,400
APP.V.P FIN.

SHOW WINDOW

3,850
350 2,650 850

3,400

2,500

1,725

11,825

3,050

1,150

3,400

2,500

4,775

1,150

3,850
350 1,200 1,950 350

PROJECT TITLE
테일러샵
인테리어 설계

DRAWING TITLE
CEILING PLAN

NOTE

REVISION

DRAWN BY
CHECKED BY
APPROVED BY

SCALE   DATE

DRAWING No

SHEET No

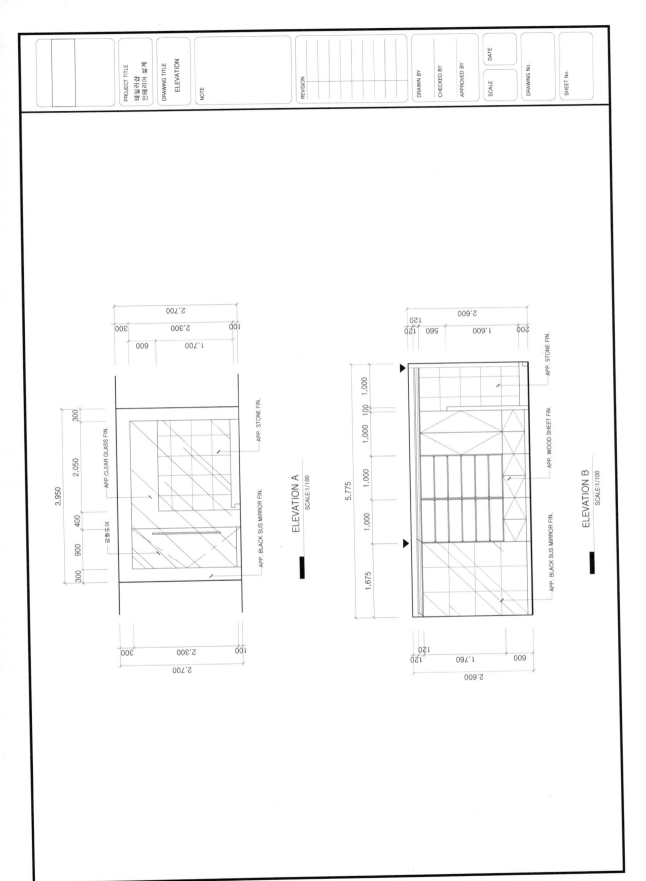

ELEVATION A
SCALE:1/100

ELEVATION B
SCALE:1/100

PROJECT TITLE 데일리샵 인테리어 설계

DRAWING TITLE ELEVATION

NOTE

REVISION

DRAWN BY
CHECKED BY
APPROVED BY

DATE
SCALE
DRAWING No.
SHEET No.

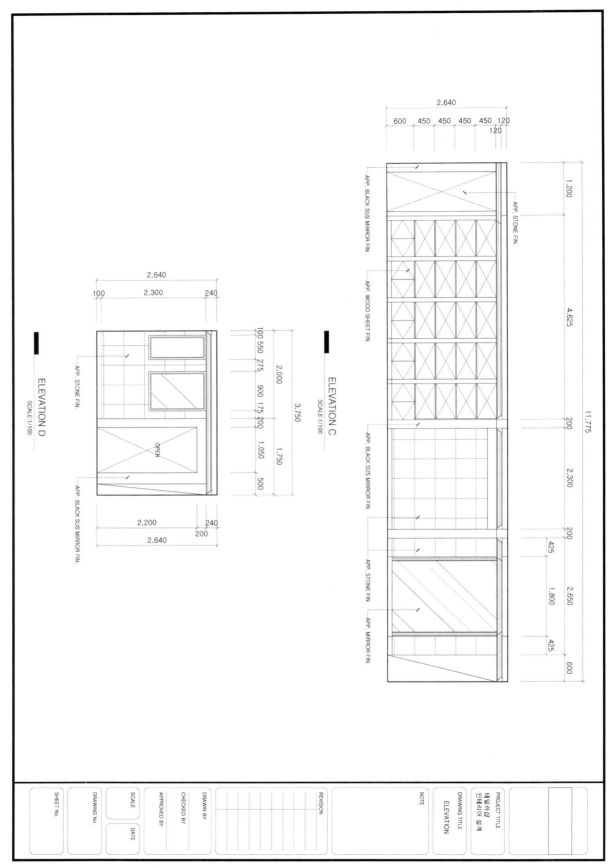

ELEVATION D
SCALE:1/100

APP. STONE FIN.

APP. BLACK SUS MIRROR FIN.

ELEVATION C
SCALE:1/100

APP. BLACK SUS MIRROR FIN.

APP. WOOD SHEET FIN.

APP. BLACK SUS MIRROR FIN.

APP. STONE FIN.

APP. MIRROR FIN.

APP. STONE FIN.

OPEN

PROJECT TITLE
테일러샵
인테리어 설계

DRAWING TITLE
ELEVATION

NOTE

REVISION

DRAWIN BY

CHECKED BY

APPROVED BY

SCALE

DATE

DRAWING No.

SHEET No.

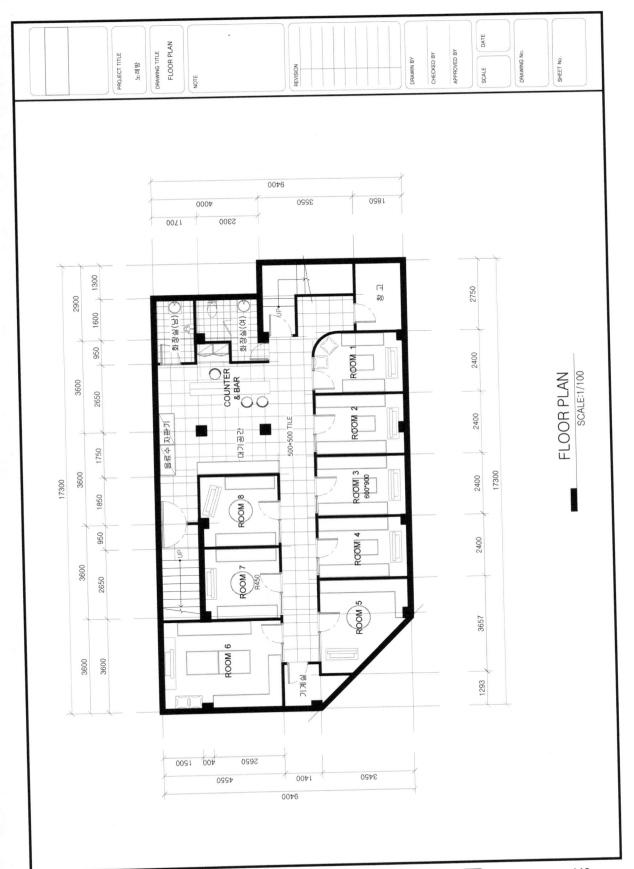

FLOOR PLAN

SCALE:1/100

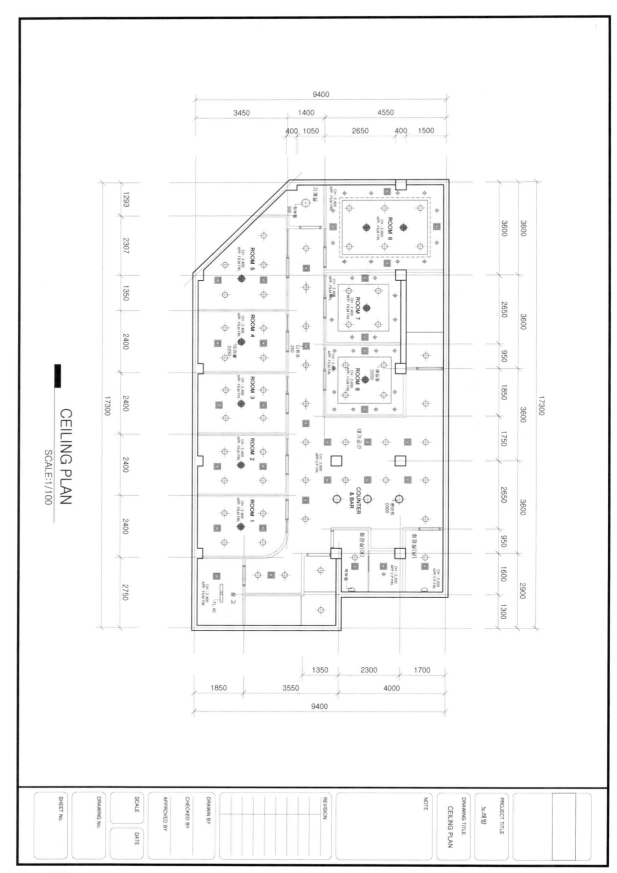

CEILING PLAN
SCALE:1/100

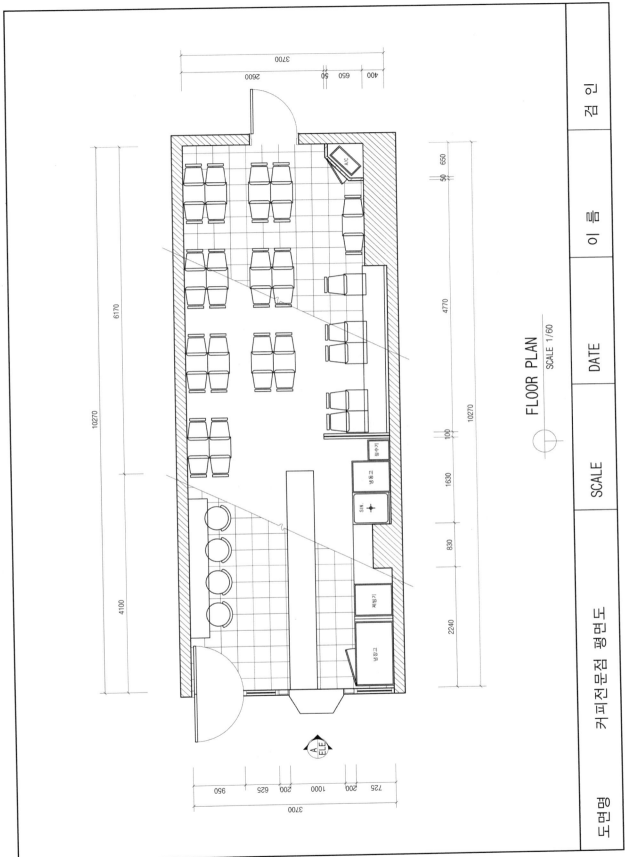

FLOOR PLAN

SCALE 1/60

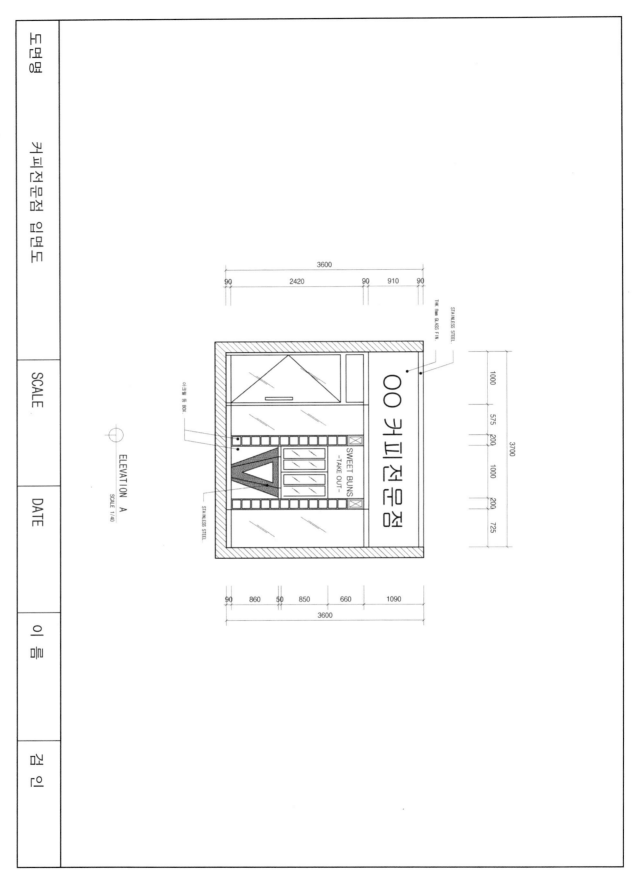

SCALE 1/40

ELEVATION A

OO 커피전문점

SWEET BUNS
-TAKE OUT-

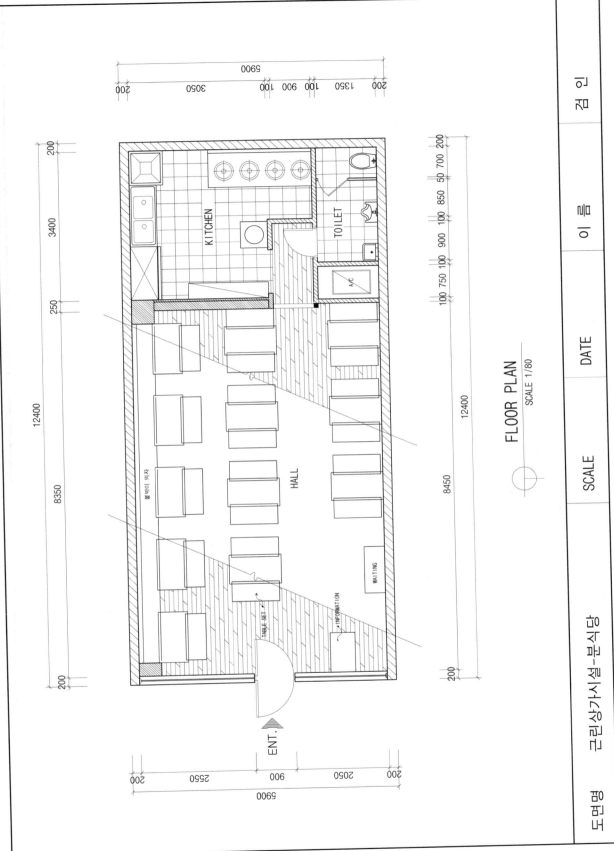

FLOOR PLAN

SCALE 1/80

KITCHEN

TOILET

A/C

HALL

WAITING

INFORMATION

TABLE SET

ENT.

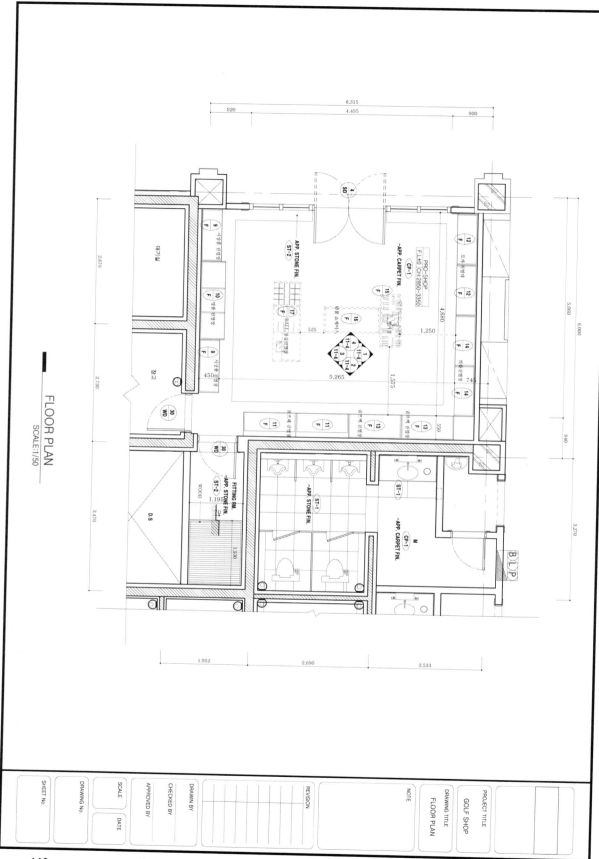

FLOOR PLAN
SCALE:1/50

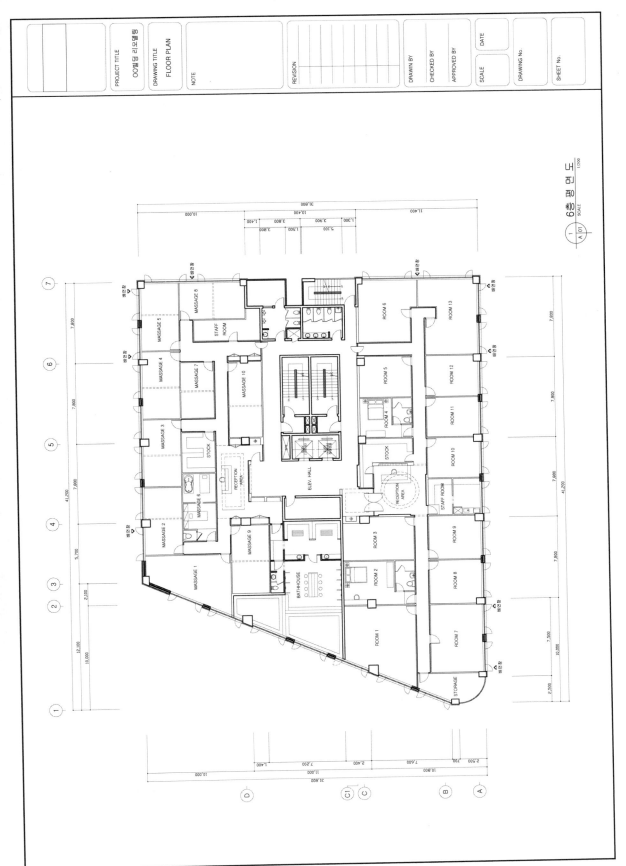

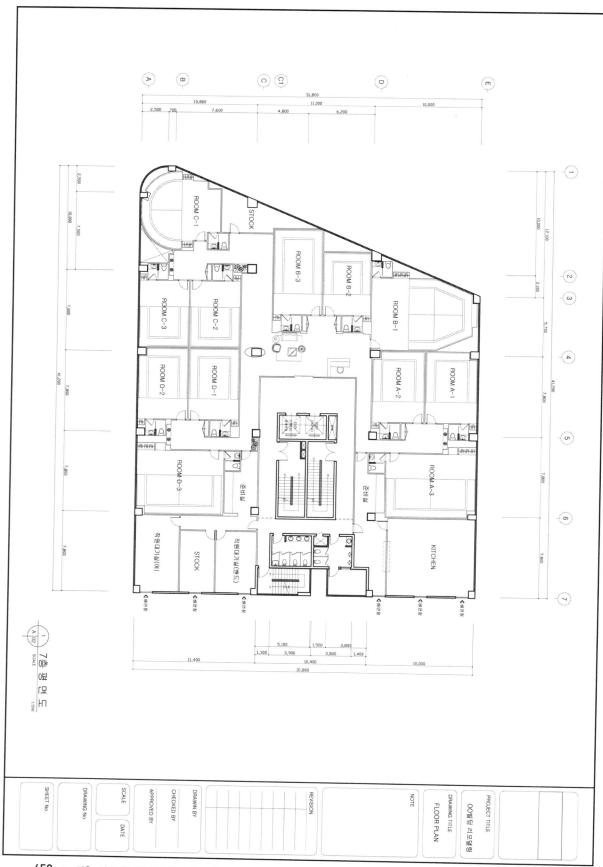

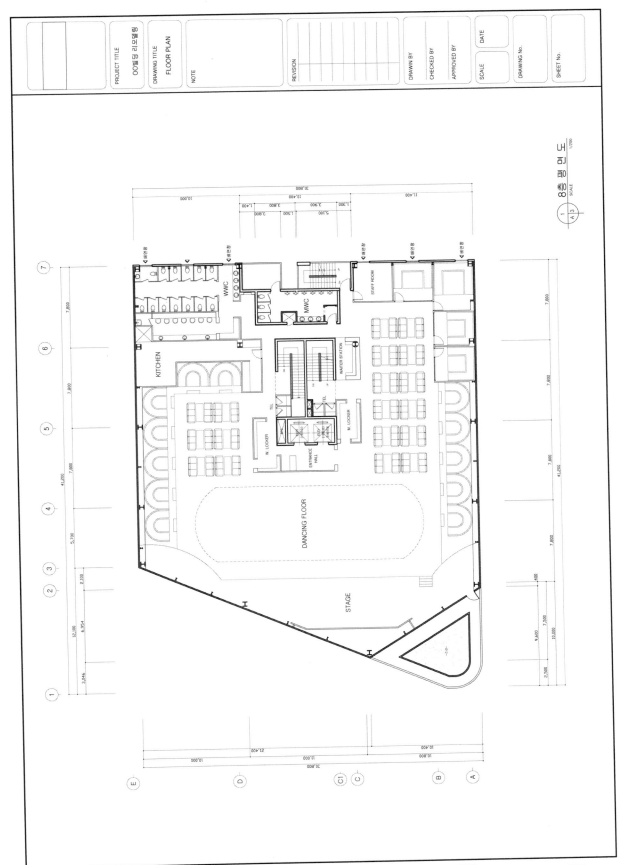

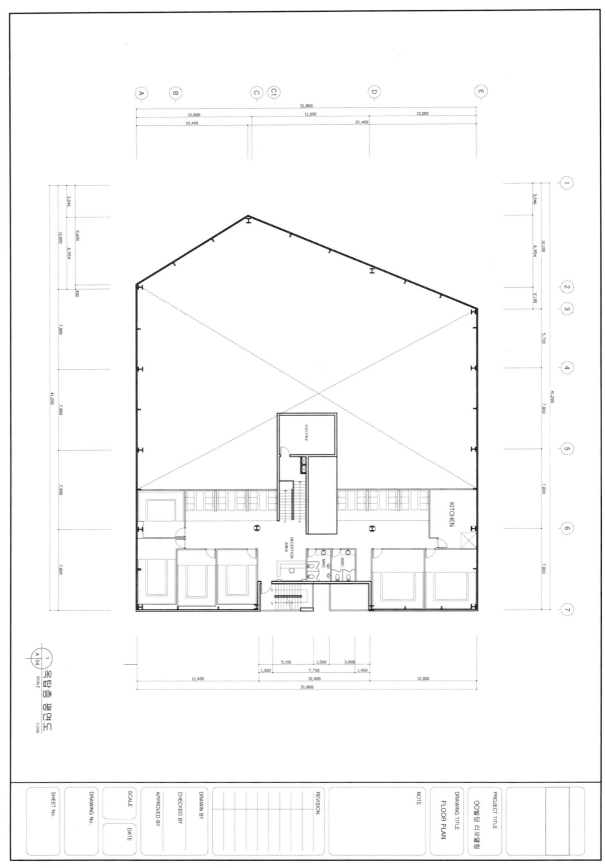

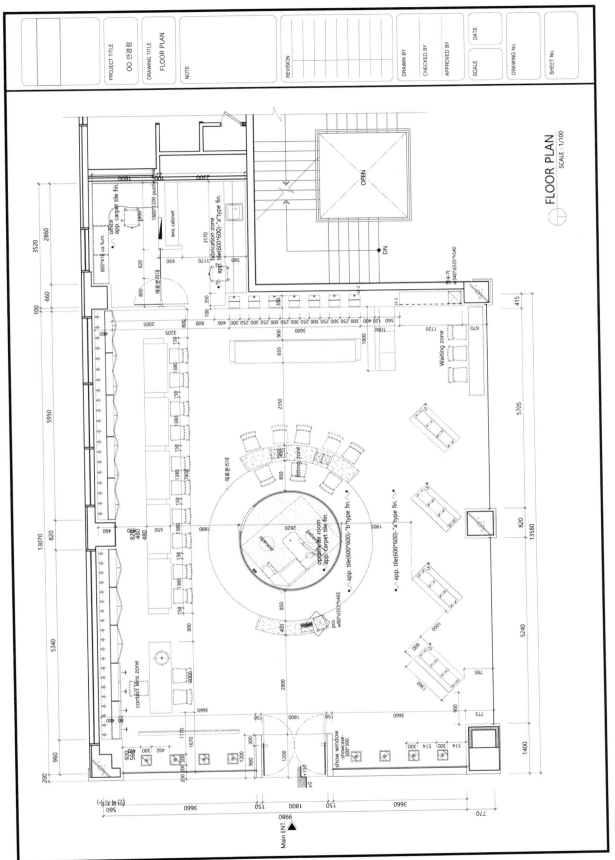

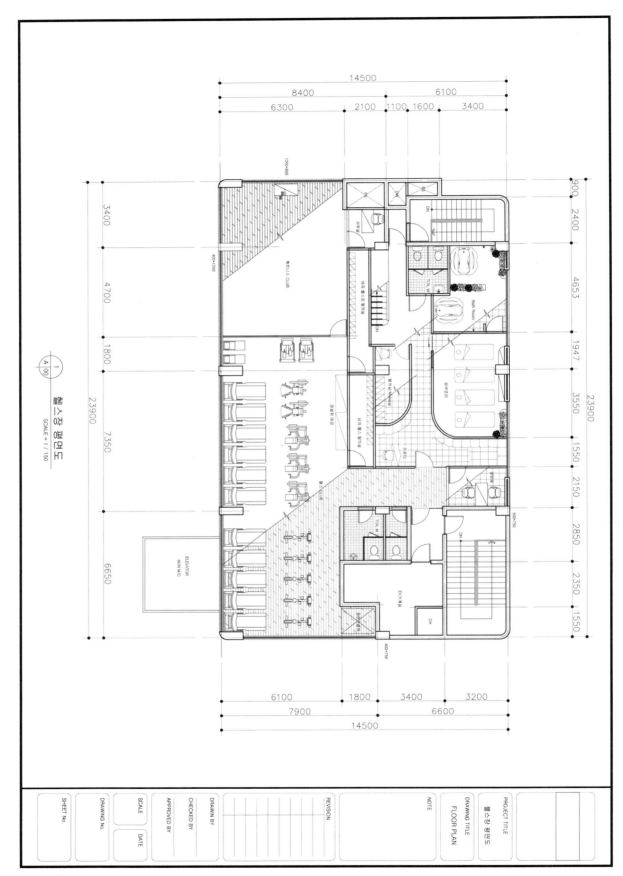

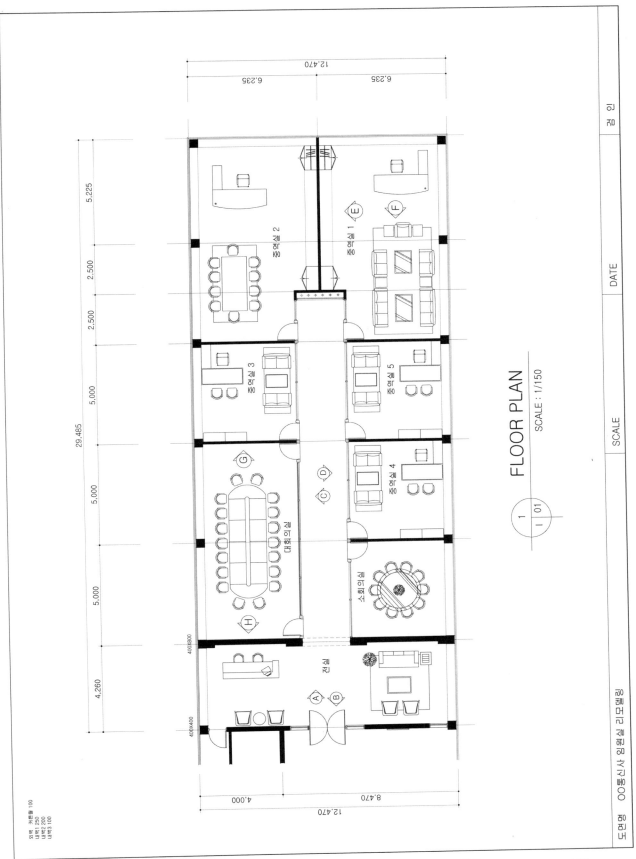

FLOOR PLAN

SCALE : 1/150

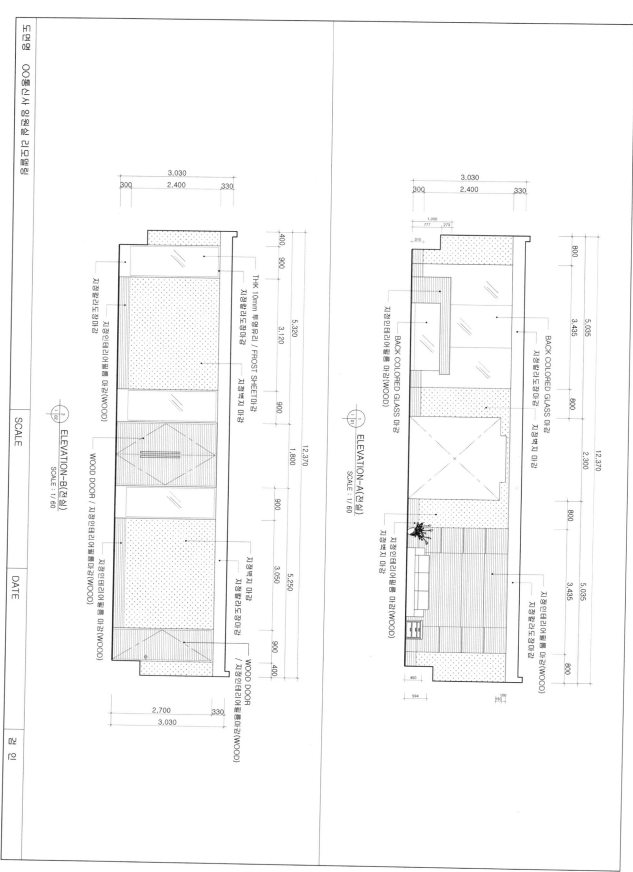

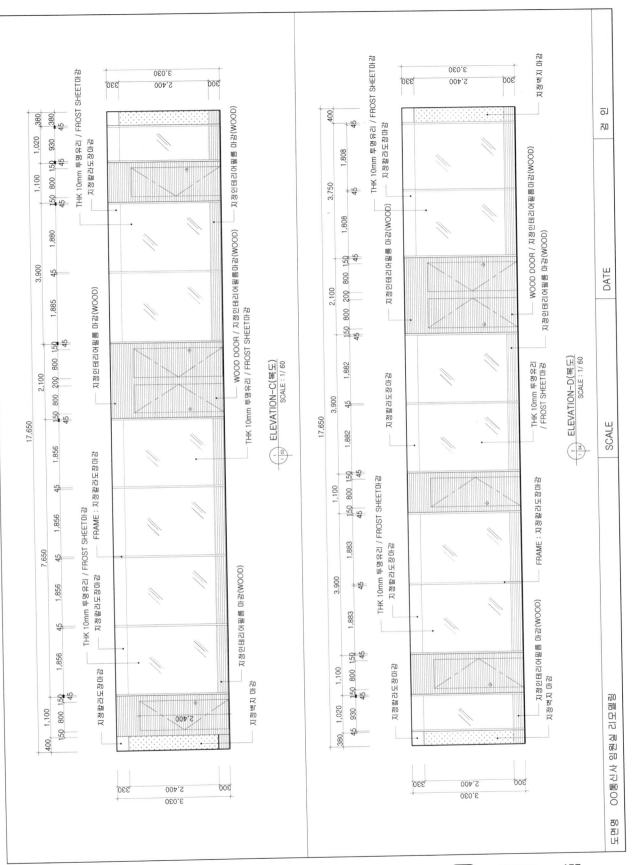

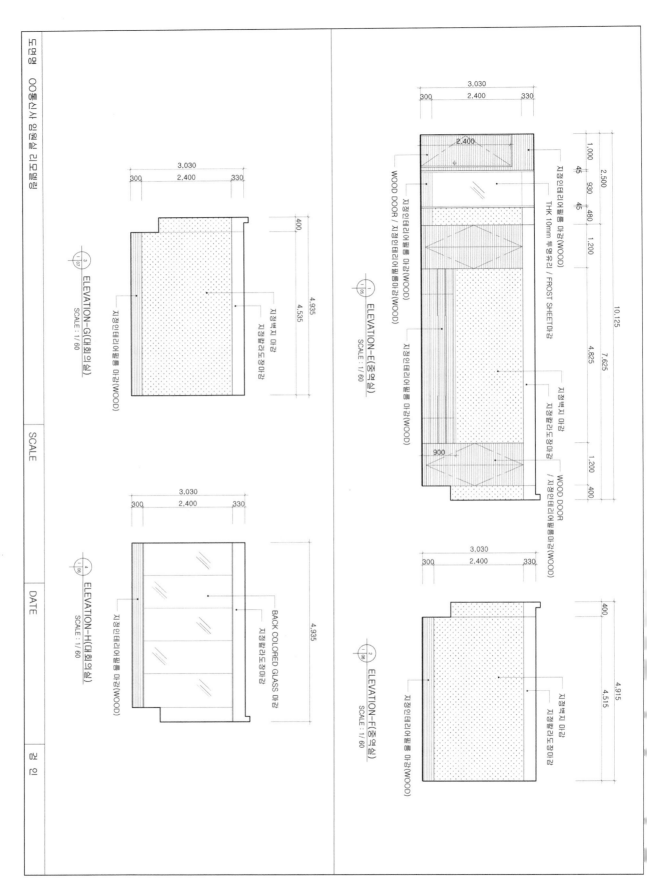

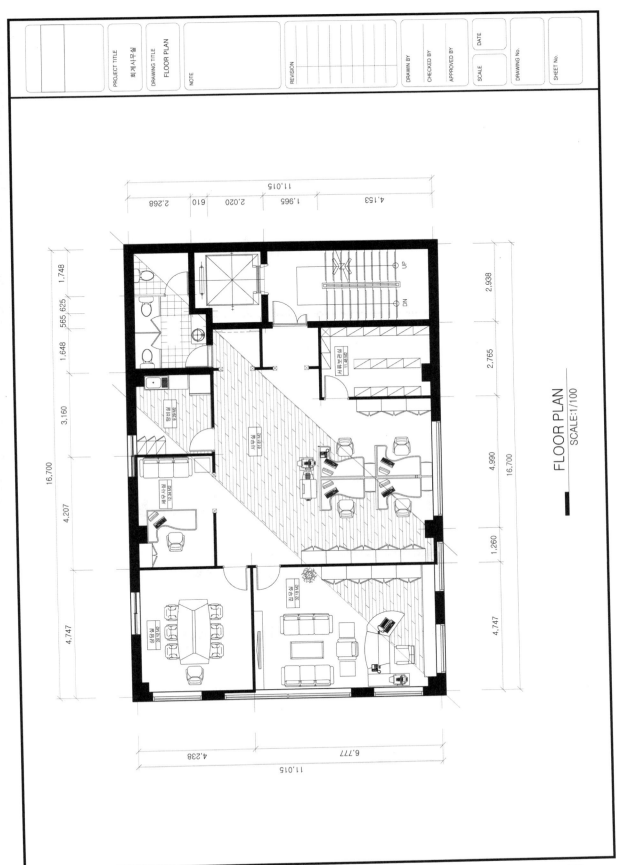

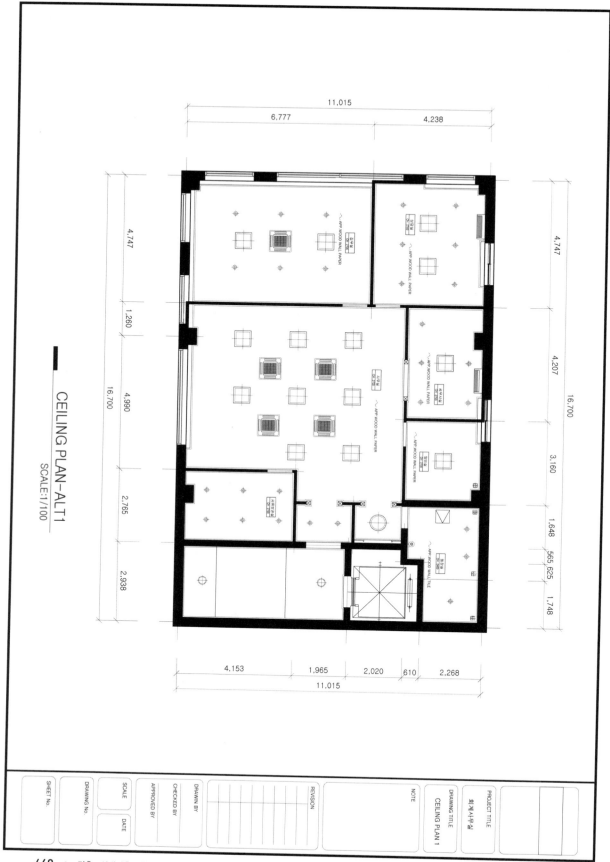

CEILING PLAN-ALT1
SCALE:1/100

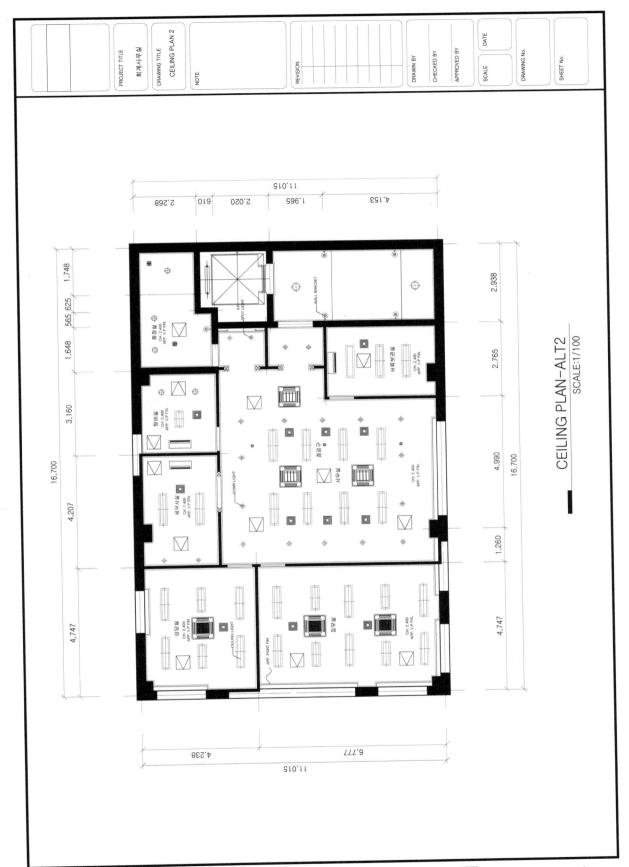

CEILING PLAN-ALT2
SCALE:1/100

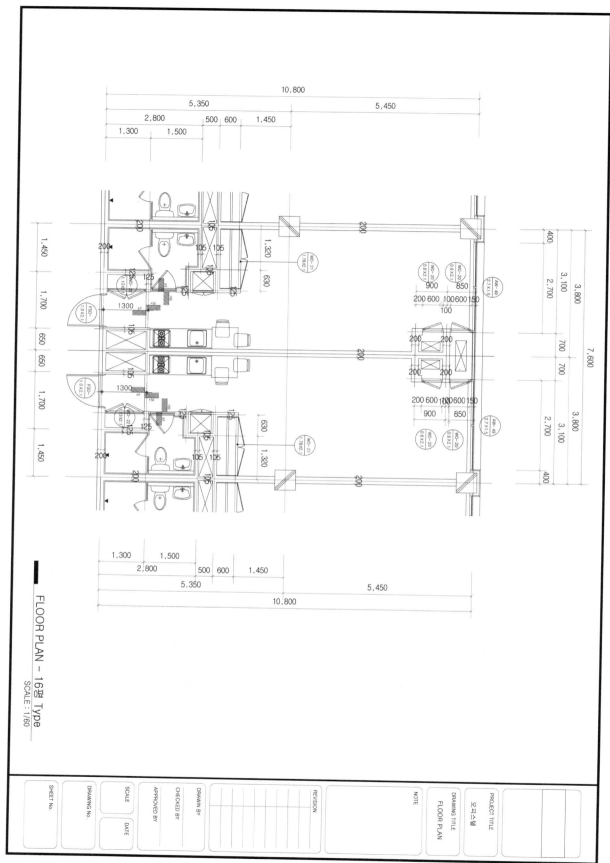

FLOOR PLAN - 16평 Type
SCALE : 1/60

PROJECT TITLE	오피스텔		
DRAWING TITLE	FLOOR PLAN		
NOTE			
REVISION			
DRAWIN BY	CHECKED BY		
APPROVED BY			
SCALE		DATE	
DRAWING No.			
SHEET No.			

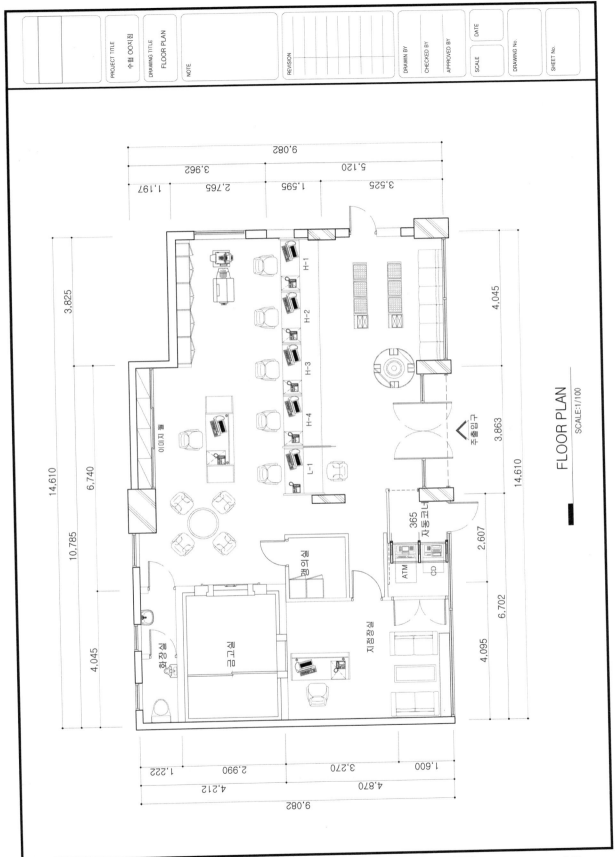

FLOOR PLAN

SCALE:1/100

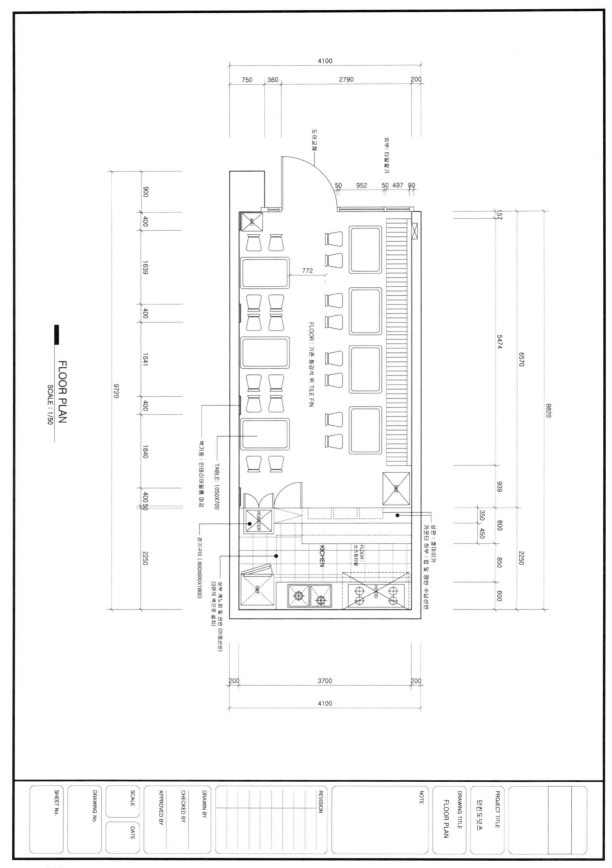

FLOOR PLAN
SCALE : 1/50

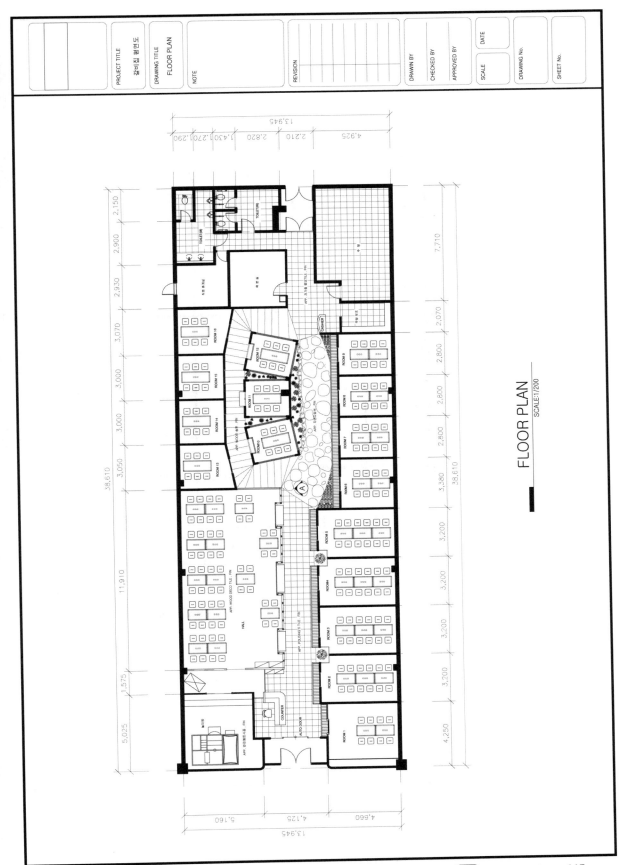

FLOOR PLAN

SCALE:1/200

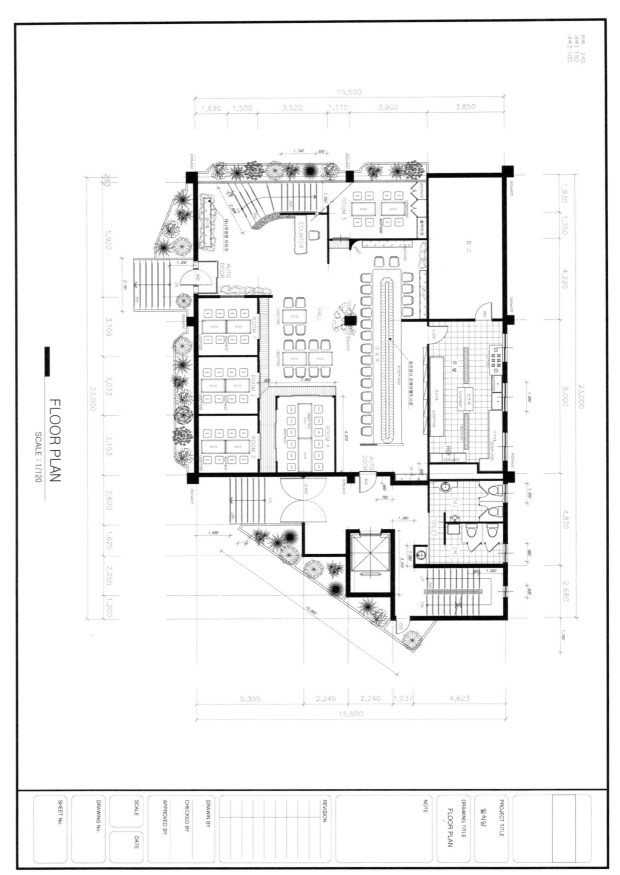

FLOOR PLAN
SCALE : 1/120

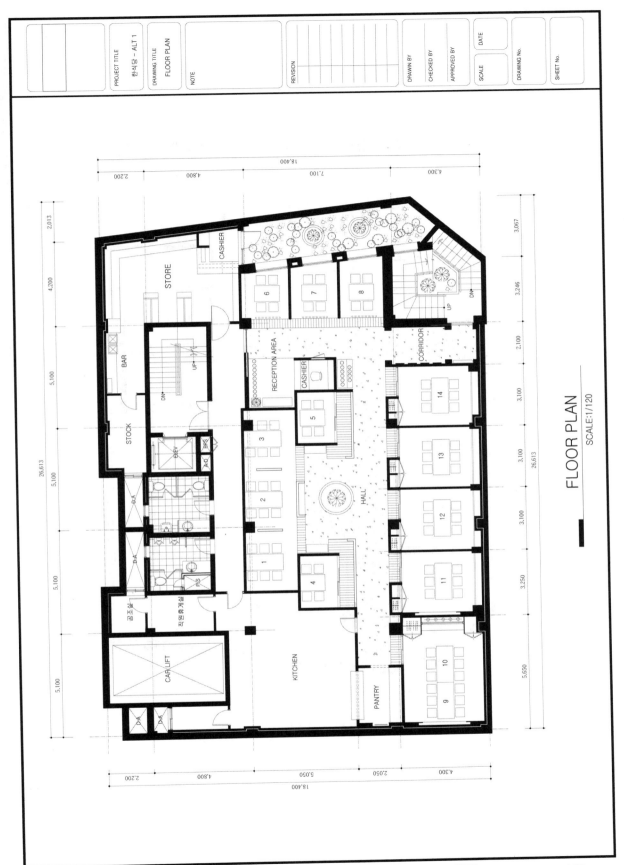

FLOOR PLAN
SCALE:1/120

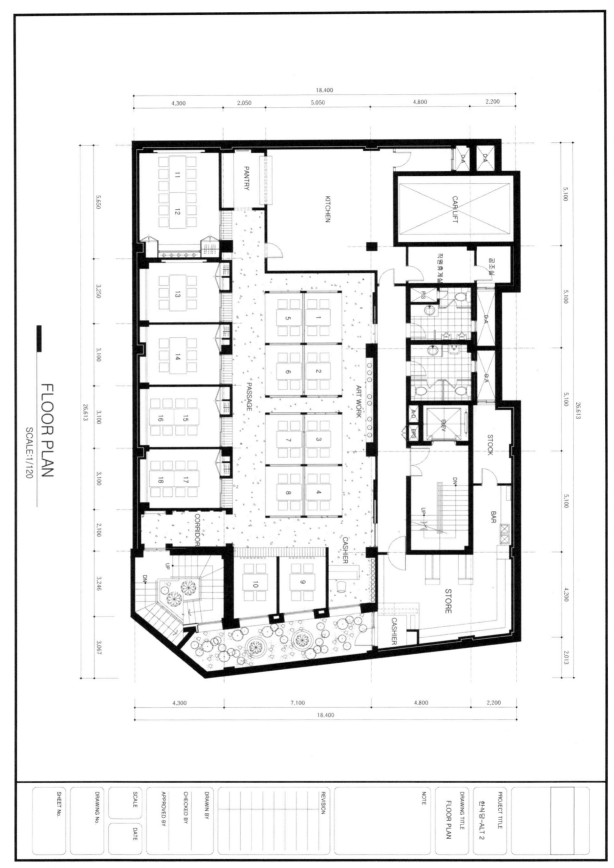

FLOOR PLAN

SCALE:1/120

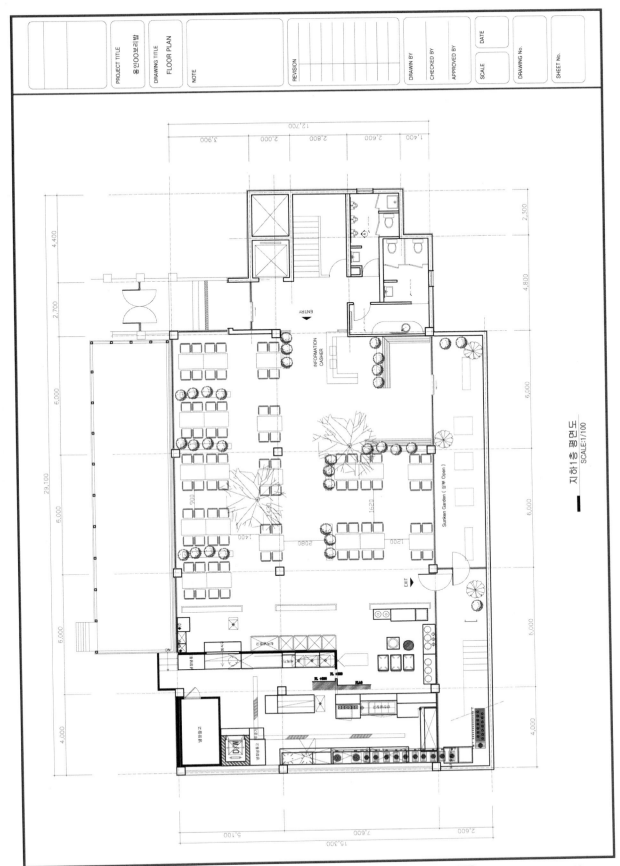

PROJECT TITLE 용인○○보리밥

DRAWING TITLE FLOOR PLAN

NOTE

REVISION

DRAWIN BY

CHECKED BY

APPROVED BY

DATE

SCALE

DRAWING No.

SHEET No.

지하1층 평면도
SCALE:1/100

ENTRY

INFORMATION
CASHER

Sunken Garden (실내 Open)

EXIT

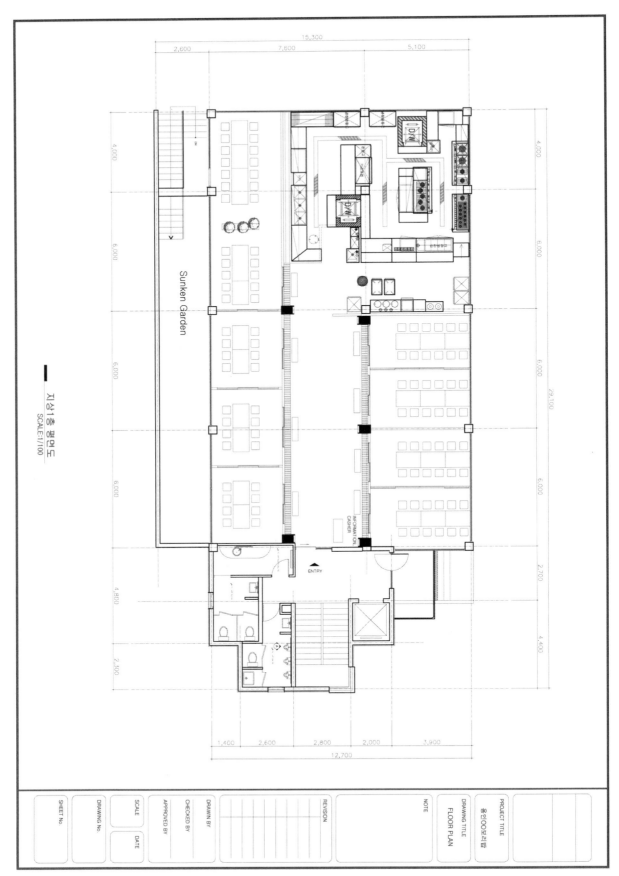

지상1층평면도
SCALE:1/100

Sunken Garden

INFORMATION.
CASHER

ENTRY

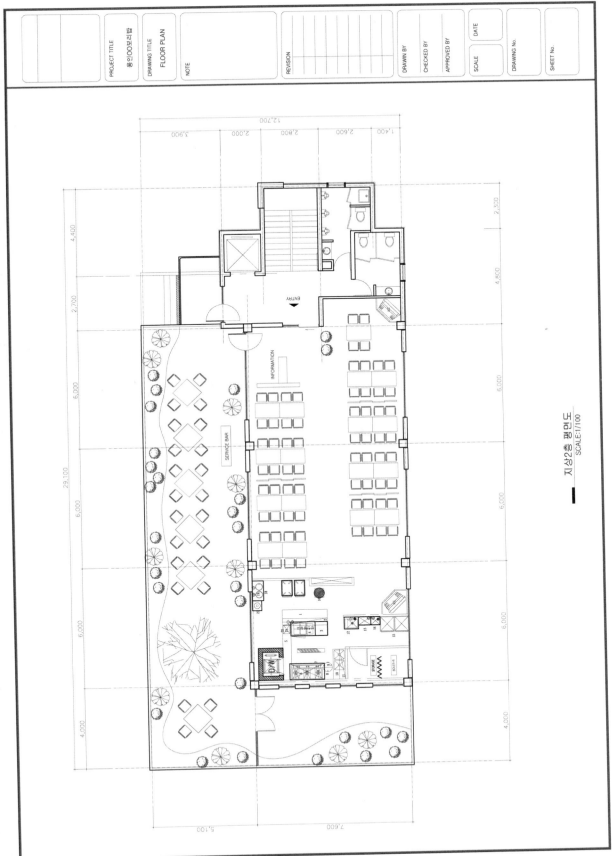

PROJECT TITLE
용인00보리밥

DRAWING TITLE
FLOOR PLAN

NOTE

REVISION

DRAWN BY

CHECKED BY

APPROVED BY

DATE

SCALE

DRAWING No.

SHEET No.

ENTRY

INFORMATION

SERVICE BAR

STORAGE

D/W

지상2층 평면도
SCALE:1/100

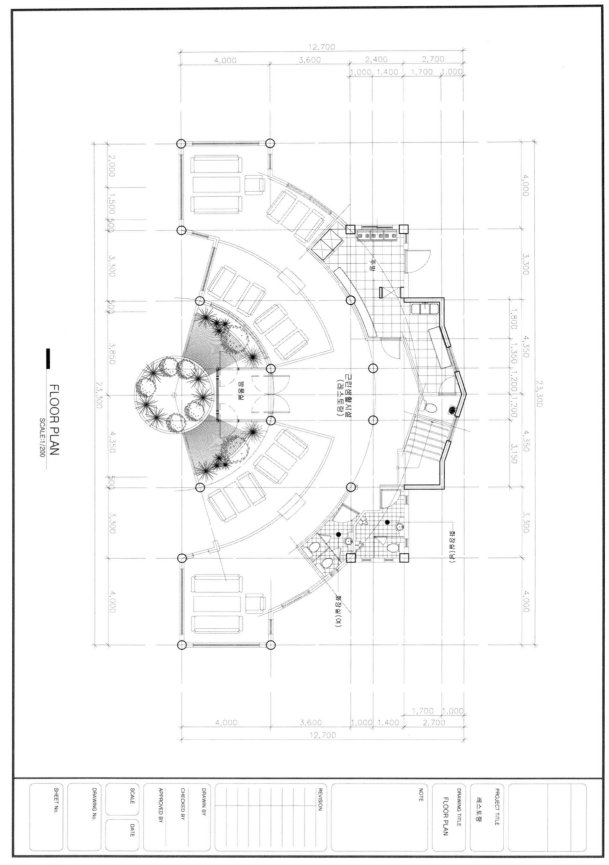

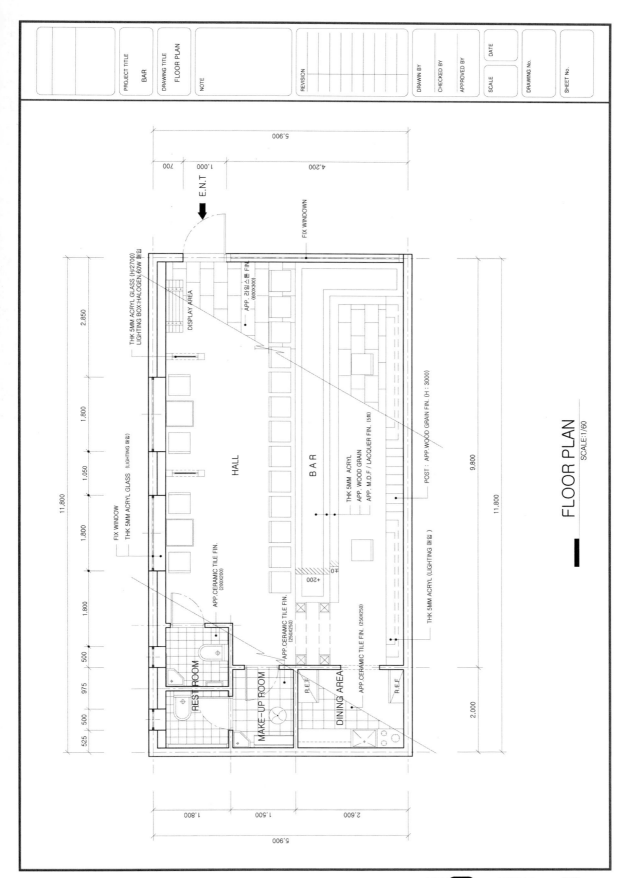

FLOOR PLAN
SCALE:1/60

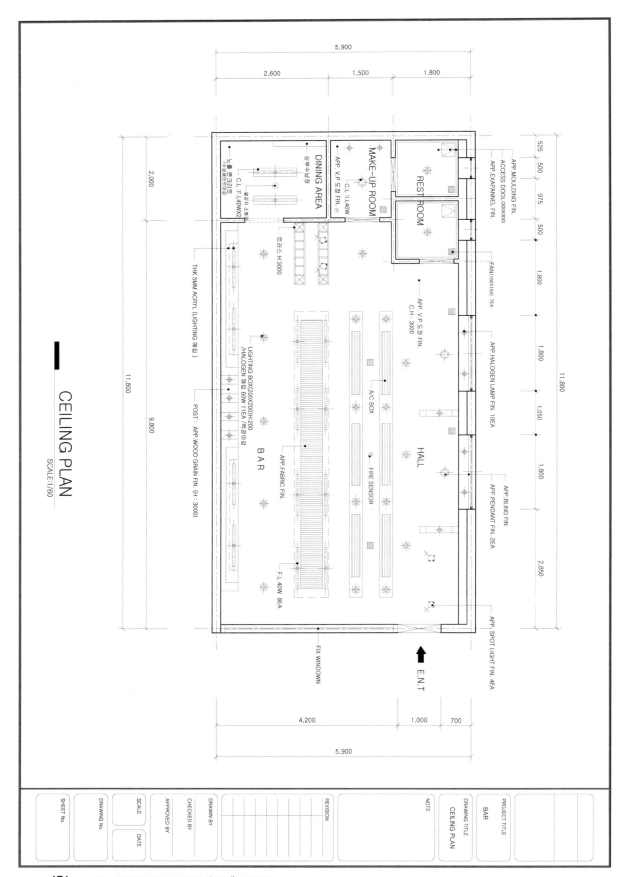

CEILING PLAN

SCALE:1/60

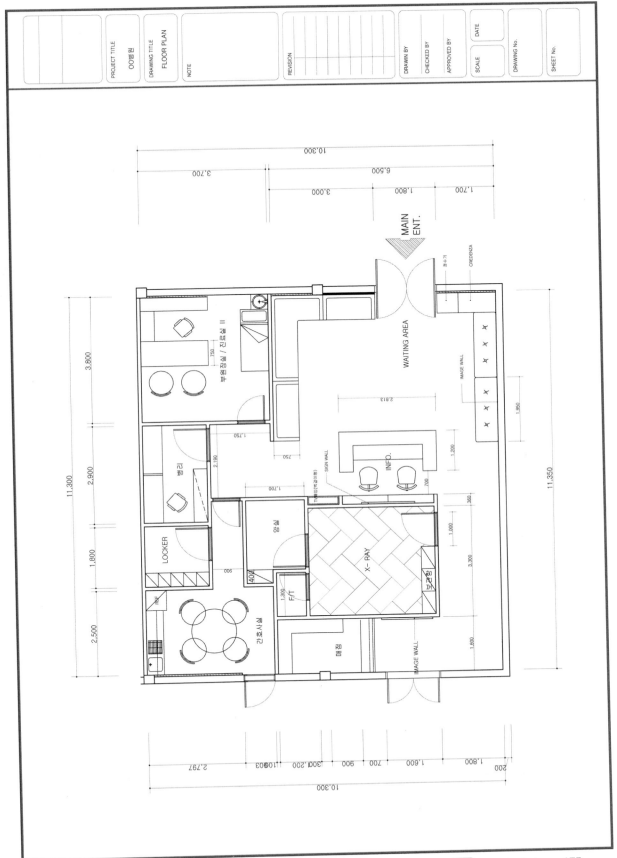

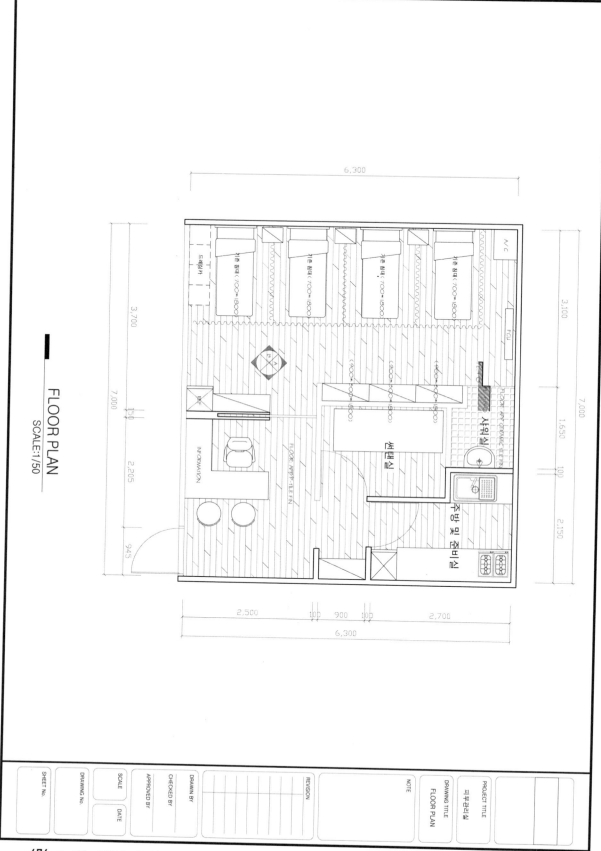

FLOOR PLAN
SCALE:1/50

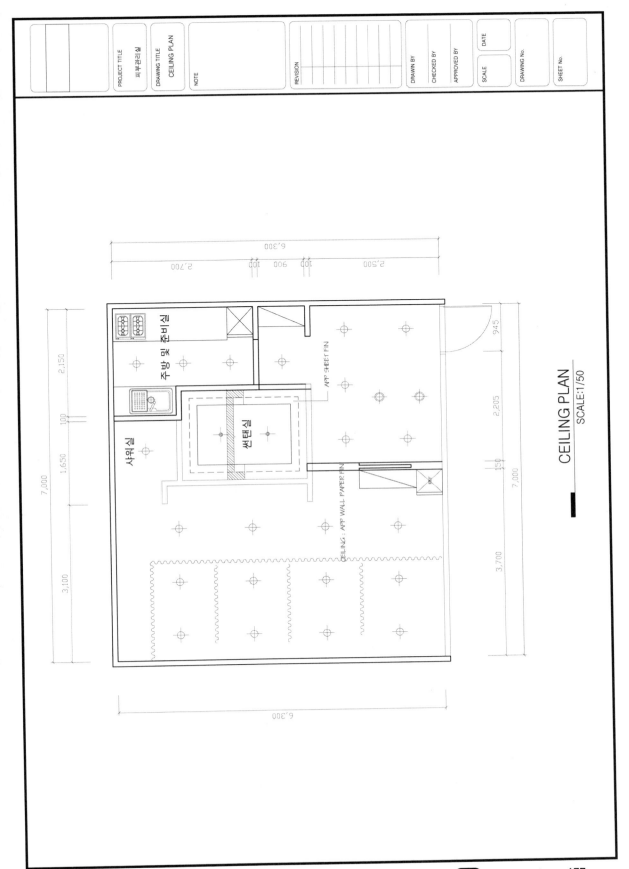

CEILING PLAN
SCALE:1/50

주방 및 준비실

샤워실

썬탠실

APP SHEET FIN

CEILING : APP WALL PAPER FIN

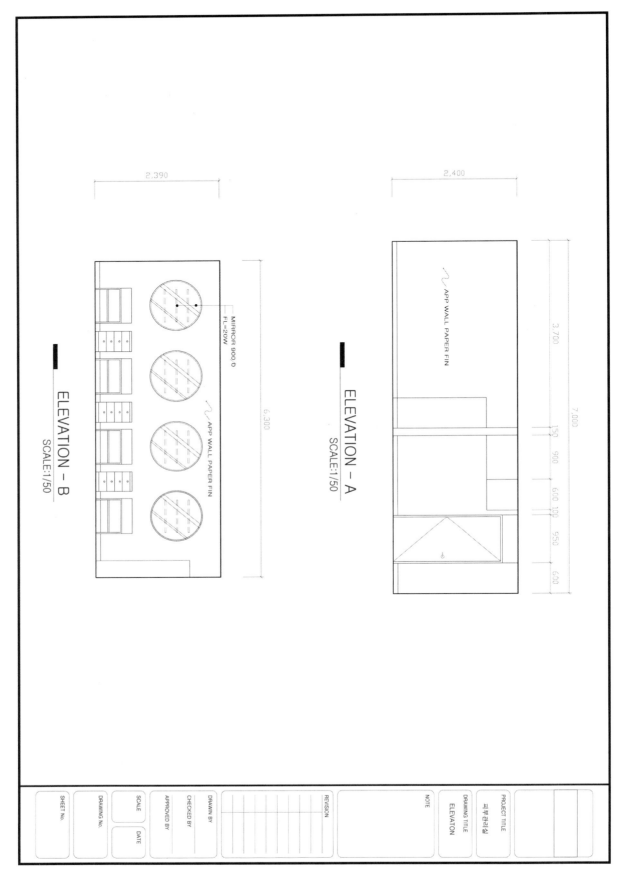

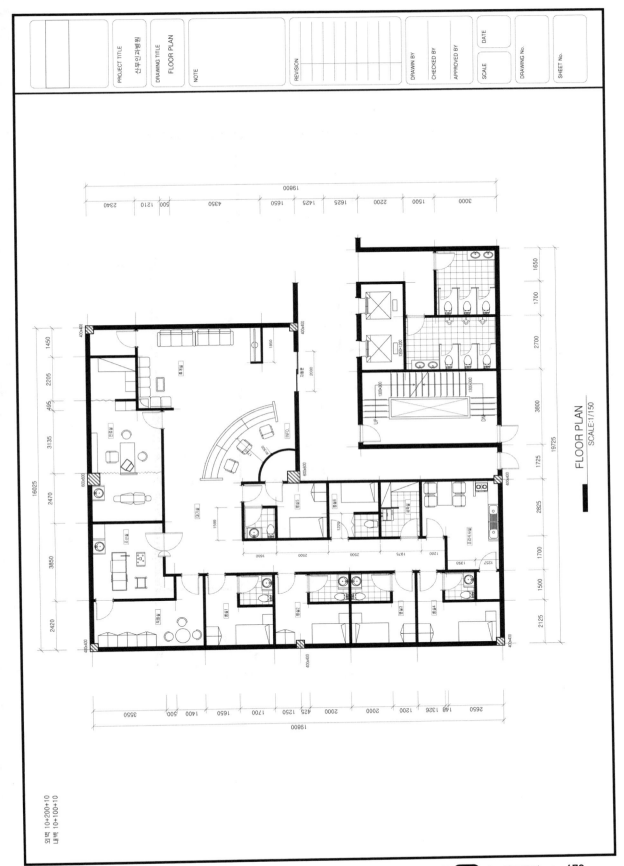

FLOOR PLAN
SCALE:1/150

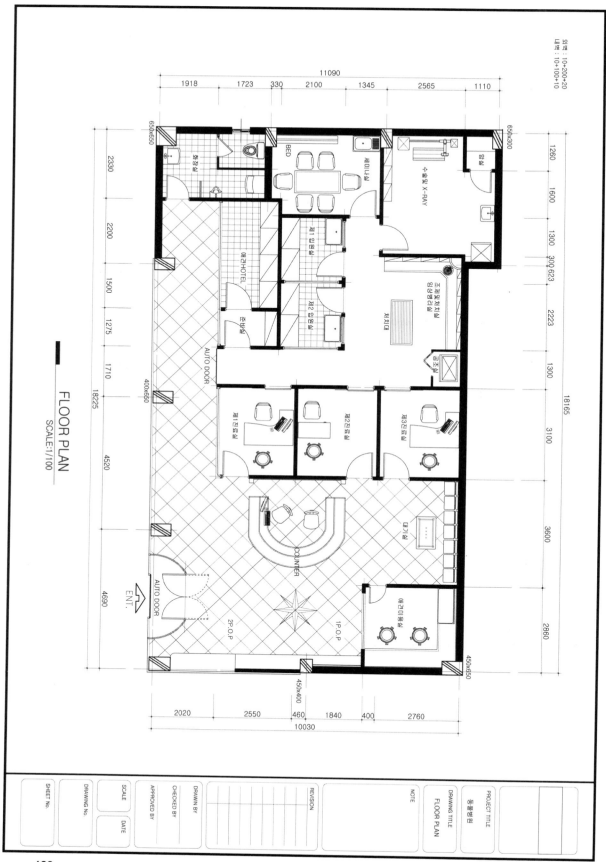

FLOOR PLAN
SCALE:1/100

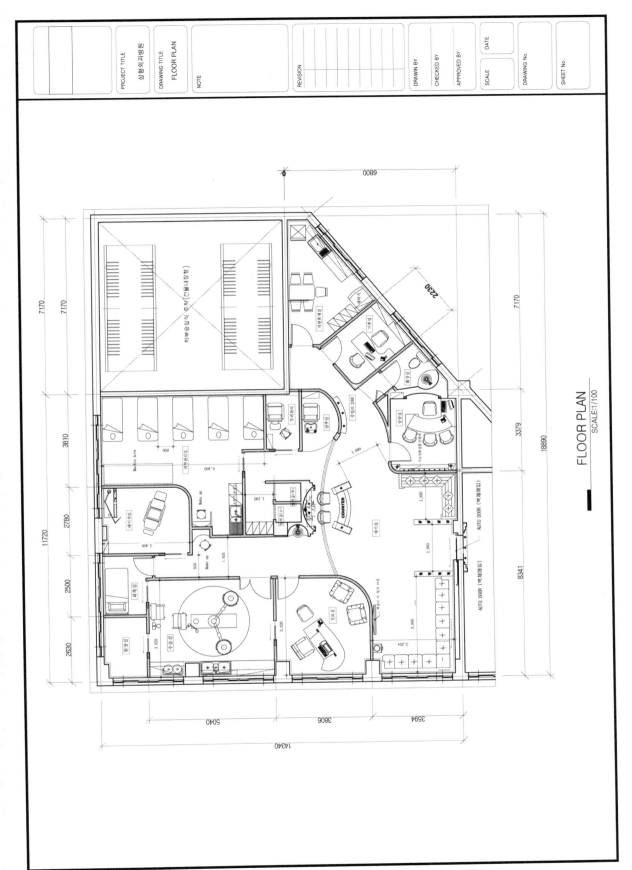

FLOOR PLAN
SCALE:1/100

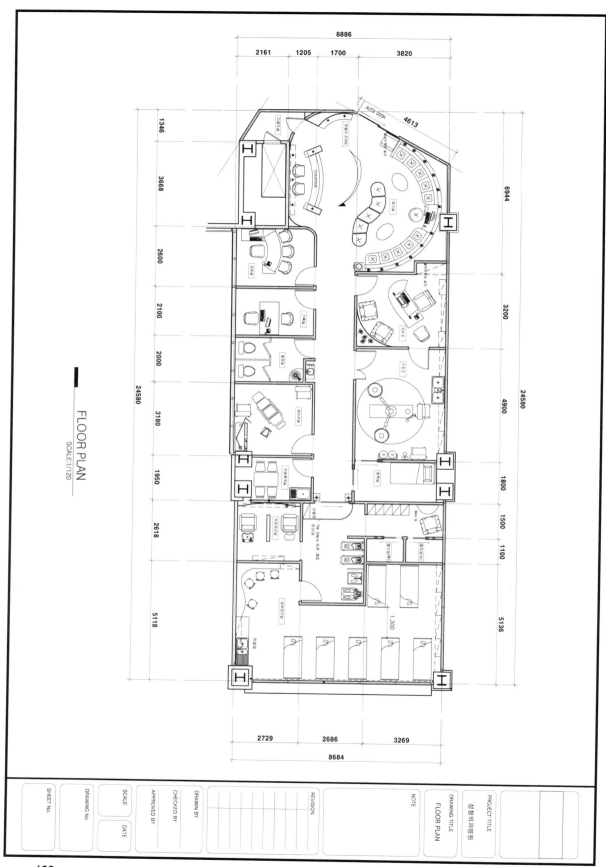

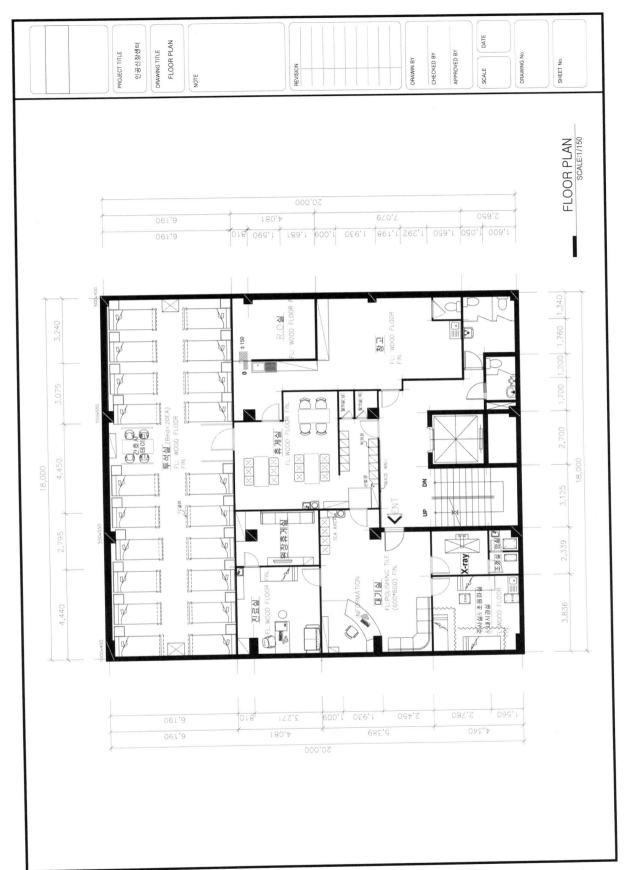

FLOOR PLAN
SCALE:1/150

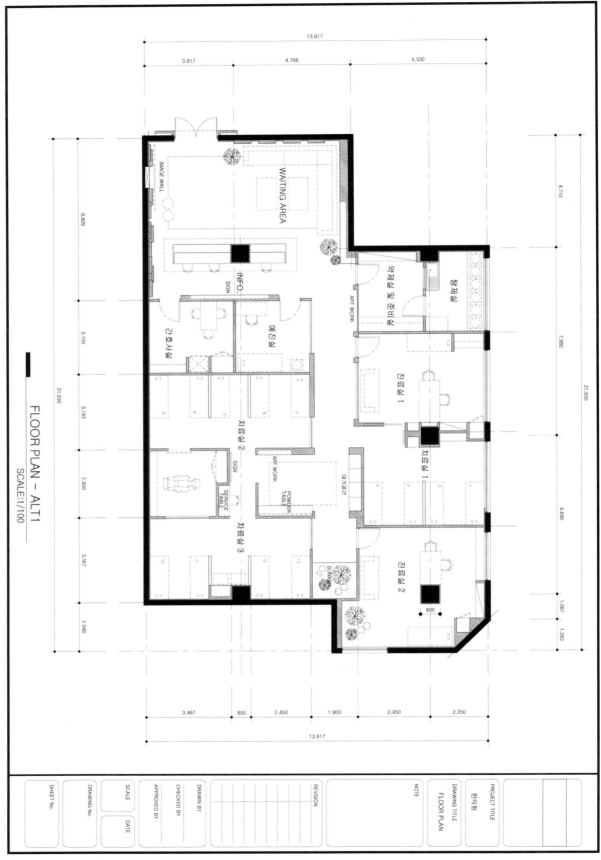

FLOOR PLAN - ALT1
SCALE:1/100

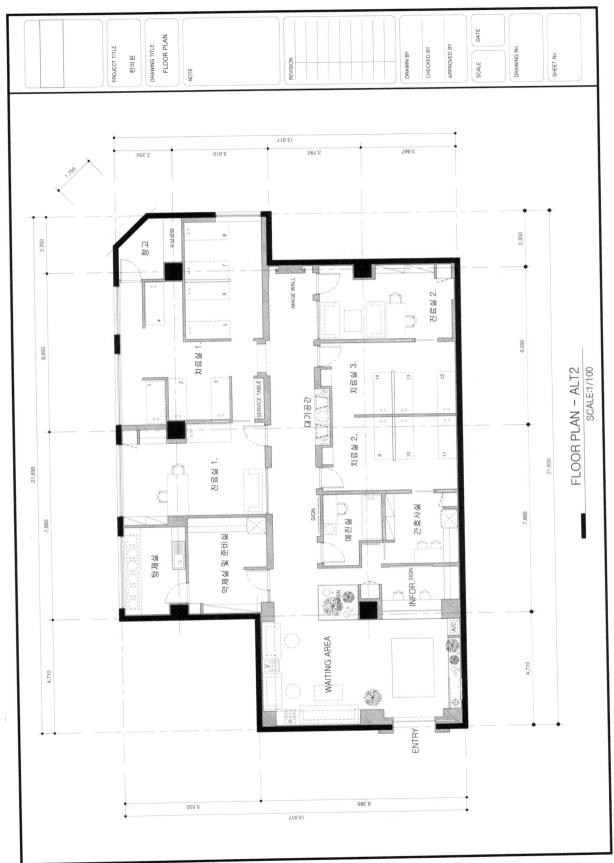

FLOOR PLAN – ALT2

SCALE:1/100

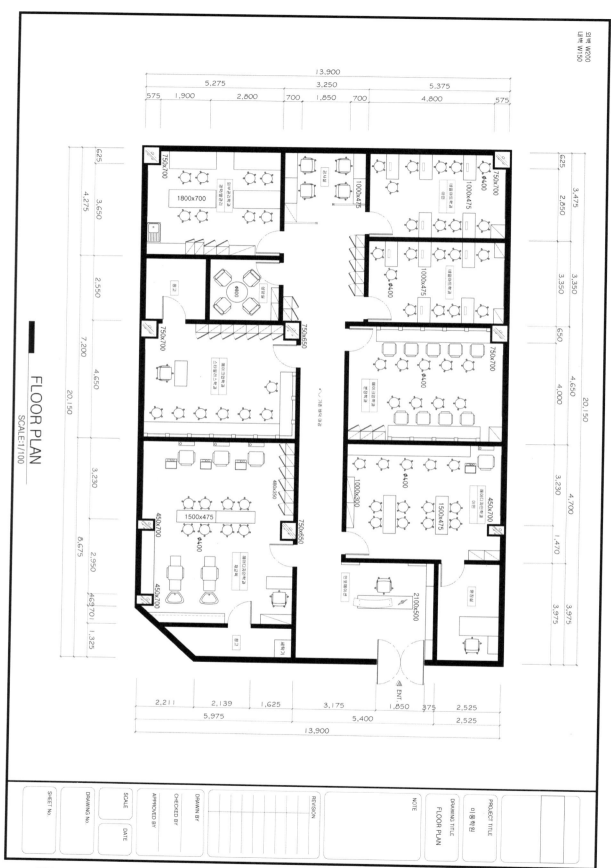

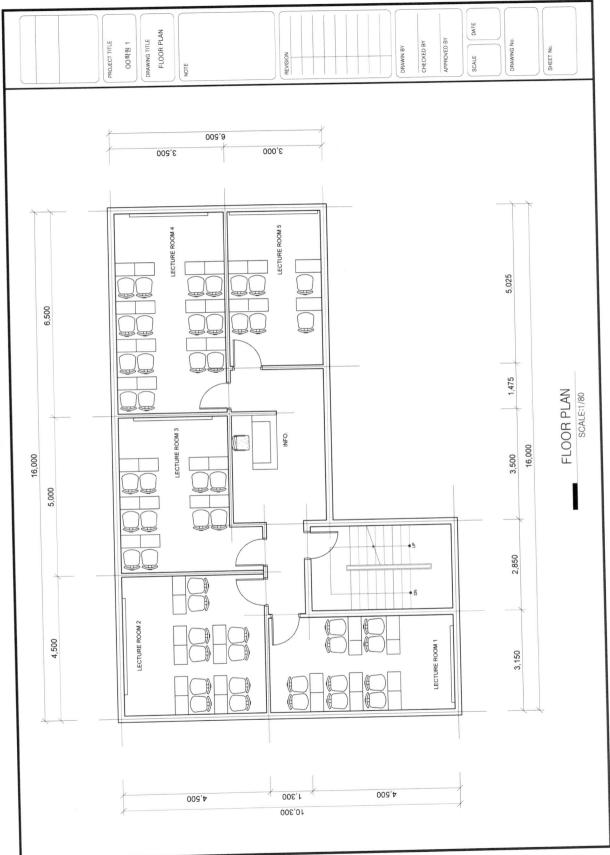

FLOOR PLAN
SCALE:1/80

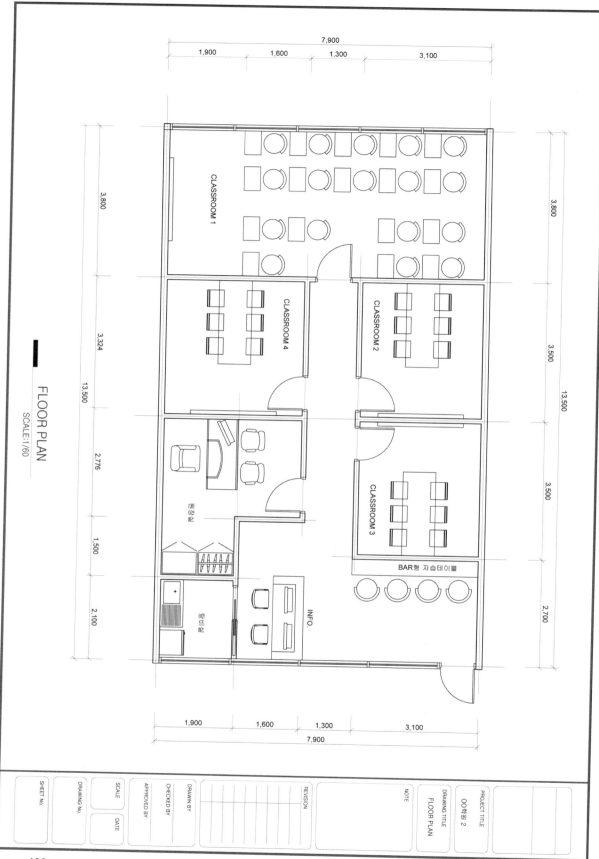

FLOOR PLAN
SCALE:1/60

CLASSROOM 1

CLASSROOM 4

CLASSROOM 2

CLASSROOM 3

원장실

탕비실

INFO.

BAR형 자습테이블

7,900
1,900   1,600   1,300   3,100

3,800

3,800   3,324   13,500   2,776   1,500   2,100

13,500
3,500   3,500   2,700

1,900   1,600   1,300   3,100
7,900

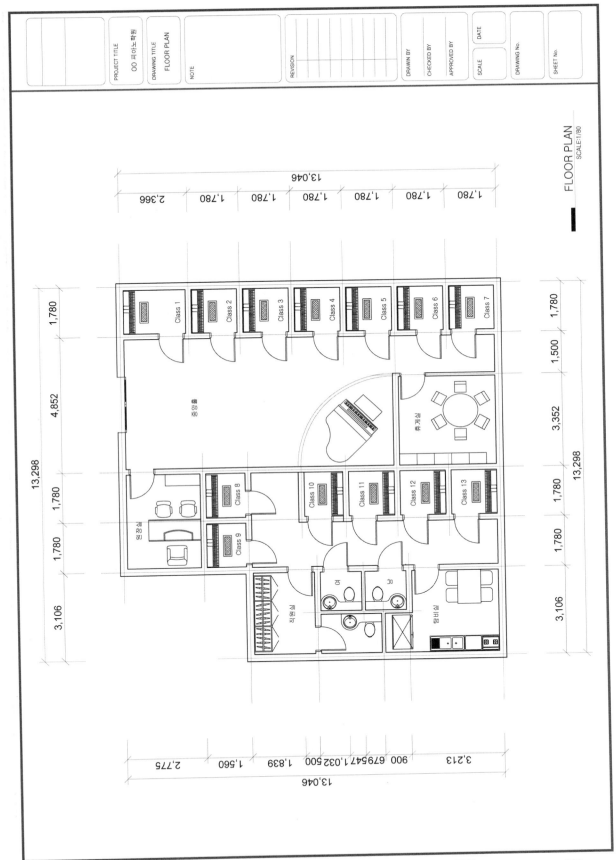

FLOOR PLAN
SCALE:1/80

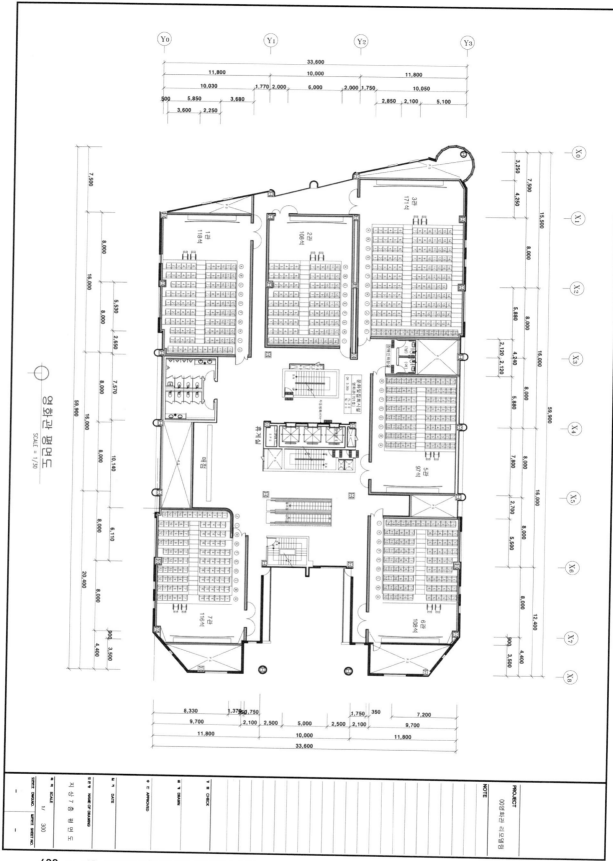

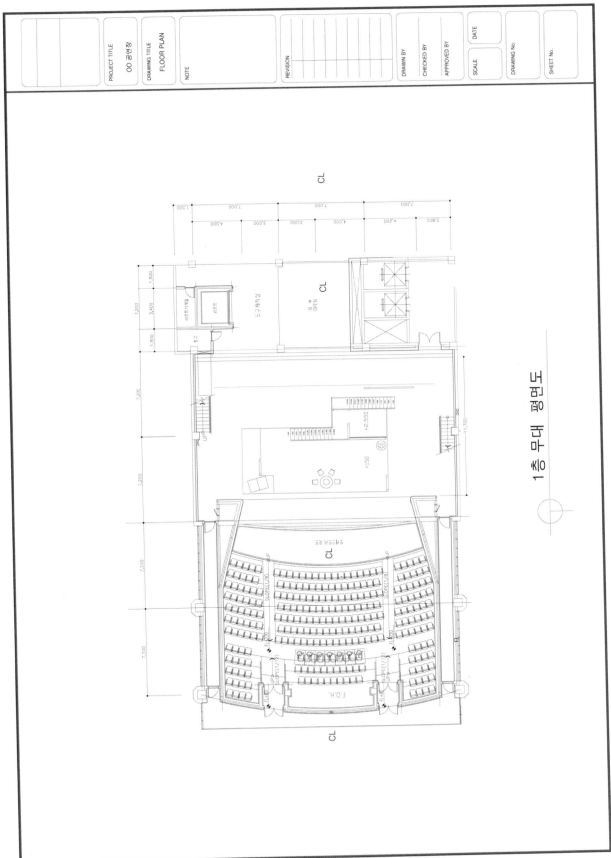

PROJECT TITLE OO 공연장

DRAWING TITLE FLOOR PLAN

NOTE

REVISION

DRAWIN BY

CHECKED BY

APPROVED BY

DATE

SCALE

DRAWING No.

SHEET No.

1층 무대 평면도

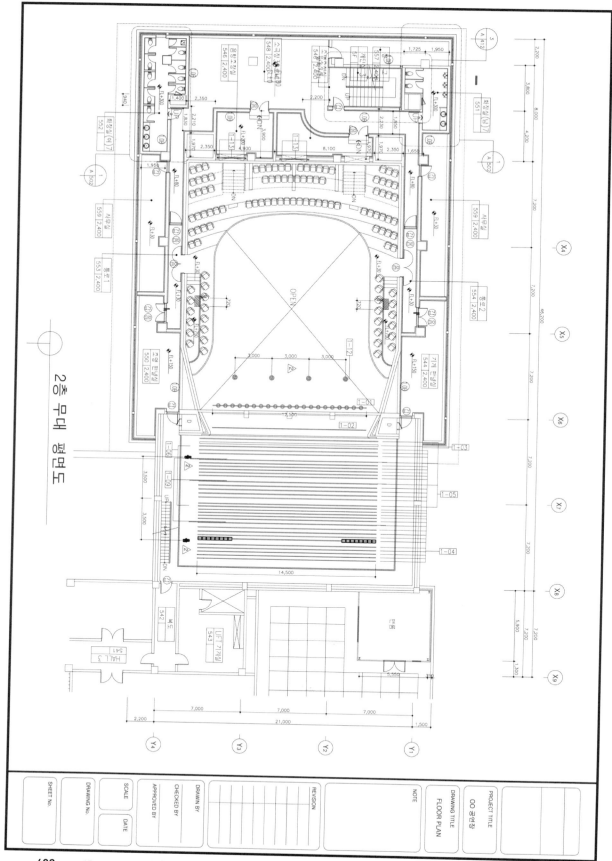

2층 무대 평면도

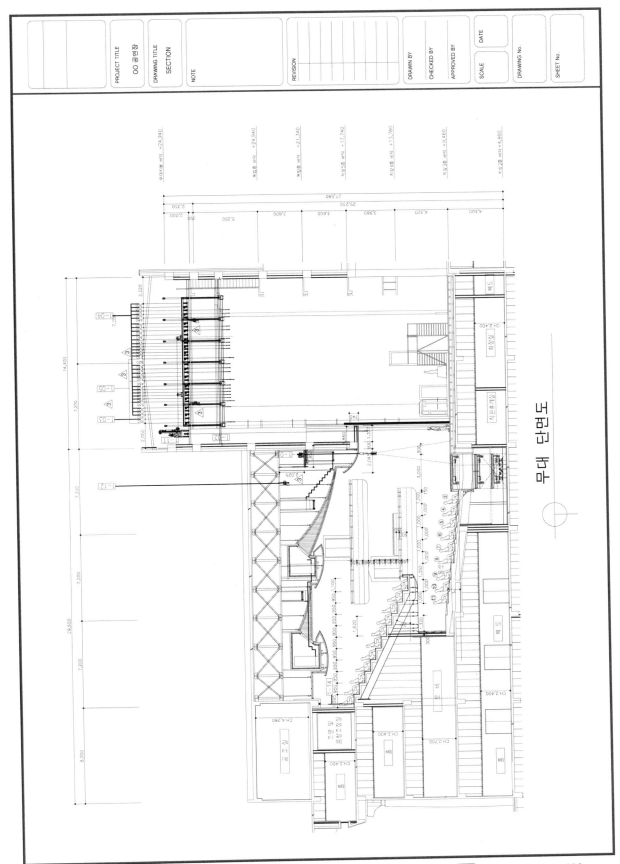

무대 단면도

건축 · 실내건축 전문가를 위한

오토캐드 2020

정가 ┃ 25,000원

지은이 ┃ 장월상, 조희라, 문영식, 양승룡
펴낸이 ┃ 차 승 녀
펴낸곳 ┃ 도서출판 건기원

2020년 3월 31일 제1판 제1인쇄 발행
2023년 3월 30일 제1판 제2인쇄 발행

주소 ┃ 경기도 파주시 연다산길 244(연다산동 186-16)
전화 ┃ (02)2662-1874~5
팩스 ┃ (02)2665-8281
등록 ┃ 제11-162호, 1998. 11. 24

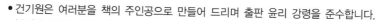

ISBN 979-11-5767-496-1 13560